工业和信息化部"十四五"规划教材
"双一流"建设高校立项教材
通信工程国家级一流本科专业教材
新工科电子科学与工程类专业一流精品教材

数字波束形成与智能天线技术

◎ 盛卫星　马晓峰　张仁李　张书瑞　邱　爽　编著

電子工業出版社
Publishing House of Electronics Industry
北京 · BEIJING

内 容 简 介

本书是工业和信息化部“十四五”规划教材。本书从实用性和先进性出发，较全面地介绍数字波束形成与智能天线技术的理论和应用，总结国内外该领域的技术发展成就、前沿进展和作者多年来的研究成果。全书共 7 章，主要内容有数字波束形成的基本概念和基本原理、自适应数字波束形成算法的优化准则、经典的自适应波束形成算法、针对雷达系统的大阵列天线自适应波束形成技术、针对无线通信系统的多用户自适应波束形成技术，以及数字阵列与智能天线在通信与雷达系统中的工程应用等。本书配套电子课件、习题参考答案、部分算法程序源代码、微课视频等，力求利用现代信息技术将抽象的知识形象化，以方便读者学习和理解相关知识。

本书重点关注基本概念、基本分析方法、主要算法和工程应用，讨论力求深入浅出和简明扼要，可作为电磁场与微波技术学科、信息与通信工程学科各有关专业的研究生教材，也可供从事雷达、通信、导航、声呐与电子对抗等领域的广大技术人员学习与参考。

图书在版编目（CIP）数据

数字波束形成与智能天线技术 / 盛卫星等编著. —北京：电子工业出版社，2024.1

ISBN 978-7-121-47149-0

Ⅰ. ①数… Ⅱ. ①盛… Ⅲ. ①成形波束天线—高等学校—教材 Ⅳ. ①TN827

中国国家版本馆 CIP 数据核字（2024）第 014212 号

责任编辑：王羽佳　　特约编辑：武瑞敏
印　　刷：北京虎彩文化传播有限公司
装　　订：北京虎彩文化传播有限公司
出版发行：电子工业出版社
　　　　　北京市海淀区万寿路 173 信箱　邮编：100036
开　　本：787×1 092　1/16　印张：13.75　字数：352 千字
版　　次：2024 年 1 月第 1 版
印　　次：2024 年12月第 2 次印刷
定　　价：59.00 元

凡所购买电子工业出版社图书有缺损问题，请向购买书店调换。若书店售缺，请与本社发行部联系，联系及邮购电话：（010）88254888，88258888。

质量投诉请发邮件至 zlts@phei.com.cn，盗版侵权举报请发邮件至 dbqq@phei.com.cn。

本书咨询联系方式：（010）88254535，wyj@phei.com.cn。

前　言

数字波束形成与智能天线技术是近 60 年来持续发展的一门重要技术，在雷达、通信、电子对抗、声呐等众多领域中得到愈益广泛的应用，特别是该技术已成功应用于大量武器装备和民用电子设备与系统。随着现代电子技术的迅猛发展，该技术仍处于迅速发展之中，依然是电子信息领域的研究热点。无论是新型高性能武器装备的研发，还是新一代移动通信的发展，都迫切需要发展与应用该技术。针对雷达和通信领域的发展趋势，分析归纳近年来国内外在数字波束形成与智能天线技术方面的主要研究工作和成果，总结我们多年来的实践经验与心得体会，为从事阵列天线与阵列信号处理领域的广大师生和专家学者、工程技术人员提供一部有价值的教学用书或参考书，是我们撰写本书的出发点。

习近平总书记指出："教育数字化是我国开辟教育发展新赛道和塑造教育发展新优势的重要突破口。"教材是课程教学内容的载体。从教学实践出发，配合"数字波束形成与智能天线技术"的课程改革，以学生为中心，创新教材呈现方式，探索建设嵌入教学视频、动画等的多媒体数字教材和依托课程数字化平台的互动式数字教材，为学生提供多样化的数字资源，为学生个性化学习创设空间，提高人才培养质量，也是我们撰写本书的主要目的。

同已有的数字波束形成与智能天线方面的专著或教材相比，我们力求在以下几个方面形成特色。

（1）结构体系新。数字波束形成与智能天线技术本身是一个跨学科的技术方向，本书围绕该技术方向，既介绍电磁场与微波学科相关的阵列天线技术，又介绍通信与信息系统学科相关的自适应信号处理技术；既有理论方法，又有工程应用。各章之间紧密联系，构成一个有机的整体。方便读者结合工程实际，提高对理论与方法的理解和掌握。

（2）内容选择精。用于阵列雷达的数字波束形成技术与用于无线通信的智能天线技术，虽然从本质上说都属于自适应阵列天线技术，但它们既有相同之处，也有很多不同之处。本书从第 1 章开始就先介绍自适应阵列天线技术在雷达和通信系统应用时的相同点与不同点，再在理论方法、系统应用两个层面分别阐述两类技术及其相互关系，兼顾了雷达和无线通信两个学科方向读者的需求。

（3）创新程度高。尽管该领域的研究内容十分丰富，但我们仍力求反映出其最新的研究成果与最新发展，并部分反映我们近年来的研究成果、心得与见解。尤其是第 4、6、7 章的内容，仅散见于各类文献，在公开出版的书籍中很少涉及，我们对书中介绍的绝大多数方法做了详细的计算机仿真分析与比较研究，以新颖、实用为原则进行提炼总结，尽可能地反映出这个技术领域中的精华内容。

本书配套丰富的教学辅助资源，包括：电子课件、习题参考答案、部分算法程序源代码、微课视频等，请登录华信教育资源网（http://www.hxedu.com.cn）免费注册下载或扫描书中二维码在线学习。

回顾本书的编写过程，能写成这部教材得益于同行、同事和我们团队的老师与学生，没有他们的指导与帮助，要完成本书的编著是不可能的！在此，我首先要感谢我的恩师方大纲教授，是他把我领进了电磁场与天线这一领域，不仅传授了我研究的方法，还培养了我严谨的作风，使我受益终身；然后要感谢香港中文大学的吴克利教授，是他帮助我、带我走进了数字波束形成与智能天线这一充满生机和活力的研究方向；要感谢与我共同完成编写工作的韩玉兵教授、马晓峰副教授、张仁李副教授、郭山红副教授、张书瑞副教授、邱爽副教授、从潇雨博士后、严彬云博士后，他们为本书的编著做了大量工作，付出了许多心血，我们携手共同克服种种困难，执着地为完成这部教材而努力；要感谢我们的“阵列天线与阵列信号处理”团队，20 年来我们共同为数字阵列天线及其应用并肩战斗、不懈努力，取得了让本领域的国内外同行专家认可的一些成果；要衷心感谢廖桂生教授、金荣洪教授等对本书撰写提出的许多有益的意见与建议；还要感谢黄飞博士、孔繁博士、陈亮博士、路成军博士、王建博士、汤永浩博士、杨垠博士、郑艺媛博士、常灏杰博士以及博士研究生陈向炜、刘奥为本书所做的部分工作。

由于作者水平有限，书中难免存在不足和错误，殷切希望读者批评指正。

盛卫星

2023 年 6 月

目　　录

第 1 章　绪论

1.1　引言

数字波束形成与智能天线技术就是采用先进的数字信号处理技术对阵列天线的接收或发射信号进行处理，形成能适应复杂电磁环境和系统多样化需求的接收波束或发射波束。该项技术起源于 20 世纪 50 年代末针对卫星通信系统需求所提出的自适应阵列天线，是 60 多年来一直处于不断发展的一门重要技术，在雷达、声呐、卫星通信、蜂窝移动通信等众多领域得到愈益广泛的应用。随着现代电子技术的迅猛发展，该技术仍处于迅速发展之中，依然是电子信息领域的研究热点。

在雷达领域，电磁对抗日益激烈，复杂、多变的战场电磁环境和各种人为干扰、自然干扰对雷达发现、跟踪、识别目标提出了越来越严峻的挑战，雷达的工作条件日趋苛刻，而系统对雷达的要求越来越高：对目标的探测距离更远、对目标的测量精度更高、对抗敌方干扰的能力更强，导致传统的雷达体制无法满足这些要求。数字波束形成技术基于数字阵列雷达的硬件架构，采用自适应信号处理方法，在控制天线波束主瓣使其对准目标方向的同时，控制天线波束零陷使其对准干扰源，从而可以在强干扰环境下有效地发现和探测目标。

卫星通信以其通信距离远、覆盖面积大、通信容量大、机动性能好等优点，在国防和民用通信领域发挥着越来越重要的关键作用。由于通信卫星的开放性，以及广泛采用的广播型通信方式，通信卫星上、下行链路易受干扰。因此，如何有效地抑制各种干扰是卫星通信领域必须要解决的关键问题之一。基于数字波束形成技术的智能天线可以在数字域内动态地形成所需要的各种天线波束。当天线处于接收状态时，能保持在期望信号方向上增益不受到影响的同时，将方向图零点自适应对准干扰信号方向，起到抑制干扰的作用；当处于发射状态时，产生的波束主瓣增益较高、副瓣或零陷处增益较低，降低了通信信号被敌方截获的概率。由于智能天线同时具备抑制干扰和低截获概率的能力，因此它被认为是卫星星载设备中较好的抗干扰手段之一。

在过去的 30 多年里，蜂窝移动通信技术得到了迅猛发展和广泛应用，极大地推动了社会的发展，并给人们的生活方式带来了深刻影响。为克服有限的无线频率资源对移动通信系统容量的限制，人们从 3G 蜂窝移动通信网开始就广泛采用了基于数字波束形成的智能天线技术，在时分多址（TDMA）、频分多址（FDMA）、码分多址（CDMA）的基础上，通过空分多址（SDMA）方式提高基站天线增益、降低同信道干扰、增加系统容量、提高频谱利用率。当今，移动通信业务早已从最初的语音业务拓展为宽带移动多媒体业务，许多新的通信概念及通信业务还在不断涌现，导致网络终端数目和数据业务量还在呈现爆炸式增加，目前的 4G 通信网已无法满足未来网络海量终端设备的接入、用户的多样化业务以及大数据承载需求。以提供超高链接密度、超高流量密度、低时延、超高安全和超可靠通信服务为特征的 5G 移动通信网络正逐渐走进人们的生活。基于数字波束形成与智能天线的大规模多输入多输出天线技术（Massive MIMO）是5G时代的核心技术之一，能够在垂直维度和水平维度均具备良好的波束形成能力，提升了基站天线阵列增益和波束赋形增益，有效提升覆盖能力，降低系统内干扰。

本书以作者20多年来的课程讲稿为基础，从雷达与通信两个角度，介绍数字波束形成与智能天线的发展历程、优化准则、经典算法和典型系统，分析归纳近年来国内外在该领域的主要研究进展，总结我们多年来的科研实践，为从事阵列天线与阵列信号处理领域研究的学生、老师、专家学者和工程技术人员提供参考。

数字波束形成与智能天线的概念来源于卫星通信和雷达、声呐所采用的自适应阵列天线，目的是自适应地控制天线波束的主瓣，使其对准目标；控制天线波束的零陷，使其对准干扰源，从而可以在强干扰环境下有效地发现和探测目标。

“自适应天线”这个术语的提出源自 20 世纪 50 年代 Van Atta 提出的逆向天线阵列（Retrodirective Antenna Array）（图1.1），该对称的天线阵通过一组等长的传输线将对称位置的天线两两相连，从而将一定角度范围内任意方向入射的电磁波自适应地按原方向反射出去，起到类似于角反射器的作用。随后，Andre 等人将逆向天线阵列的方法用于卫星地面站系统，通过自适应地将发射信号沿接收信号方向发射，实现卫星与地面通信系统中地面站天线的自适应发射波束对准。自适应天线技术自提出到现在已经经历了 60 多年的发展历程，其中前20年的研究主要是基于模拟电路的自适应波束形成，包括自适应主波束控制、自适应零陷控制两个阶段；后40年的研究主要是基于计算机或数字信号处理器（DSP）的自适应数字波束形成，包括针对阵列非理想因素的稳健自适应数字波束形成、大阵列天线自适应数字波束形成、自适应数字波束形成在雷达领域的应用、自适应数字波束形成在通信领域的应用等几个方面。

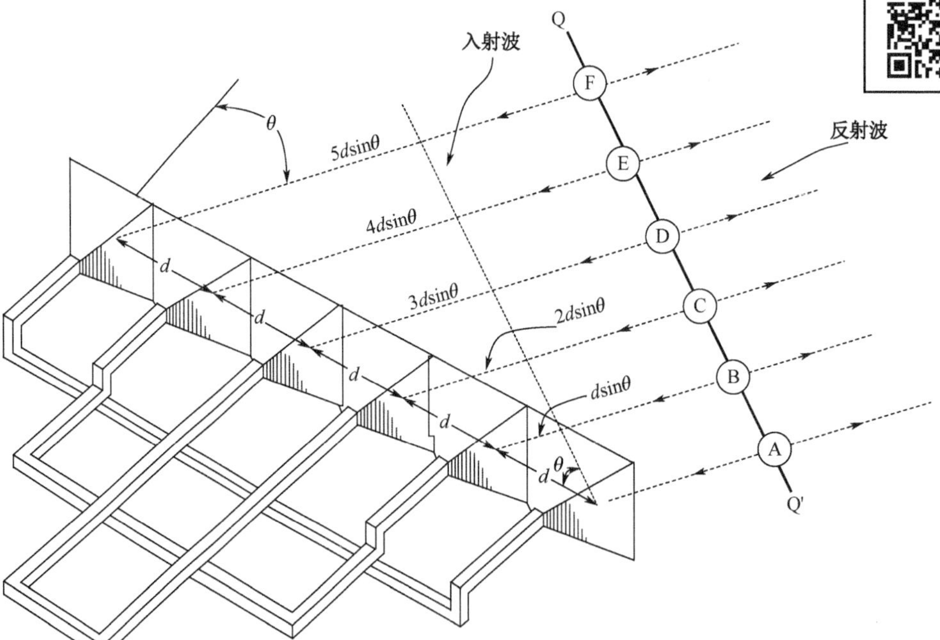

图1.1 Van Atta 提出的逆向天线阵列

1.2　自适应主波束控制技术

早期关于自适应天线阵列的研究主要集中在自适应主波束控制方面。20 世纪 60 年代，美国出于卫星通信增强信号的需要，开始研究最初意义上的自适应天线，分为逆向天线阵列（Retrodirective Antenna Array）和自定向/自聚焦阵列（self-Steering/self-Focusing Arrays）两种类型。在卫星遥测和深空通信等应用场合，都需要卫星载荷天线沿着接收信号的来波方向发射信号。逆向天线阵列方面的研究主要是在 Van Atta 阵列的基础上，提出了有源逆向天线阵的概念和设计实例，通过对称天线之间的传输线互联和射频放大、调制电路实现发射波束自适应指向接收信号方向。为提高收发天线的隔离度，提出了正交极化子阵列技术，即发射天线与接收天线的极化相互正交。逆向天线阵列本质上是依据接收天线阵接收来波信号时阵元之间的相位差（阵列的导向矢量）确定发射阵的相位权重系数向量，由于收发天线的等效相位权重系数向量相同，因此发射波束自适应地指向了接收到的来波信号方向。

自定向/自聚焦阵列原理框图如图 1.2 所示。这方面研究工作采用的阵列天线中每个天线单元的输出都做了相位权重处理。针对卫星通信系统地面跟踪站自适应波束对准卫星的需求，让经过权重后的各阵元天线的输出信号保持相同的相位，实现整个阵列天线合成信号的信噪比最大化。采用的技术途径是锁相环技术，即接收天线系统各个天线通过单独的锁相环电路实现接收波束的自聚焦特性，无论来波信号从哪个方向入射，锁相环都连续地对各个天线单元的接收信号进行相位调整，使其与一个稳定的本振源（或导频信号）同相，从而使得接收天线的波束自适应地跟踪期望信号，同时利用各个天线锁相环输出的相位偏差量控制发射天线的相位，实现发射波束与接收波束的重合。自定向/自聚焦阵列本质上是采用阵列天线在来波方向上导向矢量的共轭作为权重系数向量进行自适应波束形成，实现的是最大输出信噪比意义下的主瓣指向自适应波束形成。

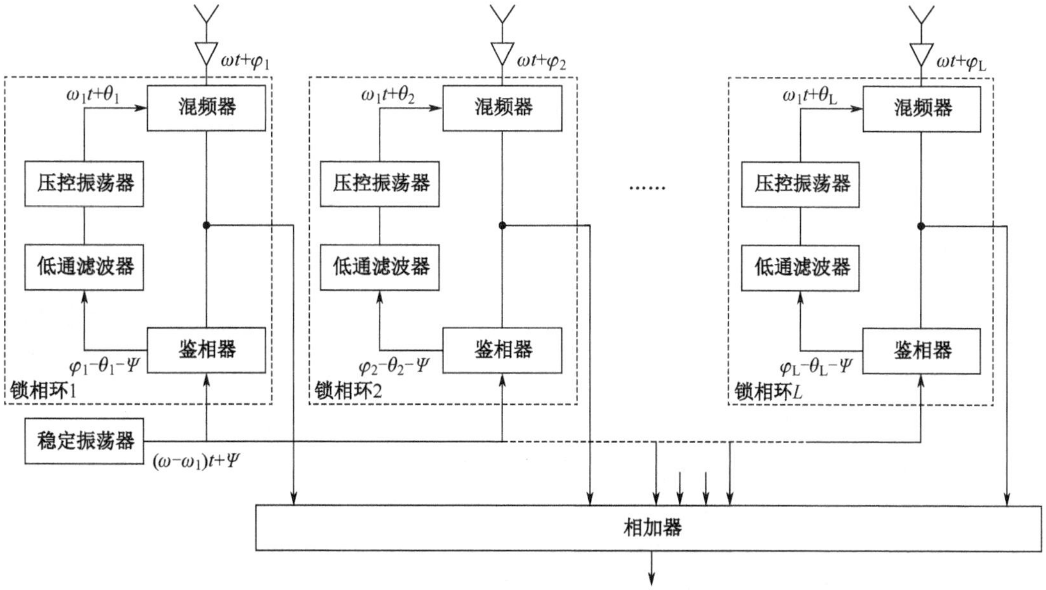

图 1.2　自定向/自聚焦阵列原理框图

1964 年 3 月，IEEE Transactions on Antennas and Propagation 第一次出版自适应天线专辑 Special Issue on Active and Adaptive Antennas，总结了主波束自适应控制阶段的发展。早期关于自适应主瓣控制方面研究工作的局限性包括：自适应天线阵只能针对单个来波信号；对于多个来波信号、低信噪比或宽带情况的波束指向性能尚不太理想。

1.3 自适应零陷控制技术

人们对阵列天线自适应零陷控制的研究早在 20 世纪 60 年代就已经开始了，在 20 世纪六七十年代，比较有影响的相关研究工作主要有 3 个方面：一是 Applebaum 和 Howells 的团队在美国通用电气公司（GE）和雪城大学（Syracuse University Research Corporation）发明与发展的自适应中频旁瓣相消器；二是 Applebaum 在中频旁瓣相消器基础上提出的自适应阵列理论及其最大输出信噪比准则意义下的自适应波束形成算法；三是 Widrow 等人提出的自适应滤波器的概念及其最小均方（LMS）准则意义下自适应波束形成算法在自适应射频天线系统上的成功应用。

20 世纪 50 年代初，美国在其本土北部和加拿大境内，建立了一个半自动地面防空系统（Semi-Automatic Ground Environment），简称 SAGE 系统。在 SAGE 系统最初的研制装备过程中，人们发现其防空雷达系统很容易受到干扰的影响，干扰和箔条回波会严重影响雷达的正常工作，屏蔽真正的飞机目标，堵塞通信线路和中央计算机。但那时除了宽限窄、对数频率时间控制等一些简单的技术，几乎没有可用的、效果比较好的抗干扰技术，因而抗干扰成了当时的首要任务。参与该项目的美国通用电气公司（GE）的 Applebaum 和 Howells 等人（后来在美国雪城大学工作）为此开展了卓有成效的研究工作，他们提出的多路中频自适应旁瓣相消器是自适应天线零陷控制方面的开创性工作之一。

多路中频自适应旁瓣相消器原理框图如图 1.3 所示。它包含一个主天线和若干个辅助天线，由于主天线口径大、波束窄，主瓣在系统控制下对准期望信号，而干扰通常从主天线的副瓣进入主接收通道；辅助天线口径小、波束宽，其天线增益通常设计在主天线平均副瓣电平的量级，期望信号和干扰信号都从辅助天线的主瓣进入辅助接收通道，通常干扰信号的能量远大于期望信号，因而辅助接收通道的信号成分以干扰为主。Applebaum 和 Howells 团队在中频电路上设计了一个可以对消多个干扰的对消器，通过多重相干处理环路调整辅助通道中干扰信号的振幅和相位，实现其与主通道中干扰信号的相干对消。对消环路由限幅器、相干混频器、平滑滤波器、积分器、控制混频器等组成。理论上 N 个辅助天线可对消 N 个干扰，对消支路利用辅助天线收到的干扰信号，根据对消器输出的干扰信号的残留，通过相干混频器和滤波器得到辅助天线阵列每个阵元的权重，并通过控制混频器使得辅助阵列输出的干扰信号与主天线收到信号中的该干扰成分同频、反相，从而通过求和网络达到在主天线收到信号中对消干扰的目的。

在研究过程中，Applebaum 团队在 1965 年提出了完整的自适应阵列概念，从最大化输出信干噪比的角度推导了阵列天线自适应阵元权重系数。他们针对有源干扰环境和给定的期望信号方向，导出了使阵列输出信干噪比最大的天线阵元最佳权重系数。然后又将该方法扩展到采用传统方向图综合（如通过切比雪夫加权的低副瓣天线阵）的天线阵系统，导出了给定方向图形状（主要是指副瓣电平约束）下“广义”信干噪比最大的天线阵抗干扰零陷最佳权重系数。推导结果表明，在这种情况下，当干扰的来波角度落在非主瓣区时，自适应算法对干扰功率的对消比接近干扰与噪声的功率比，几乎与对波束形状的约束无关。该方法进一步可扩展到包含一个主天线和若干个辅助天线的自适应旁瓣对消天线系统，推导了主天线输出干扰功率最小意义下各个辅助天线单元的最佳权重系数。

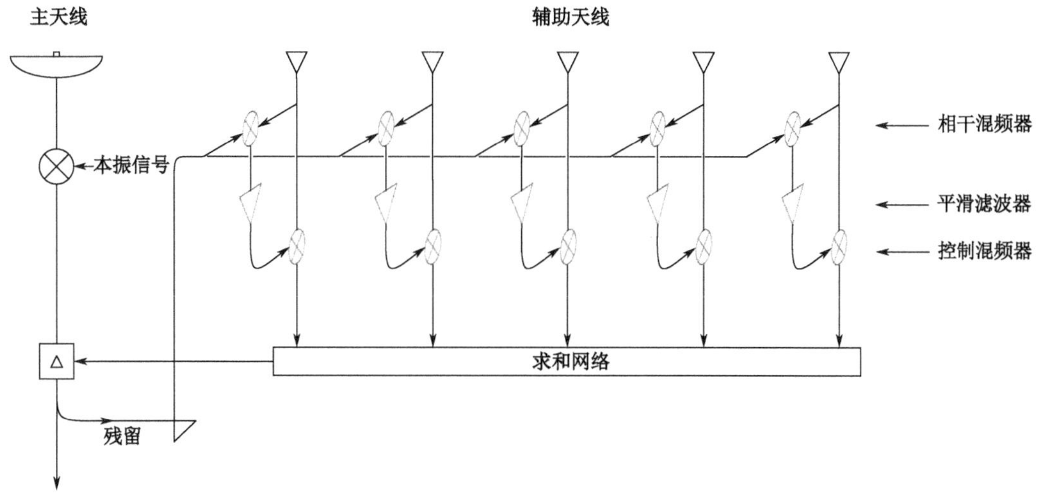

图 1.3 多路中频自适应旁瓣相消器原理框图

1966 年年底，在美军先进弹道导弹防御局（Advanced Ballistic Missile Defense Agency，ABMDA）的支持下，多路中频自适应旁瓣相消器技术在美军的 HAPDAR（Hard-Point Demonstration Array Radar）相控阵雷达上进行了验证测试，针对远场的 16 个可控干扰器，在干扰的消除比、瞬态响应和对干扰个数的敏感度等方面实测性能与理论性能基本一致。随着 1969 年年底第一轮现场测试的完成，ABMDA 决定开展第二轮测试。在这一轮测试中，他们针对实际的雷达开发了一个 30MHz 带宽、频率灵活的环路，具有改进的动态范围、线性和响应速度。该设备于 1971 年年中安装完毕，主要测试阶段于 1972 年年底成功完成。在 1974 年，他们还测量了多旁瓣对消和自适应阵列方向图零陷技术对 HAPDAR 雷达单脉冲跟踪精度的影响。实测结果表明，在存在许多干扰的情况下，在干扰对消后跟踪精度与理论值相比有偏差，但偏差并不明显。

几乎同时，美国斯坦福大学的 B. Widrow 团队也开展了自适应天线阵零陷抗干扰的研究工作，在 1967 发表了他们提出的自适应天线系统的成果：提出了一种由天线阵列和自适应处理器组成的系统，可以在空域和频域中执行滤波，从而降低信号接收系统对定向干扰源的灵敏度。该方法在接收天线阵处需要提供与接收期望信号相关的参考信号或导频信号，然后信号处理器通过基于最小均方（LMS）算法自适应调整各个接收天线阵元的权重系数。在自适应过程中，注入的导频信号模拟从期望的观测方向接收的信号。这允许对阵列进行“训练”，使其天线方向图的主瓣对准先前指定的观测方向。同时，通过在天线方向图中形成适当的零点，阵列天线系统可以抑制非期望观测方向入射的干扰或噪声。他们首次提出了天线阵元幅相权重和各天线接收通道抽头延迟线幅相权重相结合的方式实现宽带自适应波束形成，阵列天线调整自身阵元与延迟线的幅相权重以形成主瓣，其方向和带宽由导频信号确定，并在最小均方误差意义上尽可能抑制主瓣以外出现的信号或噪声。文中还分别给出了该算法基于延迟线的数字电路实现方案和基于积分器的模拟电路实现方案。

值得注意的是，尽管 Widrow 团队的最小均方（LMS）自适应波束形成算法与 Applebaum 团队的最大输出信干噪比自适应波束形成算法是在完全不同的背景下独立提出的，但它们实际上非常相似。两者都通过感知天线单元接收信号之间的相关性（基于阵列天线输入向量的协方差矩阵）来导出其自适应权重系数向量，并且都收敛于最优维纳解。

此后，美国斯坦福大学的 Griffiths 和 Frost 对 LMS 算法开展了进一步研究，其结果是可以在期望方向上保持阵列选定的宽带频率特性，同时可抑制来自其他方向的干扰。最大信噪比算法也得到了进一步发展，Reed 等人提出了采样协方差矩阵求逆算法（SMI），通过直接计算样本协方差矩阵的逆，快速计算阵列天线的权重系数向量。他们还开展了机载 MTI 雷达中的自适应阵列研究，研究了空间域和时间域同时自适应的自适应雷达系统理论。

充分的实验研究是走向实用的关键，是理论分析和计算机模拟仿真不可替代的。斯坦福大学的研究团队利用美国海军研究室和斯坦福研究所（SRI）联合研制的 WARF（Wide Aperture Research Facility）天波超视距雷达，开展了面向雷达应用的自适应天线零陷控制抗干扰算法的验证测试。WARF 天波超视距雷达主要用来探测飞机、导弹、海上舰船以及海洋状况，建成于 1970 年，发射机设在加利福尼亚州洛斯特希尔斯市附近，接收站设在加利福尼亚州洛斯巴诺斯市附近，收发两站相距 185km。发射天线有两个阵列：第一个阵列由 18 个垂直极化对数周期天线单元组成；第二个阵列由 18 个折迭三角形单极子天线单元组成。接收天线阵列由 256 对间隔 10m 的 5.5m 长垂直鞭状天线组成；每对鞭状天线产生带零值的心脏形波瓣，可抑制背瓣。研究团队开展了高频反向散射雷达信号时域自适应波束形成研究和高频反向散射雷达在线自适应波束形成能力研究，实测结果表明，与传统波束形成相比，自适应波束形成的输出信干噪比提高了 10～20dB。

美国俄亥俄州立大学的 Compton 等人则在美国海军研究办公室项目支持下，结合单信道扩频通信系统、TDMA 卫星通信系统和遥感器通信系统等 3 个军用通信系统，采用 LMS 算法，开展了面向通信应用的自适应天线零陷控制抗干扰算法验证测试，目的是评估实际环境中通信系统自适应天线阵列的性能。在他们发表的四元自适应阵列实验系统论文中，还讨论了实际系统中出现的一些棘手问题及其解决办法。

1976 年 9 月，IEEE Transactions on Antennas and Propagation 第二次出版了自适应天线专辑，总结了零陷自适应控制阶段的发展。该专刊除了介绍 Applebaum 团队和 Widrow 团队的开创性成果，还从噪声源模拟、次优预处理、波束加权、部分自适应阵列、唯相位自适应和模拟器测试方案等 6 个方面介绍了上述的研究成果。

由于早期受条件限制，以上自适应阵列的验证测试系统基本上都是采用模拟电路实现的，硬件系统与算法完全绑定，因此系统缺乏灵活性。

1.4 自适应数字波束形成技术

随着计算机和数字技术的发展，采用模数变换将接收天线阵各阵元输出的中频或基带信号转换成数字信号，然后通过数字电路进行自适应权重系数计算和权重处理成为可能。另外，在早期的自适应波束形成算法的基础上，人们提出了基于线性约束的自适应波束形成算法等更加实用的算法，这些算法需要对整个阵列各阵元接收信号进行整体处理，原先基于阵元各自反馈回路的自适应模拟波束形成已经不能适用，因此从 20 世纪 80 年代开始，人们开始研究基于数字处理的自适应波束形成技术，即自适应数字波束形成技术，并在 1986 年 3 月，IEEE Transactions on Antennas and Propagation 第三次出版了自适应天线专辑，总结了面向实际系统应用背景下自适应数字波束形成技术的早期发展成果，包括自适应期望信号方向约束、自适应算法与技术、面向应用的研究进展、空间谱估计 4 个方面。

在自适应期望信号方向约束方面，初步的研究和应用发现，设置的波束指向与实际的期望信号方向只要存在小的偏差，就会对自适应波束形成的性能造成比较大的影响，进而会抑制期望信号。Buckley 和 Griffiths 提出了一种具有导数约束的宽带自适应广义旁瓣相消器，通过在一组期望信号方向的宽带导数约束下，最小化阵列输出信号方差来解决这个问题。他们将此应用于广义旁瓣对消结构。Er 和 Cantoni 在他们自己提出的导数约束的基础上，提出了一组新的线性约束，用于设计宽带阵元空间自适应波束形成处理器，以提高系统存在波束指向误差和阵列其他误差、失配情况下自适应天线阵列的稳健性。这些早期的开创性工作，引领了自适应数字波束形成领域后续的一个重要研究方向——稳健自适应数字波束形成技术。

在自适应算法与技术方面，考虑到实际的雷达天线通常有成百上千个天线阵元，其自适应波束形成处理的数字电路会非常复杂，Ward、Hargrave 和 McWhirter 设计了一种基于三角形脉动（Systolic）阵列的并行计算架构，以非常有效的流水线方式实现了一种基于 Givens 旋转和 QR 分解的自适应数字波束形成算法（QRD-SMI），该并行计算架构非常适合采用专用的超大规模集成电路（VLSI）硬件实现，为解决大阵列天线自适应波束形成的数字硬件实现问题创出了一条可行的技术途径。与此同时，斯坦福大学的 Widrow 团队在解决相干干扰源自适应零陷问题的过程中，提出了一种巧妙的子阵并行自适应波束形成的处理结构，该结构通过空间平滑处理的最大似然估计实现了保持对期望信号全阵列增益条件下的相干干扰抑制，同时为大阵列天线自适应数字波束形成指出了一条分块并行的新路。这些早期的开创性工作，引领了自适应数字波束形成领域后续的另一个重要研究方向——大阵列天线自适应数字波束形成技术。

在面向应用的研究进展方面，麻省理工学院林肯实验室的 Mayhan 针对地球同步轨道卫星对地通信，研究比较了相控阵天线和基于自适应数字波束形成的多波束天线两种方案，考虑了满阵、高增益单元天线的稀疏阵列、低增益单元天线的稀疏阵列 3 种类型，从天线阵对覆盖区外干扰源的易感性、低增益稀疏阵列链路裕度降低的影响、抗干扰零陷对扩频通信系统的带宽限制 3 个方面对两种方案的性能进行了比较。结果表明，基于自适应数字波束形成的多波束天线方案明显优于相控阵天线方案。俄亥俄州立大学的 Gupta 等人针对来自邻近卫星或地面站的微弱干扰信号的场景，提出了阵列权重反馈回路的改进方案，通过降低环路相关器两个输入噪声分量之间的相关性来降低反馈环路中的噪声电平，解决了传统的自适应天线阵列无法抑制弱干扰信号的难题。这些研究成果为自适应数字波束形成技术在通信、雷达、声呐领域的工程化应用打下了基础。

从 20 世纪 80 年代到现在，自适应数字波束形成技术一直是天线和信号处理领域的研究热点，为便于总结自适应数字波束形成技术后续的发展脉络，1.5 节～1.8 节分别从稳健自适应数字波束形成技术、大阵列天线自适应数字波束形成技术、自适应数字波束形成技术在雷达领域的应用、自适应数字波束形成技术在通信领域的应用 4 个方面介绍自适应数字波束形成技术后续研究的概况。

1.5 稳健自适应数字波束形成技术

自适应数字波束形成算法通常基于一些关于阵列的理想假设，根据阵列接收到的环境信息数据调整阵元权重系数向量。在这些理想的假设条件下，天线阵列可以得到较好的性能。但在实际应用中，由于快拍数有限或期望信号来波方向估计误差、天线阵列各阵元安装位置误差、各阵元接收通道的幅相不一致等阵列非理想因素的存在，传统的自适应波束形成算法性能将会下降。例如，最小方差无失真响应（Minimum Variance Distortionless Response，MVDR）算法（也称为 Capon 波束形成算法）在快拍数据中含有期望信号时对导向矢量的误差很敏感，当期望信号方向估计不准确时，自适应波束形成器有可能会把期望信号当作为干扰而加以抑制。因此，为使自适应波束形成器可以在更加复杂的信号环境中稳健地工作，达到更好的处理性能，许多研究者致力于稳健自适应数字波束形成技术研究，提出了很多稳健自适应数字波束形成算法，这个领域的研究工作主要包括以下几个方面。

1.5.1 附加线性约束类算法

采用附加的多点约束、导数约束或积分约束，可以展宽自适应波束主瓣或干扰零陷宽度，在一定程度上克服对指向误差的敏感性，从而提高波束形成器的稳健性。但附加的约束条件，占用了系统的自由度，同时增加了系统的复杂性。而且如果约束条件不适当，则可能使算法变得不收敛或收敛缓慢。麻省理工学院林肯实验室的 Zatman 证明了干扰导向矢量的附加线性约束算法在数学上等同于协方差矩阵锥削（Covariance Matrix Tapering，CMT）类算法，该类算法通过展宽干扰零陷宽度，使算法在干扰源移动或宽带干扰下具有稳健性。

1.5.2 对角加载类算法

采样快拍数不足或非均匀的检测环境会造成协方差矩阵估计误差，进而造成主瓣方向图失真、天线增益下降、副瓣电平抬升。最初的对角加载算法是麻省理工学院林肯实验室的 Carlson 在 1988 年提出的，该算法人为地给样本协方差矩阵的对角线元素增加一个常数，来增加人工白噪声的方差，从而使阵列协方差矩阵的噪声特征值扩散程度减少，降低协方差矩阵估计误差对自适应波束性能的影响。实际使用效果表明，该算法可以有效克服因采样快拍数不足、期望信号指向偏差、阵列通道不一致等造成的主瓣方向图失真、副瓣电平抬升等问题，是一种广泛被采用的稳健自适应数字波束形成算法。对角加载类算法的关键是加载量的选取，加载量太大会影响干扰抑制效果，加载量太小又会影响稳健性能。有许多学者对此开展了研究，比较典型的有：选取背景噪声的 5～10dB 作为加载量的；采用自相关矩阵对角元素的标准差作为加载量的；采用收缩估计计算加载量的；采用可变加载量进行迭代计算的等。综合来看，对于对角加载类算法，加载量的选择是让波束形成器在自适应性和稳健性之间做出一个权衡，算法在提升稳健性的同时，会使抗干扰性能有一定程度的下降。

1.5.3 特征投影类算法

特征投影类算法也称为特征子空间类算法。最初的特征投影自适应数字波束形成算法由南加州大学的 Feldman 和 Griffiths 在 1991 年提出，其主要思路是对阵列采样信号的协方差矩阵进行特征分解，得到信号子空间，然后将预设的期望信号导向矢量往信号子空间上投影，得到新的导向矢量，据此来修正由于期望信号指向偏差、阵列通道不一致等非理想因素导致的期望信号导向矢量误差，实现稳健自适应数字波束形成。当特征子空间的划分准确时，特征投影算法可以很好地应用于具有任意导向矢量失配的场景。但是，由于在低信噪比时，极易发生子空间缠绕，进而使得信号加干扰子空间的估计失败，因此该算法通常只适用于高信噪比的场景。针对这个问题，也有不少学者开展了相关研究，其中一种改进方法是利用样本协方差矩阵的特征向量与假设的期望信号导向矢量的相关度来寻找包含足够期望信号成分的投影子空间，该改进算法不需要信源数估计，并且可提升低信噪比条件下特征投影算法的性能；另一种改进算法是将投影子空间的选取问题转化为投影后导向矢量的估计问题，通过添加二次型约束，来提高特征投影算法在低信噪比条件的性能。

1.5.4　不确定集约束类算法

最小方差无失真响应（MVDR）算法可以自适应地选择权重系数向量，以最小化受线性约束的阵列输出功率，是一种具有较好的分辨率和干扰抑制能力自适应波束形成算法，前提是要求期望信号相对应的阵列导向矢量准确已知。当预设的期望信号到达角和真实到达角之间存在差异，或者预设的阵列导向矢量和真实的阵列导向矢量之间存在差异（存在阵列校准误差）时，其性能可能会变得比传统的波束形成器的性能更差。为此，有不少学者开展了针对 MVDR 算法的稳健性研究。由于雷达等的应用场合，接收期望信号的指向总是与雷达发射波束的指向相对应的，虽然因目标的运动，接收期望信号的指向与发射波束的指向有偏差，但总是落在一个已知的范围内的。另外，阵列的通道幅相不一致也是有一定范围的。因此，人们可以利用这些先验信息确定导向矢量的不确定范围，这个不确定范围通常可以建模成一个椭圆形的不确定集。不确定集约束类算法就是针对给定的不确定集中的导向矢量，设置一个导向矢量的约束参数，再来优化和求解最佳的权重系数，从而达到稳健自适应波束形成的目的。2003 年，加拿大 McMaster 大学的 Vorobyov 等人提出了一种最差导向矢量估计情况下性能最优化的稳健自适应数字波束形成方法，其基本思路是假设导向矢量的估计值和真实值之间的误差存在范数上界，使得波束形成器能够在最差的情况下得到最优的输出信干噪比，该算法通过建立二阶锥规划（SOCP）的优化问题，借助数值优化方法进行求解。2003 年，美国佛罗里达大学的 Li Jian 等人提出了基于导向矢量不确定集约束的稳健 MVDR 算法，并在此基础上增加导向矢量模约束，提出了双约束稳健 MVDR 算法，给出了这两种算法准确的阵元权重系数向量表达式，以及最优加载电平的计算方法。以上的不确定集约束类稳健算法能够有效地减少对于导向矢量失配的敏感度，也各自证明了其本身都属于对角加载类算法，对角加载因子可通过导向矢量的不确定集计算得出。

1.5.5　盲自适应波束形成类算法

盲自适应波束形成类算法不需要阵列的先验知识，可以在不知道阵列流形、信号和干扰角度的情况下，仅根据各个阵元的观测数据，并利用信号的一些特征，如恒模性质、高阶累积量特性及循环平稳性质等，进行波束形成和恢复出信号。因为该类算法不依赖于阵列的先验知识，所以对阵列幅相误差和系统误差不敏感，有较好的稳健性，特别适用于期望信号波形特性已知而来波方向未知的移动通信领域。因此，近年来盲自适应波束形成类算法成为自适应数字波束形成领域的一个研究热点。

总体来看，稳健自适应数字波束成形还有许多有待研究和提高的地方，这些稳健算法的工程应用还需在减少所需要的先验信息并大幅降低运算量上做进一步的工作。

1.6 大阵列天线自适应数字波束形成技术

为了使阵列天线系统具有足够的角度分辨能力，天线必须有足够大的口径。而确保阵列天线波束在空间有比较大的电扫描范围，阵列天线上相邻阵元之间的间距就必须足够小。因此，一个二维电扫描天线阵的阵元个数通常有数百个甚至几千、几万个。对于拥有上千个阵元的大阵列天线，自适应波束形成算法在硬件实时处理时会出现运算量大和数据汇聚流量大的难题。为了在大阵列天线上实现自适应数字波束形成算法，许多学者从多个途径开展了相应的自适应波束形成技术研究，迄今为止，主要有稀布阵技术、部分自适应处理技术、并行自适应处理技术和快速自适应波束形成技术。

1.6.1 稀布阵技术

稀布阵技术是对天线阵元在阵列孔径上进行稀疏布置。在阵元数相同的条件下，把阵元间距拉大就可以使整个天线孔径变大，从而可以得到更窄的天线波束，提高了雷达系统的空间分辨率。但是稀布阵用较少数量的天线单元获得窄的波束是有代价的，它的副瓣会提高；能量利用率会下降，从而使得天线增益也会比相同孔径的满阵天线低；阵元间距增大，还会导致天线波束在大角度扫描时出现栅瓣。为了避免稀布阵天线出现栅瓣，稀布阵列天线的阵元间距通常设计成非均匀的，其阵元分布还需要通过优化，以降低方向图的副瓣电平。常用的稀布阵阵元分布优化算法除了传统的动态规划、正交优化、最小最大优化、最小均方优化、遗传算法等，近几年还有蚁群算法、粒子群算法、二元进化算法等。采用稀布阵以后，天线阵面上阵元分布不均匀，给自适应数字波束形成带来了困难。为此，有学者提出了相应的解决方案，包括：遗传算法（GA）结合最小二乘（LMS）算法的 GA-LMS 自适应优化算法；结合凸优化的 MVDR 波束形成算法等。采用稀布阵技术所能减少的阵元数是有限的，一般最多为 50%左右。

1.6.2 部分自适应处理技术

针对大阵列天线，为了实现自适应波束形成的实时处理，在工程应用中常常采用部分自适应处理，即只利用部分自适应自由度，其余的自适应自由度被舍弃或转化为约束自由度。部分自适应处理技术可以降低自适应算法运算量，加快算法的收敛速度，从而易于自适应数字波束形成算法的实时处理实现。最早提出大阵列天线部分自适应处理方法的是雪城大学的 Chapman 教授，他在 1976 年提出了通过一个降秩变换将高维的阵列接收向量变换至低维进行自适应处理的部分自适应处理方法，考虑了 3 种降维子阵的配置方式，即邻近单元组成子阵、类似透镜天线的波束空间组成子阵、行或列单独组成子阵，然后以子阵为基础进行自适应处理，并分析了阵列误差对系统性能的影响，但他未能给出最佳的降秩变换准则。由于部分自适应处理技术具有其特定的优势和潜在的应用前景，因此日益被重视，对部分自适应处理技术的研究也非常活跃。这方面的研究总体上可分为阵元空间部分自适应处理技术、波束空间部分自适应处理技术两个方面。

1. 阵元空间部分自适应处理技术

阵元空间部分自适应处理技术又分为子阵级部分自适应处理技术和阵元级部分自适应处理技术。区别两种方法的主要因素是利用子阵还是部分阵元来做自适应数字波束形成处理。

阵元级部分自适应处理技术的基本方法是，选取全阵列中部分单元进行自适应加权控制。1978 年，Morgan 针对采用主天线加辅助阵的自适应天线系统，研究了辅助天线的几何布阵特性及干扰入射角对波束形成的影响，给出了粗略的方法来选取并组合某些阵元以形成辅助阵。

子阵级部分自适应处理技术是将多个天线单元组合为一个子阵，以子阵为单位进行自适应加权控制，从而显著减少自适应处理的运算量。不同的子阵结构形式会带来不一样的自适应波束形成效果，因此子阵结构形式的选取是部分自适应波束形成的一个关键的问题。子阵结构形式按子阵中阵元重叠使用与否分为重叠子阵、非重叠子阵。非重叠子阵又可分为交叉子阵或非交叉子阵。根据子阵中阵元数的相同与否，又可以分为均匀子阵、非均匀子阵。如果阵列本来是稀疏的，那么还可以构成稀疏子阵结构。最简便的子阵结构形式是大小相等的、邻接的、均匀子阵结构，称为简单子阵法，但该方法存在明显缺点，即各子阵的相位中心通常超过半波长，甚至是几个波长，导致阵列天线方向图出现栅瓣。为避免栅瓣问题，常用的几种子阵划分方法有零点对消的均匀子阵划分、随机非均匀子阵划分、低副瓣非均匀子阵划分等。基于子阵的部分自适应数字波束形成处理通常分成两级处理：第一级是对每个天线阵元的移相和加权处理，用来控制天线阵的波束指向和副瓣电平；第二级是子阵级的自适应权重计算与数字波束形成处理。为降低天线阵的副瓣电平且保证对干扰信号的抑制性能不显著下降，有学者提出了归一化法、最优失配法、子空间投影法等子阵级部分自适应处理方法。

2. 波束空间部分自适应处理技术

波束空间最常见的是傅里叶基波束张成的空间，通常采用离散傅里叶变换将数据从阵元域变换到波束域，即可同时得到多个正交波束。波束空间的部分自适应处理就是指在波束域选取部分波束进行自适应处理。早期典型的波束空间部分自适应处理方法有 Gabriel 方法和 Adams 方法。Gabriel 方法选取指向干扰方向的波束作为辅助波束，用辅助波束的主瓣对消主波束的副瓣；而 Adams 方法选取主波束的邻近波束作为辅助波束，用辅助波束的副瓣对消主波束的副瓣。这两种方法的性能也存在一些差别，Adams 方法利用了多波束副瓣零点对齐的特性，主波束和辅助波束的副瓣干扰信号具有较好的相关性，能够在副瓣区形成较宽的抗干扰零陷凹口，从而有利于抑制空余连片密集的干扰。这两种方法都可以看作是基于广义旁瓣相消器的部分自适应处理方法的特例。

1987 年，威斯康星大学的 Van Veen 提出了一种基于输出功率最小化的部分自适应波束形成器设计方法，解决了 Chapman 没有解决的降秩变换矩阵设计问题。该方法在基于广义副瓣对消（GSC）的线性约束最小方差波束形成器（LCMV）上，采用输出干扰功率最小化的优化准则，推导了逐列计算辅助对消通道降秩变换矩阵的计算公式。该方法适用于任意阵列几何形状和干扰特性，并可以较好地结合干扰的先验信息，但该降秩变换矩阵的计算方法比较复杂。1988 年，Van Veen 在此基础上又提出了一种基于特征结构的部分自适应阵列设计，采用特征分解的方法计算降秩变换矩阵。此后，Carhoun、Goldstein 等人先后提出了降秩变换矩阵计算的主分量法（PC-GSC）、交叉谱法（CS-GSC），进一步发展了基于特征结构的部分自适应数字波束形成方法。降秩多级维纳滤波器（RR-MWF）法则通过一系列的阻塞矩阵来逐级降低自适应处理的维数，避免了复杂的矩阵特征值分解。近年来，还有学者提出采用联合迭代优化的方法，求解降秩变换矩阵和最优降秩权重系数，进一步提高了算法的性能。

1.6.3 并行自适应处理技术

针对大阵列天线的自适应数字波束形成处理面临数据汇集压力大、计算量大等问题，分布式并行处理是一个比较好的解决途径。并行自适应处理技术主要包括两大类：一类是通过脉动架构实现的脉动并行自适应处理技术；另一类是通过分布式并行计算实现的分块并行自适应处理技术。

1. 脉动并行自适应处理技术

通过脉动结构实现的脉动并行自适应处理技术可以不必求出自适应权而直接得到自适应波束输出，运算量比非脉动并行的自适应算法虽然大很多，但它具有高度并行性，这种以运算冗余度增加来换取并行度增加的方法常常可以满足实时处理对数据吞吐率的要求。1991 年，K.Teitelbaum 报告了麻省理工学院林肯实验室自适应数字波束形成试验雷达的研制和试验情况，他们在通用的数字信号处理器平台上采用脉动结构实现了基于 QR 分解的对角加载样本协方差矩阵求逆（SMI）自适应数字波束形成算法，在一维俯仰方向对干扰信号的抑制达到了 65dB，验证了脉动结构实现并行自适应数字波束形成算法的技术可行性。在 Ward 等人的脉动架构 QRD-SMI 算法的基础上，不少学者开展了脉动并行自适应处理技术研究，先后提出了脉动递归最小二乘法（QRD-RLS）、脉动最小方差无失真响应算法（QRD-MVDR）、脉动线性约束最小功率算法（QRD-LCMP）、脉动线性约束递归最小二乘法（QDR-CRLS）、脉动约束可调线性约束最小方差算法等，提高了算法的计算效率、多干扰抑制能力和稳健性等自适应数字波束形成的性能。此外，还有不少学者在此基础上开展了算法的 FPGA 实现、超大规模专用集成电路设计与实现、片上系统设计与实现等工作，许多实际装备的雷达采用了基于脉动架构的自适应数字波束形成处理器。

2. 分块并行自适应处理技术

分块并行自适应处理技术可以在通用的分布式处理平台上实现自适应数字波束形成处理。与脉动并行自适应处理技术相比，分块并行自适应处理技术不仅解决了大阵列天线自适应数字波束形成的大规模实时计算难题，还避免了全阵大容量数据汇聚的问题。1996 年发表的分块并行递归最小二乘算法（ERLS）对递归最小二乘法（RLS）在算法层面进行了改造，在自适应处理时将阵列接收的采样数据划分成若干个数据块，每个数据块相对独立地进行自适应迭代运算，在运算过程中也用到了全阵在迭代处理过程中的少量标量数据，通过这种方式实现全阵的自适应处理。在实际实现时，可以将整个天线阵面划分成若干个子阵面，每个子阵面设计一个自适应处理器，从而通过分布式并行计算完成全阵的自适应波束形成处理。分块并行自适应处理技术表面上看像是基于子阵的算法，但与传统的子阵处理技术不同，算法是在全阵所有阵元上进行自适应处理的，而不是在子阵级进行自适应处理的，实际的天线波束扫描和干扰抑制性能也是与全阵自适应算法相同的，阵列的自适应自由度也没变化。此后，清华大学的汤俊教授提出了异步分块并行递归最小二乘算法（SARLS），更方便硬件实现。南京理工大学提出了分块并行的线性约束最小方差算法（SLCMV）、分块并行的最小均方算法（PLMS）、分块并行的稳健递归线性约束最小方差算法（PRRLCMV），可以和 SARLS 算法达到一样的收敛速度，而且算法稳健性更好。

1.6.4 快速自适应波束形成技术

1983 年，针对大阵列天线的自适应数字波束形成处理，Hung 和 Turner 提出了一种快速波束形成算法，即正交化算法（又称为 Hung-Turner Projection，HTP 算法）。考虑天线阵元个数为 K，快拍数为 M，通常 $M \ll K$，该算法的运算量接近 KM^2，远小于 SMI 算法的运算量 K^2M，且能有效对消掉干扰。后来，Gershman 对该算法进行了改进，把导数约束和正交化算法相结合，提出了约束正交化算法，以使正交化算法能够有效对消掉宽带干扰。J.H.Lee 等人提出了一种有效的快速波束形成算法，由子阵的特征空间估计整个阵列的信号子空间。他们又利用代数分解，用高效的方法来获得二维平面阵列的阻塞矩阵，避免了特征值分解带来的大运算量。Sarkar 等人提出了只利用单次快拍数据计算权重系数的直接数据域自适应波束形成算法，波束形成的效率得到了进一步的提高。可以看到，寻找更高效、性能更好的自适应数字波束形成算法一直是大家研究的目标。

1.7 自适应数字波束形成技术在雷达领域的应用

根据自适应数字波束形成的机理，数字波束形成在发射和接收模式下均可实现，但一般认为在接收模式下更能发挥其优点，也较容易实现。因此，初期声呐和雷达领域的数字波束形成研究主要集中在接收数字波束形成上。1980 年，首个公开报道的西德 ELRA 相控阵雷达是最早的接收数字波束形成试验雷达，该雷达工作于 S 波段，采用收发分离的圆形稀布阵列，接收天线阵面上 768 个天线阵元划分成 48 个子阵，每个子阵有 16 个阵元。天线阵面由移相器来控制波束扫描，在子阵级开展数字波束形成的处理工作，同时得到和波束、方位差波束、俯仰差波束 3 个波束的输出信号。此后，美国、英国、法国、日本、荷兰、瑞典等国家相继开展了接收数字波束形成雷达的研究。20 世纪 70—80 年代开展的这类研究基本上都是一些试验和验证系统。

20 世纪 80—90 年代，一批工程实用化数字波束形成雷达开始装备使用，主要有荷兰的 MW08、SMART-L、SMART-S 舰载多波束三坐标雷达、美国的 AN/TPS-71 可移动式超视距雷达（ROTHR）、日本的 OPS-24 舰载有源相控阵雷达、瑞典爱立信公司的“长颈鹿”系列敏捷多波束雷达。

20 世纪 90 年代以后，各种性能先进的数字波束形成雷达的研究和工程应用更加广泛深入，有代表性的是英国的多功能电扫描自适应雷达（MESAR），它的舰载衍生型——有源多功能相控阵雷达（SAMPSON）及其简化版（SPECTAR），以及与国际合作的宽带自适应数字波束形成雷达等。以上这些研究，为真正意义上的收发全数字波束形成的数字阵列雷达研究打下了基础。

随着半导体器件技术的发展，有源相控阵雷达接收和发射都采用了数字波束形成技术，数字阵列雷达的概念应运而生。由于数字阵列雷达波束扫描所需的移相是在数字域实现的，因此对移相在射频域实现的有源相控阵雷达而言，数字阵列雷达的系统性能有了很大提升，一是具有低副瓣、大动态、波束形成灵活等特点，对复杂环境下的隐身目标、弹道导弹及巡航导弹等非常规威胁目标有好的探测性能；二是采用灵活的模块化结构形式，通过扩充和重构，满足多样化任务需求；三是采用开放式、通用化的体系结构，具备良好的升级和扩展能力，可实现多平台、系列化发展。

在国内，各大科研院所紧跟雷达技术的发展前沿，在自适应数字波束形成技术和雷达数字化领域积极探索，在接收数字波束形成技术、发射数字直接频率合成技术和数字阵列雷达技术领域取得了大量的科研成果，部分产品的技术水平已经达到国际领先或国际先进水平。

自适应数字波束形成技术的漫长发展历程推动了雷达数字化的发展。数字阵列雷达的出现在一定程度上代表了未来雷达技术的发展方向，也为自适应数字波束形成技术的进步提供了更大的舞台。

1.8 自适应数字波束形成技术在通信领域的应用

自适应数字波束形成技术在通信领域的应用主要包括星载卫星通信和蜂窝移动通信两个方面。

1.8.1 自适应数字波束形成技术在星载卫星通信领域的应用

由于卫星通信的开放性，通信卫星上、下行链路均易受干扰。因此，采用自适应波束形成技术抑制干扰的最初研究驱动力就是来自卫星通信的需求。由于卫星通信载荷研制和验证的复杂性，20 世纪末以前的相关研究工作大量集中在关键技术攻关、试验系统研制和地面性能测试等方面。1991 年，麻省理工学院林肯实验室报道，他们针对同步轨道极高频（Extremely High Frequency，EHF）频段卫星通信的需求，研制了一款轻量化自适应调零多波束星载天线试验系统，该天线系统由 7 个透镜天线及其馈电网络组成，可形成 127 个点波束，在 2GHz 的带宽内对干扰信号的抑制优于 30dB；1995 年有公开报道加拿大资助研制了一个能实现宽角覆盖的 45GHz 频段同步轨道军用卫星通信试验系统。该系统采用反射面架构的多波束天线，一个口面直径约为 81 个波长的抛物面作为反射器，馈源阵则由 121 个圆喇叭天线组成，经过波束形成网络，该天线能产生 70 个点波束，覆盖俯仰角为 8°的地面圆形区域。实测结果表明，该多波束天线的副瓣和交叉极化可达−25dB，抗干扰零陷深度可达 30dB。

进入 21 世纪后，随着技术的发展，多款配置了数字波束形成天线阵的卫星系统陆续投入运行，其自适应数字波束形成天线系统包括馈电反射面天线和直接辐射天线两大类。其中，馈电反射面天线的典型代表包括第四代 Inmarsat 卫星天线、Thuraya 卫星天线、Alphasat XL 卫星天线等。直接辐射天线的典型代表包括 ICO 卫星 L 频段天线、哈里斯公司 ADS-B 软件定义天线、美国 Spaceway-3 卫星的 X 频段数字多波束天线、NeLS 低轨星座 X 频段数字多波束天线、SatixFy 公司 Ku 频段数字多波束天线和 O3B 增强星座天线等。

1.8.2 自适应数字波束形成技术在蜂窝移动通信领域的应用

在蜂窝移动通信领域，与传统的单天线或切换波束天线相比，自适应数字波束形成阵列天线同样有着显著的优越性。主要体现在通过自适应数字波束形成，基站可以同时形成多个窄波束覆盖所通信的空域，从而在时分多址（TDMA）、频分多址（FDMA）、码分多址（CDMA）的基础上通过空分多址（SDMA）大大增加系统的通信容量，因此从第二代蜂窝移动通信商业化运行阶段开始，世界各大通信公司就纷纷开展了基于自适应数字波束形成的移动通信基站智能天线研究。美国 Array Comm 公司率先推出了采用智能天线系统的无线本地环路。在日本用基于智能天线的 PHS 基站进行了现场实验，结果表明该技术可以使系统容量提高 4 倍。欧洲通信委员会在 RACE（Research into Advanced Communication in Europe）计划中开展了 TSUNAMI（The Technology in Smart antennas for Universal Advanced Mobile Infrastructure）子计划，采用所建造 8 阵元智能天线的实验系统开展 MUSIC 算法和两类不同的自适应算法，即 NLMS（Normalized Least Mean squares）算法和 RLS（Recursive Least Square）算法的性能验证。欧洲通信委员会还在 ACTS（Advanced Communication Technologies and Services）计划中进行了第二阶段的智能天线技术研究。研究的内容包括最优波束形成算法、系统协议研究和系统性能评估、多用户检测与自适应天线的结合、时空信道特性估计、微蜂窝优化与现场实验。在中国，信息产业部电信科学技术研究院所属的信威公司成功地开发出采用智能天线的 S-CDMA 无线本地环路产品，并推广应用于我国提出的 TD-SCDMA 第三代移动通信系统中。华为、中兴通讯也都有专门技术团队进行智能天线方面的研究。从第三代移动通信系统开始，国际电信联盟（ITU）的标准都把采用智能天线技术列为基站的重要内容。目前智能天线技术已经应用于 5G 移动通信基站，智能天线从一维扫描自适应数字多波束技术向二维扫描多输入多输出（MIMO）技术发展，并将在未来的移动通信体制中继续占有重要地位。

1.8.3 移动通信中与雷达中的智能天线的异同

由于移动通信系统和雷达系统的工作环境、信号特性和处理方式的差异，两者采用的智能天线有相同的地方，也存在许多差异。

相同之处主要包括 3 个方面：其一，两者具有相同的系统架构，对于接收阵列，系统主要由天线辐射单元、微波收发组件（通道接收机）、多通道模数变换、软件无线电处理电路和 DBF 处理器等组成；其二，两者具有相同的功能，都需要自适应地形成数字波束，主瓣对准用户或目标、副瓣或零陷对准干扰；其三，两者采用算法和信号处理过程相同，都需要采用自适应数字波束形成算法计算阵元加权系数，对接收或发射的数据进行加权处理得到波束输出。

不同之处主要包括以下 4 个方面：其一，自适应算法跟踪的目标或用户的数量不一样，移动通信系统一个小区内一般至少有 20 个用户，而雷达系统同时跟踪的目标一般不超过 10 个；其二，阵列天线的规模不同，移动通信系统基站覆盖范围基本固定且用户信号动态范围不大，阵列规模不需要很大，目前一般不超过 16 个阵元，而雷达系统作用距离远目标回波信号动态范围大，对阵列的增益要求高，阵列规模普遍较大，一般需要上千个阵元；其三，工作环境的信道特性不同，移动通信系统大多数在城市的楼宇之间，信道存在多径衰落和时变性，接收环境因用户随机移动产生多变性，从而使得智能天线的实现更为复杂，而雷达系统的信道特性相对简单，一般为直达波，如地面雷达探测空中目标或机载雷达探测地面目标等；其四，采用的波束优化准则和技术不同，移动通信系统除了待通信的目标用户的期望信号为有用信号，其他用户发射的信号均看作是多用户干扰信号。由于功率控制的作用，它们的强度大体上一致，即干扰均匀分布，因此简单的零陷处理不能解决问题，通常需要采用自适应空间滤波技术，保留期望信号的来波方向，同时抑制多用户干扰方向；而雷达系统为了检测弱目标信号，需要用波束零陷技术排除人为发射的若干个强电子干扰。因此，两者采用的优化准则和优化技术不同。

参考文献

[1] 王永良，丁前军，李荣锋. 自适应阵列处理[M]. 北京：清华大学出版社，2009.
[2] Harry L. Van Trees 著. 最优阵列处理技术[M]. 汤俊，译. 北京：清华大学出版社，2008.
[3] 龚耀寰. 自适应滤波——时域自适应滤波和智能天线[M]. 北京：电子工业出版社，2003.
[4] 廖桂生，陶海红，曾操. 雷达数字波束形成技术[M]. 北京：国防工业出版社，2017.
[5] 葛建军，张春城. 数字阵列雷达. 北京：国防工业出版社[M]，2022.
[6] 王红霞，潘成胜，宋建辉. 星载智能天线波束形成技术[M]. 北京：国防工业出版社，2013.
[7] 常晋聃，甘荣兵，郑坤. 干扰环境下的自适应阵列性能[M]. 北京：国防工业出版社，2022.
[8] 金荣洪，耿军平，范瑜. 无线通信中的智能天线[M]. 北京：北京邮电大学出版社，2006.
[9] 杨维，陈俊仕，李世明，等. 移动通信中的阵列天线技术[M]. 北京：清华大学出版社，2005.
[10] 冯地耘，陈立万，王悦善. 自适应波束形成与高性能 DSP[M]. 成都：西南交通大学出版社，2007.
[11] R C Hansen: Special issue on active and Adaptive Antennas[J]. IEEE Transactions on Antennas and Propagation, 1964, 12(2).
[12] William F Gabriel. Special issue on Adaptive Antennas[J]. IEEE Transactions on Antennas and Propagation, 1976, 24(5).
[13] William F Gabriel. Special issue on Adaptive Processing Antenna Systems[J]. IEEE Transactions on Antennas and Propagation, 1986, 34(3).
[14] 吴曼青. 大有作为的数字阵列雷达[J]. 现代军事. 2005:46-49.

第 2 章　数字波束形成的基础

2.1　引言

本章从波束形成出发，介绍数字波束形成所涉及的有关概念、模型、基本原理、基本方法及相关的基础知识，为后续各章的展开奠定基础。

2.2　波束形成的概念

波束形成，简言之，就是把阵列天线中各单元天线的接收信号加权求和或延时加权求和，其输出将针对不同方向的来波信号形成不同的增益。通过波束形成，可以使阵列天线总的方向图具有一定的形状，在某些方向有高增益的主瓣，而在另外一些方向有低增益的零陷，因此波束形成又称为空域滤波。阵列天线波束形成的示意图如图 2.1 所示。

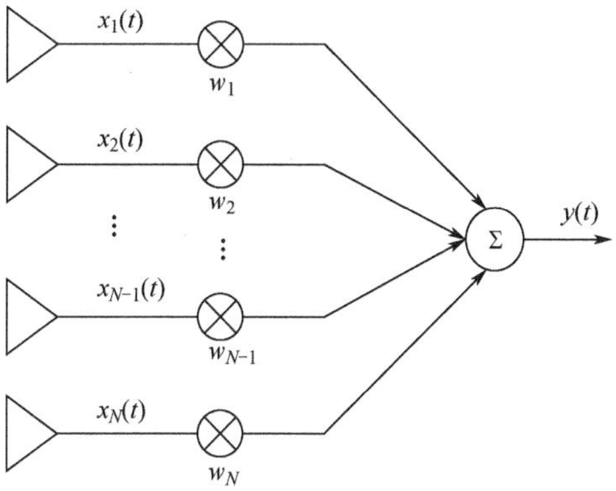

图 2.1　阵列天线波束形成的示意图

考虑一个由 N 个阵元构成的阵列天线，其波束形成输出可以表示为

$$y(t)=\sum_{n=1}^{N} w_n^* x_n(t)=\begin{bmatrix} w_1^* & w_2^* & \cdots & w_N^* \end{bmatrix}\begin{bmatrix} x_1(t) \\ x_2(t) \\ \vdots \\ x_N(t) \end{bmatrix} \tag{2.1}$$

式中，w_n 和 $x_n(t)$ 分别为第 n 个单元天线的幅相加权系数和接收信号。

波束形成可以用数字方式在基带实现（数字波束形成，Digital Beamforming，DBF）或用模拟方式在微波或中频上实现。波束形成还可分为输入信号数据独立和依赖两种类型。输入信号数据独立波束形成器是根据系统要求设计的，不需要阵列输入信号的知识。自适应波束形成器则是利用现时的输入信号采用自适应算法计算各阵元的幅相权重系数并对阵列各阵元的接收信号进行波束形成处理。

2.3 阵列天线

天线是用于发射或接收电磁波的设备，是无线通信系统中至关重要的组成部分。阵列天线是由若干离散的辐射单元按一定规律排列在一起构成的天线系统，以产生强方向性的辐射。相对于天线单元，阵列天线能够实现高增益、低副瓣，以及特定波束、多波束等优势，能满足特定工作环境下的性能要求。

阵列天线中的单个天线称为天线单元，可以是简单的弱方向性天线（如偶极子、对称振子等），也可以是较复杂的天线（如抛物面天线等）。阵列天线的性能由辐射元的性能、辐射元的位置、激励信号的幅度和相位确定。阵列天线辐射元的排列形式按阵元位置分类主要包括以下几种。

（1）直线阵：多个辐射元的中心排列在一条直线上。

（2）圆阵：辐射元中心排列在一个圆弧上。

（3）面阵：辐射元中心排列在一个面上。

阵列天线辐射元的排列形式按阵元间距分类主要包括以下几种。

（1）均匀阵列：阵元间距相等。

（2）非均匀阵列：阵元间距不相等。

2.3.1 阵列天线的基本指标

天线各种参数的定义在各类书籍中已有比较详细全面的讨论。本节以发射阵列为例，给出一些和本书内容相关的衡量阵列天线性能的基本指标参数及其定义。

（1）单元方向图（Element Pattern）。天线的方向性通常是指辐射场振幅随方向的变化而变化的特性。方向性函数是描写天线辐射场的大小与方向之间关系的函数；方向图则是方向性函数的几何描述，表示天线辐射场的大小与空间方向的相对分布函数。单元方向图即为各辐射单元的方向图。

（2）阵因子（Array Factor）。假设阵中所有辐射元都是各向同性的点源情况下，阵列天线所产生的辐射场的表示式称为阵因子。阵因子的 4 个可变参量包括辐射元数目、辐射元间距、激励幅度、激励相位。

（3）主瓣（Main Lobe）。天线辐射方向图的主瓣定义为包含最大辐射方向的辐射波瓣。

（4）副瓣（Side Lobe）。副瓣是指除主瓣之外方向的波瓣，也称为旁瓣或边瓣。对于一个标准权重激励下的线阵来说，第一副瓣即离主瓣最近的副瓣比主瓣的最大值约小 13dB。

（5）栅瓣（Grating Lobe）。在阵列天线中，阵元间距过大时，方向图中会出现数个主瓣，这些由于阵元间距过大形成的额外的主瓣称为栅瓣。

（6）波束宽度（Beamwidth）。天线的波束宽度定义为其远场辐射方向图主瓣的角度宽度，是强方向性天线最重要的参数之一，一般是指半功率主瓣波束宽度。半功率波束宽度（Half-Power Beamwidth，HPBW），或者 3dB 波束宽度，是主瓣上场强等于最大辐射方向场强$1/\sqrt{2}$时两点之间的角度。标准权重下线阵的 3dB 波束宽度一般为

$$\mathrm{HPBW}=\frac{0.88\lambda}{A} \tag{2.2}$$

式中，A 是阵列的口径长度。

（7）天线效率（Antenna Efficiency）。天线效率定义为天线总辐射功率与总输入功率的比值，即

$$\eta = \frac{\text{总辐射功率}}{\text{总输入功率}} \Rightarrow G(\phi,\theta) = \eta \cdot D(\phi,\theta) \tag{2.3}$$

（8）方向性增益（Directive Gain）。方向性增益是一个远场参数，定义为在总辐射功率相等的条件下，天线在某指定方向上的辐射强度与理想点源的辐射强度之比，即

$$D(\phi,\theta) = \frac{4\pi \times \text{在}(\phi,\theta)\text{方向单位立体角的辐射功率}}{\text{天线总辐射功率}} \tag{2.4}$$

（9）方向性系数（Directivity）。方向性系数表征天线将能量集中辐射的程度。方向性系数定义为最大方向性增益，即为最大辐射强度方向的方向性增益。

（10）天线增益（Antenna Gain）。天线增益定义为在输入功率相等的条件下，天线在某指定方向上的辐射强度与总输入功率之比，即

$$G(\phi,\theta) = \frac{4\pi \times \text{在}(\phi,\theta)\text{方向单位立体角的辐射功率}}{\text{天线总输入功率}} \tag{2.5}$$

天线增益是方向性系数和天线效率的乘积，即

$$G = D\eta \tag{2.6}$$

（11）有效面积（Effective Area）。天线的有效面积定义为理想天线的区域面积，该理想天线可吸收空间入射平面波的功率等于所求天线在该处所吸收的功率。有效面积定义为

$$A_{\text{eff}} = \frac{\lambda^2 G}{4\pi} \tag{2.7}$$

式中，G 为阵列天线最大增益。

（12）口径效率（Aperture Efficiency）。天线的有效面积与实际物理面积之比，即

$$\kappa = \frac{A_{\text{eff}}}{A} \tag{2.8}$$

2.3.2 直线阵

均匀直线阵阵列结构示意图如图 2.2 所示，一共包含 $2N+1$ 个理想点源阵元，阵元间距为 d。每个阵元的激励权重为 w_n， $n = -N,\cdots,-1,0,1,\cdots,N$ 。

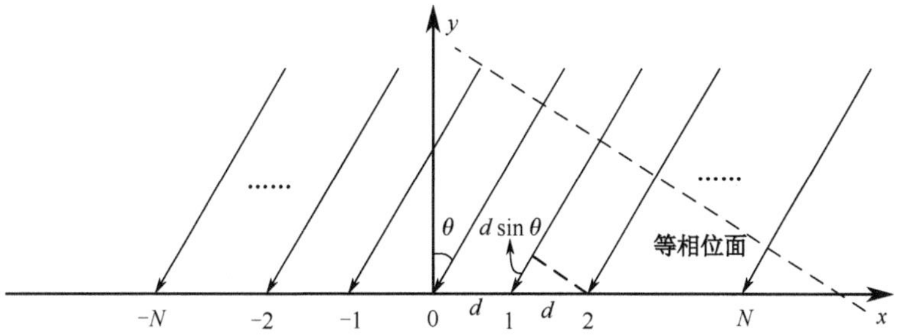

图 2.2 均匀直线阵阵列结构示意图

在远场条件下，各个阵元接收到的回波信号可以认为是平面波。如果目标来波方向来自 θ 角度，θ 为来波方向与阵列法线方向的夹角。波阵面到达第 $n+1$ 个阵元的时间会早于第 n 个阵元，目标来波方向在相邻阵元的接收信号之间会引入 $d\sin\theta$ 的波程差。将图 2.2 中坐标原

点位置天线阵元设置为参考阵元，令该参考阵元接收信号的相位为零，则第 n 个阵元接收信号相对于第 0 个阵元接收信号的相位差为 $2\pi nd\sin\theta/\lambda$。对所有阵元的接收信号进行加权累加，可以得到直线阵的阵因子为

$$\begin{aligned}F(\theta) &= w_{-N}^{*}\mathrm{e}^{\mathrm{j}\frac{2\pi}{\lambda}(-N)d\sin\theta} + \cdots + w_{0}^{*} + w_{1}^{*}\mathrm{e}^{\mathrm{j}\frac{2\pi}{\lambda}d\sin\theta} + \cdots + w_{N}^{*}\mathrm{e}^{\mathrm{j}\frac{2\pi}{\lambda}(N)d\sin\theta} \\ &= \sum_{n=-N}^{N} w_{n}^{*}\mathrm{e}^{\mathrm{j}\frac{2\pi}{\lambda}nd\sin\theta}\end{aligned} \tag{2.9}$$

写成矩阵形式为

$$\boldsymbol{F}(\theta) = \begin{bmatrix} w_{-N}^{*} & \cdots & w_{0}^{*} & \cdots & w_{N}^{*} \end{bmatrix} \begin{bmatrix} \mathrm{e}^{-\mathrm{j}\frac{2\pi}{\lambda}Nd\sin\theta} \\ \vdots \\ 1 \\ \vdots \\ \mathrm{e}^{\mathrm{j}\frac{2\pi}{\lambda}Nd\sin\theta} \end{bmatrix} = \boldsymbol{w}^{\mathrm{H}}\boldsymbol{a}(\theta) \tag{2.10}$$

式中，$\boldsymbol{w}$ 为复权重系数向量，对于发射阵列为发射信号的幅度和相位激励，对于接收阵列为接收信号的幅度和相位权重系数；$\boldsymbol{a}(\theta)$为导向矢量。

以接收阵列为例，每 n 个阵元的幅相权重系数可以描述为 $w_n = a_n\mathrm{e}^{-\mathrm{j}n\alpha}$。其中，$a_n$ 和 α 分别为幅度和相位权重系数。此时，式（2.9）可以改写为

$$F(\theta) = \sum_{n=-N}^{N} a_n \mathrm{e}^{\mathrm{j}\left(\frac{2\pi}{\lambda}nd\sin\theta + n\alpha\right)} \tag{2.11}$$

令

$$\alpha = -\frac{2\pi}{\lambda}d\sin\theta_0 \tag{2.12}$$

则在 $\theta=\theta_0$ 时，$F(\theta)$ 等于各阵元接收信号同相加权累加，取得最大值，也就是波束主瓣指向 θ_0 方向。可见，通过改变天线阵各阵元加权系数的相位部分，就可以控制天线阵波束在空间的指向。

2.3.3 圆环阵

均匀圆环阵阵列结构示意图如图 2.3 所示，N 个阵元均匀分布在 xOy 平面且半径为 R 的圆周上。

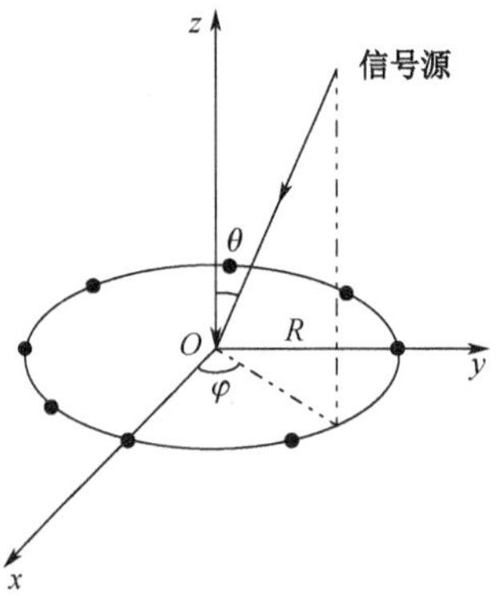

图 2.3 均匀圆环阵阵列结构示意图

第 n 个阵元在圆周上的角度为

$$\varphi_n = \frac{2\pi}{N} \cdot n \tag{2.13}$$

若从(θ,φ)方向入射一平面波信号，则以圆心为参考点，第 n 个阵元接收信号与参考点接收信号的相位差为

$$\beta_n = -\frac{2\pi}{\lambda} \cdot R \cdot \cos(\varphi - \varphi_n) \cdot \sin\theta \tag{2.14}$$

因此该圆环阵阵列天线的阵因子为

$$F(\varphi,\theta) = \sum_{n=0}^{N-1} A_n \cdot \mathrm{e}^{\mathrm{j}\left[\alpha_n - \frac{2\pi}{\lambda} \cdot R \cdot \cos(\varphi - \varphi_n) \cdot \sin\theta\right]} \tag{2.15}$$

与直线阵列类似，如果令该圆环阵阵列天线各阵元权重系数的相位项 $\alpha_n = \frac{2\pi}{\lambda} \cdot R \cdot \cos(\varphi_0 - \varphi_n) \cdot \sin\theta_0$，那么阵列天线的主瓣就对准$(\theta_0,\varphi_0)$方向。

在 3G 和 4G 的蜂窝移动通信中，基站的智能天线通常只考虑水平平面的自适应数字波束形成和同时多波束的空分多址，而俯仰方向的天线波束方向图通常是固定的。假设我们考虑一个圆环阵阵列天线，其各个阵元的天线方向图在水平平面内是各向同性的。考虑式（2.16）中$\theta = \pi/2$，则该圆环阵阵列天线的阵因子可简化为

$$F(\varphi) = \sum_{n=0}^{N-1} A_n \cdot \mathrm{e}^{\mathrm{j}\left[\alpha_n - \frac{2\pi}{\lambda} \cdot R \cdot \cos(\varphi - \varphi_n)\right]} \tag{2.16}$$

2.3.4　矩形栅格平面阵

图 2.4 给出了矩形平面阵阵列结构示意图。x 轴方向阵元数为 N_x，阵元间距为 d_x，y 轴方向阵元数为 N_y，间距为 d_y。

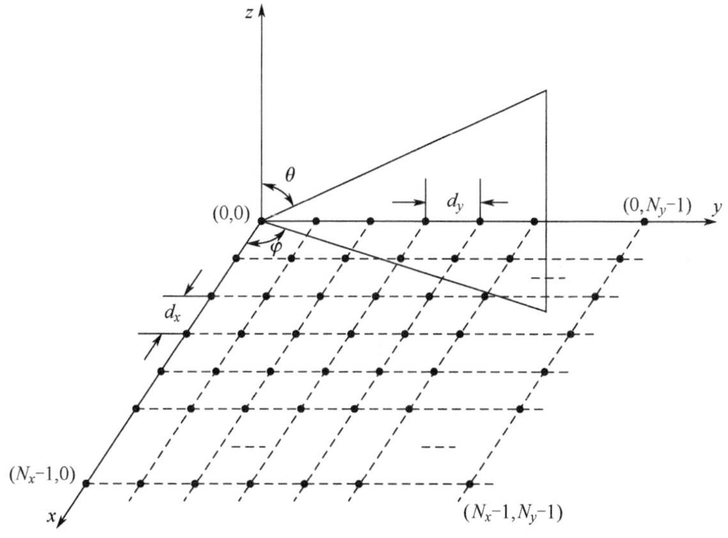

图 2.4　矩形平面阵阵列结构示意图

矩形栅格平面阵可以看作二维直线阵的组合，即一个 y 方向的直线阵，每个阵元又是一

个 x 方向的直线阵。按照与直线阵和圆环阵类似的方式，可以确定其阵因子为

$$F(\varphi,\theta)=\sum_{n_x=0}^{N_x-1}\sum_{n_y=0}^{N_y-1}A_{n,m}\mathrm{e}^{\mathrm{j}[\frac{2\pi}{\lambda}n_x d_x\sin\theta\cos\varphi+\frac{2\pi}{\lambda}n_y d_y\sin\theta\sin\varphi+n_x\alpha+n_y\beta]} \tag{2.17}$$

那么，令 $\alpha=-\frac{2\pi}{\lambda}\cdot d_x\cdot\cos\varphi_0\cdot\sin\theta_0$， $\beta=-\frac{2\pi}{\lambda}\cdot d_y\cdot\sin\theta_0\sin\varphi_0$ 计算权重系数，则阵列天线的主瓣就对准了 (θ_0,φ_0) 方向。

2.3.5 任意结构阵列

除了矩形栅格平面阵，图 2.5 给出了常见的其他形式的平面阵列结构。其中，图 2.5（a）所示为三角栅格阵列，它是一种规则平面阵列；图 2.5（b）为六边形阵列，它是一种非规则平面阵列。此外，在实际应用中，除平面阵外，还包括任意布阵结构的空间三维阵列。当阵列结构为以上形式时，采用上述阵因子计算方式效率较低，下面给出一种针对任意阵列结构的阵因子通用计算方法。

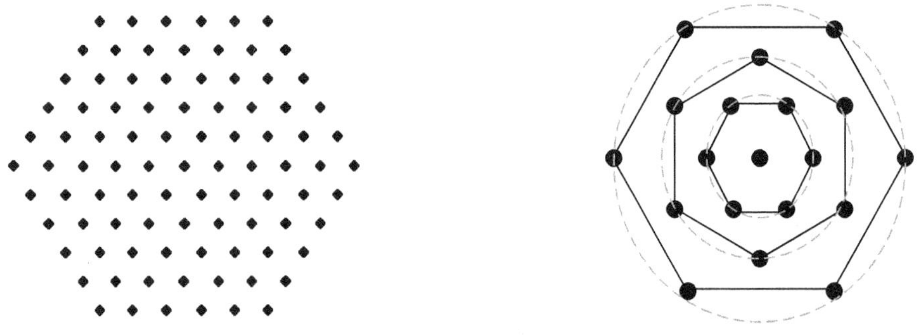

（a）三角栅格阵列　　（b）六边形阵列

图 2.5　常见的其他形式的平面阵列结构

在极坐标系下，N 阵元的任意形状阵列天线在 (θ,φ) 处的阵因子方向图 $F(\theta,\varphi)$ 可以表示为如下统一形式：

$$F(\theta,\varphi)=\sum_{n=1}^{N}w_n\mathrm{e}^{\mathrm{j}k_0\boldsymbol{r}_n\cdot\boldsymbol{d}(\theta,\varphi)} \tag{2.18}$$

式中，w_n 为第 n 个天线单元的权重系数；$\boldsymbol{r}_n=(x_n, y_n, z_n)$为位置向量；$\boldsymbol{d}(\theta,\varphi)=(\sin\theta\cos\varphi, \sin\theta\sin\varphi, \cos\theta)^{\mathrm{T}}$ 为方向向量；k_0 为波束数 $2\pi/\lambda$，其中 λ 为波长。当天线阵元分布在 xOy 平面时，式（2.18）可以简化为

$$F(u,v)=\sum_{n=1}^{N}w_n\mathrm{e}^{\mathrm{j}k_0(x_n u+y_n v)} \tag{2.19}$$

其中，$u=\sin\theta\cos\varphi$，$v=\sin\theta\sin\varphi$。

2.4 模拟波束形成

当阵列中各阵元采用相同的单元天线具有相同的阵元方向图 $f(\theta,\varphi)$时，阵列天线的方向图可以表示为阵元方向图与阵因子的乘积，即

$$G(\theta,\varphi)=f(\theta,\varphi)\cdot F(\theta,\varphi) \tag{2.20}$$

当阵元方向图、阵元数和阵元间隔给定后，改变图 2.1 中各阵元权重系数的幅度和相位就可以改变方向图的指向及形状。

每个阵元的权重系数的设定通过模拟方式实现，就是模拟波束形成。从这个意义上讲，抛物面天线和具有固定馈电网络的微带阵列天线都属于模拟波束形成天线。抛物面天线的抛物面碟和馈源就是一个波束形成网络，它们使整个天线沿给定的方向发射、接收信号。而微带天线阵的馈电和功分网络也是一个波束形成网络，通过阻抗变换器对各个微带贴片（Patch）进行幅相权重馈电。这样的波束形成网络还可以通过微波透镜、波导、传输线、微带线、射频电路（RF）等实现。

最常用的多波束形成网络是 Butler 矩阵。图 2.6 给出了四单元天线构成的 4 波束 Butler 波束形成网络。该网络由若干固定移相器和混合桥路（Hybrid Junction）组成，x_1、x_2、x_3、x_4代表 4 个天线阵元，排成均匀直线阵；y_1、y_2、y_3、y_4代表 4 个经过波束形成以后的天线阵输出。图 2.6 中的每个圆圈代表一个固定移相器，圆圈内的数值代表移相量。图 2.6 中的 4 个虚线框选的区域代表 4 个混合桥路，混合桥路内部除了固定移相器，4 个顶点上还各有一个等幅功率分配器或功率合成器。

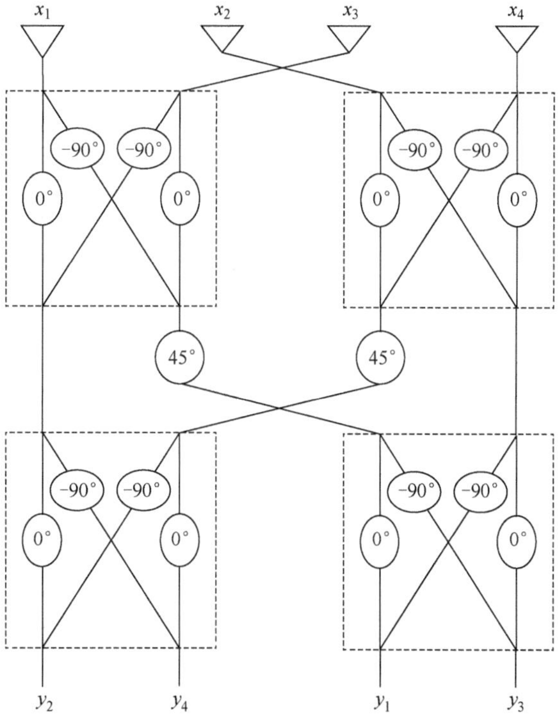

图 2.6　四单元天线构成的 4 波束 Butler 波束形成网络

根据图 2.6，可以得到 4 个波束的输出为

$$\begin{cases} y_1 = x_1\cdot \mathrm{e}^{\mathrm{j}(-90^\circ+45^\circ)} + x_2\cdot \mathrm{e}^{\mathrm{j}(-90^\circ-90^\circ)} + x_3\cdot \mathrm{e}^{\mathrm{j}(45^\circ)} + x_4\cdot \mathrm{e}^{\mathrm{j}(-90^\circ)} \\ y_2 = x_1\cdot \mathrm{e}^{\mathrm{j}(0^\circ)} + x_2\cdot \mathrm{e}^{\mathrm{j}(45^\circ-90^\circ)} + x_3\cdot \mathrm{e}^{\mathrm{j}(-90^\circ)} + x_4\cdot \mathrm{e}^{\mathrm{j}(-90^\circ+45^\circ-90^\circ)} \\ y_3 = x_1\cdot \mathrm{e}^{\mathrm{j}(-90^\circ+45^\circ-90^\circ)} + x_2\cdot \mathrm{e}^{\mathrm{j}(-90^\circ)} + x_3\cdot \mathrm{e}^{\mathrm{j}(45^\circ-90^\circ)} + x_4\cdot \mathrm{e}^{\mathrm{j}(0^\circ)} \\ y_4 = x_1\cdot \mathrm{e}^{\mathrm{j}(-90^\circ)} + x_2\cdot \mathrm{e}^{\mathrm{j}(45^\circ)} + x_3\cdot \mathrm{e}^{\mathrm{j}(-90^\circ-90^\circ)} + x_4\cdot \mathrm{e}^{\mathrm{j}(-90^\circ+45^\circ)} \end{cases} \tag{2.21}$$

整理成矩阵和向量的乘积形式为

$$\begin{bmatrix} y_1 \\ y_2 \\ y_3 \\ y_4 \end{bmatrix} = \begin{bmatrix} e^{-j45^\circ} & e^{-j180^\circ} & e^{j45^\circ} & e^{-j90^\circ} \\ e^{j0^\circ} & e^{-j45^\circ} & e^{-j90^\circ} & e^{-j135^\circ} \\ e^{-j135^\circ} & e^{-j90^\circ} & e^{-j45^\circ} & e^{-j0^\circ} \\ e^{-j90^\circ} & e^{j45^\circ} & e^{-j180^\circ} & e^{-j45^\circ} \end{bmatrix} \cdot \begin{bmatrix} x_1 \\ x_2 \\ x_3 \\ x_4 \end{bmatrix} \tag{2.22}$$

观察式（2.22）矩阵中的每行加权系数的相位差，可以发现，相邻阵元的权重系数的相位都是线性变化的。以第一个输出波束 y_1 为例（矩阵的第一行），相位的变化量为-135°，即-3π/4，结合式（2.11）可以发现，波束 y_1 对应 4 元直线阵中各阵元等差移相量满足 $-\dfrac{2\pi}{\lambda}d\sin\theta_0 = -\dfrac{3\pi}{4}$，即当阵元间距 d 等于半个波长 λ 时，波束指向为 $\theta_0 = 48.6°$。同理，其他 3 个波束的波束指向分别为 14.5°、-14.5° 和-48.6°。

2.5 相控阵天线

在实际的系统中，人们常希望通过电控方式灵活地实现天线波束的空间快速扫描。从阵列天线阵因子的表达式可以看到，改变各阵元权重系数的相位可以改变波束的指向。如果一个天线阵列通过改变每个天线阵元相对应的发射通道或接收通道的移相量，来改变天线的波束指向，那么该阵列天线称为相控阵天线。

图 2.7 所示为典型相控阵天线组成示意图。其中，射频移相器用于控制发射激励信号或接收信号的相位，分为连续变化的移相器和离散变化的移相器。后续微波网络在发射时为功率分配网络，在接收时为功率合成网络。该网络还可以提供所需要的天线阵面各阵元的幅度权重以控制天线波束的形状和副瓣电平。通过对射频移相器相位的配置，就可以实现阵列天线波束指向的快速变化。

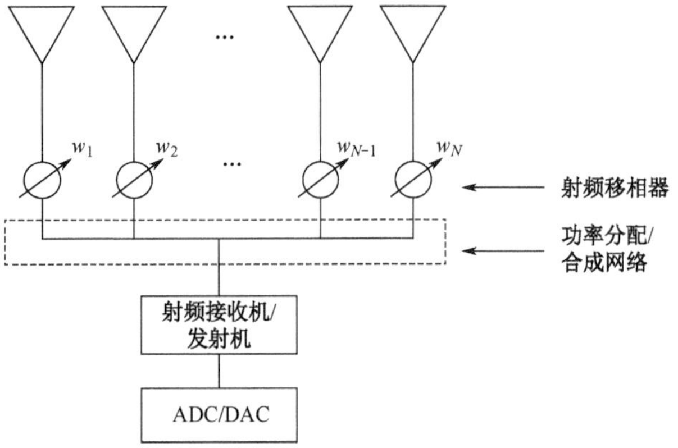

图 2.7 典型相控阵天线组成示意图

图 2.7 的相控阵天线只能形成一个波束，如果需要同时形成 M 个独立波束，就需要 M 个包含独立移相器和功分网络的波束形成网络。每个天线阵元需要增加一个 1 分 M 的功分器，其 M 个输出端分别与 M 个波束形成网络相连。当波束数 M 增加时，接收信号功率分配到各

个通道后能量下降为原来的 $1/M$，并且 RF、IF 元器件增加还会引入附加的加性噪声，导致各独立波束输出的信噪比下降。此外，M 个波束间的隔离度也难以保证。因此，同时多个电扫描波束的相控阵多波束形成网络实现难度比较大，目前工程应用的绝大多数模拟多波束形成网络通常只产生多个固定指向的波束，用于卫星通信系统中的星载对地通信载荷。

2.6 数字波束形成天线

2.6.1 数字波束形成天线的结构与特点

典型数字波束形成接收阵列天线示意图如图 2.8 所示。

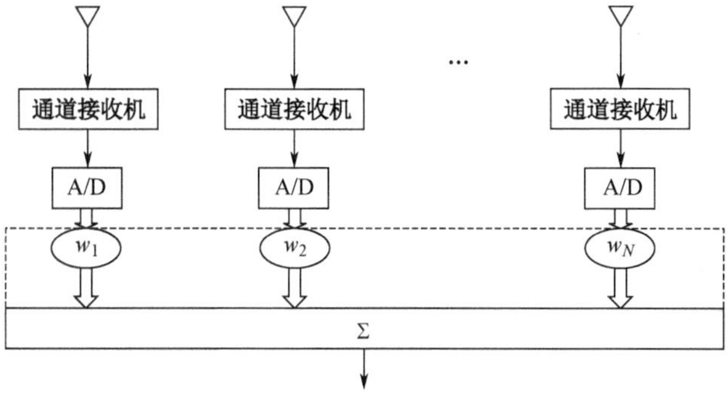

图 2.8　典型数字波束形成接收阵列天线示意图

在图 2.8 中，通道接收机将每个天线阵元接收到的射频信号转换成 I 通道和 Q 通道的基带信号；A/D 变换将 I 通道和 Q 通道的模拟基带信号变换成数字基带信号；数字波束形成处理的过程就是用计算机或高速数字信号处理器（Digital Signal Processor，DSP）对这些数字基带信号进行权重处理，再把各阵元处理后的结果加起来就得到了期望波束的输出信号；数字基带信号可以存储在数字存储器中。对数字基带信号使用不同的权重系数进行处理，就可以同时得到多个数字波束的输出。因此，数字波束形成（DBF）天线有时被看作是“最佳天线”或“极限天线”，因为到达天线阵面的所有信息都被捕捉下来，转换成数字信号。所有这些信息可以通过软件处理产生不同类型的波束，如扫描波束、多波束、给定形状波束（又称为赋形波束）、零陷指向波束等。

数字波束形成天线的主要优点可以概括为以下几个方面。

（1）波束形成网络可在计算机或 DSP 中通过编程实现，因此幅相加权系数的精度高，便于形成独立多波束。

（2）系统的灵活性大大增强，而信噪比不会下降；通道接收机也正逐渐被数字化，灵活性将更好。

（3）系统的灵活性和数字处理的特点，便于通过权重系数优化来提升系统性能，实现自适应波束形成、任意形状方向图综合和低旁瓣控制等功能。

数字波束形成处理可以采用阵元空间的处理方式实现，也可以通过波束空间的处理方式来实现。

2.6.2 阵元空间的波束形成

图 2.9 给出了阵元空间接收波束形成处理流程示意图。从图 2.9 中可以看出，这种形式的数字波束形成器直接对每个阵元接收通道模数变换后的数字基带信号进行加权处理，形成相应的波束输出。可以对相同的数字基带信号进行不同的加权处理，同时得到多个独立的自适应波束。第 i 个波束的输出可以表示为

$$y_{\mathrm{es},i}=\sum_{n=0}^{N-1}w_n^{i*}x_n(t) \tag{2.23}$$

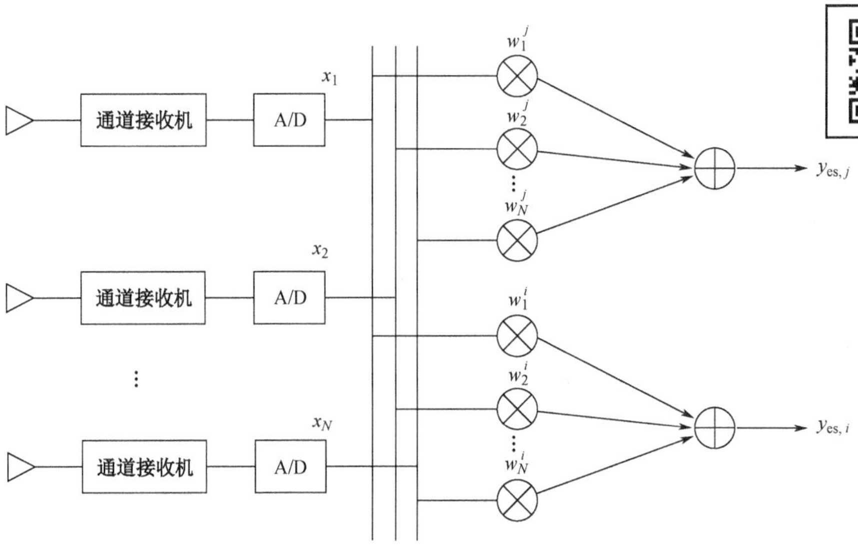

图 2.9 阵元空间接收波束形成处理流程示意图

阵元空间波束形成结构的特点主要包括：通过对阵元级数字基带信号施加不同的权重系数可以产生任意多个同时数字波束；通过选取合适的权重系数向量，可以对任一波束的指向、零陷和波束主瓣形状进行控制。

2.6.3 波束空间的波束形成

图 2.10 给出了波束空间接收波束形成处理流程示意图。N 个阵元的接收信号首先经过各自的通道接收机和 A/D 变换器，得到 N 路数字基带信号；然后对各个采样时刻的 N 路数字基带信号做空域 FFT 处理，形成一组互相正交的天线波束输出。这些互相正交的波束经权重后相加得到期望的波束输出，这就是波束空间的波束形成。

波束空间波束形成的数学模型可以表示成如式（2.25）所示形式，首先对每个快拍的 N 个阵元接收信号进行快速傅里叶变换（Fast Fourier Transform，FFT）处理，得到指向不同方向的同时多波束输出。

$$\upsilon(\xi_l)=\sum_{n=1}^{N}x_n\mathrm{e}^{-\mathrm{j}2\pi n\xi_l/N} \quad \xi_l=1,2,\cdots,N \tag{2.24}$$

令 $\theta_l=\arcsin\left(\dfrac{\xi_l\cdot\lambda}{N\cdot d}\right)$，可以看到，这些波束在空间是等 $\sin\theta$ 分布的，而不是等 θ 分布的。

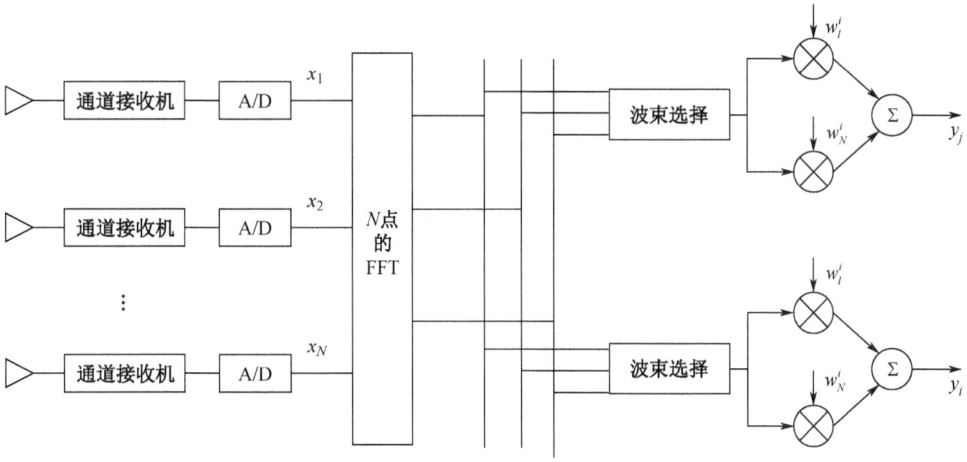

图 2.10　波束空间接收波束形成处理流程示意图

然后可以对这些等 sinθ 分布的波束输出进行内插处理，合成更精确的期望波束，也就是通过对 FFT 后输出的不同波束的线性组合，综合出给定形状或给定副瓣的波束；也可以通过选择一组波束的线性组合，在指定的干扰方向产生零陷。因此，第 i 个期望波束的输出可以表示为

$$y_{\mathrm{bs},i}=\sum_{l=1}^{N} w_l^{i*} \upsilon(\xi_l) \quad w_N^i \tag{2.25}$$

2.6.4　数字波束形成的矩阵表示

在移动卫星通信和雷达的应用中，天线阵可能是一维的、二维的，甚至是三维的空间结构，可以采用统一的矩阵和向量形式表示数字波束形成的输出。

N 阵元的任意结构阵列天线的阵元位置向量为 $\boldsymbol{r}_n=(x_n, y_n, z_n)$, $n=1,\cdots,N$，则 $N\times1$ 维阵列接收信号向量 $\boldsymbol{x}(k)$可以表示为

$$\boldsymbol{x}(k)=\sum_{q=1}^{Q}\boldsymbol{a}(\theta_q,\varphi_q)s_q(k)+\boldsymbol{n}(k)=\boldsymbol{A}\boldsymbol{s}(k)+\boldsymbol{n}(k) \tag{2.26}$$

式中，$\boldsymbol{s}(k)=[s_1(k),\cdots,s_Q(k)]^{\mathrm{T}}$ 和 $\boldsymbol{A}=[a(\theta_1,\varphi_1),\cdots,a(\theta_Q,\varphi_Q)]$分别为 Q 个从(θ_q,φ_q) $(q=1,\cdots,Q)$入射的窄带平面波信号向量及其导向向量矩阵；$\boldsymbol{n}(k)$为高斯复噪声向量。导向向量 $\boldsymbol{a}(\theta_q,\varphi_q)$表示为

$$\begin{aligned}\boldsymbol{a}(\theta_q,\varphi_q)&=[\mathrm{e}^{\mathrm{j}k_0\boldsymbol{r}_1\boldsymbol{d}(\theta_q,\varphi_q)},\cdots,\mathrm{e}^{\mathrm{j}k_0\boldsymbol{r}_N\boldsymbol{d}(\theta_q,\varphi_q)}]^{\mathrm{T}}\\&=[\mathrm{e}^{\mathrm{j}k_0(x_1\sin\theta_q\cos\varphi_q+y_1\sin\theta_q\sin\varphi_q+z_1\cos\theta_q)},\cdots,\mathrm{e}^{\mathrm{j}k_0(x_N\sin\theta_q\cos\varphi_q+y_N\sin\theta_q\sin\varphi_q+z_N\cos\theta_q)}]^{\mathrm{T}}\end{aligned} \tag{2.27}$$

式中，$\boldsymbol{d}(\theta,\varphi)=(\sin\theta\cos\varphi, \sin\theta\sin\varphi, \cos\theta)^{\mathrm{T}}$ 为来波信号的方向向量；k_0 为波束数 $2\pi/\lambda$，其中 λ 为波长。

那么，数字波束形成器的输出可以表示为

$$\boldsymbol{y}(k)=\boldsymbol{w}^{\mathrm{H}}\boldsymbol{x}(k) \tag{2.28}$$

式中，$\boldsymbol{w}$ 为 $N\times1$ 维权重系数向量。

2.7 小结

本章介绍了波束形成的概念，讨论了不同的阵列结构与天线结构，并分别研究了基于阵元空间的波束形成和基于波束空间的波束形成。为之后进一步探讨不同的波束形成算法及系统应用奠定了基础。

思考题

2-1 模拟波束形成和数字波束形成有何异同？

2-2 简单分析模拟波束形成和数字波束形成各自的优势。

2-3 请给出以圆心为相位参考点，N 个阵元均匀圆环阵阵因子的详细推导过程。

2-4 请给出 N 行 M 个阵元，等间隔三角栅格排布的平面阵阵因子的详细推导过程。

参考文献

[1] 许学梅，杨延嵩. 天线技术[M]. 西安：西安电子科技大学出版社，2004.

[2] Balanis C A. Antenna Theory: Analysis and Design, 3rd Edition[M]. Harper & Row, 1982.

[3] 方大纲. 天线理论与微带天线（英文版）[M]. 北京：科学出版社，2006.

[4] 王红霞，潘成胜，宋建辉. 星载智能天线波束形成技术[M]. 北京：国防工业出版社，2013.

[5] Butler J, Lowe R. Beam-forming matrix simplifies design of electronically scanned antennas[J]. Electron Design, 1961.

[6] Bhattacharyya A K. Phased Array Antennas: Floquet Analysis, Synthesis, BFNs and Active Systems[J]. Microwave Journal, 2007, 50(1):192.

[7] 金荣洪，耿军平，范瑜. 无线通信中的智能天线（无线通信专辑）[M]. 北京：北京邮电大学出版社，2006.

第 3 章　经典的数字波束形成算法

3.1　引言

数字波束形成算法的设计目的是在存在干扰、噪声等的复杂环境下，通过对天线各阵元数字基带信号的自适应幅相加权，保持期望方向（或位置）信号的高增益接收，同时抑制非期望方向的干扰信号和背景噪声。由于性能卓越，数字波束形成算法已广泛应用于雷达、无线通信等领域。本章将详细讨论数字波束形成算法的基础，首先介绍自适应数字波束形成算法的优化准则，包括自适应主波束控制的优化准则和方向图自适应零陷控制的优化准则，并阐明自适应数字波束形成算法优化准则之间的关系。然后在经典的自适应波束形成算法方面，介绍传统的梯度搜索法，并在此基础上引出结构较为简单的最小均方误差（LMS）算法及其改进格里菲思（Griffiths）LMS 波束形成算法，介绍自适应旁瓣相消器（ASLC）、广义旁瓣相消器（GSC）和线性约束广义旁瓣相消器（LC-GSC）。最后介绍宽带波束形成算法，包括基于数字延时的宽带波束形成、频率不变宽带波束形成、基于空时结构的自适应宽带波束形成和基于空频结构的自适应宽带波束形成。本章内容是第 4 章和第 5 章内容的基础。

3.2　自适应数字波束形成算法的优化准则

3.2.1　自适应主波束控制的优化准则

自适应天线所要解决的第一个问题便是自适应主波束控制问题。从天线方向性的观点来讲，人们希望天线的波束指向能适应目标方位的变化，实时自动地将主波束准确指向需要的方向。1959 年，Van Atta 设计的锁相返回式自适应天线原理框图如图 3.1 所示，它针对期望信号方向的多样、多变、随机、先验未知等特点，实时自动调整阵元权重系数向量，实现主波束自适应控制，即主波束自适应对准期望信号方向。

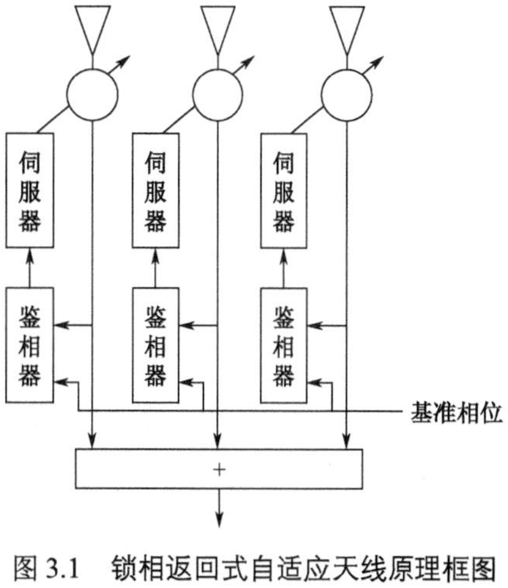

图 3.1　锁相返回式自适应天线原理框图

主波束自适应控制的优化准则中最早提出的是最大信噪比准则。不论是雷达还是无线通信系统，接收系统的输出信噪比大小都直接关乎系统性能。因此，当阵列天线用于接收时，人们关心阵列天线输出波束的信噪比最大化，是理所应当的。最大信噪比准则，就是探究、推导最佳的阵元权重系数向量，使阵列天线的输出信噪比达到最大值。

在本节中，考虑接收系统仅有内部热噪声，而没有外界干扰存在。假设阵列天线有 N 个阵元，各天线阵元的接收信号 $x_1, x_2, \cdots, x_N$ 组成阵列接收信号向

量 $\boldsymbol{x}(t)=[x_1, x_2, \cdots, x_N]^{\mathrm{T}}$，阵列权重系数向量为 $\boldsymbol{w}=[w_1, w_2, \cdots, w_N]^{\mathrm{T}}$，则经过自适应数字波束形成处理后，阵列输出波束的信号表达式为

$$y(t)=\boldsymbol{w}^{\mathrm{H}}\boldsymbol{x}(t)=\boldsymbol{w}^{\mathrm{H}}\left(\boldsymbol{x}_{\mathrm{s}}(t)+\boldsymbol{x}_{\mathrm{n}}(t)\right)=\boldsymbol{w}^{\mathrm{H}}\boldsymbol{x}_{\mathrm{s}}(t)+\boldsymbol{w}^{\mathrm{H}}\boldsymbol{x}_{\mathrm{n}}(t) \tag{3.1}$$

其中，阵列输出信号中期望信号成分 $y_{\mathrm{s}}(t)=\boldsymbol{w}^{\mathrm{H}}\boldsymbol{x}_{\mathrm{s}}(t)$，噪声成分 $y_{\mathrm{n}}(t)=\boldsymbol{w}^{\mathrm{H}}\boldsymbol{x}_{\mathrm{n}}(t)$，接收的期望信号向量 $\boldsymbol{x}_{\mathrm{s}}(t)=s_0(t)\begin{bmatrix}1\\ \mathrm{e}^{\mathrm{j}\frac{2\pi}{\lambda}d\sin\theta_0}\\ \vdots\\ \mathrm{e}^{\mathrm{j}\frac{2\pi}{\lambda}(N-1)d\sin\theta_0}\end{bmatrix}=s_0(t)\boldsymbol{a}(\theta_0)$，期望信号的导向向量 $\boldsymbol{a}(\theta_0)=\begin{bmatrix}1\\ \mathrm{e}^{\mathrm{j}\frac{2\pi}{\lambda}d\sin\theta_0}\\ \vdots\\ \mathrm{e}^{\mathrm{j}\frac{2\pi}{\lambda}(M-1)d\sin\theta_0}\end{bmatrix}$，接收的噪声向量 $\boldsymbol{x}_{\mathrm{n}}(t)=\begin{bmatrix}n_1\\ n_2\\ \vdots\\ n_N\end{bmatrix}$。

阵列输出信号中的期望信号功率为

$$E\{|y_{\mathrm{s}}(t)|^2\}=\boldsymbol{w}^{\mathrm{H}}E\{\boldsymbol{x}_{\mathrm{s}}(t)\boldsymbol{x}_{\mathrm{s}}^{\mathrm{H}}(t)\}\boldsymbol{w} \tag{3.2}$$

阵列输出信号中的噪声功率为

$$E\{|y_{\mathrm{n}}(t)|^2\}=\boldsymbol{w}^{\mathrm{H}}E\{\boldsymbol{x}_{\mathrm{n}}(t)\boldsymbol{x}_{\mathrm{n}}^{\mathrm{H}}(t)\}\boldsymbol{w}=\sigma_{\mathrm{n}}^2\boldsymbol{w}^{\mathrm{H}}\boldsymbol{w}=\sigma_{\mathrm{n}}^2\|\boldsymbol{w}\|^2 \tag{3.3}$$

其中，当各阵元热噪声均匀且独立无关时，有 $E\{\boldsymbol{x}_{\mathrm{n}}(t)\boldsymbol{x}_{\mathrm{n}}^{\mathrm{H}}(t)\}=\sigma_{\mathrm{n}}^2\boldsymbol{I}$。

由此得出输出波束中的信噪功率比为

$$\mathrm{SNR}=\frac{E\{|y_{\mathrm{s}}(t)|^2\}}{E\{|y_{\mathrm{n}}(t)|^2\}}=\frac{\boldsymbol{w}^{\mathrm{H}}E\{\boldsymbol{x}_{\mathrm{n}}(t)\boldsymbol{x}_{\mathrm{n}}^{\mathrm{H}}(t)\}\boldsymbol{w}}{\sigma_{\mathrm{n}}^2\|\boldsymbol{w}\|^2} \tag{3.4}$$

根据施瓦茨不等式，有

$$\boldsymbol{w}^{\mathrm{H}}E\left\{\boldsymbol{x}_3(t)\boldsymbol{x}_s^{\mathrm{H}}(t)\right\}\boldsymbol{w}\leqslant\|\boldsymbol{w}\|^2E\left\{\|\boldsymbol{x}_3(t)\|^2\right\}=\|\boldsymbol{w}\|^2\|\boldsymbol{a}(\theta_0)\|^2E\left\{|s_0(t)|^2\right\} \tag{3.5}$$

可以推得，当式（3.5）中的两个向量相等，即 $\boldsymbol{w}=\boldsymbol{a}(\theta_0)$ 时，上述不等式取等号，即 $\boldsymbol{w}^{\mathrm{H}}E\{\boldsymbol{x}_{\mathrm{s}}(t)\boldsymbol{x}_{\mathrm{s}}^{\mathrm{H}}(t)\}\boldsymbol{w}$ 达到最大值。也就是说，输出波束中的信噪功率比取得最大时的最佳权重系数向量为

$$\boldsymbol{w}_{\mathrm{MSNR}}=\boldsymbol{a}(\theta_0) \tag{3.6}$$

此时的天线方向图为

$$f_{\mathrm{MSNR}}(\theta)=\boldsymbol{w}_{\mathrm{MSNR}}^{\mathrm{H}}\boldsymbol{a}(\theta)=\left(\boldsymbol{a}(\theta_0)\right)^{\mathrm{H}}\boldsymbol{a}(\theta) \tag{3.7}$$

当 $\theta=\theta_0$ 时，$f_{\mathrm{MSNR}}(\theta)=N$ 取得最大值，即阵列天线方向图主瓣对准了 θ_0 方向。

阵列输出的最大信噪功率比为

$$\mathrm{SNR}_{\max}=\frac{E\{|s_0(t)|^2\}\|\boldsymbol{a}(\theta_0)\|^2}{\sigma_{\mathrm{n}}^2}=\frac{E\{|s_0(t)|^2\}}{\sigma_{\mathrm{n}}^2}N=N\cdot\mathrm{SNR}_{\text{阵元}} \tag{3.8}$$

从最佳权重系数向量的表达式可以看出，无噪声时，$\boldsymbol{x}(t)=s_0(t)\boldsymbol{a}(\theta_0)$，$\boldsymbol{w}=\boldsymbol{a}(\theta_0)$，$\boldsymbol{w}^{\mathrm{H}}$ 与 $\boldsymbol{a}(\theta_0)$ 中各元素相位相反，正好补偿了各阵元接收信号的相位差，使各阵元输出信号经加权后同相叠加。所以，这个算法的核心就是使天线阵列的各个阵元在权重处理后针对期望方向的信号相位相同，同相叠加。

这样的自适应波束形成的处理过程，可以用图 3.1 所示的框图实现。鉴相器将各阵元输出信号移相后的相位与基准相位比较。当相位不一致时，输出相应的极性和大小电压。该电压用来驱动伺服器，以调整可控移相器的相移量，直到各阵元响应经相位加权后全部与基准相位一致为止。这时，天线主瓣自动指向来波方向。

3.2.2 方向图自适应零陷控制的优化准则

自适应天线要解决的第二个问题是方向图零陷实时对准干扰的问题，而且实现零陷控制的同时应保证不破坏主波束准确指向期望信号，合并起来称为空域自适应滤波。

1. 最大输出信干比准则

Applebaum 团队在 1965 年首先提出了完整的自适应阵列概念，从最大化输出信干噪比的角度推导了阵列天线最佳权重系数向量的表达式。考虑空间有期望信号，同时有干扰信号，阵元接收机还有加性的热噪声，假设阵列天线有 N 个阵元，阵列接收信号向量 $\boldsymbol{x}(t)=[x_1,x_2,\cdots,x_N]^{\mathrm{T}}$，阵列权重系数向量为 $\boldsymbol{w}=[w_1,w_2,\cdots,w_N]^{\mathrm{T}}$，则经过自适应数字波束形成后，阵列输出波束的信号表达式为

$$\begin{aligned} y(t)&=\boldsymbol{w}^{\mathrm{H}}\boldsymbol{x}(t)\\ &=\boldsymbol{w}^{\mathrm{H}}\boldsymbol{x}_{\mathrm{s}}(t)+\boldsymbol{w}^{\mathrm{H}}\boldsymbol{x}_{\mathrm{n}}(t)+\boldsymbol{w}^{\mathrm{H}}\boldsymbol{x}_{\mathrm{I}}(t) \end{aligned} \tag{3.9}$$

阵列输出信号包括期望信号 $y_{\mathrm{s}}(t)=\boldsymbol{w}^{\mathrm{H}}\boldsymbol{x}_{\mathrm{s}}(t)$、干扰加噪声信号 $y_{\mathrm{I+n}}(t)=\boldsymbol{w}^{\mathrm{H}}\boldsymbol{x}_{\mathrm{I}}(t)+\boldsymbol{w}^{\mathrm{H}}\boldsymbol{x}_{\mathrm{n}}(t)$ 3 个部分，阵列输出波束的信号干扰噪声比为

$$\mathrm{SINR}=\frac{P_{\mathrm{s}}}{P_{\mathrm{n}}+P_{\mathrm{I}}}=\frac{P_{\mathrm{s}}}{P_{\mathrm{I+n}}}=\frac{E\{|y_{\mathrm{s}}(t)|^2\}}{E\{|y_{\mathrm{I+n}}(t)|^2\}}=\frac{\boldsymbol{w}^{\mathrm{H}}\boldsymbol{R}_{\mathrm{s}}\boldsymbol{w}}{\boldsymbol{w}^{\mathrm{H}}\boldsymbol{R}_{\mathrm{I+n}}\boldsymbol{w}} \tag{3.10}$$

其中，期望信号的协方差矩阵为

$$\boldsymbol{R}_{\mathrm{s}}=E\{\boldsymbol{x}_{\mathrm{s}}(t)\boldsymbol{x}_{\mathrm{s}}^{\mathrm{H}}(t)\} \tag{3.11}$$

干扰加噪声信号的协方差矩阵为

$$\boldsymbol{R}_{\mathrm{I+n}}=E\{(\boldsymbol{x}_{\mathrm{I}}(t)+\boldsymbol{x}_{\mathrm{n}}(t))(\boldsymbol{x}_{\mathrm{I}}(t)+\boldsymbol{x}_{\mathrm{n}}(t))^{\mathrm{H}}\}=E\{\boldsymbol{x}_{\mathrm{I}}(t)\boldsymbol{x}_{\mathrm{I}}^{\mathrm{H}}(t)\}+E\{\boldsymbol{x}_{\mathrm{n}}(t)\boldsymbol{x}_{\mathrm{n}}^{\mathrm{H}}(t)\} \tag{3.12}$$

假设空间有 Q 个干扰源，则阵列接收干扰加噪声信号向量为

$$\boldsymbol{x}_{\mathrm{I+n}}(t)=\underbrace{(\boldsymbol{x}_1(t)+\cdots+\boldsymbol{x}_Q(t))}_{x_{\mathrm{I}}(t)}+\boldsymbol{x}_{\mathrm{n}}(t)=\begin{bmatrix} j_{11}+j_{12}+j_{1Q}+n_1\\ j_{21}+j_{22}+j_{2Q}+n_2\\ \vdots\\ j_{N1}+j_{N2}+j_{NQ}+n_N \end{bmatrix}=\begin{bmatrix} i_1\\ i_2\\ \vdots\\ i_N \end{bmatrix} \tag{3.13}$$

其协方差矩阵为

$$\boldsymbol{R}_{\mathrm{I+n}}=E\{\boldsymbol{x}_{\mathrm{I+n}}(t)\boldsymbol{x}_{\mathrm{I+n}}^{\mathrm{H}}(t)\}=E\left\{\begin{bmatrix} i_1\\ i_2\\ \vdots\\ i_N \end{bmatrix}\begin{bmatrix} i_1^*, & i_2^*, & \cdots, & i_N^* \end{bmatrix}\right\}=\begin{bmatrix} r_{11} & r_{12} & \cdots & r_{1N}\\ r_{21} & r_{22} & \cdots & r_{2N}\\ \vdots & \vdots & & \vdots\\ r_{N1} & r_{N2} & \cdots & r_{NN} \end{bmatrix} \tag{3.14}$$

因为 $r_{pq}=r_{qp}^*$，所以 $\boldsymbol{R}_{\mathrm{I+n}}$ 是一个 Hermitian 矩阵。又因为对任意 $\boldsymbol{w}$，干扰加噪声的功率 $P_{\mathrm{I+n}}=\boldsymbol{w}^{\mathrm{H}}\boldsymbol{R}_{\mathrm{I+n}}\boldsymbol{w}>0$，所以 $\boldsymbol{R}_{\mathrm{I+n}}$ 是一个正定矩阵，因此 $\boldsymbol{R}_{\mathrm{I+n}}$ 是一个正定的 Hermitian 矩阵。正定的 Hermitian 矩阵一定是可以对角化的。也就是说，一

定存在一个酉矩阵$\boldsymbol{U}$，使得$\boldsymbol{U}^{\mathrm{H}}\boldsymbol{R}_{\mathrm{I+n}}\boldsymbol{U}=\boldsymbol{\varLambda}_N$，其中$\boldsymbol{\varLambda}_N$为对角元素都为正实数的N维对角阵。因此，存在一个变换矩阵$\boldsymbol{T}=\boldsymbol{\varLambda}_N^{-1/2}\boldsymbol{U}^{\mathrm{H}}$，使得$\boldsymbol{T}\boldsymbol{R}_{\mathrm{I+n}}\boldsymbol{T}^{\mathrm{H}}=\boldsymbol{I}_N$，该式可化为如下的表达式。

$$\boldsymbol{T}E\{\boldsymbol{x}_{\mathrm{I+n}}(t)\boldsymbol{x}_{\mathrm{I+n}}^{\mathrm{H}}(t)\}\boldsymbol{T}^{\mathrm{H}}=E\{(\boldsymbol{T}\boldsymbol{x}_{\mathrm{I+n}}(t))(\boldsymbol{T}\boldsymbol{x}_{\mathrm{I+n}}(t))^{\mathrm{H}}\}=E\{\hat{\boldsymbol{x}}_{\mathrm{I+n}}(t)\hat{\boldsymbol{x}}_{\mathrm{I+n}}^{\mathrm{H}}(t)\}=\boldsymbol{I}_N \tag{3.15}$$

其中

$$\hat{\boldsymbol{x}}_{\mathrm{I+n}}(t)=\boldsymbol{T}\boldsymbol{x}_{\mathrm{I+n}}(t) \tag{3.16}$$

令

$$\boldsymbol{w}=\boldsymbol{T}^{\mathrm{H}}\hat{\boldsymbol{w}} \tag{3.17}$$

将式（3.14）～式（3.16）代入式（3.9），得到

$$\begin{aligned}\mathrm{SINR}&=\frac{\boldsymbol{w}^{\mathrm{H}}E\{\boldsymbol{x}_{\mathrm{s}}(t)\boldsymbol{x}_{\mathrm{s}}^{\mathrm{H}}(t)\}\boldsymbol{w}}{\boldsymbol{w}^{\mathrm{H}}E\{\boldsymbol{x}_{\mathrm{I+n}}(t)\boldsymbol{x}_{\mathrm{I+n}}^{\mathrm{H}}(t)\}\boldsymbol{w}}=\frac{\hat{\boldsymbol{w}}^{\mathrm{H}}E\{\boldsymbol{T}\boldsymbol{x}_{\mathrm{s}}(t)\boldsymbol{x}_{\mathrm{s}}^{\mathrm{H}}(t)\boldsymbol{T}^{\mathrm{H}}\}\hat{\boldsymbol{w}}}{\hat{\boldsymbol{w}}^{\mathrm{H}}E\{\boldsymbol{T}\boldsymbol{x}_{\mathrm{I+n}}(t)\boldsymbol{x}_{\mathrm{I+n}}^{\mathrm{H}}(t)\boldsymbol{T}^{\mathrm{H}}\}\hat{\boldsymbol{w}}}=\frac{\hat{\boldsymbol{w}}^{\mathrm{H}}E\{\hat{\boldsymbol{x}}_{\mathrm{s}}(t)\hat{\boldsymbol{x}}_{\mathrm{s}}^{\mathrm{H}}(t)\}\hat{\boldsymbol{w}}}{\hat{\boldsymbol{w}}^{\mathrm{H}}E\{\hat{\boldsymbol{x}}_{\mathrm{I+n}}(t)\hat{\boldsymbol{x}}_{\mathrm{I+n}}^{\mathrm{H}}(t)\}\hat{\boldsymbol{w}}}\\&=\frac{\hat{\boldsymbol{w}}^{\mathrm{H}}E\{\hat{\boldsymbol{x}}_{\mathrm{s}}(t)\hat{\boldsymbol{x}}_{\mathrm{s}}^{\mathrm{H}}(t)\}\hat{\boldsymbol{w}}}{\hat{\boldsymbol{w}}^{\mathrm{H}}\hat{\boldsymbol{w}}}=\frac{\hat{\boldsymbol{w}}^{\mathrm{H}}E\{\hat{\boldsymbol{x}}_{\mathrm{s}}(t)\hat{\boldsymbol{x}}_{\mathrm{s}}^{\mathrm{H}}(t)\}\hat{\boldsymbol{w}}}{\|\hat{\boldsymbol{w}}\|^2}\end{aligned} \tag{3.18}$$

式中，$\hat{\boldsymbol{x}}_{\mathrm{s}}(t)=\boldsymbol{T}\boldsymbol{x}_{\mathrm{s}}(t)$，根据施瓦茨不等式，有

$$\hat{\boldsymbol{w}}^{\mathrm{H}}E\{\hat{\boldsymbol{x}}_{\mathrm{s}}(t)\hat{\boldsymbol{x}}_{\mathrm{s}}^{\mathrm{H}}(t)\}\hat{\boldsymbol{w}}\leqslant\|\hat{\boldsymbol{w}}\|^2E\{\|\hat{\boldsymbol{x}}_{\mathrm{s}}(t)\|^2\} \tag{3.19}$$

于是

$$\begin{aligned}\mathrm{SINR}_{\max}&=\frac{\|\hat{\boldsymbol{w}}\|^2E\{\|\hat{\boldsymbol{x}}_{\mathrm{s}}(t)\|^2\}}{\|\hat{\boldsymbol{w}}\|^2}=E\{\|\hat{\boldsymbol{x}}_{\mathrm{s}}(t)\|^2\}=E\{\|\boldsymbol{T}\boldsymbol{x}_{\mathrm{s}}(t)\|^2\}\\&=E\{\|\boldsymbol{T}s_0(t)\boldsymbol{a}(\theta_0)\|^2\}=E\{|s_0^2(t)|^2\}\|\boldsymbol{T}\boldsymbol{a}(\theta_0)\|^2\end{aligned} \tag{3.20}$$

当$\hat{\boldsymbol{w}}=\boldsymbol{T}\boldsymbol{a}(\theta_0)$时，式（3.18）等号成立，因此最大输出信干比意义下的最佳权重系数向量为

$$\boldsymbol{w}_{\mathrm{MSINR}}=\boldsymbol{T}^{\mathrm{H}}(\boldsymbol{T}\boldsymbol{a}(\theta_0))=\boldsymbol{T}^{\mathrm{H}}\boldsymbol{T}\boldsymbol{a}(\theta_0)=\boldsymbol{U}\boldsymbol{\varLambda}^{-1}\boldsymbol{U}^{\mathrm{H}}\boldsymbol{a}(\theta_0)=\boldsymbol{R}_{\mathrm{I+n}}^{-1}\boldsymbol{a}(\theta_0) \tag{3.21}$$

式（3.21）中的$\boldsymbol{a}(\theta_0)$因子决定着无干扰（或称为寂静）时阵列的方向函数，它是传统天线阵方向性综合的结果。这使我们可以在自适应天线中应用传统天线的设计方法，以优化寂静方向图。式（3.21）中$\boldsymbol{R}_{\mathrm{I+n}}^{-1}$因子决定于干扰噪声背景，它是空域滤波的产物，且决定了指向各干扰方向的对消方向函数。

2. 最小均方误差准则

1967年，B. Widrow团队提出了最小均方误差（LMS）自适应波束形成算法，推导了在均方误差下让阵列输出信号最接近期望信号的阵列最佳权重系数向量表达式。考虑空间有一个期望信号$s_0(t)$，来波方向为θ_0。有Q个干扰信号$s_q(t), q=1,\cdots,Q$，来波方向为θ_q，阵元间距为d的均匀直线阵列有N个阵元。因此，各阵元的接收信号为

$$\begin{bmatrix}x_1(t)\\x_2(t)\\\vdots\\x_N(t)\end{bmatrix}=s_0(t)\cdot\begin{bmatrix}1\\\mathrm{e}^{\mathrm{j}\frac{2\pi}{\lambda}d\sin\theta_0}\\\vdots\\\mathrm{e}^{\mathrm{j}\frac{2\pi}{\lambda}(N-1)d\sin\theta_0}\end{bmatrix}+\sum_{q=1}^{Q}s_q(t)\cdot\begin{bmatrix}1\\\mathrm{e}^{\mathrm{j}\frac{2\pi}{\lambda}d\sin\theta_q}\\\vdots\\\mathrm{e}^{\mathrm{j}\frac{2\pi}{\lambda}(N-1)d\sin\theta_q}\end{bmatrix} \tag{3.22}$$

即

$$\boldsymbol{x}(t)=s_0(t)\boldsymbol{a}(\theta_0)+\sum_{q=1}^{Q}s_q(t)\boldsymbol{a}(\theta_q) \tag{3.23}$$

在许多应用中，期望信号的特性是已知的。例如，在雷达系统中，期望信号是雷达发射信号（对雷达本身来说是确知信号）照射到目标以后的后向散射信号，我们可以用一个信号$d(t)$来近似这个期望信号，或者至少在一定程度上，使其与期望信号关联，这个信号称为参考信号。定义阵列输出的误差信号的平方为

$$\varepsilon^2(t)=\left|d(t)-\boldsymbol{w}^{\mathrm{H}}\boldsymbol{x}(t)\right|^2=(d(t)-\boldsymbol{w}^{\mathrm{H}}\boldsymbol{x}(t))(d^*(t)-\boldsymbol{x}^{\mathrm{H}}(t)\boldsymbol{w}) \tag{3.24}$$

则阵列输出的均方误差信号为

$$E\{\varepsilon^2(t)\}=E\{\left|d(t)\right|^2\}-2\boldsymbol{w}^{\mathrm{H}}\boldsymbol{r}_{xd}+\boldsymbol{w}^{\mathrm{H}}\boldsymbol{R}_x\boldsymbol{w} \tag{3.25}$$

其中，阵列接收信号向量与参考信号的相关系数向量为

$$\boldsymbol{r}_{xd}=E\{\boldsymbol{x}(t)d^*(t)\} \tag{3.26}$$

阵列接收信号的协方差矩阵为

$$\boldsymbol{R}_x=E\{\boldsymbol{x}(t)\boldsymbol{x}^{\mathrm{H}}(t)\} \tag{3.27}$$

在均方误差下让阵列输出信号最接近期望信号的参考信号，在此意义下求取阵列的最佳权重系数向量。对于式（3.25）而言，就是求取最佳的权重系数向量 $\boldsymbol{w}$ 使 $E\{\varepsilon^2(t)\}$ 最小，这是一个二次项函数的极值问题，可以通过一阶导数求解。令

$$\frac{\partial E\{\varepsilon^2(t)\}}{\partial\boldsymbol{w}}=-2\boldsymbol{r}_{xd}+2\boldsymbol{R}_x\boldsymbol{w}=0 \tag{3.28}$$

可得最小均方（LMS）意义下的阵列最佳权重向量为

$$\boldsymbol{w}_{\mathrm{LMS}}=\boldsymbol{R}_x^{-1}\boldsymbol{r}_{xd} \tag{3.29}$$

最小均方误差准则的优点是该方法只要选取好合适的参考信号 $d(t)$，就可以根据阵列接收信号向量 $\boldsymbol{x}(t)$计算自适应数字波束形成的阵列权重系数向量，而无须预知期望信号、干扰的来波方向等先验信息。

从式（3.21）和式（3.29）中可以看到，最大输出信干比准则下的阵列最佳权重系数向量与最小均方误差准则下的阵列最佳权重系数向量具有不一样的表达式，下面通过推导证明这两个准则下的最佳权重系数向量实质上是等价的。

一方面，阵列接收信号向量与参考信号的相关系数向量可以表示为

$$\begin{aligned}\boldsymbol{r}_{xd}&=E\{d^*(t)\boldsymbol{x}(t)\}\\&=E\{d^*(t)\boldsymbol{x}_{\mathrm{s}}(t)\}+E\{d^*(t)\boldsymbol{x}_{\mathrm{n}}(t)\}+E\{d^*(t)\boldsymbol{x}_{\mathrm{I}}(t)\}\\&=E\{d^*(t)s_0(t)\}\boldsymbol{a}(\theta_0)\\&=p\boldsymbol{a}(\theta_0)\end{aligned} \tag{3.30}$$

另一方面，阵列接收信号的协方差矩阵可以表示为

$$\boldsymbol{R}_x=\boldsymbol{R}_{\mathrm{s}}+\boldsymbol{R}_{\mathrm{I+n}}=\sigma_{\mathrm{s}}^2\boldsymbol{a}(\theta_0)\boldsymbol{a}^{\mathrm{H}}(\theta_0)+\boldsymbol{R}_{\mathrm{I+n}} \tag{3.31}$$

由矩阵求逆引理可得

$$\boldsymbol{R}_x^{-1}=\boldsymbol{R}_{\mathrm{I+n}}^{-1}-\frac{\sigma_{\mathrm{s}}^2\boldsymbol{R}_{\mathrm{I+n}}^{-1}\boldsymbol{a}(\theta_0)\boldsymbol{a}^{\mathrm{H}}(\theta_0)\boldsymbol{R}_{\mathrm{I+n}}^{-1}}{1+\sigma_{\mathrm{s}}^2\boldsymbol{a}^{\mathrm{H}}(\theta_0)\boldsymbol{R}_{\mathrm{I+n}}^{-1}\boldsymbol{a}(\theta_0)} \tag{3.32}$$

因此

$$\begin{aligned}\boldsymbol{w}_{\mathrm{LMS}} &= \boldsymbol{R}_x^{-1}\boldsymbol{r}_{xd} = p(\boldsymbol{R}_{\mathrm{I+n}}^{-1} - \frac{\sigma_{\mathrm{s}}^2\boldsymbol{R}_{\mathrm{I+n}}^{-1}\boldsymbol{a}(\theta_0)\boldsymbol{a}^{\mathrm{H}}(\theta_0)\boldsymbol{R}_{\mathrm{I+n}}^{-1}}{1+\sigma_{\mathrm{s}}^2\boldsymbol{a}^{\mathrm{H}}(\theta_0)\boldsymbol{R}_{\mathrm{I+n}}^{-1}\boldsymbol{a}(\theta_0)})\boldsymbol{a}(\theta_0) \\ &= p(\boldsymbol{R}_{\mathrm{i+n}}^{-1}\boldsymbol{a}(\theta_0) - \frac{\sigma_{\mathrm{s}}^2\boldsymbol{R}_{\mathrm{I+n}}^{-1}\boldsymbol{a}(\theta_0)(\boldsymbol{a}^{\mathrm{H}}(\theta_0)\boldsymbol{R}_{\mathrm{I+n}}^{-1}\boldsymbol{a}(\theta_0))}{1+\sigma_{\mathrm{s}}^2\boldsymbol{a}^{\mathrm{H}}(\theta_0)\boldsymbol{R}_{\mathrm{I+n}}^{-1}\boldsymbol{a}(\theta_0)}) \\ &= p(1 - \frac{\sigma_{\mathrm{s}}^2\boldsymbol{a}^{\mathrm{H}}(\theta_0)\boldsymbol{R}_{\mathrm{I+n}}^{-1}\boldsymbol{a}(\theta_0)}{1+\sigma_{\mathrm{s}}^2\boldsymbol{a}^{\mathrm{H}}(\theta_0)\boldsymbol{R}_{\mathrm{I+n}}^{-1}\boldsymbol{a}(\theta_0)})\boldsymbol{R}_{\mathrm{I+n}}^{-1}\boldsymbol{a}(\theta_0) \\ &= \frac{p}{1+\sigma_{\mathrm{s}}^2\boldsymbol{a}^{\mathrm{H}}(\theta_0)\boldsymbol{R}_{\mathrm{I+n}}^{-1}\boldsymbol{a}(\theta_0)}\boldsymbol{w}_{\mathrm{MSINR}}\end{aligned} \tag{3.33}$$

式（3.33）前边的分式部分为一标量，而任何标量因子都不影响权重系数向量的实际效果。可见，两种准则下最优权重系数向量间并不存在实质差别，是等价的。可以推证，在这两种自适应数字波束形成的优化准则下最佳权重系数向量所对应的阵列具有完全相同的方向性和阵列处理增益。

3．最大似然准则

1967 年，Capon 针对大孔径地震信号探测阵列的需求，开展了多维自适应阵列处理研究，鉴于地震信号在来波方向和信号波形等方面都是先验未知的，提出了自适应波束形成的最大似然准则，也就是在干扰、噪声背景下，通过阵列加权处理，取得对有用信号的最大似然估计。

考虑一个一维均匀直线阵列，由上文可知阵列各阵元的接收信号为

$$\begin{bmatrix} x_1(t) \\ x_2(t) \\ \vdots \\ x_N(t) \end{bmatrix} = s_0(t)\begin{bmatrix} 1 \\ \mathrm{e}^{\mathrm{j}\frac{2\pi}{\lambda}d\sin\theta_0} \\ \vdots \\ \mathrm{e}^{\mathrm{j}\frac{2\pi}{\lambda}(N-1)d\sin\theta_0} \end{bmatrix} + \begin{bmatrix} \boldsymbol{I}_1 \\ \boldsymbol{I}_2 \\ \vdots \\ \boldsymbol{I}_N \end{bmatrix} \tag{3.34}$$

即

$$\boldsymbol{x}(t) = \boldsymbol{x}_{\mathrm{s}}(t) + \boldsymbol{x}_{\mathrm{I+n}}(t) \tag{3.35}$$

定义接收信号向量的似然函数

$$L\{\boldsymbol{x}(t)\} = -\ln[P\{\boldsymbol{x}(t)|\boldsymbol{x}(t) = \boldsymbol{x}_{\mathrm{s}}(t) + \boldsymbol{x}_{\mathrm{I+n}}(t)\}] \tag{3.36}$$

式中，$P\{z|y\}$ 为 y 发生条件下 z 发生的条件概率。假设 $\boldsymbol{x}_{\mathrm{I+n}}(t)$为平稳的零均值高斯随机向量，其协方差矩阵为 $\boldsymbol{R}_{\mathrm{I+n}}$，$\boldsymbol{x}_{\mathrm{s}}(t)$也是平稳的高斯随机向量，但其均值为 $s_0(t)\boldsymbol{a}(\theta_0)$，则似然函数可写为

$$L\{\boldsymbol{x}(t)\} = c[\boldsymbol{x}(t) - \boldsymbol{x}_{\mathrm{s}}(t)]^{\mathrm{H}}\boldsymbol{R}_{\mathrm{I+n}}^{-1}[\boldsymbol{x}(t) - \boldsymbol{x}_{\mathrm{s}}(t)] \tag{3.37}$$

式中，c 为标量常数。现在的问题是找到一个 $s_0(t)$ 的合适的估计值 $\hat{s}_0(t)$，使似然函数 L 最大。将 $L\{\boldsymbol{x}(t)\}$ 对 $s_0(t)$ 取导数，得到

$$\frac{\partial L\{\boldsymbol{x}(t)\}}{\partial s_0(t)} = -2\boldsymbol{a}^{\mathrm{H}}(\theta_0)\boldsymbol{R}_{\mathrm{I+n}}^{-1}\boldsymbol{x}(t) + 2s_0(t)\boldsymbol{a}^{\mathrm{H}}(\theta_0)\boldsymbol{R}_{\mathrm{I+n}}^{-1}\boldsymbol{a}(\theta_0) = 0 \tag{3.38}$$

令其为零，解得

$$\hat{s}_0(t) = \frac{\boldsymbol{a}^{\mathrm{H}}(\theta_0)\boldsymbol{R}_{\mathrm{I+n}}^{-1}}{\boldsymbol{a}^{\mathrm{H}}(\theta_0)\boldsymbol{R}_{\mathrm{I+n}}^{-1}\boldsymbol{a}(\theta_0)}\boldsymbol{x}(t) \tag{3.39}$$

要使加权阵列输出最大似然估计 $\hat{s}_0(t)$，则权重系数向量应为

$$\begin{aligned}\boldsymbol{w}_{\mathrm{ML}} &= \left(\frac{\boldsymbol{a}^{\mathrm{H}}(\theta_0)\boldsymbol{R}_{\mathrm{I+n}}^{-1}}{\boldsymbol{a}^{\mathrm{H}}(\theta_0)\boldsymbol{R}_{\mathrm{I+n}}^{-1}\boldsymbol{a}(\theta_0)}\right)^{\mathrm{H}} \\ &= \frac{1}{\boldsymbol{a}^{\mathrm{H}}(\theta_0)\boldsymbol{R}_{\mathrm{I+n}}^{-1}\boldsymbol{a}(\theta_0)}\boldsymbol{R}_{\mathrm{I+n}}^{-1}\boldsymbol{a}(\theta_0) \\ &= \frac{1}{\boldsymbol{a}^{\mathrm{H}}(\theta_0)\boldsymbol{R}_{\mathrm{I+n}}^{-1}\boldsymbol{a}(\theta_0)}\boldsymbol{w}_{\mathrm{MSINR}}\end{aligned} \tag{3.40}$$

经过推导，可以看出，最大似然估计器的权重系数向量与最大输出信噪比准则下的最优权重系数向量没有实质上的区别。

Capon 提出的这个方法还可用于对来波方向的超分辨估计，来波方向的空间谱的表达式为

$$P(\theta) = \frac{1}{\boldsymbol{a}^{\mathrm{H}}(\theta)\boldsymbol{R}_{\mathrm{I+n}}^{-1}\boldsymbol{a}(\theta)} \tag{3.41}$$

4. 最小噪声方差准则

1969 年，Capon 针对期望信号来波方向已知情况下的自适应波束形成干扰与杂波抑制，提出了最小噪声方差准则（Minimum Variance，MV），后被称为最小方差不失真响应（Minimum-Variance Distortionless Response，MVDR）算法，在期望信号方向阵列方向图增益为 1 的约束（又称为单位约束）下，最小化阵列输出信号的方差达到自适应空域滤波的目的。

考虑 N 个阵元组成的天线阵列，其接收信号中包括期望信号和干扰、噪声信号，所以阵列的输出信号为

$$y(t) = \boldsymbol{w}^{\mathrm{H}}\boldsymbol{x}(t) = \boldsymbol{w}^{\mathrm{H}}\boldsymbol{x}_{\mathrm{s}}(t) + \boldsymbol{w}^{\mathrm{H}}\boldsymbol{x}_{\mathrm{I+n}}(t) \tag{3.42}$$

我们希望阵列处理只对干扰起抑制作用，因此

$$\begin{aligned}\boldsymbol{w}^{\mathrm{H}}\boldsymbol{x}_{\mathrm{s}}(t) &= s_0(t) \\ y &= s_0(t) + \boldsymbol{w}^{\mathrm{H}}\boldsymbol{x}_{\mathrm{I+n}}(t)\end{aligned} \tag{3.43}$$

于是，y 的方差为

$$\mathrm{Var}\{y\} = \mathrm{Var}\{s_0(t) + \boldsymbol{w}^{\mathrm{H}}\boldsymbol{x}_{\mathrm{I+n}}(t)\} \tag{3.44}$$

假定

$$E\{y\} = E\{s_0(t) + \boldsymbol{w}^{\mathrm{H}}\boldsymbol{x}_{\mathrm{I+n}}(t)\} = E\{s_0(t)\} \tag{3.45}$$

则

$$\mathrm{Var}\{y\} = \boldsymbol{w}^{\mathrm{H}}\boldsymbol{R}_{\mathrm{I+n}}\boldsymbol{w} \tag{3.46}$$

如果我们用“求导数，令其等于 0”的方法，会得到 $\boldsymbol{w}=0$，结果无效。因此，采用拉格朗日乘子法。首先引入约束条件

$$\boldsymbol{w}^{\mathrm{H}}\mathbf{1} = 1 \tag{3.47}$$

式中，“**1**”为 1×N 的向量，向量中的元素均为 1，

$$\mathbf{1} = \begin{bmatrix}1\\1\\\vdots\\1\end{bmatrix} \tag{3.48}$$

并令

$$\mathrm{Var}\{y\}=\boldsymbol{w}^{\mathrm{H}}\boldsymbol{R}_{\mathrm{I+n}}\boldsymbol{w}+2\lambda[1-\boldsymbol{w}^{\mathrm{H}}\boldsymbol{1}] \tag{3.49}$$

将式（3.49）对 $\boldsymbol{w}$ 取梯度，得到

$$\frac{\partial \mathrm{Var}\{y\}}{\partial \boldsymbol{w}}=2\boldsymbol{R}_{\mathrm{I+n}}\boldsymbol{w}-2\lambda\boldsymbol{1}=0 \tag{3.50}$$

令其为 0，解得

$$\boldsymbol{w}_{\mathrm{MV}}=\lambda\boldsymbol{R}_{\mathrm{I+n}}^{-1}\boldsymbol{1} \tag{3.51}$$

为了确定常数 λ，将式（3.51）代入式（3.47），得到

$$\lambda=\frac{1}{\boldsymbol{1}^{\mathrm{H}}\boldsymbol{R}_{\mathrm{I+n}}^{-1}\boldsymbol{1}} \tag{3.52}$$

最后得出

$$\boldsymbol{w}_{\mathrm{MV}}=\frac{1}{\boldsymbol{1}^{\mathrm{H}}\boldsymbol{R}_{\mathrm{I+n}}^{-1}\boldsymbol{1}}\boldsymbol{R}_{\mathrm{I+n}}^{-1}\boldsymbol{1} \tag{3.53}$$

如果将约束条件式（3.47）改为

$$\boldsymbol{w}^{\mathrm{H}}\boldsymbol{a}(\theta_0)=1 \tag{3.54}$$

即令阵列针对期望信号方向的增益为 1，则最小噪声方差准则下的权重系数为

$$\boldsymbol{w}_{\mathrm{MV}}=\frac{1}{\boldsymbol{a}^{\mathrm{H}}(\theta_0)\boldsymbol{R}_{\mathrm{I+n}}^{-1}\boldsymbol{a}(\theta_0)}\boldsymbol{R}_{\mathrm{I+n}}^{-1}\boldsymbol{a}(\theta_0) \tag{3.55}$$

这也是最小方差不失真响应（MVDR）算法的权重系数计算公式。最小噪声方差准则下的权重系数与最大似然准则的权重系数相同，也与最大输出信噪比准则本质上相同。

5. 线性约束最小方差准则

1972 年，斯坦福大学的 Frost 在最小方差不失真响应（MVDR）算法的基础上提出了线性约束最小方差准则（Linearly Constrained Minimum Variance，LCMV），将 MVDR 对阵列方向图期望信号方向上的单个固定增益约束推广为对阵列方向图期望信号方向上带宽内多个频点的一组固定增益约束，以实现宽带期望信号条件下的自适应波束形成。

考虑阵列接收信号向量为 $\boldsymbol{x}(t)$，权重系数向量为 $\boldsymbol{w}$，则阵列输出信号为

$$y(t)=\boldsymbol{w}^{\mathrm{H}}\boldsymbol{x}(t) \tag{3.56}$$

线性约束最小方差准则的思想为：选择 $\boldsymbol{w}$，在 $\boldsymbol{w}$ 满足约束条件 $\boldsymbol{C}^{\mathrm{H}}\boldsymbol{w}=\boldsymbol{f}$ 下，使得阵列输出 $y(t)$ 的方差最小，其中矩阵 $\boldsymbol{C}$ 由不同频点的阵列导向矢量组成，$\boldsymbol{f}$ 为 1 向量，从而约束准则为

$$\begin{aligned}&\min\quad \boldsymbol{w}^{\mathrm{H}}\boldsymbol{R}_x\boldsymbol{w}\\&\mathrm{s.t.}\quad \boldsymbol{C}^{\mathrm{H}}\boldsymbol{w}=\boldsymbol{f}\end{aligned} \tag{3.57}$$

这一约束优化问题可以用拉格朗日乘子法求解。构造一个以 $\boldsymbol{w}$ 为变量的拉格朗日函数

$$L(\boldsymbol{w})=\frac{1}{2}\boldsymbol{w}^{H}\boldsymbol{R}_x\boldsymbol{w}+\lambda(\boldsymbol{w}^{\mathrm{H}}\boldsymbol{C}-\boldsymbol{f}) \tag{3.58}$$

令

$$\frac{\partial L(\boldsymbol{w})}{\partial \boldsymbol{w}}=0 \tag{3.59}$$

得

$$\boldsymbol{R}_x\boldsymbol{w}_{\text{opt}} + \boldsymbol{C}\boldsymbol{\lambda} = 0 \tag{3.60}$$

从而最优权向量为

$$\boldsymbol{w}_{\text{opt}} = -\boldsymbol{R}_x^{-1}\boldsymbol{C}\boldsymbol{\lambda} \tag{3.61}$$

又因为 $\boldsymbol{w}_{\text{opt}}$ 必须满足约束条件

$$\boldsymbol{C}^{\text{H}}\boldsymbol{w}_{\text{opt}} = \boldsymbol{f} \tag{3.62}$$

即

$$-\boldsymbol{C}^{\text{H}}\boldsymbol{R}_x^{-1}\boldsymbol{C}\boldsymbol{\lambda} = \boldsymbol{f} \tag{3.63}$$

从而

$$\boldsymbol{\lambda} = -[\boldsymbol{C}^{\text{H}}\boldsymbol{R}_x^{-1}\boldsymbol{C}]^{-1}\boldsymbol{f} \tag{3.64}$$

因此，线性约束最小方差准则下阵列的最佳权重系数向量为

$$\boldsymbol{w}_{\text{LCMV}} = \boldsymbol{R}_x^{-1}\boldsymbol{C}[\boldsymbol{C}^{\text{H}}\boldsymbol{R}_x^{-1}\boldsymbol{C}]^{-1}\boldsymbol{f} \tag{3.65}$$

当只有单个频点的期望信号指向约束时，$\boldsymbol{C}=\boldsymbol{a}(\theta_0)$，$\boldsymbol{f}=1$，$\boldsymbol{w}_{\text{LCMV}} = \boldsymbol{R}_x^{-1}\boldsymbol{a}(\theta_0)\dfrac{1}{\boldsymbol{a}^{\text{H}}(\theta_0)\boldsymbol{R}_x^{-1}\boldsymbol{a}(\theta_0)}$，此时 LCMV 准则与 MV 准则相同。

3.2.3 自适应波束形成优化准则之间的关系

总结前两节所得最优权重系数向量如下。

最大输出信噪比准则：

$$\boldsymbol{w}_{\text{MSNR}} = \boldsymbol{a}(\theta_0) \tag{3.66}$$

最大输出信干比准则：

$$\boldsymbol{w}_{\text{MSNR}} = \boldsymbol{R}_{\text{I+n}}^{-1}\boldsymbol{a}(\theta_0) \tag{3.67}$$

最小均方误差准则：

$$\boldsymbol{w}_{\text{LMS}} = \boldsymbol{R}_x^{-1}\boldsymbol{r}_{xd} = \frac{p}{1+\sigma_{\text{s}}^2\boldsymbol{a}^{\text{H}}(\theta_0)\boldsymbol{R}_{\text{I+n}}^{-1}\boldsymbol{a}(\theta_0)}\boldsymbol{R}_{\text{I+n}}^{-1}\boldsymbol{a}(\theta_0) \tag{3.68}$$

最大似然准则：

$$\boldsymbol{w}_{\text{ML}} = \frac{1}{\boldsymbol{a}^{\text{H}}(\theta_0)\boldsymbol{R}_{\text{I+n}}^{-1}\boldsymbol{a}(\theta_0)}\boldsymbol{R}_{\text{I+n}}^{-1}\boldsymbol{a}(\theta_0) \tag{3.69}$$

噪声方差最小准则：

$$\boldsymbol{w}_{\text{MV}} = \frac{1}{\boldsymbol{a}^{\text{H}}(\theta_0)\boldsymbol{R}_{\text{I+n}}^{-1}\boldsymbol{a}(\theta_0)}\boldsymbol{R}_{\text{I+n}}^{-1}\boldsymbol{a}(\theta_0) \tag{3.70}$$

线性约束最小方差准则：

$$\boldsymbol{w}_{\text{LCMV}} = \boldsymbol{R}_x^{-1}\boldsymbol{C}[\boldsymbol{C}^{\text{H}}\boldsymbol{R}_x^{-1}\boldsymbol{C}]^{-1}\boldsymbol{f} \tag{3.71}$$

3.3 经典的自适应数字波束形成算法

主波束自适应控制的优化准则和方向图零点自适应控制的优化准则主要是指优化的目标和在什么意义上达到了目标。下面要讨论的问题是怎样达到目标，或者沿什么道路趋向目标。特别是当信号环境发生变化（这种变化是事先不知道的，也是无法预知的）时，怎样自动适应这种变化更新最优权重系数向量。这些就是自适应波束形成算法要解决的问题。自适应波束形成算法从权重系数向量的更新方式上分，可以分为直接矩阵求逆法和梯度法两类。直接矩阵求逆法就是根据 3.2.3 节的自适应波束形成的优化准则，多次采样阵列接收信号向量，再通过矩阵求逆等运算，计算得到阵列的最佳权重系数向量。这类方法具有运算量固定等特点，但单次更新阵列权重系数向量的计算量大，在协方差矩阵估计有误差时，

波束形成的计算精度不高。梯度法在采样阵列接收信号向量后，通过迭代公式优化计算权重系数向量，单次更新阵列权重系数向量的计算量小，波束形成的计算精度可控，但由于是迭代运算，收敛速度与算法本身有关，有的快、有的慢。本节介绍几种经典的梯度类自适应波束形成算法和自适应波束形成的几种不同实现结构。

3.3.1 梯度搜索法

1. 基本的梯度搜索法

假设信号 $s_0(t)$的参考信号为 $d(t)$，则阵列输出信号 $y(t)$关于参考信号 $d(t)$的误差信号为

$$\boldsymbol{\varepsilon}(t) = d(t) - y(t) = d(t) - \boldsymbol{w}^{\mathrm{H}}\boldsymbol{x}(t) \tag{3.72}$$

在第 k 个采样时刻，有

$$\boldsymbol{\varepsilon}(k) = d(k) - \boldsymbol{w}^{\mathrm{H}}\boldsymbol{x}(k) \tag{3.73}$$

因此，阵列输出信号的均方误差可表示为

$$\xi = E\{\varepsilon^2(k)\} = E\{d^2(k)\} + \boldsymbol{w}^{\mathrm{H}}\boldsymbol{R}_x\boldsymbol{w} - 2\boldsymbol{r}_{xd}\boldsymbol{w} \tag{3.74}$$

由此可见，当输入信号 $\boldsymbol{x}$ 与参考信号 $d(t)$是平稳随机过程时，均方误差ξ是权重系数向量 $\boldsymbol{w}$ 分量的二次函数。一种典型的二维二次型性能表面图如图 3.2 所示。图 3.2 中横轴代表了二维权重系数向量的两个权重系数，纵轴代表阵列输出信号的均方误差。

从图 3.2 中可以看出，二次型性能表面图是碗口向上的碗状抛物面，它仅有一个整体最佳值，没有局部最佳值，“碗底”一点对应的权重系数向量就是最佳权重系数向量。

如果只考虑一个权重系数（单变量）的性能表面，保留两个横轴的其中一个，另一个为定值，即把二维二次型性能表面图进行截面，便可以得到一条抛物线，单变量的性能表面图如图 3.3 所示。

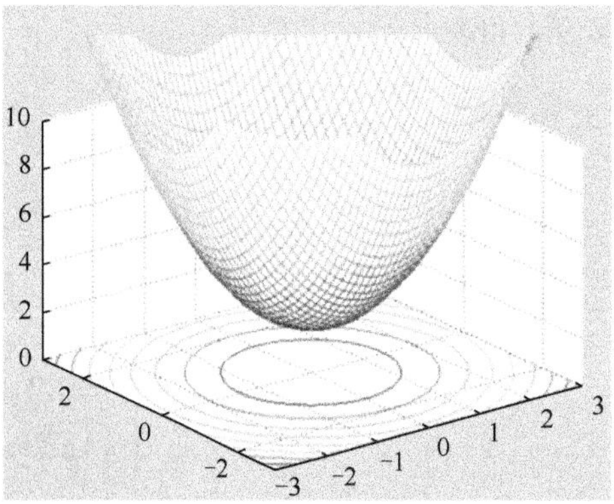

图 3.2 一种典型的二维二次型性能表面图

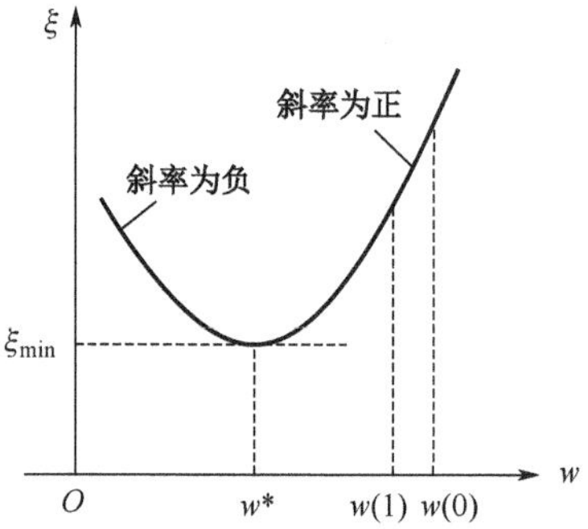

图 3.3 单变量的性能表面图

阵列输出信号的均方误差为

$$\xi = E\{\varepsilon^2(k)\} = E\{d^2(k)\} + \boldsymbol{w}^{\mathrm{H}}\boldsymbol{R}_x\boldsymbol{w} - 2\boldsymbol{r}_{xd}\boldsymbol{w} \tag{3.75}$$

式（3.75）中的 ξ 可表示为式（3.76）的形式，即

$$\xi = \xi_{\min} + \lambda(\boldsymbol{w} - \boldsymbol{w}^*)^2 \tag{3.76}$$

式中，λ 为常数。将该均方误差对 $\boldsymbol{w}$ 进行求导，可以得到

$$\frac{\mathrm{d}\xi}{\mathrm{d}\boldsymbol{w}}=2\lambda(\boldsymbol{w}-\boldsymbol{w}^*) \tag{3.77}$$

经过二次求导，可得

$$\frac{\mathrm{d}^2\xi}{\mathrm{d}\boldsymbol{w}^2}=2\lambda \tag{3.78}$$

梯度搜索法的基本过程实际上是从任意给定的权重系数的初始值 $\boldsymbol{w}(0)$寻找最佳权重系数 $\boldsymbol{w}^*$ 的迭代计算过程。当迭代计算时，新的权重系数等于当前的权重系数加上阵列输出信号均方误差曲线在当前权重系数下的斜率与迭代步长的乘积，即

$$\begin{aligned}&\boldsymbol{w}(1)=\boldsymbol{w}(0)+\text{步长}\mu\times(\text{曲线在}\boldsymbol{w}(0)\text{处的斜率})\\&\boldsymbol{w}(2)=\boldsymbol{w}(1)+\text{步长}\mu\times(\text{曲线在}\boldsymbol{w}(1)\text{处的斜率})\\&\cdots\cdots\\&\text{直到找到}\boldsymbol{w}^*(\text{斜率为0时})\end{aligned} \tag{3.79}$$

对单个权情况有

$$\boldsymbol{w}(k)=\boldsymbol{w}(k)+\mu(-\nabla(k))=\boldsymbol{w}(k)+2\mu\lambda(\boldsymbol{w}(k)-\boldsymbol{w}^*) \tag{3.80}$$

$$\boldsymbol{w}(k)=(1-2\mu\lambda)\boldsymbol{w}(k)+2\mu\lambda\boldsymbol{w}^* \tag{3.81}$$

式中，$\nabla(k)$为阵列输出信号均方误差曲线在 $w(k)$点处的梯度，表示为

$$\nabla(k)=\frac{\mathrm{d}\xi}{\mathrm{d}\boldsymbol{w}}\bigg|_{w=w(k)}=2\lambda(\boldsymbol{w}(k)-\boldsymbol{w}^*) \tag{3.82}$$

可以看出，当 $\boldsymbol{w}(k)>\boldsymbol{w}^*$时，$\nabla(k)>0$；当 $\boldsymbol{w}(k)<\boldsymbol{w}^*$时，$\nabla(k)<0$；当 $\boldsymbol{w}(k)=\boldsymbol{w}^*$时，$\nabla(k)=0$。

由式（3.79）可以先列出前 3 次迭代情况，即

$$\boldsymbol{w}(1)=(1-2\mu\lambda)\boldsymbol{w}(0)+2\mu\lambda\boldsymbol{w}^* \tag{3.83}$$

$$\boldsymbol{w}(2)=(1-2\mu\lambda)^2\boldsymbol{w}(0)+2\mu\lambda\boldsymbol{w}^*[(1-2\mu\lambda)+1] \tag{3.84}$$

$$\boldsymbol{w}(3)=(1-2\mu\lambda)^3\boldsymbol{w}(0)+2\mu\lambda\boldsymbol{w}^*[(1-2\mu\lambda)^2+(1-2\mu\lambda)+1] \tag{3.85}$$

以此类推，可以得到第 k 次迭代计算的权重系数与权重系数的初值之间的关系为

$$\boldsymbol{w}(k)=(1-2\mu\lambda)^k\boldsymbol{w}(0)+2\mu\lambda\boldsymbol{w}^*\sum_{n=0}^{k-1}(1-2\mu\lambda)^n \tag{3.86}$$

$$\boldsymbol{w}(k)=\boldsymbol{w}^*+(1-2\mu\lambda)^k(\boldsymbol{w}(0)-\boldsymbol{w}^*) \tag{3.87}$$

2. 牛顿法梯度搜索

当$\mu=\lambda/2$ 时，单变量的梯度搜索过程是临界阻尼的，在这种情况下，对二次型性能函数只需一步就收敛，这个方法称为牛顿法。

牛顿法的迭代公式为

$$\boldsymbol{w}(k+1)=\boldsymbol{w}(k)-\frac{\xi'(\boldsymbol{w}(k))}{\xi''(\boldsymbol{w}(k))}=\boldsymbol{w}(k)-\frac{2\lambda(\boldsymbol{w}(k)-\boldsymbol{w}^*)}{2\lambda}=\boldsymbol{w}^* \tag{3.88}$$

当 $k=0$ 时，由式（3.88）可以得到

$$\boldsymbol{w}(1)=\boldsymbol{w}(0)-\frac{\xi'(\boldsymbol{w}(0))}{\xi''(\boldsymbol{w}(0))} \tag{3.89}$$

根据式（3.88）和式（3.89）可以得到

$$\boldsymbol{w}(1)=\boldsymbol{w}(0)-\frac{2\lambda(\boldsymbol{w}(0)-\boldsymbol{w}^*)}{2\lambda}=\boldsymbol{w}^* \tag{3.90}$$

同样，将单个权重系数情况的牛顿法推广至多个权重系数的情况，阵列输出信号均方误差可以表示为

$$\xi = E\left\{d^2(k)\right\} + \boldsymbol{w}^{\mathrm{H}} \boldsymbol{R}_x \boldsymbol{w} - 2\boldsymbol{r}_{xd} \boldsymbol{w} \tag{3.91}$$

其梯度表示为

$$\nabla = \frac{\partial \xi}{\partial \boldsymbol{w}} = 2\boldsymbol{R}_x \boldsymbol{w} - 2\boldsymbol{r}_{xd} \tag{3.92}$$

$$\frac{\partial^2 \xi}{\partial \boldsymbol{w}^2} = 2\boldsymbol{R}_x \tag{3.93}$$

牛顿法的权向量迭代公式可以表示为

$$\boldsymbol{w}(k+1) = \boldsymbol{w}(k) - \frac{1}{2}\boldsymbol{R}_x^{-1} \nabla(k) \tag{3.94}$$

式中，$\nabla(k)$为 $w(k)$处性能表面的梯度。对于一般阻尼状态，即一般的梯度搜索法的迭代公式为

$$\boldsymbol{w}(k+1) = \boldsymbol{w}(k) - \mu \boldsymbol{R}_x^{-1} \nabla(k) \tag{3.95}$$

当$\mu = 1/2$，即如式（3.94）时，为临界阻尼状态；当 $0<\mu<0.5$ 时，为过阻尼状态；当 $0.5<\mu<1$ 时，为欠阻尼状态。现在考虑牛顿法的收敛性，根据最小均方误差准则可以得到 $\boldsymbol{w}^*=\boldsymbol{R}_x^{-1}\boldsymbol{r}_{xd}$，又根据式（3.92）可以对式（3.95）进行简单推导，得到

$$\begin{aligned} \boldsymbol{w}(k+1) &= \boldsymbol{w}(k) - \mu \boldsymbol{R}_x^{-1}\left(2\boldsymbol{R}_x \boldsymbol{w}(k) - 2\boldsymbol{r}_{xd}\right) \\ &= (1-2\mu)\boldsymbol{w}(k) + 2\mu \boldsymbol{R}_x^{-1}\boldsymbol{r}_{xd} \\ &= (1-2\mu)\boldsymbol{w}(k) + 2\mu \boldsymbol{w}^* \end{aligned} \tag{3.96}$$

根据式（3.96），将 $\boldsymbol{w}(k)$、$\boldsymbol{w}(k-1)$、$\boldsymbol{w}(k-2)$一直到 $\boldsymbol{w}(1)$表达出来，即

$$\begin{aligned} &\boldsymbol{w}(k) = (1-2\mu)\boldsymbol{w}(k-1) + 2\mu \boldsymbol{w}^* \\ &\boldsymbol{w}(k-1) = (1-2\mu)\boldsymbol{w}(k-2) + 2\mu \boldsymbol{w}^* \\ &\boldsymbol{w}(k-2) = (1-2\mu)\boldsymbol{w}(k-3) + 2\mu \boldsymbol{w}^* \\ &\cdots \\ &\boldsymbol{w}(1) = (1-2\mu)\boldsymbol{w}(0) + 2\mu \boldsymbol{w}^* \end{aligned} \tag{3.97}$$

由此可以得出

$$\boldsymbol{w}(k) = \boldsymbol{w}^* + (1-2\mu)^k\left(\boldsymbol{w}(0) - \boldsymbol{w}^*\right) \tag{3.98}$$

当$|1-2\mu|<1$，即 $0<\mu<1$ 时，$\lim\limits_{k\to\infty}\boldsymbol{w}^{(k+1)} = \boldsymbol{w}^*$，从理想情况下的收敛速度考虑，一步达到收敛当然是令人满意的，但在实际情况下，性能表面是未知的，需基于随机的输入数据进行估计。这时，牛顿法反而不如其他的一些算法收敛快。

3. 最速下降梯度搜索法

最速下降梯度搜索法实质上就是将前面讲的基本的梯度搜索法推广到 n 维，它的权重系数向量的迭代公式为

$$\boldsymbol{w}(k+1) = \boldsymbol{w}(k) + \mu\left(-\nabla(k)\right) \tag{3.99}$$

式中，μ为调整步长，为一常数，量纲为$\dfrac{1}{\text{功率}}$，梯度表示为

$$\nabla(k) = 2\boldsymbol{R}_x \boldsymbol{w}(k) - 2\boldsymbol{r}_{xd} \tag{3.100}$$

进一步做收敛分析，可以得到

$$\begin{aligned}\boldsymbol{w}(k+1)&=\boldsymbol{w}(k)-2\mu\boldsymbol{R}_x\boldsymbol{w}(k)+2\mu\boldsymbol{r}_{xd}\\&=\boldsymbol{w}(k)+2\mu\boldsymbol{R}_x\left(\boldsymbol{R}_x^{-1}\boldsymbol{r}_{xd}-\boldsymbol{w}(k)\right)\\&=\left(I-2\mu\boldsymbol{R}_x\right)\boldsymbol{w}(k)+2\mu\boldsymbol{R}_x\boldsymbol{w}^*\end{aligned}\tag{3.101}$$

式（3.101）是一个互耦方程组（因为 $\boldsymbol{R}_x$ 通常不是对角阵），解这个方程较复杂，因此需要对它进行变换。只有两个权重系数时性能表面在平面上投影的等高线如图 3.4 所示。图中 w_i 表示第 i 个权重系数，定义一个平移的系数 $\boldsymbol{V}=\boldsymbol{w}-\boldsymbol{w}^*$，$V_i$ 表示与 w_i 对应的第 i 个系数。因此式（3.101）可以表示为

$$\boldsymbol{V}(k+1)=\left(\boldsymbol{I}-2\mu\boldsymbol{R}_x\right)\boldsymbol{V}(k)\tag{3.102}$$

定义 $\boldsymbol{Q}$ 为 $\boldsymbol{R}_x$ 的正交归一化矩阵，即

$$\boldsymbol{R}_x\boldsymbol{Q}=\boldsymbol{Q}\boldsymbol{\Lambda}\tag{3.103}$$

式中，$\boldsymbol{\Lambda}$为 $\boldsymbol{R}_x$ 的特征向量矩阵，除了主对角元素由 $\boldsymbol{R}_x$ 特征值组成，其余元素均为零，式（3.103）经变换可以得到

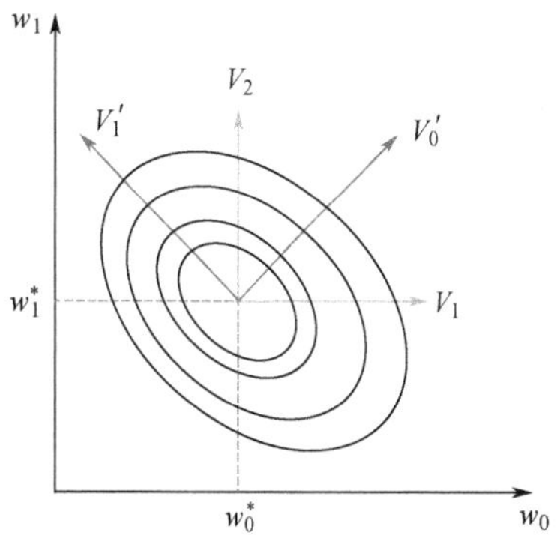

图 3.4　只有两个权系数时性能表面在平面上投影的等高线

$$\boldsymbol{R}_x=\boldsymbol{Q}\boldsymbol{\Lambda}\boldsymbol{Q}^{-1}\tag{3.104}$$

$$\boldsymbol{\Lambda}=\boldsymbol{Q}^{-1}\boldsymbol{R}_x\boldsymbol{Q}\tag{3.105}$$

用公式$\boldsymbol{V}=\boldsymbol{Q}\boldsymbol{V}'$代入，则式（3.102）可以表示为

$$\boldsymbol{Q}\times\boldsymbol{V}'(k+1)=\left(\boldsymbol{I}-2\mu\boldsymbol{R}_x\right)\boldsymbol{V}(k)\tag{3.106}$$

因此，$\boldsymbol{V}'(k+1)$ 可以表示为

$$\begin{aligned}\boldsymbol{V}'(k+1)&=\boldsymbol{Q}^{-1}\left(\boldsymbol{I}-2\mu\boldsymbol{R}_x\right)\boldsymbol{Q}\boldsymbol{V}'(k)\\&=\boldsymbol{Q}^{-1}\boldsymbol{I}\boldsymbol{Q}-2\mu\boldsymbol{Q}^{-1}\boldsymbol{R}_x\boldsymbol{Q}\boldsymbol{V}'(k)\\&=\left(\boldsymbol{I}-2\mu\boldsymbol{\Lambda}\right)\boldsymbol{V}'(k)\end{aligned}\tag{3.107}$$

所以

$$\boldsymbol{V}'(k)=\left(\boldsymbol{I}-2\mu\boldsymbol{\Lambda}\right)^k\boldsymbol{V}'(0)\tag{3.108}$$

如果

$$\lim_{k\to\infty}\left(\boldsymbol{I}-2\mu\boldsymbol{\Lambda}\right)^k=0$$

即

$$\begin{aligned}&\lim_{k\to\infty}\boldsymbol{V}'(k)=0\\&\lim_{k\to\infty}\boldsymbol{V}(k)=0\\&\lim_{k\to\infty}\boldsymbol{w}(k)=\boldsymbol{w}^*\end{aligned}\tag{3.109}$$

$$\begin{bmatrix}\lim\limits_{k\to\infty}\left(1-2\mu\lambda_0\right)^k & 0 & 0 & 0\\ 0 & \lim\limits_{k\to\infty}\left(1-2\mu\lambda_1\right)^k & 0 & 0\\ \vdots & \vdots & \vdots & \vdots\\ 0 & 0 & 0 & \lim\limits_{k\to\infty}\left(1-2\mu\lambda_M\right)^k\end{bmatrix}=0\tag{3.110}$$

也就可以得到，迭代次数 k 趋向无穷时，权重系数向量 $\boldsymbol{w}(k)$ 向最佳权重系数向量 $\boldsymbol{w}^*$ 收敛的条件为

$$0<\mu<\frac{1}{\lambda_{\max}} \tag{3.111}$$

根据上面的推导，可以得到以下结论：当且仅当 $0<\mu<1/\lambda_{\max}$ 时，最速下降梯度搜索法是收敛的，它收敛于最佳权向量 $\lim\limits_{k\to\infty}\boldsymbol{w}^{(k)}=\boldsymbol{w}^*$，最速下降梯度搜索法总是在性能表面沿负梯度方向前进。

上面介绍了两种基本的性能表面的搜索方法——牛顿法与最速下降梯度搜索法。为了使下降方向趋向性能表面的最小点，两种算法都需要对梯度进行估值。接下来要讲的另一种在性能表面上下降的算法——最小均方误差算法（LMS 算法），它采用了一种特殊的梯度估值，不需要离线方式估计梯度，简单、易行，是一种重要的算法。

3.3.2 最小均方误差（LMS）算法

最小均方误差算法因其算法结构简单，在实际应用中实现简单，所以被用于各种领域。LMS 算法是基于最小均方误差准则以及最速下降梯度搜索法提出的，其代价函数是误差信号平方的统计期望。最速下降梯度搜索法是沿着代价函数减小的方向移动的，只要保证代价函数在每次迭代之后总是比前一时刻小，最终算法总是能收敛于最优权值点，使代价函数达到最小。

LMS 算法的目的是使参考信号与输出信号的均方误差最小，假设 $d(t)$ 是一个与期望信号相关的参考信号，天线阵列的实际输出为 $y(t)=\boldsymbol{w}^{\mathrm{H}}\boldsymbol{x}$，误差信号可以表示为

$$\varepsilon(t)=d(t)-y(t)=d(t)-\boldsymbol{w}^{\mathrm{H}}\boldsymbol{x} \tag{3.112}$$

在第 k 个采样时刻的误差信号可以表示为

$$\varepsilon(k)=d(k)-\boldsymbol{w}^{\mathrm{H}}(k)\boldsymbol{x}(k) \tag{3.113}$$

原来我们都是取 $\xi=E\left\{\varepsilon(k)^2\right\}$ 来估计 ξ 的梯度，现在简单地估计 $\varepsilon(k)^2$ 的梯度为

$$\hat{\nabla}(k)=\frac{\partial\varepsilon(k)^2}{\partial\boldsymbol{w}(k)}=\begin{bmatrix}\dfrac{\partial\varepsilon(k)^2}{\partial w_0(k)}\\ \dfrac{\partial\varepsilon(k)^2}{\partial w_1(k)}\\ \vdots\\ \dfrac{\partial\varepsilon(k)^2}{\partial w_M(k)}\end{bmatrix}=2\varepsilon_k\begin{bmatrix}\dfrac{\partial\varepsilon(k)}{\partial w_0(k)}\\ \dfrac{\partial\varepsilon(k)}{\partial w_1(k)}\\ \vdots\\ \dfrac{\partial\varepsilon(k)}{\partial w_M(k)}\end{bmatrix}=-2\varepsilon(k)\boldsymbol{x}(k) \tag{3.114}$$

采用这个简单的梯度估值，可以导出一种最速下降梯度搜索法类型的自适应算法，即

$$\boldsymbol{w}(k+1)=\boldsymbol{w}(k)-\mu\nabla(k)=\boldsymbol{w}(k)+2\mu\varepsilon(k)\boldsymbol{x}(k) \tag{3.115}$$

根据式（3.115）可以构造出 LMS 算法实现框图，如图 3.5 所示。图中 z^{-1} 为离散信号的时延，输入信号为 $\boldsymbol{x}(k)$，对应的元素分别为 $x_0(k)$、$x_1(k)$，…，$x_L(k)$，权重系数向量为 $\boldsymbol{w}(k)$，对应的元素分别为 $w_0(k)$、$w_1(k)$，…，$w_L(k)$，$d(k)$为在第 k 个采样时刻的参考信号，$\varepsilon(k)$为误差信号，$y(k)$为输出信号。

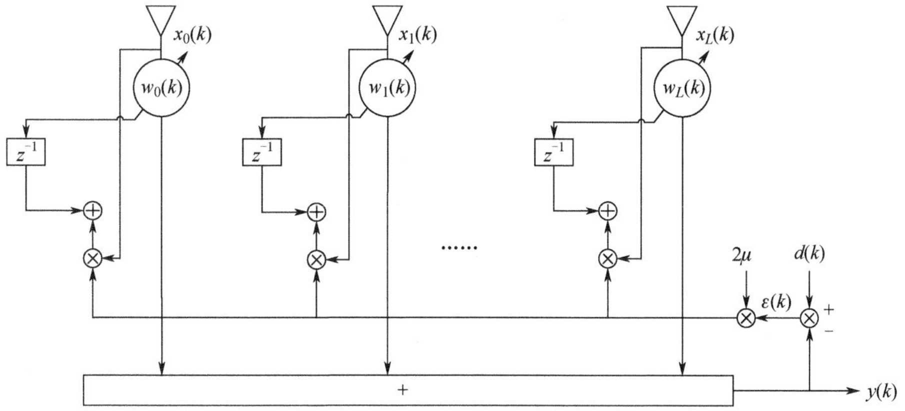

图 3.5　LMS 算法实现框图

LMS 算法不需要平方、平均或微分运算，梯度向量的每个分量由单个数据样本得到，简单、高效。实现 LMS 算法的具体计算步骤如下。

（1）由当前时刻 k 的阵列接收信号向量 $\boldsymbol{x}(k)$和权重系数向量 $\boldsymbol{w}(k)$相乘得到 k 时刻的输出信号 $y(k)$。

（2）由当前时刻的输出信号 $y(k)$与期望信号 $d(k)$计算误差信号 $\varepsilon(k)$。

（3）利用上述迭代公式计算权重系数向量的更新估计值 $\boldsymbol{w}(k+1)$。

（4）到 k+1 时刻，回到步骤（1），重复上述计算步骤，直到算法达到稳态为止。

下面讨论权重系数向量的收敛性。首先证明梯度的估值是无偏的，梯度的真值为

$$\nabla(k)=2\boldsymbol{R}_x\boldsymbol{w}(k)-2\boldsymbol{r}_{xd} \tag{3.116}$$

LMS 所用的梯度的估值为

$$\hat{\nabla}(k)=-2\varepsilon(k)\boldsymbol{x}(k) \tag{3.117}$$

固定 $\boldsymbol{w}$，令 $\boldsymbol{w}(k)=\boldsymbol{w}$，所以可以得到

$$\begin{aligned}E\{\hat{\nabla}(k)\}&=-2E\{\varepsilon(k)\boldsymbol{x}(k)\}\\&=-2E\{(d(k)-\boldsymbol{x}^{\mathrm{H}}(k)\boldsymbol{w})\boldsymbol{x}(k)\}\\&=-2E\{d(k)\boldsymbol{x}(k)-\boldsymbol{x}(k)\boldsymbol{x}^{\mathrm{H}}(k)\boldsymbol{w}\}\\&=2(\boldsymbol{R}_x\boldsymbol{w}-\boldsymbol{r}_{xd})\\&=\nabla(k)\end{aligned} \tag{3.118}$$

经过上式推导，可以得出 LMS 算法对梯度的估值是无偏的。因此，我们可以认为梯度估计的均值和梯度的真值是相等的。如果每一步都按照 $\hat{\nabla}(k)=-2\varepsilon(k)\boldsymbol{x}(k)$ 得到 LMS 的梯度的估值，若干步之后用梯度估计的均值调整一次权重系数向量，则权重系数向量的迭代公式为

$$\begin{aligned}\boldsymbol{w}(k+1)&=\boldsymbol{w}(k)-2\mu\hat{\nabla}(k)\\&=\boldsymbol{w}(k)+2\mu\varepsilon(k)\boldsymbol{x}(k)\end{aligned} \tag{3.119}$$

因为上述的条件，所以式（3.119）就接近于

$$\boldsymbol{w}(k+1)=\boldsymbol{w}(k)-2\mu\nabla(k) \tag{3.120}$$

这样 LMS 算法就变成真正的最速下降梯度搜索法了。当权重系数向量在每次迭代都加以改变时，则需要采用下述方式去估计权重系数向量的收敛性。

$$\begin{aligned}E\{\boldsymbol{w}(k+1)\} &= E\{\boldsymbol{w}(k)\}+E\{2\mu\varepsilon(k)\boldsymbol{x}(k)\}\\ &= E\{\boldsymbol{w}(k)\}+2\mu(E\{d(k)\boldsymbol{x}(k)\}-E\{\boldsymbol{x}(k)\boldsymbol{x}^{\mathrm{H}}(k)\boldsymbol{w}(k)\})\\ &= E\{\boldsymbol{w}(k)\}+2\mu(E\{d(k)\boldsymbol{x}(k)\}-E\{\boldsymbol{x}(k)\boldsymbol{x}^{\mathrm{H}}(k)\}E\{\boldsymbol{w}(k)\})\\ &= E\{\boldsymbol{w}(k)\}+2\mu(\boldsymbol{r}_{xd}(k)-\boldsymbol{R}_x(k)E\{\boldsymbol{w}(k)\})\\ &= (\boldsymbol{I}-2\mu\boldsymbol{R}_x(k))E\{\boldsymbol{w}(k)\}+2\mu\boldsymbol{R}_x(k)\boldsymbol{w}^*\end{aligned} \tag{3.121}$$

式中，$\boldsymbol{w}(k)$是过去的阵列接收信号向量$x(k-1), x(k-2),\cdots, x(0)$的函数，若相继的任意两个输入向量在时间上独立，则$\boldsymbol{w}(k)$与$\boldsymbol{x}(k)$统计独立。

采用最速下降梯度搜索法收敛性分析中相同的变换方式来推导收敛条件，即

$$E\{\boldsymbol{w}(k+1)\}=(\boldsymbol{I}-2\mu\boldsymbol{R}_x(k))E\{\boldsymbol{w}(k)\}+2\mu\boldsymbol{R}_x(k)\boldsymbol{w}^* \tag{3.122}$$

令$\boldsymbol{V}=\boldsymbol{w}-\boldsymbol{w}^*$（平移），$\boldsymbol{V}=\boldsymbol{Q}\boldsymbol{V}'$(旋转)，得

$$E\{\boldsymbol{V}'(k)\}=(\boldsymbol{I}-2\mu\boldsymbol{\Lambda})^k\cdot\boldsymbol{V}'(0) \tag{3.123}$$

当$0<\mu<\dfrac{1}{\lambda_{\max}}$时，有$\lim\limits_{k\to\infty}\boldsymbol{V}'(k)=0\Rightarrow\lim\limits_{k\to\infty}\boldsymbol{V}(k)=0\Rightarrow\lim\limits_{k\to\infty}\boldsymbol{w}(k)=\boldsymbol{w}^*$，其中，$\lambda_{\max}$是$\boldsymbol{R}_x$的最大特征值，$\boldsymbol{\Lambda}$为$\boldsymbol{R}_x$的对角化特征值矩阵。$\lambda_{\max}$是$\boldsymbol{R}_x$的最大特征值，也是$\Lambda$中的最大的对角元素，$\lambda_{\max}\leqslant tr[\Lambda]=\sum(\boldsymbol{\Lambda}$的对角元素$)=\sum(\boldsymbol{R}_x$的对角元素$)=\mathrm{tr}[\boldsymbol{R}_x]$。

对于自适应权重，相当于自适应横向滤波器（N为阵元数）。

$$\mathrm{tr}[\boldsymbol{R}_x]=(N+1)E\{|\boldsymbol{x}(k)|^2\}=(N+1)\times\text{输入信号功率} \tag{3.124}$$

所以，收敛条件可写为$0<\mu<\dfrac{1}{(N+1)\times\text{输入信号功率}}$。

最小均方算法只利用$y(t)$和$d(t)$之间的误差来调整$\boldsymbol{w}$的迭代过程，在实际工程应用中LMS算法结构简单，计算量小，在工程应用中易于实现，在自适应信号处理领域有着广泛的应用，能有效抑制干扰信号并且滤除噪声，从而提高通信系统的信噪比。LMS算法也有一些缺点，如自相关矩阵特征值分散时收敛性将会变差。

3.3.3 格里菲思（Griffiths）LMS 波束形成算法

格里菲思LMS波速形成算法是LMS算法的一种改进算法，它利用了一定的先验知识，提高了算法的计算效率。

LMS算法可表示为

$$\begin{aligned}\boldsymbol{w}(k+1) &= \boldsymbol{w}(k)+2\mu\varepsilon(k)\boldsymbol{x}(k)\\ &= \boldsymbol{w}(k)+2\mu(d(k)-y(k))\boldsymbol{x}(k)\\ &= \boldsymbol{w}(k)+2\mu d(k)\boldsymbol{x}(k)-2\mu y(k)\boldsymbol{x}(k)\end{aligned} \tag{3.125}$$

现在用平均值$\boldsymbol{r}_{dx}=E\{d(k)x(k)\}$来替代式（3.125）中它的瞬时值，可以得到

$$\boldsymbol{w}(k+1)=\boldsymbol{w}(k)+2\mu\boldsymbol{r}_{dx}-2\mu y(k)\boldsymbol{x}(k) \tag{3.126}$$

这就是格里菲思LMS波束形成算法权重系数向量的迭代公式。当参考信号与阵列输入之间的相互关系预先知道时，不需要实时的参考信号$d(t)$，这个实时最小均方自适应波束形成算法就可以工作。

首先分析此算法的收敛性，由于$y(k)=\boldsymbol{x}^{\mathrm{H}}(k)\boldsymbol{w}(k)$，可以得出

$$E\{y(k)x(k)\}=E\{x(k)y(k)\}=E\left\{x(k)x^{\mathrm{H}}(k)\boldsymbol{w}(k)\right\}=R_xE\left\{w(k)\right\} \tag{3.127}$$

于是可以推导出

$$\begin{aligned} E\{\boldsymbol{w}(k+1)\} &= E\{\boldsymbol{w}(k)\} + 2\mu \boldsymbol{r}_{xd} - 2\mu \boldsymbol{R}_x E\{\boldsymbol{w}(k)\} \\ &= (\boldsymbol{I} - 2\mu \boldsymbol{R}_x) E\{\boldsymbol{w}(k)\} + 2\mu \boldsymbol{r}_{xd} \end{aligned} \tag{3.128}$$

因此当$0 < \mu < \dfrac{1}{\lambda_{\max}}$时，有

$$\lim_{k\to\infty} E\{\boldsymbol{w}(k)\} = \boldsymbol{w}^{(*)} = \boldsymbol{R}_x^{-1}\boldsymbol{r}_{xd} \tag{3.129}$$

与原始的 LMS 算法一样，格里菲思 LMS 波速形成算法是无偏的，收敛得到的稳态解期望值就是真正的最小均方解，也即最佳维纳解。

格里菲思（Griffiths）LMS 波束形成算法实现框图如图 3.6 所示。其实现方式如下。

（1）$\Delta_1, \Delta_2, \cdots, \Delta_L$ 是一组延迟线，用来操纵接收波束使它指向要求的探视方向。

（2）$\boldsymbol{r}_{xd}$ 实质上是期望信号与参考信号之间的互相关函数。由于参考信号就是期望信号本身，因此 $\boldsymbol{r}_{xd}$ 可以从期望信号的自相关函数得到。

（3）格里菲思 LMS 波速形成算法需要已知：来波方向和阵列结构，以确定 $\Delta_1, \Delta_2, \cdots, \Delta_L$；期望信号的自相关函数，但不需要参考信号。

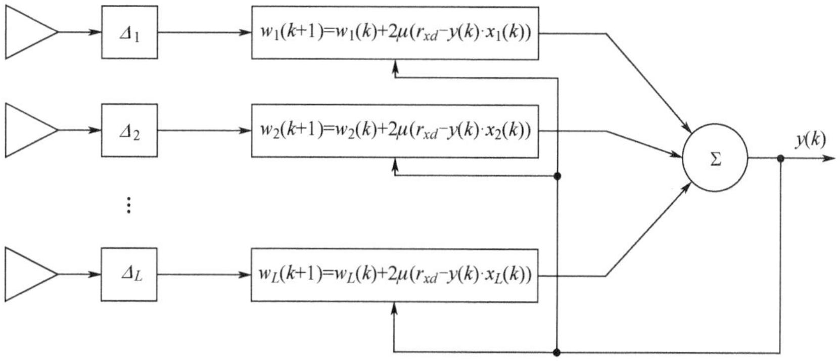

图 3.6　格里菲思（Griffiths）LMS 波束形成算法实现框图

3.3.4　多线性约束最小方差（LCMV）自适应波束形成算法

多线性约束最小方差（LCMV）算法是最小方差不失真响应（MVDR）算法的直接推广，其数学模型参见式（3.57），最佳权重系数向量的表达式参见式（3.65），其中的线性约束除了针对期望信号方向的固定增益约束，还可以包括宽频带约束、主瓣展宽导数约束、零陷展宽导数约束和特征约束等。Frost 针对宽频带自适应波束形成的需求，提出了一种 LCMV 自适应波束形成的迭代处理算法。

LCMV 自适应波束形成算法原理框图如图 3.7 所示。假设有 N 个天线单元组成的天线阵，阵列的导向向量为 $\boldsymbol{a}(\theta) = [a_1(\theta), a_2(\theta), \cdots, a_N(\theta)]^{\mathrm{T}}$，每个天线单元收到的信号既有期望信号 $s(t)$的成分，又有来自不同方向叠加的干扰信号 $n(t)$成分，每个天线单元的输出接一个由 L 个抽头多级延迟线组成的横向滤波器，每级延迟线的时间延迟为τ，则各个天线单元第一级抽头输出的信号向量为$[x_1(t), x_2(t), \cdots, x_N(t)]^{\mathrm{T}}$，第二级抽头输出的信号向量为$[x_{N+1}(t), x_{N+2}(t), \cdots, x_{2N}(t)]^{\mathrm{T}}$，第 L 级抽头输出的信号向量为$[x_{(L-1)N+1}(t), x_{(L-1)N+2}(t), \cdots, x_{LN}(t)]^{\mathrm{T}}$，如图 3.7 所示。则第 k 个采样时刻，天线阵所有阵元各级抽头的输出信号可以组成如下的矩阵形式。

$$\boldsymbol{X}(k)=\begin{bmatrix} x_1(k) & x_2(k) & \cdots & x_N(k) \\ x_{N+1}(k) & x_{N+2}(k) & \cdots & x_{2N}(k) \\ \vdots & \vdots & \vdots & \vdots \\ x_{(L-1)N+1}(k) & x_{(L-1)N+2}(k) & \cdots & x_{LN}(k) \end{bmatrix} \tag{3.130}$$

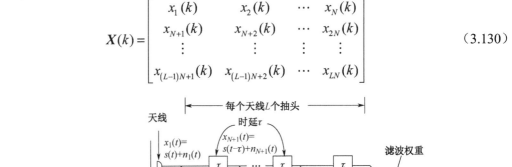

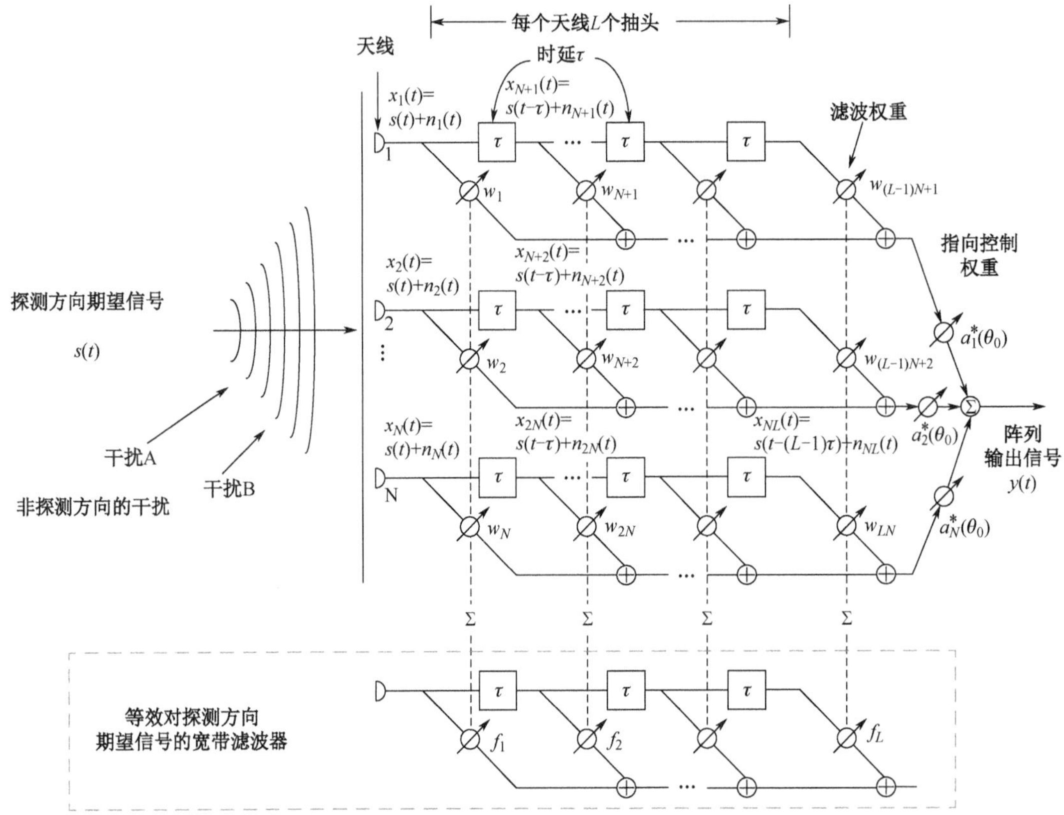

图 3.7　LCMV 自适应波束形成算法原理框图

天线阵各阵元横向滤波器的权重系数也可以排列成相对应的矩阵，即

$$\boldsymbol{w}(k)=\begin{bmatrix} w_1(k) & w_2(k) & \cdots & w_N(k) \\ w_{N+1}(k) & w_{N+2}(k) & \cdots & w_{2N}(k) \\ \vdots & \vdots & & \vdots \\ w_{(L-1)N+1}(k) & w_{(L-1)N+2}(k) & \cdots & w_{LN}(k) \end{bmatrix} \tag{3.131}$$

将各个天线单元对应的横向滤波器组的输出加上波束指向控制后矢量相加就得到整个阵列的输出信号，波束指向控制可以采用延迟线的方式实现，也可按 3.2.1 节的准则用期望信号方向导向矢量的共轭作为阵元权重系数加权实现。如图 3.7 中虚线框所示，该 LCMV 自适应波束形成处理可以看作是对期望信号的一个等效横向滤波处理，等效横向滤波器各级抽头的加权系数就等于阵列各天线单元相应抽头的系数做波束指向加权的结果。因此，为了设计一个宽带的自适应波束形成处理器，可以先针对期望信号的频率特性设计一个对期望信号具有固定增益的宽带横向滤波器，计算得到各级抽头的滤波器系数向量 $\boldsymbol{F}=[f_1,f_2,\cdots,f_L]^{\mathrm{T}}$，然后以此来约束 LCMV 各阵元的权重系数，假设期望信号方向为θ_0，则 LCMV 各阵元权重系数的多

线性约束为

$$
\begin{aligned}
& a_1^*(\theta_0)w_1(k)+a_2^*(\theta_0)w_2(k)+\cdots+a_N^*(\theta_0)w_N(k)=f_1 \\
& a_1^*(\theta_0)w_{N+1}(k)+a_2^*(\theta_0)w_{N+2}(k)+\cdots+a_N^*(\theta_0)w_{2N}(k)=f_2 \\
& \cdots \\
& a_1^*(\theta_0)w_{(L-1)N+1}(k)+a_2^*(\theta_0)w_{(L-1)N+2}(k)+\cdots+a_N^*(\theta_0)w_{LN}(k)=f_L
\end{aligned}
\tag{3.132}
$$

式（3.132）写成多线性约束的矩阵形式为

$$
\boldsymbol{w}\boldsymbol{a}^*(\theta_0)=\boldsymbol{F} \tag{3.133}
$$

其中，向量 $\boldsymbol{F}$ 也可称为约束向量。

LCMV 自适应波束形成处理算法的一个迭代过程可视为由两个半步组成：第一个半步是按照 LMS 算法以减少输出功率；第二个半步是对式（3.130）的每列进行校正以重建约束，从而满足式（3.133）。

第一个半步，按照 LMS 算法的权重系数迭代公式计算权重系数为

$$
\boldsymbol{w}\left(\frac{k+1}{2}\right)=\boldsymbol{w}(k)+2\mu y(k)\boldsymbol{x}(k) \tag{3.134}
$$

使得输出功率达到最小。

在第二个半步中，对 $\boldsymbol{w}(k)$的每列进行校正，使其满足式（3.132）的约束，并使期望信号的输出功率保持不变。为此，先定义校正向量为

$$
\left[e_1\left(\frac{k+1}{2}\right),e_2\left(\frac{k+1}{2}\right),\cdots,e_L\left(\frac{k+1}{2}\right)\right]^{\mathrm{T}}=\frac{1}{k}\left[\boldsymbol{F}-\boldsymbol{w}\boldsymbol{a}^*(\theta_0)\right] \tag{3.135}
$$

定义校正矩阵为

$$
\boldsymbol{E}\left(\frac{k+1}{2}\right)=\begin{bmatrix}
e_1\left(\frac{k+1}{2}\right) & e_1\left(\frac{k+1}{2}\right) & \cdots & e_1\left(\frac{k+1}{2}\right) \\
e_2\left(\frac{k+1}{2}\right) & e_2\left(\frac{k+1}{2}\right) & \cdots & e_2\left(\frac{k+1}{2}\right) \\
\vdots & \vdots & & \vdots \\
e_L\left(\frac{k+1}{2}\right) & e_L\left(\frac{k+1}{2}\right) & \cdots & e_L\left(\frac{k+1}{2}\right)
\end{bmatrix} \tag{3.136}
$$

由此，得到 LCMV 权重系数向量的迭代公式为

$$
\begin{aligned}
\boldsymbol{w}(k+1)&=\boldsymbol{w}\left(\frac{k+1}{2}\right)+\boldsymbol{E}\left(\frac{k+1}{2}\right) \\
&=\boldsymbol{w}(k)+2\mu y(k)\boldsymbol{X}(k)+\boldsymbol{E}\left(\frac{k+1}{2}\right)
\end{aligned}
\tag{3.137}
$$

由于期望信号方向为固定增益方向，因此其他任何偏离期望信号方向入射的不相干信号都被定义为干扰。又因为期望信号的输出功率始终保持不变，而输出总功率最小，也就是干扰、噪声的功率最小，所以这样的自适应波束形成也是最小方差（MV）准则下的自适应波束形成。

该自适应波束形成器有有限个自由度，并以最佳方式匹配它，以使非期望信号方向的干扰、空间分布噪声与接收机噪声产生的总输出干扰功率达到最小。多线性约束将使得自由度

数小于自适应权的总数，减少的数量等于约束方程的个数，也就是等效横向滤波器的权重系数的个数。

3.3.5 自适应旁瓣相消器（ASLC）

最早的自适应阵列实现形式是由 Howells 提出的旁瓣相消器（SLC），Howells 提出的这种最初的旁瓣相消器是一个简单的二元阵系统，采用一个在期望信号方向为高增益的高方向性主天线（主通道）和一个低增益的全向辅助天线（辅助通道）。自适应权值的求取则采用 LMS 算法自适应控制环来进行，因为只有一个自由度可以利用，所以只能选择对消掉一个副瓣干扰。后来，随着对方法的改进，发展到采用多个辅助天线以增加自由度抑制多个干扰，对此，称为多旁瓣相消器（MSC）。实际上，也可以采用多个天线来合成主通道信号，如采用空间匹配滤波器，或者通过静态方向图控制的方法得到所需的主通道天线方向图。另外，辅助通道也可采用阵列合成。但不管旁瓣相消器采用什么样的结构形式，都统称为自适应旁瓣相消器（ASLC），或者简称旁瓣相消器。

自适应旁瓣相消器结构示意图如图 3.8 所示。在自适应旁瓣相消器中，辅助天线在期望信号方向的响应应足够小，从而使得进入辅助通道的期望信号功率低于辅助阵元的噪声电平，否则会引起期望信号相消。ASLC 的工作过程为：当空中没有干扰时，辅助通道接收不到目标回波信号或接收到的目标回波信号很弱时，输出权值为零，主通道信号直通输出，供后续动目标显示（MTI）或动目标检测（MTD）处理；当空中存在有源干扰时（假设干扰与期望信号不相关），由主天线旁瓣接收的干扰信号和辅助天线接收的干扰信号同时送入 ASLC 处理器，根据相应的算法计算出最优权值 w_{opt}，最优权值使得各辅助通道加权后的合成输出对消掉主通道中的干扰，输出目标回波信号。

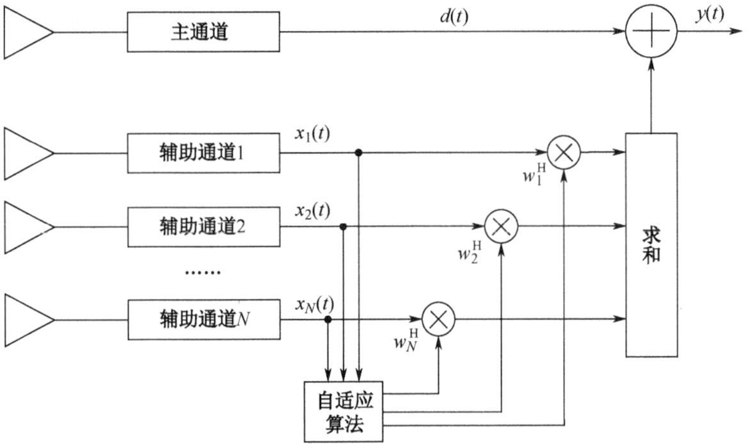

图 3.8 自适应旁瓣相消器结构示意图

其中，主通道天线为窄波束天线，辅助通道天线为宽波束天线。下面将对自适应旁瓣相消器的权重系数向量进行简要的计算与分析。

t 时刻主通道输出信号为 $d(t)$，辅助通道输出信号为

$$\boldsymbol{x}(t)=\left[x_1(t)\quad x_2(t)\quad \cdots \quad x_N(t)\right]^{\mathrm{T}} \tag{3.138}$$

辅助通道权重系数向量为

$$\boldsymbol{w}=\begin{bmatrix} w_1 & w_2 & \cdots & w_N \end{bmatrix}^{\mathrm{T}} \tag{3.139}$$

t 时刻对消后阵列输出信号为

$$y(t)=d(t)-\boldsymbol{w}^{\mathrm{H}}\boldsymbol{x}(t) \tag{3.140}$$

因此，阵列输出 $y(t)$ 的均方值为

$$\begin{aligned} \xi &= E\left[\left|y(t)\right|^2\right] \\ &= E\left[\left(d(t)-\boldsymbol{w}^{\mathrm{H}}\boldsymbol{x}(t)\right)\left(d^*(t)-\boldsymbol{x}^{\mathrm{H}}(t)\boldsymbol{w}\right)\right] \\ &= E\left[\left|d(t)\right|^2\right]-\boldsymbol{w}^{\mathrm{H}}\boldsymbol{r}_{xd}-\boldsymbol{r}_{xd}\boldsymbol{w}+\boldsymbol{w}^{\mathrm{H}}\boldsymbol{R}\boldsymbol{w} \end{aligned} \tag{3.141}$$

其中，

$$\boldsymbol{r}_{xd}=E\left[\boldsymbol{x}(t)d^*(t)\right] \tag{3.142}$$

$$\boldsymbol{R}=E\left[\boldsymbol{x}(t)\boldsymbol{x}^{\mathrm{H}}(t)\right] \tag{3.143}$$

令对消后的天线输出功率最小，也即下式的 ξ 最小，

$$\xi=E\left[\left|d(t)\right|^2\right]-\boldsymbol{w}^{\mathrm{H}}\boldsymbol{r}_{xd}-\boldsymbol{r}_{xd}^{\mathrm{H}}\boldsymbol{w}+\boldsymbol{w}^{\mathrm{H}}\boldsymbol{R}\boldsymbol{w} \tag{3.144}$$

去寻找最佳权重系数向量 $\boldsymbol{w}_{\mathrm{opt}}$，为此，只需要求 ξ 关于 $\boldsymbol{w}$ 的一阶导数：

$$\nabla_w(\xi)=2\boldsymbol{R}\boldsymbol{w}-2\boldsymbol{r}_{xd}=0 \tag{3.145}$$

则极值点即为最小值点，从而得到最佳的权重系数为

$$\boldsymbol{w}_{\mathrm{opt}}=\boldsymbol{R}^{-1}\boldsymbol{r}_{xd} \tag{3.146}$$

自适应旁瓣相消器的不足之处是存在期望信号相消现象，其原因如下。

（1）相关干扰引起期望信号相消。当主通道中含期望信号和干扰时，除非干扰和期望信号完全不相关，否则辅助通道中的干扰除对消掉主通道中的干扰之外，还将对消掉主通道的期望信号与之相关的成分（二者频谱重叠的部分）。另外，由式（3.145）和式（3.146）可知，期望信号与干扰信号总有频谱重叠。频谱重叠越多，期望信号与干扰信号的相关性越强，则期望信号相消越严重。若期望信号相对于干扰越强，则期望信号被对消的比例越大。若期望信号强度相对于干扰较弱，旁瓣相消器主要对消干扰成分，此时期望信号被对消引起的损失不大。

（2）期望信号泄漏引起期望信号相消。即使期望信号与干扰独立无关，当期望信号较强时仍然可能存在期望信号相消现象。这是因为尽管辅助天线在期望信号方向的响应较低，但由于期望信号强度可能很大，泄漏到辅助通道的期望信号功率还是有可能超过噪声电平的。此时，自适应权对进入辅助通道的期望信号起作用，从而导致与主通道中的期望信号相消。期望信号越强，进入辅助通道的期望信号能量也越多，期望信号相消现象越严重。

因此，自适应旁瓣相消器适用于期望信号相对干扰而言较弱的场合，也可用于在某段时间内无期望信号的场合。在此情况下，可在期望信号存在期间不采样，只做加权接收。

3.3.6　广义旁瓣相消器（GSC）

广义旁瓣相消器（Generalized Sidelobe Canceller，GSC）对消干扰基于以下思想：利用已知的期望信号方向信息把阵列接收信号通过两个支路，其中主通道（上支路）变换后得到参考信号 $d(t)$，$d(t)$ 包含期望信号和干扰信号，而辅助通道（下支

路）通过阻塞矩阵 $\boldsymbol{B}$ 阻塞掉期望信号，得到 $u(t)$只包含干扰信号。上、下支路中干扰信号的相关性，可以在输出 $y(t)$中抵消掉干扰信号，而期望信号就可以无失真地输出。

广义旁瓣相消器原理框图如图 3.9 所示。整个阵列天线各阵元输出信号分别送往两个支路：一个支路起主通道的作用；另一个支路是在自适应旁瓣相消器基础上，将输入的辅助信号用阵列天线各阵元输出信号代替，并乘以通道阻塞矩阵，以此作为广义旁瓣相消器的辅助通道。

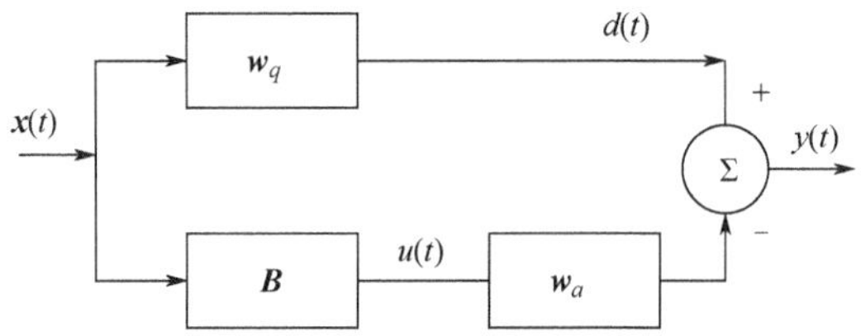

图 3.9 广义旁瓣相消器原理框图

在广义旁瓣相消器中，权重系数向量 $\boldsymbol{w}$ 被分为两部分，其中 $\boldsymbol{w}_q$ 为非自适应权重，$\boldsymbol{w}_a$ 为自适应权重。一般地，$\boldsymbol{w}_q$ 指向期望信号对应的方向，而 $\boldsymbol{B}$ 正交于 $\boldsymbol{w}_q$ 所指向的方向。

$$\boldsymbol{w} = \boldsymbol{w}_q^{\mathrm{H}} - \left(\boldsymbol{B}\boldsymbol{w}_a\right)^{\mathrm{H}} \tag{3.147}$$

由于 $\boldsymbol{B}$ 正交于 $\boldsymbol{w}_q$，有

$$\boldsymbol{B}\boldsymbol{w}_q = 0 \tag{3.148}$$

式中，$\boldsymbol{B}$ 为辅助通道阻塞矩阵，$\boldsymbol{B}$ 的作用是将期望信号阻塞掉使之不进入辅助通道。

根据图 3.9，广义旁瓣相消器中阵列信号通过上、下支路后的输出信号可以表示为

$$\begin{aligned} y(t) &= \boldsymbol{w}_q^{\mathrm{H}}\boldsymbol{x}(t) - \left(\boldsymbol{B}\boldsymbol{w}_a\right)^{\mathrm{H}}\boldsymbol{x}(t) \\ &= \boldsymbol{w}^{\mathrm{H}}\boldsymbol{x}(t) \end{aligned} \tag{3.149}$$

下面针对均匀直线阵（ULA）来确定辅助通道阻塞矩阵 $\boldsymbol{B}$ 和自适应权重 $\boldsymbol{w}_{\mathrm{a}}$。

对于均匀直线阵，期望信号的方向为 θ_0 时，导向向量可以表示为

$$\boldsymbol{a}\left(\theta_0\right) = \begin{bmatrix} 1 & \mathrm{e}^{\mathrm{j}\frac{2\pi d\sin\theta_0}{\lambda}} & \cdots & \mathrm{e}^{\mathrm{j}\frac{2\pi(N-1)d\sin\theta_0}{\lambda}} \end{bmatrix} \tag{3.150}$$

主通道权重系数向量一般取对应于期望信号方向矢量，令

$$\boldsymbol{w}_q = \boldsymbol{a}\left(\theta_0\right) \tag{3.151}$$

则

$$\boldsymbol{B}\boldsymbol{w}_q = \boldsymbol{B}\boldsymbol{a}\left(\theta_0\right) = 0 \tag{3.152}$$

因此主通道输出信号为

$$\begin{aligned} d(t) &= \boldsymbol{w}_q^{\mathrm{H}}\boldsymbol{x}(t) \\ &= \boldsymbol{a}^{\mathrm{H}}\left(\theta_0\right)\left(s(t)\boldsymbol{a}\left(\theta_0\right) + \boldsymbol{J}(t)\right) \\ &= Ns(t) + \boldsymbol{a}^{\mathrm{H}}\left(\theta_0\right)\boldsymbol{J}(t) \end{aligned} \tag{3.153}$$

接下来根据阻塞矩阵与导向向量的正交性计算阻塞矩阵 $\boldsymbol{B}$。假设

$$u_{\mathrm{s}} = \frac{d\sin\theta_0}{\lambda} \tag{3.154}$$

则有

$$\boldsymbol{a}(\theta_0)=\begin{bmatrix}1 & \mathrm{e}^{\mathrm{j}2\pi u_s} & \cdots & \mathrm{e}^{\mathrm{j}2\pi(N-1)u_s}\end{bmatrix} \tag{3.155}$$

构造 N-1 个 u_k 值，即

$$u_k=u_s+\frac{k}{N},\ k=1,2,\cdots,N-1 \tag{3.156}$$

并设 u_k 对应的空间角度为 θ_k，满足

$$u_k=\frac{d\sin\theta_k}{\lambda} \tag{3.157}$$

对应的导向向量为

$$\boldsymbol{a}(\theta_k)=\begin{bmatrix}1 & \mathrm{e}^{\mathrm{j}2\pi u_k} & \cdots & \mathrm{e}^{\mathrm{j}2\pi(N-1)u_k}\end{bmatrix} \tag{3.158}$$

构造阻塞矩阵为

$$\boldsymbol{B}=\begin{bmatrix}a(\theta_1) & a(\theta_2) & \cdots & a(\theta_{N-1})\end{bmatrix} \tag{3.159}$$

容易证明 $\boldsymbol{a}(\theta_k)$ 之间互相正交，且与 $\boldsymbol{a}(\theta_0)$ 正交，所以矩阵 $\boldsymbol{B}$ 满秩，且满足

$$\boldsymbol{Ba}(\theta_0)=0 \tag{3.160}$$

另外，也可以根据相邻阵元之间相位差计算阻塞矩阵。同样，对于均匀直线阵，期望信号的方向为 θ_0 时，导向向量为

$$\boldsymbol{a}(\theta_0)=\begin{bmatrix}1 & \mathrm{e}^{\mathrm{j}2\pi u_s} & \cdots & \mathrm{e}^{\mathrm{j}2\pi(N-1)u_s}\end{bmatrix} \tag{3.161}$$

其相邻阵元之间相位差均为 $\mathrm{e}^{-\mathrm{j}\frac{2\pi d\sin\theta_0}{\lambda}}$，根据此可以构造阻塞矩阵为

$$\boldsymbol{B}=\begin{bmatrix}-1 & \mathrm{e}^{-\mathrm{j}\frac{2\pi d\sin\theta_0}{\lambda}} & 0 & \cdots & 0 & 0 & 0\\ 0 & -1 & \mathrm{e}^{-\mathrm{j}\frac{2\pi d\sin\theta_0}{\lambda}} & \cdots & 0 & 0 & 0\\ \vdots & \vdots & \vdots & & \vdots & \vdots & \vdots\\ 0 & 0 & 0 & \cdots & -1 & \mathrm{e}^{-\mathrm{j}\frac{2\pi d\sin\theta_0}{\lambda}} & 0\\ 0 & 0 & 0 & \cdots & 0 & -1 & \mathrm{e}^{-\mathrm{j}\frac{2\pi d\sin\theta_0}{\lambda}}\end{bmatrix} \tag{3.162}$$

显然，可以满足

$$\boldsymbol{Ba}(\theta_0)=0 \tag{3.163}$$

确定阻塞矩阵 $\boldsymbol{B}$ 之后，就可以根据输入信号确定辅助输入信号 $\boldsymbol{u}(t)$。再根据 $\boldsymbol{u}(t)$ 计算出在最小均方误差准则下的辅助通道权重系数向量。

$$y(t)=\boldsymbol{w}_q^{\mathrm{H}}\boldsymbol{x}(t)-\boldsymbol{w}_a^{\mathrm{H}}\boldsymbol{B}^{\mathrm{H}}\boldsymbol{x}(t)=d(t)-\boldsymbol{w}_a^{\mathrm{H}}\boldsymbol{u}(t) \tag{3.164}$$

式中，$d(t)$为主通道输出信号，即

$$d(t)=\boldsymbol{w}_q^{\mathrm{H}}\boldsymbol{x}(t) \tag{3.165}$$

$$\boldsymbol{u}(t)=\boldsymbol{B}^{\mathrm{H}}\boldsymbol{x}(t) \tag{3.166}$$

根据最小均方（LMS）误差准则，找到最佳权重系数向量 $\boldsymbol{w}_{a,\mathrm{opt}}$ 使得

$$\xi=E\left[\left|y(t)\right|^2\right] \tag{3.167}$$

最小。此时，$y(t)$的形式与普通旁瓣相消器形式一致，根据在普通旁瓣相消器中的最佳权重计

算方式，容易得到

$$\boldsymbol{w}_{a,\text{opt}} = \boldsymbol{R}_u^{-1}\boldsymbol{r}_{ud} \tag{3.168}$$

式中，$\boldsymbol{R}_u^{-1}$ 为辅助支路中 $\boldsymbol{u}(t)$ 信号的自相关矩阵；$\boldsymbol{r}_{ud} = E(\boldsymbol{X}(t))d^*(t)$。

在 GSC 结构中，阵列天线输出的数据向量 $\boldsymbol{x}(t)$ 向两个正交的子空间投影，主通道中将 $\boldsymbol{x}(t)$ 投影向期望信号对应的一维方向，保留了期望信号、干扰以及噪声信号，期望信号的无失真约束得到了保证。在辅助通道中将 $\boldsymbol{x}(t)$ 投影到与期望信号子空间正交的 N 维子空间，辅助通道阻塞了期望信号，只包含干扰和噪声，且与上支路中干扰及噪声相干。最后变换后经过维纳滤波器进行自适应滤波，则两个通道的相关噪声和干扰互相抵消，期望信号被无失真输出。

3.3.7 线性约束广义旁瓣相消器（LC-GSC）

线性约束广义旁瓣相消器（Linearly Constrained Generalized Sidelobe Canceller，LC-GSC）是对广义旁瓣相消器的推广。在广义旁瓣相消器中，静态权矢量 $\boldsymbol{w}_q$ 只约束期望信号无失真，将主通道的权重系数设计成满足一般的 $N \times L$ 维约束矩阵 $\boldsymbol{C}$，将 $N \times (N-L)$ 矩阵 $\boldsymbol{B}$（又称为阻塞矩阵）的列向量定义为矩阵 $\boldsymbol{C}$ 的列向量张成的空间的正交补空间的基。因此，列满秩矩阵 $\boldsymbol{B}$ 阻塞掉所有约束方向的信号，即满足

$$\boldsymbol{C}^{\text{H}}\boldsymbol{B} = 0 \text{或} \boldsymbol{B}^{\text{H}}\boldsymbol{C} = 0 \tag{3.169}$$

线性约束条件为

$$\boldsymbol{w}_q^{\text{H}}\boldsymbol{C} = \boldsymbol{f} \tag{3.170}$$

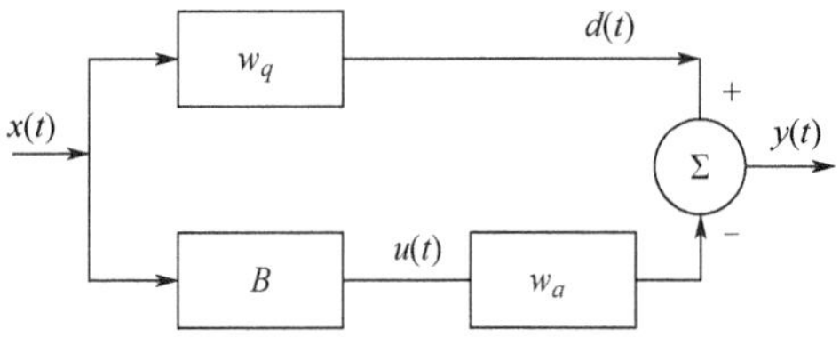

图 3.10 线性约束广义旁瓣相消器实现框图

线性约束广义旁瓣相消器实际上是广义旁瓣相消器的一种推广，因此在结构上基本一致。线性约束广义旁瓣相消器实现框图如图 3.10 所示。定义一个 $N \times N$ 的分块矩阵

$$\boldsymbol{U} = [\boldsymbol{C} \mid \boldsymbol{B}] \tag{3.171}$$

将权向量 $\boldsymbol{w}$ 依据 $\boldsymbol{U}$ 写为

$$\boldsymbol{w} = \boldsymbol{U}\boldsymbol{q} \tag{3.172}$$

即定义

$$\boldsymbol{q} = \boldsymbol{U}^{-1}\boldsymbol{w} \tag{3.173}$$

将 $\boldsymbol{q}$ 分割成两部分

$$\boldsymbol{q} = \left[\frac{\boldsymbol{v}}{-\boldsymbol{w}_a}\right] \tag{3.174}$$

得

$$\boldsymbol{w} = [\boldsymbol{C} \mid \boldsymbol{B}] \cdot \left[\frac{\boldsymbol{v}}{-\boldsymbol{w}_a}\right] = \boldsymbol{C}\boldsymbol{v} - \boldsymbol{B}\boldsymbol{w}_a \tag{3.175}$$

根据约束条件

$$\boldsymbol{C}^{\text{H}} \cdot \boldsymbol{w} = \boldsymbol{f} \tag{3.176}$$

令

$$\boldsymbol{w}_q = \boldsymbol{C}\boldsymbol{v} \tag{3.177}$$

即

$$\boldsymbol{C}^{\mathrm{H}}\boldsymbol{C}\boldsymbol{v}-\boldsymbol{C}^{\mathrm{H}}\boldsymbol{B}\boldsymbol{w}_a=\boldsymbol{f} \tag{3.178}$$

$$\Rightarrow \boldsymbol{C}^{\mathrm{H}}\boldsymbol{C}\boldsymbol{v}=\boldsymbol{f} \tag{3.179}$$

$$\Rightarrow \boldsymbol{v}=(\boldsymbol{C}^{\mathrm{H}}\boldsymbol{C})^{-1}\cdot\boldsymbol{f} \tag{3.180}$$

从上式中可见，约束条件 $\boldsymbol{C}^{\mathrm{H}}\boldsymbol{\omega}=\boldsymbol{f}$ 对 $\boldsymbol{w}_a$ 是没有影响的，$\boldsymbol{w}_a$ 提供了构成波束形成器设计的自由度。此处，定义 $\boldsymbol{w}_q$ 为固定的波束形成器分量，即

$$\boldsymbol{w}_q=\boldsymbol{C}\boldsymbol{v}=\boldsymbol{C}(\boldsymbol{C}^{\mathrm{H}}\boldsymbol{C})^{-1}\boldsymbol{f} \tag{3.181}$$

$$\boldsymbol{C}^{\mathrm{H}}\left(\boldsymbol{w}_q-\boldsymbol{B}\boldsymbol{w}_a\right)=\boldsymbol{f} \tag{3.182}$$

$$\boldsymbol{C}^{\mathrm{H}}\boldsymbol{w}_q-\boldsymbol{C}^{\mathrm{H}}\boldsymbol{B}\boldsymbol{w}_a=\boldsymbol{f} \tag{3.183}$$

$$\boldsymbol{C}^{\mathrm{H}}\boldsymbol{w}_a=\boldsymbol{f} \tag{3.184}$$

从式（3.184）可知，$\boldsymbol{w}_q$ 是满足线性约束条件的部分，与 LCMV 的约束条件是完全相同的。

线性约束广义旁瓣相消器的输出为

$$y(t)=\boldsymbol{w}^{\mathrm{H}}\boldsymbol{x}(t)=\boldsymbol{w}_q{}^{\mathrm{H}}\boldsymbol{x}(t)-\boldsymbol{w}_a{}^{\mathrm{H}}\boldsymbol{B}^{\mathrm{H}}\boldsymbol{x}(t) \tag{3.185}$$

令

$$d(t)=\boldsymbol{w}_q{}^{\mathrm{H}}\boldsymbol{x}(t) \tag{3.186}$$

$$\boldsymbol{u}(t)=\boldsymbol{B}^{\mathrm{H}}\boldsymbol{x}(t) \tag{3.187}$$

式中，$d(t)$ 为期望响应；$\boldsymbol{u}(t)$ 为输入向量。这样，输出信号的形式就变成了标准维纳滤波器形式，线性约束优化问题也转化成标准最优滤波问题。

$$y(t)=d(t)-\boldsymbol{w}_a{}^{\mathrm{H}}\boldsymbol{u}(t) \tag{3.188}$$

$$\min_{\boldsymbol{w}_a} E[|y(t)|^2]=\min_{\boldsymbol{w}_a}\left(\sigma_d^2-\boldsymbol{w}_a{}^{\mathrm{H}}\boldsymbol{p}_u-\boldsymbol{p}_u{}^{\mathrm{H}}\boldsymbol{w}_a+\boldsymbol{w}_a{}^{\mathrm{H}}\boldsymbol{R}_u\right) \tag{3.189}$$

其中，

$$\boldsymbol{p}_u=E\left\{\boldsymbol{u}(t)d^*(t)\right\}=E\left\{\boldsymbol{B}^{\mathrm{H}}\boldsymbol{x}(t)\boldsymbol{x}^{\mathrm{H}}(t)\boldsymbol{w}_q\right\}=\boldsymbol{B}^{\mathrm{H}}\boldsymbol{R}_x\boldsymbol{w}_q \tag{3.190}$$

$$\boldsymbol{R}_u=E\left\{\boldsymbol{u}(t)\boldsymbol{u}^{\mathrm{H}}(t)\right\}=E\left\{\boldsymbol{B}^{\mathrm{H}}\boldsymbol{x}(t)\boldsymbol{x}^{\mathrm{H}}(t)\boldsymbol{B}\right\}=\boldsymbol{B}^{\mathrm{H}}\boldsymbol{R}_x\boldsymbol{B} \tag{3.191}$$

令 $\dfrac{\partial E\left[|y(t)|^2\right]}{\partial \boldsymbol{w}_a}=0$，计算出 $\boldsymbol{w}_a$ 的最佳值。

$$\boldsymbol{w}_{a,\mathrm{opt}}=\boldsymbol{R}_u^{-1}\boldsymbol{p}_u=\left(\boldsymbol{B}^{\mathrm{H}}\boldsymbol{R}_x\boldsymbol{B}\right)^{-1}\boldsymbol{B}^{\mathrm{H}}\boldsymbol{R}_x\boldsymbol{w}_q \tag{3.192}$$

从式（3.192）中可以看出，求解的逆矩阵 $\left(\boldsymbol{B}^{\mathrm{H}}\boldsymbol{R}_x\boldsymbol{B}\right)^{-1}$ 的维数为 $(N-L)\cdot(N-L)$，维数下降了。

如果我们仅对期望信号导向矢量进行约束，即取 $L=1$，$\boldsymbol{C}=\boldsymbol{a}(\theta_0)$，$\boldsymbol{B}$ 取 $\boldsymbol{a}(\theta_0)$ 正交补空间的一个基，此时 $\boldsymbol{w}_a$ 的维数为 $(N-1)\times 1$，与 $\boldsymbol{w}_{N\times 1}$ 比仅降了一维。

广义旁瓣相消器是线性约束广义旁瓣相消器的一种特殊情况，同样可用自适应干扰对消的思想来解释线性约束广义旁瓣相消器的结构，主通道的固定波束形成器分量 $\boldsymbol{w}_q$ 满足了对期望信号方向接收和对特定干扰方向的抑制，而辅助通道通过阻塞矩阵 $\boldsymbol{B}$ 将阵元输出信号的约束方向的信号阻塞掉，只留下非约束方向的干扰和噪声，且与主通道的干扰、噪声相关，在后续处理中相抵消，期望信号被保留。GSC 是 LC-GSC 的一种特例，GSC 是 SLC 的推广，而 LC-GSC 是 GSC 的又一次推广。因此，常统称它们为广义旁瓣相消器，不再对其进行区分。

3.4 宽带数字波束形成算法

近年来，为满足目标识别和精确定位的需要，雷达往往采用宽带信号，而由于阵列天线空间色散和孔径渡越的影响，传统移相方法在大信号带宽情况下会引起不同频率的波束指向偏移。于是兴起了对宽带波束形成技术的研究。宽带波束形成技术分类如图 3.11 所示。宽带波束形成技术主要分为两大类，即无自适应抗干扰的宽带波束形成技术和自适应抗干扰的宽带波束形成技术。无自适应抗干扰宽带波束形成技术主要包括真延时（True Time Delay，TTD）宽带波束形成和频率不变波束形成（Frequency Invariant Beamforming，FIB）；自适应抗干扰宽带波束形成技术主要包括空时自适应宽带波束形成和空频（或称为频域）自适应宽带波束形成。

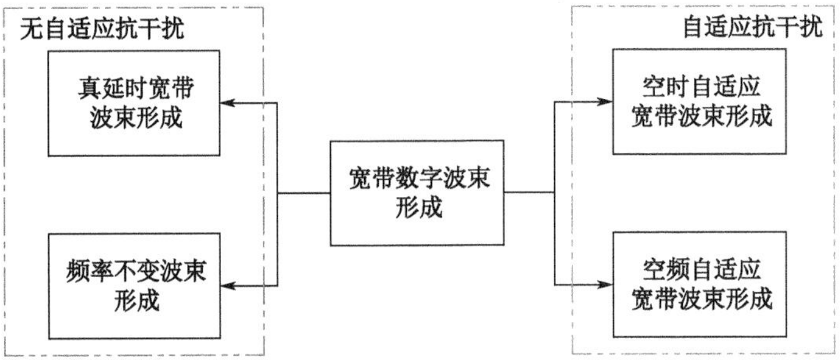

图 3.11 宽带波束形成技术分类

3.4.1 基于数字延时的宽带波束形成

对孔径渡越问题的研究最早开始于 20 世纪 70 年代，真延时（True Time Delay，TTD）方法能够有效地解决该问题。前期使用模拟域的时间延时方法来补偿阵元排布导致各阵元接收信号的延时，即每个通道的信号经过一段适当长度的模拟延时线。这种延时线方式，一般使用波长整数倍长度的传输线以实现补偿延时量中较大分量的延时，随后还需通过移相器来补偿剩余微小延时量。模拟域的 TTD 在实际应用中存在一定不足，如较常见的同轴电缆方式存在工程实现体积大、信号传输消耗大等弊端；利用光纤来实现光实时延时线能够有效地解决相控阵的孔径渡越影响，但是这种方法不能实现任意精度的延时。

当孔径渡越时间较大时，天线单元需要较多的时间延时线和较小的剩余延时量，此时模拟域时间延时方法只能补偿波长固定倍数的延时，还存在量化精度低、造价高、对温度敏感等问题，这使得雷达系统变得十分复杂，继而使得系统造价和维护难度大大增加。为了解决上述问题，采用了数字域的 TTD 来替代模拟域的 TTD，将阵列接收的模拟域回波信号通过 A/D 采样变换到数字域上，再通过数字滤波器实现数字域的延时。在宽带相控阵系统中，数字域延时分为两个部分：第一部分为数据率整数倍延时；第二部分为分数阶延时，因其延时量为数据率的分数倍而得名。分数阶延时滤波器（Fractional Delay Filter，FDF）是一种对输入信号实现连续可变精确延时的数字滤波器，在数字信号处理领域有着重要的作用。

常见的 FDF 设计方法有加窗方法和最大平坦准则逼近方法。上述两种方法能够有效地实现分数阶的数字 TTD，但是若改变了波束指向，即延时量发生了变换，滤波器的系数需要重新设计，这不利于波束指向的变化与多波束的实现，增加了硬件实现的复杂度。为了解决上述问题，采用了可变分数阶延时的 Farrow 滤波器，其优点在于根据通带带宽等参数设计好 Farrow 滤波器的阶数和系数后，该滤波器仅有一个参数与所需的分数阶延时量相关，即如果分数阶延时量改变时，无须重新设计 Farrow 滤波器，仅改变一个参数即可获得不同的分数阶延时量。Farrow 滤波器在有效地节省系统存储空间的同时，降低了硬件实现的复杂度。Tian-Bo Deng 等人通过引入离散化的频谱参数，在加权最小二乘法（Weighted Least Squares，WLS）准则下，以高效、解析的方式，获得了 Farrow 滤波器的优化滤波器系数。

真延时宽带波束形成器结构如图 3.12 所示。阵元间距用 d 表示，为了消除栅瓣的影响，一般的阵元间距选取最大频率对应波长的一半。电磁波信号的传播速度为 c。为了简化信号表达，频率为 f 的远场来波信号表示为 $S(t,f)=\mathrm{e}^{\mathrm{j}2\pi ft}$。将图 3.12 中左边第 1 个阵元接收到的信号作为其他阵元接收信号的参考信号，当来波信号的入射角为 θ 时，第 n 个阵元接收到的信号表示为

$$S_n(t,f,\theta)=\mathrm{e}^{\mathrm{j}2\pi f(t+\tau_n(\theta))}\qquad n=1,2,\cdots,N \tag{3.193}$$

由图 3.12 和式（3.193）可知，当 $\theta>0$ 时，相对于第 1 个阵元，其他阵元接收到的信号均为超前信号，超前的时间为 $\tau_n(\theta)=(n-1)d\sin\theta/c(n=2,3,\cdots,N)$。在宽带阵列系统中，为了提高信号检测性能，希望阵列的波束主瓣指向能够对准期望角度的来波信号。波束指向为 θ_0，为了使得期望角度的宽带来波信号经过延时滤波器 $h_n(t,\theta_0)(n=1,2,\cdots,N)$之后，同频率信号可以同相相加，那么第 n 个阵元的接收信号 $S_n(t,f,\theta)$经过 $h_n(t,\theta_0)$后表示为 $X_n(t,f,\theta)$。

$$\begin{aligned}X_n(t,f,\theta)&=S_n[(t-\tau_n(\theta_0)),f,\theta]\\&=\mathrm{e}^{\mathrm{j}2\pi f[(t-\tau_n(\theta_0))+\tau_n(\theta)]}\end{aligned} \tag{3.194}$$

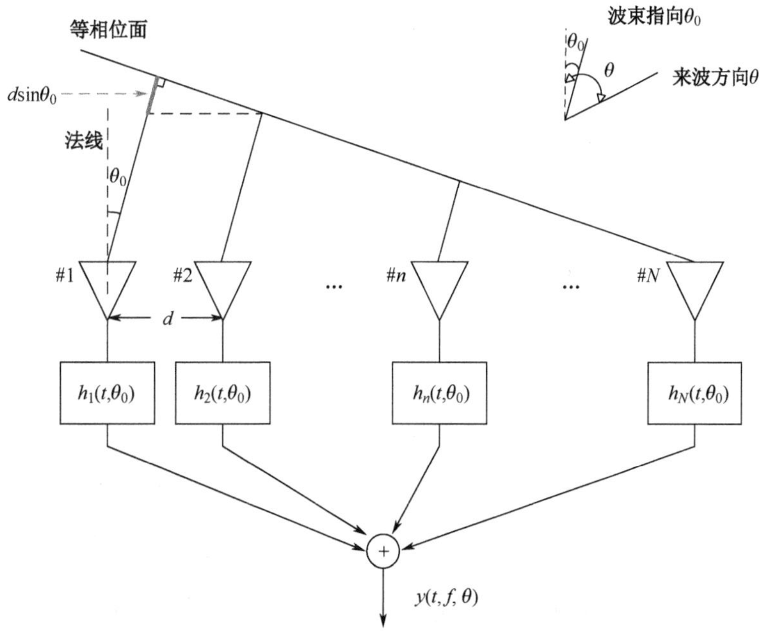

图 3.12　真延时宽带波束形成器结构

其中，$n=1,2,\cdots,N$，且 $\tau_n(\theta_0)=(n-1)d\sin\theta_0/c(n=1,2,\cdots,N)$。因此，任意频率 f、来波方向为 θ 的信号在基于时域延时波束形成器的输出 $y(t,f,\theta)$为

$$
\begin{aligned}
y(t,f,\theta) &= \sum_{n=1}^{N} X_n(t,f,\theta) \\
&= \sum_{n=1}^{N} \mathrm{e}^{\mathrm{j}2\pi f[(t-\tau_n(\theta_0))+\tau_n(\theta)]}
\end{aligned} \tag{3.195}
$$

那么频率为f、来波方向为θ的信号在基于真延时波束形成器的瞬时电压幅值方向图可以表示为

$$
\begin{aligned}
G(f,\theta) &= |y(t,f,\theta)| \\
&= \left| \frac{\sin[\pi N \frac{d}{c} f(\sin\theta - \sin\theta_0)]}{\sin[\pi \frac{d}{c} f(\sin\theta - \sin\theta_0)]} \right|
\end{aligned} \tag{3.196}
$$

因此，瞬时功率方向图为

$$
|G(f,\theta)|^2 = \left| \frac{\sin[\pi N \frac{d}{c} f(\sin\theta - \sin\theta_0)]}{\sin[\pi \frac{d}{c} f(\sin\theta - \sin\theta_0)]} \right|^2 \tag{3.197}
$$

式（3.196）在$\sin\theta=\sin\theta_0$的条件下取得最大值，在扫描角度没有超过2π的情况下，式（3.197）在 $\theta=\theta_0$ 的条件下取得最大值，与频率无关。因此，可以得出结论，即来波信号经过各个阵元的延时结构、求和后，基于延时的宽带波束形成结构使各频率在期望的来波角度拥有最高的系统增益。

本节给出了基于真延时的宽带数字波束形成理想算法，与窄带波束形成方法不同，各阵元后的时延结构替代了窄带波束形成的移相器，用于补偿阵列流形引起各阵元接收信号的时间差，使得不同频率的期望角度来波信号均能够在求和过程中同相相加，得到最高的响应增益。

3.4.2 频率不变宽带波束形成

3.4.1 节介绍的真延时宽带数字波束形成对于不同的频率，其方向图的主波束宽度不同，其不同频率处的系统响应差异不可忽视。频率不变波束形成器（Frequency Invariant Beamformer，FIB）的出现能够有效地解决方向图形状和主瓣宽度在频率上不一致的问题，所以，近年来，FIB 成为宽带波束形成的一个重要研究热点。

基于傅里叶变换的一维均匀线阵 FIB，该结构与空时联合优化技术所采用的抽头延时结构相同，抽头系数的求解只需简单的离散傅里叶逆变换和加窗处理即可。该方法实现简单，并且能够推广到多维阵列。利用最小二乘准则（Least Squares，LS）可以优化得到 FIB 系数，并且在约束最小二乘准则（Constrained Least Squares，CLS）、无约束最小二乘准则（Unconstrained Least Squares，ULS）和约束整体最小二乘准则（Constrained Total Least Squares，CTLS）下都有对应的 FIB 实现方法。不同约束准则下的优化目标都是最小化不同频点方向图与参考频点方向图的均方误差，算法优化目标直接，但得到的方向图性能与选取的参考方向图有很大关系，且权重计算复杂度较高，方向图的频域一致性也较差。本节将介绍基于傅里叶变换的 FIB 的信号模型建立和基本原理。本节将分为两部分，分别对一维均匀线阵和二维均匀面阵进行介绍。

1. 一维均匀线阵频率不变波束形成

一维均匀线阵示意图如图 3.13 所示。假设均匀线阵含有 N 个全向天线，阵元间距 d 取通带范围内最高频率对应波长的一半，θ 为来波信号方向。频率不变波束形成结构如图 3.14 所示。采用空时抽头结构实现 FIB，每个阵元后的横向滤波器阶数为 K，z^{-1} 为离散信号的延时。

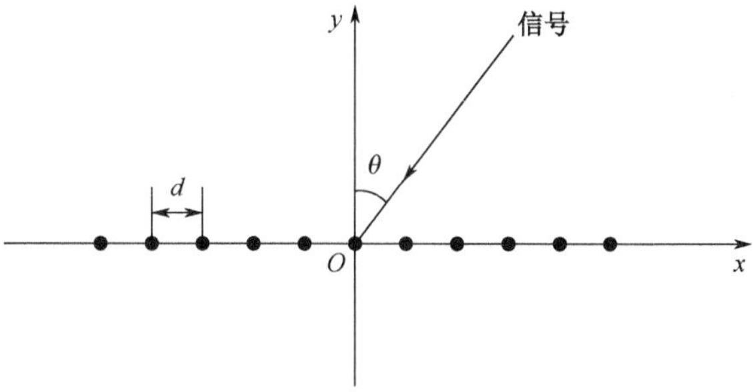

图 3.13　一维均匀线阵示意图

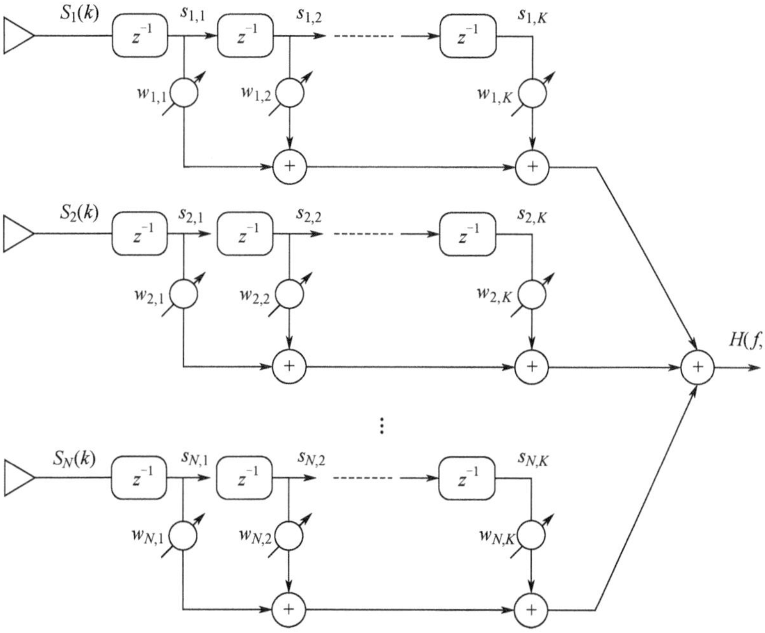

图 3.14　频率不变波束形成结构

假设 $S_n(k)\ (n=1,2,\cdots,N)$为 k 时刻、第 n 个阵元接收到的信号，其表达式为

$$\begin{aligned}S_n(k) &= \mathrm{e}^{-\mathrm{j}2\pi f\left[kT_s+(n-1)\frac{d\sin\theta}{c}\right]} \\ &= \mathrm{e}^{-\mathrm{j}2\pi f\left[\frac{k}{f_s}+(n-1)\frac{d\sin\theta}{c}\right]} \\ &= \mathrm{e}^{\frac{-\mathrm{j}2\pi fk}{f_s}}\mathrm{e}^{-\mathrm{j}2\pi f(n-1)\frac{d\sin\theta}{c}}\end{aligned} \tag{3.198}$$

式中，c 为光速；f 为信号频率；θ 为来波信号方向；T_s 为采样周期；f_s 为采样频率，且 $f_s=1/T_s$；$s_{n,k}$ 为时延后的信号，定义 $\boldsymbol{w}_{n,k}(n=1,2,\cdots,N,\ k=1,2,\cdots,K)$为 FIB 抽头权重系数向量，那么 FIB 的方向图响应 $H(f,\theta)$可表示为

$$
\begin{aligned}
H(f,\theta) &= \sum_{n=1}^{N}\sum_{k=1}^{K} \boldsymbol{w}_{n,k} S_n(k) \\
&= \sum_{n=1}^{N}\sum_{k=1}^{K} \boldsymbol{w}_{n,k} \mathrm{e}^{\frac{-\mathrm{j}2\pi fk}{f_s}} \mathrm{e}^{-\mathrm{j}2\pi f(n-1)\frac{d\sin\theta}{c}}
\end{aligned} \tag{3.199}
$$

定义 $J_1 = f/f_s$，$J_2 = (df\sin\theta)/c$，将 J_1 和 J_2 代入式（3.199）中，得到方向图函数 $G(J_1, J_2)$ 的表达式为

$$
\begin{aligned}
G(J_1,J_2) &= H(f,\theta)\Big|_{\substack{f/f_s = J_1 \\ (df\sin\theta)/c = J_2}} \\
&= \sum_{n=1}^{N}\sum_{k=1}^{K} \boldsymbol{w}_{n,k} \mathrm{e}^{-\mathrm{j}2\pi kJ_1} \mathrm{e}^{-\mathrm{j}2\pi(n-1)J_2}
\end{aligned} \tag{3.200}
$$

由式（3.200）可知，方向图函数 $G(J_1, J_2)$与 FIB 抽头权重系数向量 $\boldsymbol{w}_{n,k}$ 满足二维离散傅里叶变换（Discrete Fourier Transform，DFT）对关系，即 $G(J_1, J_2)$为 $\boldsymbol{w}_{n,k}$ 的二维频响特性。那么，只要使 $G(J_1, J_2)$与来波信号频率 f 无关，再对 $G(J_1, J_2)$关于 J_1 和 J_2 进行二维逆傅里叶变换（Inverse DFT，IDFT），就能得到基于傅里叶变换的 FIB 抽头权重系数向量 $\boldsymbol{w}_{n,k}$。要使波束方向图与频率无关，只与扫描角度有关，那么 FIB 的方向图频响特性应表示为

$$
\begin{aligned}
H(f,\theta) &= G(J_1,J_2) \\
&= \begin{cases} Q(\sin\theta) & \theta\in\left[-90^\circ,90^\circ\right] \\ \Delta\Phi & \text{其他} \end{cases}
\end{aligned} \tag{3.201}
$$

一般地，$\Delta\Phi$ 为 0，$Q(\sin\theta)$为只与波束指向角度有关的函数。由 J_1 和 J_2 的定义可知

$$
\sin\theta = \frac{cJ_2}{2df_sJ_1} \tag{3.202}
$$

时域低通 FIR 滤波器的频响特性与空域波束形成方向图具有对应关系，那么式（3.201）中的 Q 可以通过原型低通 FIR 滤波器的频响特性来表征，这样就可以设计得到期望的 FIB 方向图。当波束指向 $\theta = 0^\circ$ 时，相当于一维原型低通滤波器频响特性的归一化频率 $F = 0$。因为 $F\in[-0.5, 0.5]$，$\sin\theta\in[-1, 1]$，又要满足 $F = 0$ 时，$\sin\theta = 0$，所以定义 $F = \sin\theta/2$。

当波束指向偏离法向 $\theta = \theta_{0j}$ 时，一维原型低通 FIR 滤波器的通带范围就要在频率上平移 $\sin\theta_0/2$，那么 $F = (\sin\theta - \sin\theta_0)/2$。因为波束指向法向($0^\circ$)和偏离法向($\theta_0$)的分析方法相同，为了简化分析，后续仅考虑波束指向法向的情况，即 $F = \sin\theta/2$。

已知 X 阶一维原型低通 FIR 滤波器的系数为 $p(x)$，一般 X 为奇数，那么其频响特性 $P(F)$ 可表示为

$$
P(F) = \sum_{x=\frac{-(X-1)}{2}}^{\frac{X-1}{2}} p(x)\cos(2\pi xF) \tag{3.203}
$$

由于 $F = \sin\theta/2$，式（3.201）中的 $Q(\sin\theta)$可表示为

$$
\begin{aligned}
Q(\sin\theta) &= P(F)\Big|_{F=\sin\theta/2} \\
&= \sum_{x=\frac{-(X-1)}{2}}^{\frac{X-1}{2}} p(x)\cos(\pi x\sin\theta)
\end{aligned} \tag{3.204}
$$

因此一维均匀线阵 FIB 的抽头权重系数向量 $\boldsymbol{w}_{n,k}$ 的计算步骤如下。

算法 3.4.1　基于傅里叶变换的一维均匀线阵 FIB 抽头权重系数向量的计算步骤

步骤 1　将式（3.204）代入式（3.201），可得

$$H(f,\theta)=G(J_1,J_2)=\begin{cases}\sum\limits_{x=\frac{-(X-1)}{2}}^{\frac{X-1}{2}}p(x)\cos(\pi x\sin\theta) & \theta\in\left[-90^\circ,90^\circ\right]\\ \Delta\varPhi & 其他\end{cases} \tag{3.205}$$

步骤 2　对 $G(J_1,J_2)$进行二维 IDFT，求得 $q(n_1,n_2)$。

步骤 3　对 $q(n_1,n_2)$在 n_1 和 n_2 维度上分别使用 M 点和 K 点的窗函数加窗处理，从而得到一维均匀线阵 FIB 的抽头权重系数向量 $\boldsymbol{w}_{n,k}$。

2. 二维均匀面阵频率不变波束形成

二维均匀面阵示意图如图 3.15 所示。

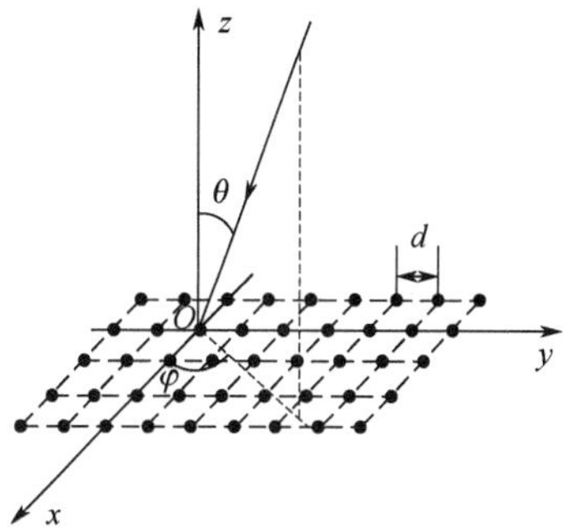

图 3.15　二维均匀面阵示意图

假设二维均匀面阵的阵元数为 $N\times M$，阵元位于 xOy 平面，阵元间距为 d，各阵元为全向天线，每个阵元通道需要的抽头滤波器阶数为 K，那么位置为$(n,m)(n=1,2,\cdots,N,\ m=1,2,\cdots,M)$的阵元接收的来波信号 $S_{n,m}(k)$为

$$S_{n,m}(k)=\mathrm{e}^{-\mathrm{j}2\pi f\left[kT_s+(n-1)\frac{d\sin\theta\sin\varphi}{c}+(m-1)\frac{d\sin\theta\cos\varphi}{c}\right]} \tag{3.206}$$

那么二维均匀面阵的波束方向图 $H(f,\theta,\varphi)$为

$$\begin{aligned}H(f,\theta,\varphi)&=\sum_{m,n,k}w_{n,m,k}S_{n,m}(k)\\&=\sum_{m,n,k}w_{n,m,k}\mathrm{e}^{-\mathrm{j}2\pi f(n-1)\frac{d\sin\theta\sin\varphi}{c}}\mathrm{e}^{-\mathrm{j}2\pi f(m-1)\frac{d\sin\theta\cos\varphi}{c}}\mathrm{e}^{-\mathrm{j}2\pi k\frac{f}{f_s}}\end{aligned} \tag{3.207}$$

式中，$\theta\in[0^\circ,90^\circ]$为俯仰角；$\varphi\in[0^\circ,360^\circ]$为方位角；$\boldsymbol{w}_{n,m,k}$ $(n=1,2,\cdots,N,m=1,2,\cdots,M,k=1,2,\cdots,K)$为二维均匀面阵 FIB 的抽头权重系数向量。假设 $U=\sin\theta\cos\varphi$ $(U\in[-1,1])$，$V=\sin\theta\sin\varphi(V\in[-1,1])$，则式（3.207）可以改写为 U-V 空间的形式。

$$H(f,U,V)=\sum_{m,n,k}\boldsymbol{w}_{n,m,k}\mathrm{e}^{-\mathrm{j}2\pi f(n-1)\frac{dV}{c}}\mathrm{e}^{-\mathrm{j}2\pi f(m-1)\frac{dU}{c}}\mathrm{e}^{-\mathrm{j}2\pi k\frac{f}{f_s}} \tag{3.208}$$

定义 $J_3=dfU/c, J_4=dfV/c, J_5=f/f_s$，那么式（3.208）可以进一步改写为

$$\begin{aligned}H(f,U,V)&=G(J_3,J_4,J_5)\\&=\sum_{m,n,k}\boldsymbol{w}_{n,m,k}\mathrm{e}^{-\mathrm{j}2\pi(n-1)J_4}\mathrm{e}^{-\mathrm{j}2\pi(m-1)J_3}\mathrm{e}^{-\mathrm{j}2\pi kJ_5}\end{aligned} \tag{3.209}$$

由式（3.209）可知，$G(J_3,J_4,J_5)$为二维均匀面阵的 FIB 方向图，且 $G(J_3,J_4,J_5)$与二维均匀面阵抽头权重系数向量 $\boldsymbol{w}_{n,m,k}$ 满足三维 DFT 关系，即 $G(J_3,J_4,J_5)$为 $\boldsymbol{w}_{n,m,k}$ 的三维频率响应。与一维均匀线阵的 FIB 设计思路相同，为了使得二维均匀面阵的 FIB 方向图与来波信号频率无关，只与来波信号方向有关，即

$$H(f,U,V)=G(J_3,J_4,J_5)=\begin{cases}Q(U,V) & U\in[-1,1]\cap V\in[-1,1]\\ \Delta\varPhi & 其他\end{cases} \tag{3.210}$$

其中，$Q(U,V)$是只与来波信号方向有关，与信号频率无关的表达式。同一维均匀线阵 FIB 设计思路相同，利用已知的二维低通滤波器的频响特性，来设计二维均匀面阵 FIB。已知 $p_x(x)$ 和 $p_y(y)$分别为 X 和 Y 阶的低通滤波器系数，那么二维原型滤波器的频响特性为

$$P(F_1,F_2)=\frac{1}{XY}\sum_{x=\frac{-(X-1)}{2}}^{\frac{X-1}{2}}\sum_{y=\frac{-(Y-1)}{2}}^{\frac{Y-1}{2}}p_x(x)\mathrm{e}^{-\mathrm{j}2\pi xF_1}p_y(y)\mathrm{e}^{-\mathrm{j}2\pi yF_2}\qquad |F_1|^2+|F_2|^2\leqslant 0.5 \tag{3.211}$$

式中，F_1 和 F_2 均是二维原型滤波器的二维频率。假设 $F_1=U/2, F_2=V/2$，则期望的波束形成表达式为

$$Q(U,V)=\frac{1}{XY}\sum_{x=\frac{-(X-1)}{2}}^{\frac{X-1}{2}}\sum_{y=\frac{-(Y-1)}{2}}^{\frac{Y-1}{2}}p_x(x)\mathrm{e}^{-\mathrm{j}\pi xU}p_y(y)\mathrm{e}^{-\mathrm{j}\pi yV}\qquad U\in[-1,1]\cap V\in[-1,1] \tag{3.212}$$

若要使二维均匀面阵的 FIB 方向图指向 U_0、V_0，式（3.212）改写为

$$Q(U,V)=\frac{1}{XY}\sum_{x=\frac{-(X-1)}{2}}^{\frac{X-1}{2}}\sum_{y=\frac{-(Y-1)}{2}}^{\frac{Y-1}{2}}p_x(x)\mathrm{e}^{-\mathrm{j}\pi x(U-U_0)}p_y(y)\mathrm{e}^{-\mathrm{j}\pi y(V-V_0)}\qquad U\in[-1,1]\cap V\in[-1,1] \tag{3.213}$$

FIB 方向图指向偏离法线情况与指向法线情况的分析方法相同，为了简化分析，后续仅考虑波束指向法向情况，二维原型滤波器的设计使用式（3.212）即可。那么二维均匀面阵 FIB 系数 $\boldsymbol{w}_{m,n,k}$ 计算步骤如下。

算法 3.4.2　基于傅里叶变换二维均匀面阵 FIB 抽头权重系数向量的计算步骤

步骤 1　已知 $U=cJ_3/(J_5f_sd), V=cJ_4/(J_5f_sd)$，将式（3.212）代入式（3.210）得

$$H(f,U,V)=G(J_3,J_4,J_5)=\begin{cases}\dfrac{1}{XY}\displaystyle\sum_{x=\frac{-(X-1)}{2}}^{\frac{X-1}{2}}\sum_{y=\frac{-(Y-1)}{2}}^{\frac{Y-1}{2}}p_x(x)\mathrm{e}^{-\mathrm{j}\pi xU}p_y(y)\mathrm{e}^{-\mathrm{j}\pi yV} & U\in[-1,1]\cap V\in[-1,1]\\ \Delta\Phi & \text{其他}\end{cases} \tag{3.214}$$

步骤 2　将式（3.214）中的 $G(J_3, J_4, J_5)$通过三维 IDFT 求得 $q(n_1, n_2, n_3)$。

步骤 3　对 $q(n_1, n_2, n_3)$在 n_1、n_2 和 n_3 维上分别用 N、M 和 K 点的窗函数进行加窗处理，继而求得二维均匀面阵 FIB 的权重系数向量 $\boldsymbol{w}_{n,m,k}$。

3.4.3　基于空时结构的自适应宽带波束形成

由 3.4.1 节和 3.4.2 节可知，基于真延时的宽带波束形成和频率不变波束形成只能实现期望的波束指向，无法实现自适应的干扰抑制零陷。本节将介绍基于空时结构的自适应抗干扰宽带波束形成算法。在空时自适应算法中，阵列接收到的宽带信号将通过不同形式的空时结构滤波器，利用自适应算法以求得空时自适应权重，用以实现宽带的自适应波束形成。

Frost 波束形成器（Frost Beamformer，FB）和广义旁瓣相消（Generalised Sidelobe Canceler，GSC）宽带波束形成器是最早、最经典的两种空时结构。Frost 波束形成器由每个阵元后的抽头延时线组成，利用线性约束最小方差（Linearly Constrained Minimum Variance，LCMV）准则来实现自适应的宽带波束形成。将 Frost 结构的抽头延时线替换为无限冲激响应（Infinite Impulse Response，IIR）滤波器，可以实现在宽带波束形成中的近似最佳频率独立阵元权重。

然而，需要更新极点的特性使得 IIR 波束形成器会有不稳定的问题存在。由于 Laguerre 为单极点的滤波器，且 Laguerre 滤波器的单极点求解由离线完成，确保了滤波器的稳定性，因此基于 Laguerre 的宽带波束形成器解决了 IIR 所存在的问题。上述优点，使得 Laguerre 波束形成器（Laguerre Beamformer，LB）在空时宽带波束形成算法中有重要的应用价值。

尽管上述空时结构拥有诸多优点，但是这些波束形成器均需要预延时结构以实现期望的波束指向，预延时结构无论是在模拟域还是在数字域都存在一定的延时误差，预延时误差将严重影响波束形成性能。另外，为了降低预延时误差，在模拟域需要高昂且复杂的结构；而在数字域，由于需要消耗大量的数字资源，再加上空时结构本身的计算需求，使得整个系统拥有较高的计算复杂度。Reza Ebrahimi 等人提出了用于消除 Frost 和 Laguerre 波束形成器预延时的方法，分别在 Frost 和 Laguerre 的波束形成结构下，提出频域约束矩阵，该约束能够确保期望角度来波信号无失真地传输。另外，在干扰方向已知的情况下，该约束矩阵也可加入干扰方向的零陷约束来提高波束形成干扰抑制性能。然而，基于频域约束的 Frost 波速形成器（Frequency Constrained Frost Beamformer，FCFB）和 Laguerre 波束形成器（Frequency Constrained Laguerre Beamformer，FCLB）的频域约束矩阵均需要消耗大量的自由度（Degrees of Freedom，DOF），以实现对宽带期望来波信号的无失真响应。

1. 传统 Frost 宽带波束形成结构

传统的空时自适应波束形成器通用结构如图 3.16（a）所示。该波束形成器通用结构对传统的空时结构具有通用性，根据时域滤波器不同，实现不同的空时波束形成结构。假设一维均匀线阵阵元数为 N，且阵元单元均为全向天线，各个阵元后的空时延时结构个数为 K，阵元间距为 d，电磁波传播速度为 c。Frost 第 n 个阵元的处理支路如图 3.16（b）所示，给出了传统 Frost 波束形成器各个阵元支路的空时处理结构，该波束形成器结构简单，易于实现。

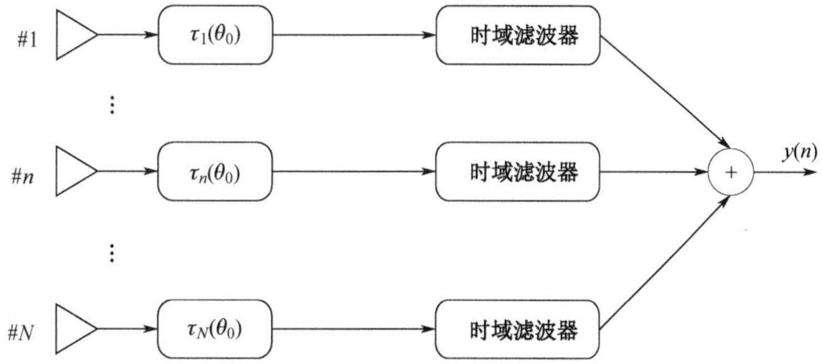

（a）传统的空时自适应波束形成器通用结构

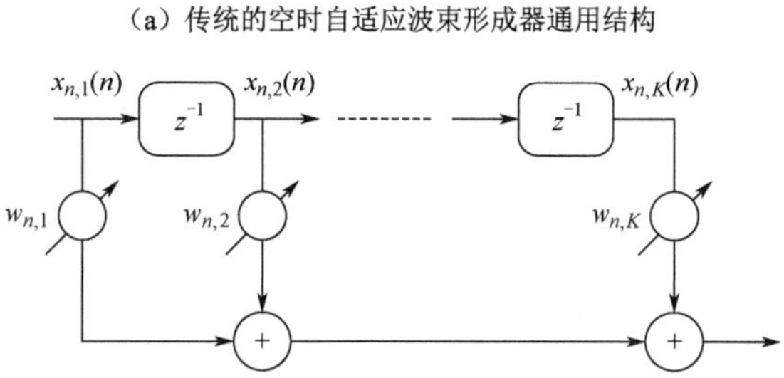

（b）Frost 第 n 个阵元的处理支路

图 3.16　传统的空时自适应波束形成器通用结构和 Frost 第 n 个阵元的处理支路

图 3.16 中 $y(n)$为输出信号，在每个阵元支路中，均需要预延时器 $\tau_n(\theta_0)=(n-1)d\sin(\theta_0)/c$，$(n=1,2,\ldots,N)$来实现期望的波束指向 θ_0。对于高频信号、大规模阵列和窄波束的波束形成系统来说，若需精确的波束指向，则预延时器需拥有较高的延时精度，这种苛刻的要求在模拟域带来了高昂的器件成本，在数字域带来了较高的计算复杂度。与传统的 Frost 和 Laguerre 波束形成器的自适应算法类似，该自适应算法将在后面一起介绍。

2. 传统 Laguerre 宽带波束形成结构

Laguerre 波束形成器第 n 个阵元的处理支路如图 3.17 所示。由图 3.17 可知，Laguerre 结构为单极点滤波器，相较于 IIR 滤波器，Laguerre 波束形成器具有更好的稳定性。在阶数相同的情况下，Laguerre 波束形成器比 Frost 波束形成器拥有更好的宽带波束形成性能。注意，传统的 Laguerre 波束形成器是将图 3.16 中的时域滤波器替换为图 3.17 的 Laguerre 结构，即传统 Laguerre 波束形成器也需要预延时结构以确保宽带波束形成的波束指向。下面简单介绍 Laguerre 最优单极点的求解过程。

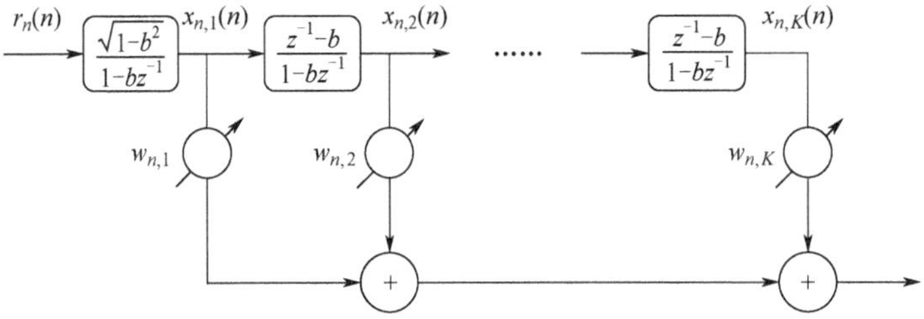

图 3.17　Laguerre 波束形成器第 n 个阵元的处理支路

Laguerre 滤波器的传递函数 $H(z)$可以由正交的 Laguerre 基函数 $L_k(z,b)$表示，$L_k(z,b)$为关于 Laguerre 系数 b 的函数。$H(z)$的表达式为

$$H(z)=\sum_{k=1}^{\infty}\alpha_k(b)L_k(z,b) \tag{3.215}$$

其中，Laguerre 基函数 $L_k(z,b)$为

$$L_k(z,b)=\sqrt{1-b^2}\,\frac{(z^{-1}-b)^k}{(1-bz^{-1})^{k+1}} \tag{3.216}$$

在式（3.215）中，α_k（b）被称为 Laguerre 系数，可求解如下

$$\begin{aligned}\alpha_k(b)&=\langle H(z)L_k(z,b)\rangle\\&=\frac{1}{2\pi j}\oint_C H(z)\,L_k(z,b)z^{-1}\mathrm{d}z\end{aligned} \tag{3.217}$$

为了实现宽带波束形成，假设目标滤波器为一个理想带通滤波器，其传递函数 $H_{bp}(z)$的表达式为

$$H_{bp}(z)=\begin{cases}z^{-\tau} & \mathrm{e}^{\mathrm{j}\omega_1}<z<\mathrm{e}^{\mathrm{j}\omega_2},\mathrm{e}^{-\mathrm{j}\omega_2}<z<\mathrm{e}^{-\mathrm{j}\omega_1}\\0 & 其他\end{cases} \tag{3.218}$$

式中，ω_1 和 ω_2 分别为最低、最高滤波器截止频率；τ 为时间延时，为了得到线性相位的滤波器，$\tau=(K-1)/2$，其中，K 为式（3.218）的截断脉冲响应（Truncated Impluse Response，TIR）的长度。对 Laguerre 的传递函数进行 K 阶的截断处理，得

$$\hat{H}(z)=\sum_{k=1}^{K}\alpha_k(b)L_k(z,b)\approx H_{bp}(z) \tag{3.219}$$

令 $\hat{H}(z)$逼近于 $H_{bp}(z)$，通过相关求解过程，计算得到 Laguerre 的最优极点 b_{opt}。为了后续描述方便，将计算得到的 Laguerre 最优极点表示为 b。那么，图 3.17 所示的 Laguerre 滤波器的 n 时刻、第 n 个阵元的第 k 个延时结构后的数据 $x_{n,k}(n)$可以表示为

$$\begin{cases}x_{n,1}(n)=bx_{n,1}(n-1)+\sqrt{1-b^2}r_n(n)\\ x_{n,k}(n)=x_{n,k-1}(n-1)+bx_{n,k}(n-1)-bx_{n,k-1}(n)\end{cases} \tag{3.220}$$

其中，$n=1,2,\cdots,N,\ k=2,3,\cdots,K$；$r_n(n)$为阵元在 n 时刻经过预延时结构的接收数据。

3. 传统空时结构的自适应宽带波束形成算法

对于拥有预延时的 Frost 和 Laguerre 宽带波束形成器，自适应波束形成算法内容相同，仅各个阵元、抽头延时结构后的信号形式不同：Frost 波束形成器的数据形式为 $x_{n,k}(n)=x_{n,k\text{-}1}(n-1)$，$k=2,3,\cdots,K$；而 Laguerre 波束形成器的数据形式如式（3.220）所示。

在得到了各阵元、各抽头延时结构的信号数据 $x_{m,k}(n)$后，对接收数据进行向量构建，在 n 时刻，$MK\times1$ 的向量 $\boldsymbol{x}(n)$可以表示为

$$\boldsymbol{x}(n)=[x_{1,1},\cdots,x_{N,1},x_{1,2},\cdots,x_{N,K}]^{\mathrm{T}} \tag{3.221}$$

那么 $x(n)$的协方差矩阵 $\boldsymbol{R}_x$ 可以表示为

$$\boldsymbol{R}_x=E\{\boldsymbol{x}(n)\boldsymbol{x}^{\mathrm{H}}(n)\} \tag{3.222}$$

式中，$E\{\cdot\}$为统计期望。

假设 $MK\times1$ 维的 Frost、Laguerre 波束形成器的权重系数向量 $\boldsymbol{w}$ 为

$$\boldsymbol{w}=[w_{1,1},\cdots,w_{N,1},w_{1,2},\cdots,w_{N,K}]^{\mathrm{T}} \tag{3.223}$$

则波束形成的输出 $y(n)$为

$$y(n)=\boldsymbol{w}^{\mathrm{H}}\boldsymbol{x}(n) \tag{3.224}$$

利用 LCMV 算法求得最优权，该优化方法表示为

$$\begin{cases}\min\limits_{\boldsymbol{w}}\ \ \boldsymbol{w}^{\mathrm{H}}\boldsymbol{R}_x\boldsymbol{w}\\ \text{s.t.}\ \ \ \boldsymbol{C}_o^{\mathrm{H}}\boldsymbol{w}=\boldsymbol{f}_o\end{cases} \tag{3.225}$$

式中，$\boldsymbol{f}_o$ 为 $K\times1$ 维常数向量$[1,0,\cdots,0]^{\mathrm{T}}$；$\boldsymbol{C}_o$ 为 $NK\times K$ 维矩阵，表示为

$$\boldsymbol{C}_o=\begin{bmatrix}\boldsymbol{1}_N & \boldsymbol{0}_N & \cdots & \boldsymbol{0}_N\\ \boldsymbol{0}_N & \boldsymbol{1}_N & \cdots & \boldsymbol{0}_N\\ \vdots & \vdots & & \vdots\\ \boldsymbol{0}_N & \boldsymbol{0}_N & \cdots & \boldsymbol{1}_N\end{bmatrix} \tag{3.226}$$

式中，$\boldsymbol{1}_N=[1,1,\cdots,1]$和 $\boldsymbol{0}_N=[0,0,\cdots,0]$均为全 1、0 的 $N\times1$ 维列向量。通过拉格朗日乘子法计算式（3.225），求得基于预延时 Frost、Laguerre 波束形成结构的自适应权重 $\boldsymbol{w}_{o,\text{opt}}$，即

$$\boldsymbol{w}_{o,\text{opt}}=\boldsymbol{R}_x^{-1}\boldsymbol{C}_o[\boldsymbol{C}_o^{\mathrm{H}}\boldsymbol{R}_x^{-1}\boldsymbol{C}_o]^{-1}\boldsymbol{f}_o \tag{3.227}$$

在含有预延时的空时波束形成结构中，波束指向是通过图 3.16（a）所示各个阵元后的延时结构来实现的，式（3.226）的约束矩阵只能确保经过预延时的信号全通无失真地通过该空时结构，没有信号空域选择能力。

4. 频域约束的空时结构及其自适应宽带波束形成算法

为了消除预延时，分别给出了基于频域约束的 Frost 和 Laguerre 波束形成结构与算法，该结构通过约束矩阵实现了波束形成器对宽带信号的空域选择功能，无须预延时结构。

无预延时空时自适应波束形成通用结构如图 3.18 所示。其中 $G_k(z)$ $(k=1,2,\cdots,K)$表示空时处理结构。若为无预延时 Frost 波束形成结构 FCFB 时，$G_k(z)$的表达式为

$$\begin{cases} G_1(z)=1 \\ G_k(z)=z^{-1} \qquad k=2,3,\cdots,K \end{cases} \tag{3.228}$$

若为无预延时 Laguerre 波束形成结构 FCLB 时，则 $G_k(z)$的表达式改写为

$$\begin{cases} G_1(z)=\dfrac{\sqrt{1-b^2}}{1-bz^{-1}} \\ G_k(z)=\dfrac{z^{-1}-b}{1-bz^{-1}} \qquad k=2,3,\cdots,K \end{cases} \tag{3.229}$$

频域约束矩阵为 $\boldsymbol{C}_F$，对于 Frost 波束形成结构和 Laguerre 波束形成结构来说，具体的频域约束矩阵分别为 $\boldsymbol{C}_{F,Fr}$ 和 $\boldsymbol{C}_{F,La}$。在通带范围内，将频率分为 I 个部分，即 $f_i\in[f_{\min}, f_{\max}]$，$i=1,2,\cdots,I$。$f_{\min}$ 和 $f_{\max}$ 分别表示通带范围的最低、最高频率。

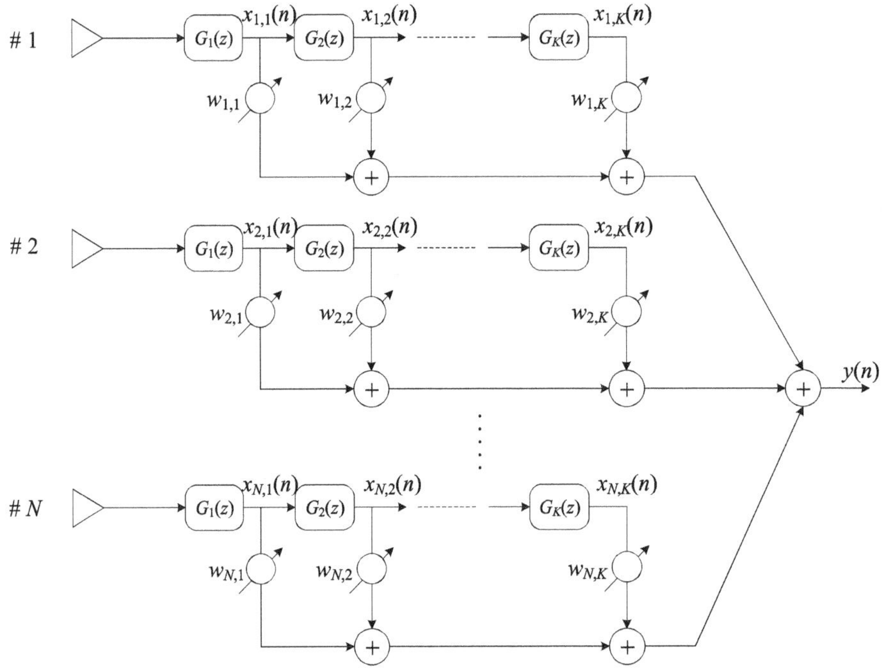

图 3.18 无预延时空时自适应波束形成通用结构

（1）FCFB 的频域约束矩阵。下面给出无预延时 Frost 波束形成器的频域约束矩阵 $\boldsymbol{C}_{F,Fr}$。

$$\boldsymbol{C}_{F,Fr}=[\boldsymbol{c}_{F,Fr}(f_1),\boldsymbol{c}_{F,Fr}(f_2),\cdots,\boldsymbol{c}_{F,Fr}(f_i),\cdots,\boldsymbol{c}_{F,Fr}(f_I)] \tag{3.230}$$

其中，$NK\times 1$ 维列向量 $\boldsymbol{c}_{F,Fr}(f_i)$为

$$\boldsymbol{c}_{F,Fr}(f_i)=\boldsymbol{c}_{Fr,T_s}(f_i)\otimes\boldsymbol{c}_{Fr,\tau}(f_i) \tag{3.231}$$

其中，$\otimes$ 为 Kronecker 积，且

$$\boldsymbol{c}_{Fr,T_s}(f_i)=[1,\mathrm{e}^{-\mathrm{j}2\pi f_i T_s},\cdots,\mathrm{e}^{-\mathrm{j}2\pi f_i (K-1)T_s}]^{\mathrm{T}} \tag{3.232}$$

$$\boldsymbol{c}_{Fr,\tau}(f_i)=[\mathrm{e}^{-\mathrm{j}2\pi f_i\tau_1(\theta_0)},\mathrm{e}^{-\mathrm{j}2\pi f_i\tau_2(\theta_0)},\cdots,\mathrm{e}^{-\mathrm{j}2\pi f_i\tau_N(\theta_0)}]^{\mathrm{T}} \tag{3.233}$$

在式（3.233）中，$\tau_n(\theta_0)=[(m-1)d\sin\theta_0]/c$，$T_s$为采样频率。对于 Frost 频域约束矩阵的 $I\times 1$ 维响应向量$\boldsymbol{f}_{F,Fr}$为

$$\boldsymbol{f}_{F,Fr}=[\mathrm{e}^{-\mathrm{j}2\pi f_1(K-1)/2},\mathrm{e}^{-\mathrm{j}2\pi f_2(K-1)/2},\cdots,\mathrm{e}^{-\mathrm{j}2\pi f_I(K-1)/2}]^{\mathrm{T}} \tag{3.234}$$

（2）FCLB 的频域约束矩阵。下面给出无预延时 Laguerre 波束形成器的频域约束矩阵 $\boldsymbol{C}_{F,La}$。

$$\boldsymbol{C}_{F,La}=[\boldsymbol{c}_{F,La}(f_1),\boldsymbol{c}_{F,La}(f_2),\cdots,\boldsymbol{c}_{F,La}(f_i),\cdots,\boldsymbol{c}_{F,La}(f_I)] \tag{3.235}$$

其中，$MK\times 1$ 维列向量 $\boldsymbol{c}_{F,La}(f_i)$为

$$\boldsymbol{c}_{F,La}(f_i)=\boldsymbol{c}_{La,T_s}(f_i)\otimes\boldsymbol{c}_{La,\tau}(f_i) \tag{3.236}$$

其中，

$$\boldsymbol{c}_{La,T_s}(f_i)=\frac{\sqrt{1-b^2}}{1-b\mathrm{e}^{-\mathrm{j}2\pi f_i}}\left[1,\left(\frac{\mathrm{e}^{-\mathrm{j}2\pi f_i}-b}{1-b\mathrm{e}^{-\mathrm{j}2\pi f_i}}\right),\cdots,\left(\frac{\mathrm{e}^{-\mathrm{j}2\pi f_i}-b}{1-b\mathrm{e}^{-\mathrm{j}2\pi f_i}}\right)^{K-1}\right]^{\mathrm{T}} \tag{3.237}$$

$$\boldsymbol{c}_{La,\tau}(f_i)=[\mathrm{e}^{-\mathrm{j}2\pi f_i\tau_1(\theta_0)},\mathrm{e}^{-\mathrm{j}2\pi f_i\tau_2(\theta_0)},\cdots,\mathrm{e}^{-\mathrm{j}2\pi f_i\tau_N(\theta_0)}]^{\mathrm{T}} \tag{3.238}$$

对于 Laguerre 频域约束矩阵的 $I\times 1$ 维响应向量$\boldsymbol{f}_{F,La}$为

$$\boldsymbol{f}_{F,La}=[\mathrm{e}^{-\mathrm{j}2\pi f_1(K-1)/2},\mathrm{e}^{-\mathrm{j}2\pi f_2(K-1)/2},\cdots,\mathrm{e}^{-\mathrm{j}2\pi f_I(K-1)/2}]^{\mathrm{T}} \tag{3.239}$$

（3）无预延时 FCFB 和 FCLB 的自适应算法。前面分别给出了 Frost 和 Laguerre 频域约束矩阵 $\boldsymbol{C}_{F,Fr}$ 和 $\boldsymbol{C}_{F,La}$，以及各自对应的约束响应$\boldsymbol{f}_{F,Fr}$和$\boldsymbol{f}_{F,La}$。由上述内容可知，Frost 和 Laguerre 频域约束矩阵表达形式不同，但是在阵列规模和延时结构数相同的情况下，频域约束矩阵维数相同，为了后续描述方便，将 Frost 和 Laguerre 频域约束矩阵和响应统一表达为 $\boldsymbol{C}_F$ 和$\boldsymbol{f}_F$，对于具体为 Frost 或 Laguerre 波束形成结构，通过前述内容替换相关表达式即可。

在无预延时的自适应空时结构中，式（3.225）的 LCMV 的优化公式重写为

$$\begin{cases}\min\limits_{\boldsymbol{w}} & \boldsymbol{w}^{\mathrm{H}}\boldsymbol{R}_x\boldsymbol{w}\\ \text{s.t.} & \boldsymbol{C}_F^{\mathrm{H}}\boldsymbol{w}=\boldsymbol{f}_F\end{cases} \tag{3.240}$$

注意，式（3.240）中计算协方差矩阵 $\boldsymbol{R}_x$ 的来波信号向量 $\boldsymbol{x}(n)$与前文介绍的来波信号向量不同，该 $\boldsymbol{x}(n)$无须经过预延时结构，即为阵元直接采集到的数据。通过拉格朗日乘子法计算式（3.240），求得基于无预延时 Frost、Laguerre 波束形成结构的自适应权重 $\boldsymbol{w}_{F,\mathrm{opt}}$，即

$$\boldsymbol{w}_{F,\mathrm{opt}}=\boldsymbol{R}_x^{-1}\boldsymbol{C}_F[\boldsymbol{C}_F^{\mathrm{H}}\boldsymbol{R}_x^{-1}\boldsymbol{C}_F]^{-1}\boldsymbol{f}_F \tag{3.241}$$

在无预延时的 Frost 和 Laguerre 波束形成器中，波束指向无须预延时来完成，只需在 LCMV 算法中使用对应的频域约束矩阵即可，该算法有效地消除了预延时结构，避免了预延时误差引起波束形成性能下降的问题。

3.4.4 基于空频结构的自适应宽带波束形成

由于宽带信号的阵列流形受频率变化的影响较大，接收到的宽带信号到达同一阵元的高频信号和低频信号存在较大相位差，因此可以参考窄带波束形成原理，将宽带信号转换为窄带信号进行处理即可。子带自适应波束形成（Sub-band Adaptive Beamforming，SAB）算法采用了这种思想。SAB 采用分析滤波器组（Analysis Filter Bank，AFB）将接收到的宽带信号变换到频域，在频域上将宽带信号均匀划分，得到多个子带，这里得到的每个子

带相当于窄带波束形成中的窄带信号，因此可以直接利用窄带自适应波束形成算法进行处理，最后通过综合滤波器组（Synthesis Filter Bank，SFB）将各个波束形成后的频域子带信号合成宽带时域信号。分析滤波器组将来波信号分割为一组频率子带，并且每个子带覆盖通带范围内的一部分信号带宽。SAB 提供了一种将宽带信号处理分割为窄带信号进行处理且能够并行计算的有效分治策略。

子带分解结构一般为 FFT，为了恢复时域信号，需要快速傅里叶逆变换（Inverse Fast Fourier Transformation，IFFT）。当宽带信号被分解为多个子带时，由于带宽的减小，信号采样速率便可以降低，即数据抽取，这样能够降低后续自适应波束形成算法的计算复杂度；同理，后续为了恢复时域信号、恢复原本的数据率，需要提高数据率，即数据内插。SAB 第 m 个通道的波束形成结构如图 3.19 所示，给出了第 m 个阵元后的分析滤波器组和最终恢复时域信号的综合滤波器组。其中，$\hat{N}$ 被称为采样因子，在分析滤波器组中，有 $\hat{N}$ 倍的抽取时，需要综合滤波器组中的 $\hat{N}$ 倍插值来恢复原本的数据率。

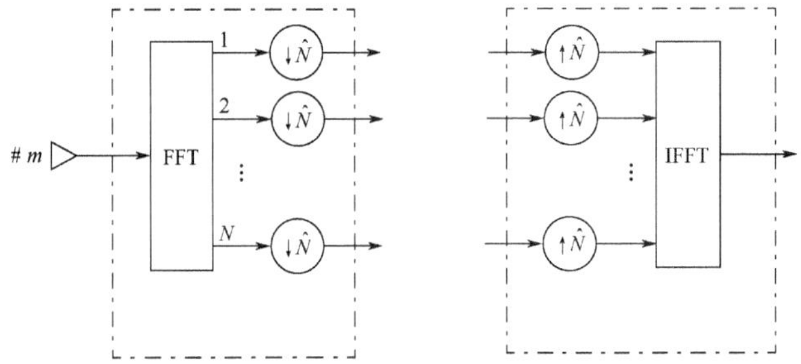

（a）分析滤波器组　　（b）综合滤波器组

图 3.19　SAB 第 m 个通道的波束形成结构

对于给定带宽的接收阵列来说，多种频域子带分解方法可以应用到自适应波束形成处理中，以提高波束形成性能。在宽带波束形成中，SAB 主要存在两点优势：①由于子带分解可以降低数据采样速率，因此可以降低计算复杂度；②由于子带分解具有预白化的效果，因此具有更快的收敛速度。基于上述优点，相较于空时结构，子带自适应波束形成更利于实际的实时系统实现，SAB 在麦克风阵列、相控阵雷达、声呐探测等领域有广泛的应用。

传统UD-SAB示意图如图3.20所示，展示了传统的均匀子带自适应波束形成（Uniform Decomposition Sub-band Adaptive Beamforming，UD-SAB）结构，各个阵元接收到的信号经过N阶FFT，变换为频域信号，频域信号被均匀地划分为N个子带。每个阵元相同子带的信号送入同一个波束形成器中，因此有N个频域波束形成器，每个波束形成器输出该子带的频域输出信号，不同子带同时刻的频域信息经过IFFT，得到最终的UD-SAB波束形成器的时域输出信号。

为了消除无关影响，简化问题，突出本章优化方法的特点，本节所提到的SAB波束形成器，其分析滤波器组和综合滤波器组分别简化为FFT和IFFT。图3.20与图3.19相比，分析滤波器组和综合滤波器组不含有$\hat{N}$倍降采样和$\hat{N}$倍的插值计算。

传统 UD-SAB 将各个阵元的宽带来波信号划分为均匀的子带，不同阵元间相同子带的信号送入同一子带波束形成器中，各波束形成器的输出送入 IFFT 中，得到最终的 SAB 时域输出信号。各子带的波束形成器完成各自自适应波束权重的计算。

下面介绍每个子带内自适应权重求解过程。通过 FFT，第 n 个阵元的第 k 个子带的信号表示为 $X_{k,n}$，并且组成数据向量，表示为

$$\boldsymbol{X}_k = [X_{k,1}, X_{k,2}, \cdots, X_{k,N}]^{\mathrm{T}} \tag{3.242}$$

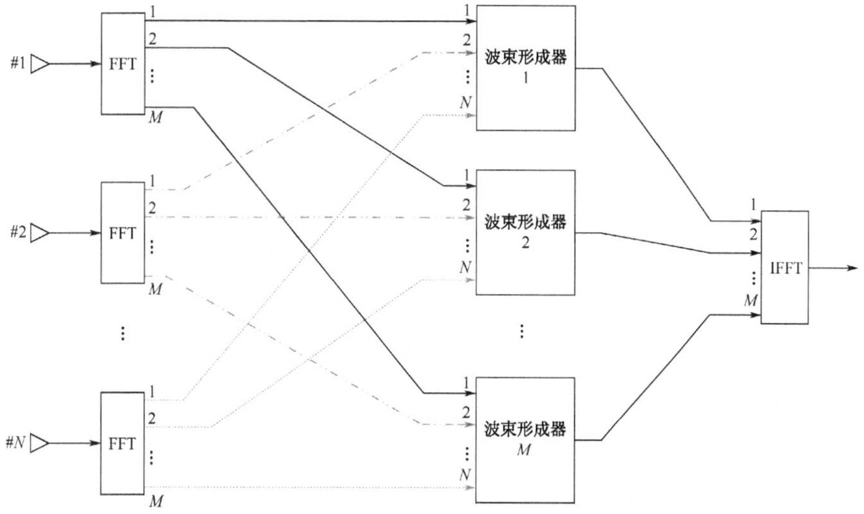

图 3.20　传统 UD-SAB 示意图

其中，$k = 1,2,\cdots,\tilde{K}$。那么第 k 个子带的约束向量 $\boldsymbol{c}_k$ 和权重系数向量 $\boldsymbol{w}_k$ 分别表示为

$$\boldsymbol{c}_k = [\mathrm{e}^{-\mathrm{j}2\pi f_k \tau_1(\theta_0)}, \mathrm{e}^{-\mathrm{j}2\pi f_k \tau_2(\theta_0)}, \cdots, \mathrm{e}^{-\mathrm{j}2\pi f_k \tau_N(\theta_0)}]^{\mathrm{T}} \tag{3.243}$$

和

$$\boldsymbol{w}_k = [w_{k,1}, w_{k,2}, \cdots, w_{k,N}]^{\mathrm{T}} \tag{3.244}$$

在式（3.243）中，$\tau_n(\theta_0) = [(n-1)d\sin\theta_0]/c$。那么，第 k 个子带的自适应波束形成权重可以通过标准的频域线性约束最小误差准则来得到。

$$\begin{cases} \min\limits_{\boldsymbol{w}_k} & \boldsymbol{w}_k^{\mathrm{H}} \boldsymbol{R}_k \boldsymbol{w}_k \\ \text{s.t.} & \boldsymbol{c}_k^{\mathrm{H}} \boldsymbol{w}_k = \boldsymbol{f}_k \end{cases} \tag{3.245}$$

在式（3.245）中，第 k 个子带的协方差矩阵为 $\boldsymbol{R}_k = E\{X_k X_k^{\mathrm{H}}\}$，$\boldsymbol{f}_k$ 为子带约束向量 $\boldsymbol{c}_k$ 的响应。利用拉格朗日乘子法对式（3.245）进行求解，得到第 k 个子带的最优权重系数向量 $\boldsymbol{w}_{k,\mathrm{opt}}$，即

$$\boldsymbol{w}_{k,\mathrm{opt}} = \boldsymbol{R}_k^{-1} \boldsymbol{c}_k \left[\boldsymbol{c}_k^{\mathrm{H}} \boldsymbol{R}_k^{-1} \boldsymbol{c}_k \right]^{-1} \boldsymbol{f}_k \tag{3.246}$$

为了能够在工程上实现，这里给出迭代的算法公式，即

$$\begin{cases} \boldsymbol{w}_k(i+1) = \boldsymbol{P}[\boldsymbol{w}_k(i) - \mu \boldsymbol{z}^{\mathrm{H}}(i) \boldsymbol{X}_k(i)] + \boldsymbol{g} \\ \boldsymbol{w}_k(0) = \boldsymbol{g} \end{cases} \tag{3.247}$$

式中，μ 为迭代步进，$\boldsymbol{z}(i) = \boldsymbol{w}_k^{\mathrm{H}}(i)\boldsymbol{X}_k(i)$，$\boldsymbol{P} = \boldsymbol{I} - \boldsymbol{c}_k(\boldsymbol{c}_k^{\mathrm{H}}\boldsymbol{c}_k)^{-1}\boldsymbol{c}_k^{\mathrm{H}}$，$\boldsymbol{g} = \boldsymbol{c}_k(\boldsymbol{c}_k^{\mathrm{H}}\boldsymbol{c}_k)^{-1}\boldsymbol{f}_k$。

3.5　小结

本章讨论了经典的数字波束形成算法，介绍了备受依赖的自适应数字波束形成算法的优化准则，包括自适应主波束控制的优化准则和方向图自适应零陷控制的优化准则，以及自适应数字波束形成算法优化准则之间的关系。然后介绍了广泛应用的经典的自适应数字波束形

成算法，包括梯度搜索法、最小均方误差（LMS）算法、格里菲斯（Griffiths）LMS 波束形成算法等。其中，着重讨论了 LMS 算法，虽然 LMS 算法收敛速度受协方差矩阵特征值分散影响较大，但由于算法复杂度低，适用于自适应权重的快速更新，其在工程应用中依然具有很强的吸引力。此外，在实现算法方面，详细介绍了自适应旁瓣相消器（ASLC）、广义旁瓣相消器（GSC）和线性约束广义旁瓣相消器（LC-GSC）的原理，其中 GSC 算法能有效地应对波束形成优化问题中的多线性约束问题，而且它可被用于部分波束形成算法，第 4 章中介绍的降秩多级维纳滤波器就是采用的 GSC 框架。最后介绍了宽带波束形成算法，详细介绍了基于数字延时的宽带波束形成、频率不变波束形成、基于空时结构的自适应宽带波束形成和基于空频结构的自适应宽带波束形成。

思考题

3-1 试证明最大输出信噪比准则和最小均方误差准则具有相同的阵列增益。

3-2 试证明 LMS 算法中梯度的估值是无偏的。

3-3 格里菲斯（Griffiths）LMS 算法和传统的 LMS 算法需要的先验信息有什么区别？

3-4 考虑一个 10 阵元标准线阵，期望信号从 10° 方向入射，现有两组干扰源模型：

（1）入射角 30°，JNR = 20dB；

（2）入射角 60°，JNR = 30dB。

试比较以上两组干扰源模型单独存在条件下 LMS 算法的性能。

3-5 结合本章所学算法，试写出采用广义旁瓣相消框架下的 LMS 算法权重迭代公式。

参考文献

[1] 文树梁，袁起，毛二可，等. 宽带相控阵雷达 Stretch 处理孔径渡越时间数字补偿技术[J]. 电子学报，2005, 33(6):961-964.

[2] 张小飞. 阵列信号处理的理论与应用[M]. 北京：国防工业出版社，2013.

[3] Shin W, Lee N, Lee J, et al. Relay-Aided Space-Time Beamforming for Interference Networks With Partial Channel Knowledge[J]. IEEE Transactions on Signal Processing, 2016, 64(19): 5119-5130.

[4] 苏成晓，罗景青. 宽带光控阵多波束超分辨测向算法[J]. 信号处理，2013, 29(5): 640-646.

[5] Farrow C W. A continuously variable digital delay element[J]. IEEE Circuits & Systems, 1988, 3:2641-2645.

[6] Sekiguchi T, Karasawa Y. Wideband beamspace adaptive array utilizing FIR fan filters for multibeam forming[J]. IEEE Transactions on Signal Processing, 2000, 48(1): 277-284.

[7] 王永良，丁前军，李荣锋. 自适应阵列处理[M]. 北京：清华大学出版社，2009.

[8] 王建. 基于数据重构的稀布阵数字波束形成技术研究[D]. 南京：南京理工大学，2016.

[9] 黄飞. 阵列天线快速自适应波形成技术研究[D]. 南京：南京理工大学，2010.

第 4 章　雷达系统中的自适应波束形成算法

4.1　引言

雷达系统常使用大规模天线阵列来获得较高的天线增益和干扰抑制能力。大规模天线阵列的使用会带来自适应数字波束形成时高计算量和高速数据传输两大挑战，同时，阵列的非理想性对大阵列波束形成算法的有效性也会造成极大影响。自 20 世纪 70 年代开始，对于雷达系统的大阵列天线的波束形成算法研究一直很活跃，方法侧重于物理层面的子阵降维处理和非物理层面的子空间降秩处理，这两类方法都属于部分自适应波束形成算法，以牺牲性能为代价，提升算法的收敛速度。近 30 年，并行处理技术被广泛应用，采用中频信号处理器架构的雷达系统一般具备并行处理能力，设计分块并行运算处理能够降低运算量，并且不会降低波束性能，属于全自适应波束形成算法。本章针对雷达系统中的大规模天线阵列，从部分自适应波束形成、并行自适应处理、稳健自适应波束形成 3 个方面阐述自适应波束形成算法。

4.2　大阵列天线数字波束形成的部分自适应处理技术

对一个具有 N 个天线单元的自适应阵列，有 N 个阵列自由度可供利用。其中一部分自由度可用来满足特定的约束（如波束指向约束、单脉冲比约束以及已知干扰方向零陷约束等），这些自由度称为约束自由度。剩下的自由度用来自适应地抑制干扰和噪声，称为自适应自由度。自适应阵列中自适应自由度越多，自适应算法的计算量就越大，算法所需快拍数量越多且收敛速度越慢；反之，则收敛速度加快，且能在较少的快拍下收敛。

通常，利用所有可用的自适应自由度进行自适应阵列处理，称为满秩自适应阵列处理或全自适应阵列处理。如果只利用部分自适应自由度抑制干扰，就称为部分自适应阵列处理。

降维自适应阵列处理和降秩自适应阵列处理是部分自适应阵列处理的两种方式。降维自适应阵列处理主要包括子阵技术、稀疏布阵技术和辅助天线技术，通常是直接将阵列接收信号降维（如划分子阵、稀疏布阵和利用辅助天线），并对降维后的接收信号进行自适应处理。由于不需要在算法上对数据进行降维变换，因此降维自适应阵列处理具有较低的计算量和较快的收敛速度。但是降维自适应阵列处理的自由度受限于所使用的降维维数，不能根据空间干扰环境灵活地分配自适应自由度。降维自适应阵列处理难以发挥出原满阵阵元数带来的自由度优势。

降秩波束形成通常需要选择合适的降秩子空间和降秩维数对满阵接收信号做降秩变换，并在降秩子空间内优化自适应代价函数的最优值。降秩变换矩阵构造和降秩维数选取是影响降秩自适应阵列处理性能的关键。降秩变换矩阵的构造通常需要通过提取空间信号的特征，常用的包括主特征向量方法、交叉谱方法、快拍构造降秩变换矩阵方法、联合迭代优化方法以及 Krylov 子空间方法等。

针对大规模阵列下的快速自适应波束形成需求，本节从降维自适应波束形成、基于降秩变换的自适应波束形成两方面阐述了大规模数字阵列天线中的部分自适应波束形成算法。

4.2.1 降维自适应波束形成技术

1. 子阵技术

子阵技术是通过将天线阵面划分为规则或不规则构型的子阵列，在子阵内部采用模拟波束形成，而子阵间采用数字波束形成以降低数字阵列天线有源组件数的技术。采用子阵技术可成倍降低数字阵列天线的有源组件、A/D 通道数，且不影响天线增益，但会导致栅瓣，影响角度扫描范围，因此常用于有限角度扫描的天线系统中。

图 4.1 所示为子阵数字波束形成的两级波束形成网络。首先在射频域对天线中的辐射单元进行分组（划分子阵），每个辐射单元后接一个移相器，负责控制天线波束指向。N 个辐射单元的天线接收信号移相后经子阵合成网络合成一路信号，形成一个子阵。合成后的子阵信号通过下变频和滤波后变为模拟中频信号，经 A/D 采样后得到数字中频信号。各子阵输出的数字中频信号通过数字频率多路分配器和数字波束形成网络最终得到用于雷达信号处理的波束数据。

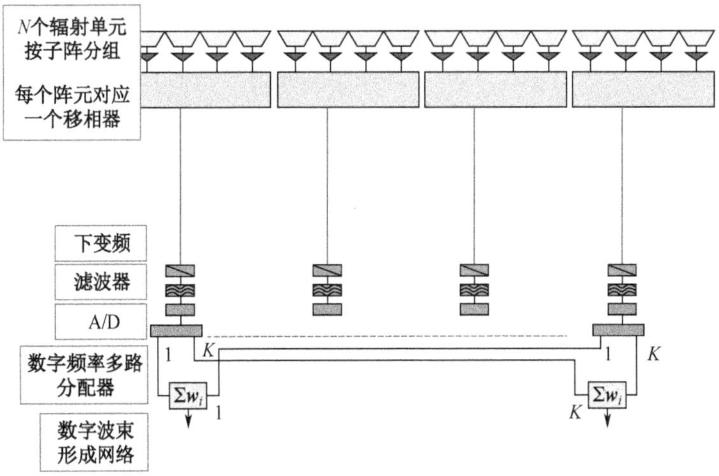

图 4.1 子阵数字波束形成的两级波束形成网络

当天线阵列中子阵为规则构型时，天线方向图会出现副瓣升高、扫描栅瓣的现象，导致波束性能恶化。通过将子阵划分为不规则子阵和采用重叠子阵的形式，可以改善波束性能。

2. 辅助天线技术

辅助天线技术是一种应用于副瓣对消器的降维自适应技术。副瓣对消器中的主阵天线方向图主瓣增益较大，副瓣增益低，且波束主瓣较窄。辅助天线一般为全向天线或弱方向天线，其增益与主阵天线的副瓣相当。干扰信号从副瓣进入主阵天线的概率较大，由于各个天线的空间位置不同，因此接收信号存在波程差，各天线接收到的干扰信号存在固定相移。由于干扰信号功率通常较强，通过自适应地修正辅助天线权重的幅度和相位，将主阵输出与辅助天线输出相减，对消主阵输出中的干扰信号成分，可有效抑制干扰。辅助天线技术可有效降低自适应算法的自由度，减少运算量。目前装备的雷达系统很多都采用了辅助天线副瓣对消技术。这种技术的缺点是，当干扰较弱时，主辅天线信号相减时会造成期望信号的损失。

降秩波束形成技术主要包括基于正交投影的降秩波束形成和基于降秩变换的波束形成两类。本节后面将主要阐述这两类降秩波束形成技术的原理和方法。

4.2.2　基于降秩变换的自适应波束形成技术

本节将讨论基于降秩变换的自适应波束形成技术，主要包括基于广义旁瓣相消器（Generalized Sidelobe Canceller，GSC）的降秩波束形成、基于多级维纳滤波器的降秩波束形成和降秩最小方差波束形成。

1. 主分量广义旁瓣相消器方法

图 4.2 所示为基于 GSC 框架的降秩自适应滤波算法框架。在上支路，先将阵列接收数据 $\boldsymbol{X}(k)$ 通过静态权重 $\boldsymbol{w}_q$ 得到输出信号 $d_0(k)$，下支路将接收信号 $\boldsymbol{X}(k)$ 经过阻塞矩阵 $\boldsymbol{B}$ 使期望信号不能通过，只让干扰信号通过，得 $\boldsymbol{X}_0(k)$，然后通过一个降秩变换矩阵 $\boldsymbol{T}$ 降低信号维数，得到降维后信号为 $Z(k)$，再通过自适应权重将主通道输出与辅助通道输出相减，以有效抑制干扰，得到波束输出数据 $y(k)$。

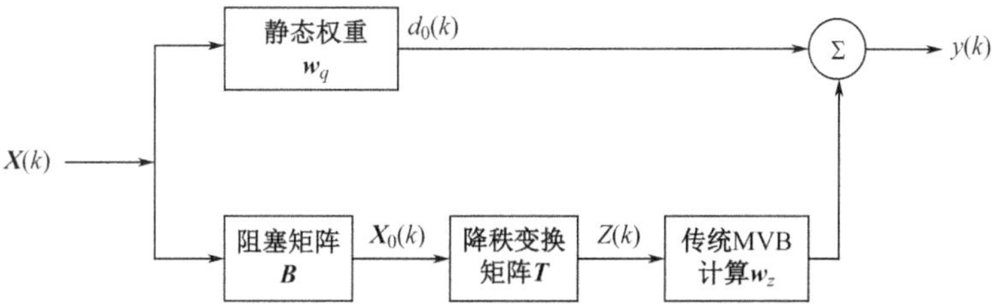

图 4.2　基于 GSC 框架的降秩自适应滤波算法框架

GSC 的最佳降秩变换矩阵是降秩后维数与干扰数目相等，即降秩变换矩阵选择 $\boldsymbol{B}^{\mathrm{H}}\boldsymbol{T}=\boldsymbol{U}_{\mathrm{s}}$，此时，算法与正交投影类方法等价。在计算降秩变换矩阵 $\boldsymbol{T}$ 时，多数算法要对阵列接收信号的协方差矩阵进行特征分解，运算量较大。

基于GSC框架降秩自适应波束形成算法的最佳权重系数向量可基于最小均方误差准则得到，即

$$\boldsymbol{w}_z=\boldsymbol{R}_Z^{-1}\boldsymbol{r}_{Zd_0}=\left(\boldsymbol{T}^{\mathrm{H}}\boldsymbol{R}_{x_0}\boldsymbol{T}\right)^{-1}\boldsymbol{T}^{\mathrm{H}}\boldsymbol{r}_{x_0d_0}=\left(\boldsymbol{T}^{\mathrm{H}}\boldsymbol{B}\boldsymbol{R}_x\boldsymbol{B}^{\mathrm{H}}\boldsymbol{T}\right)^{-1}\boldsymbol{T}^{\mathrm{H}}\boldsymbol{B}\boldsymbol{R}_x\boldsymbol{w}_q \tag{4.1}$$

则降秩 GSC 的等效权重系数向量可以表示为

$$\boldsymbol{w}_{\text{RR-GSC}}=\boldsymbol{w}_q-\boldsymbol{B}^{\mathrm{H}}\boldsymbol{T}\boldsymbol{w}_z=\boldsymbol{w}_q-\boldsymbol{B}^{\mathrm{H}}\boldsymbol{T}\left(\boldsymbol{T}^{\mathrm{H}}\boldsymbol{B}\boldsymbol{R}_x\boldsymbol{B}^{\mathrm{H}}\boldsymbol{T}\right)^{-1}\boldsymbol{T}^{\mathrm{H}}\boldsymbol{B}\boldsymbol{R}_x\boldsymbol{w}_q \tag{4.2}$$

当降秩变换矩阵选择为 $\boldsymbol{B}^{\mathrm{H}}\boldsymbol{T}=\boldsymbol{U}_{\mathrm{s}}$ 时，降秩 GSC 的等效权重系数向量可以表示为

$$\boldsymbol{w}_{\text{RR-GSC}}=\boldsymbol{w}_q-\boldsymbol{U}_{\mathrm{s}}\boldsymbol{U}_{\mathrm{s}}^{\mathrm{H}}\boldsymbol{w}_q=\left(\boldsymbol{I}-\boldsymbol{U}_{\mathrm{s}}\boldsymbol{U}_{\mathrm{s}}^{\mathrm{H}}\right)\boldsymbol{w}_q \tag{4.3}$$

根据降秩变换矩阵 $\boldsymbol{T}$ 的选择方法，基于 GSC 的降秩自适应波束形成算法可分为主分量（Principle Components，PC）GSC 和交叉谱（Cross Spectrum Matrix，CSM）GSC 两类。

PC-GSC 降秩变换矩阵的构建需要对图 4.2 中 $\boldsymbol{X}_0(k)$的协方差矩阵进行特征分解。

$$\boldsymbol{R}_{x_0}=\sum_{i=1}^{N}\lambda_i\boldsymbol{u}_i\boldsymbol{u}_i^{\mathrm{H}} \tag{4.4}$$

然后取其中 r 个最大的特征值对应的特征向量构成降秩变换矩阵，即

$$\boldsymbol{T}=\boldsymbol{V}_{\mathrm{s}}=\sum_{i=1}^{r}\lambda_i\boldsymbol{u}_i\boldsymbol{u}_i^{\mathrm{H}} \tag{4.5}$$

则 PC-GSC 的等效权重系数向量可以表示为

$$\boldsymbol{w}_{\text{PC-GSC}}=\boldsymbol{w}_q-\boldsymbol{B}^{\mathrm{H}}\boldsymbol{T}\boldsymbol{w}_z=\boldsymbol{w}_q-\boldsymbol{B}^{\mathrm{H}}\boldsymbol{T}\left(\boldsymbol{T}^{\mathrm{H}}\boldsymbol{B}\boldsymbol{R}_x\boldsymbol{B}^{\mathrm{H}}\boldsymbol{T}\right)^{-1}\boldsymbol{T}^{\mathrm{H}}\boldsymbol{B}\boldsymbol{R}_x\boldsymbol{w}_q \tag{4.6}$$

2. 交叉谱广义旁瓣相消器算法

CSM-GSC 算法的降秩变换矩阵计算一样需要对 $\boldsymbol{X}_0(k)$的协方差矩阵进行特征分解。

$$\boldsymbol{R}_{x_0}=\sum_{i=1}^{N}\lambda_i\boldsymbol{u}_i\boldsymbol{u}_i^{\mathrm{H}} \tag{4.7}$$

然后按照式（4.8）计算各特征向量对应的交叉谱，即

$$\mathrm{CSM}_i=\frac{\left|\boldsymbol{u}_i^{\mathrm{H}}\boldsymbol{r}_{x_0 d_0}\right|^2}{\lambda_i} \tag{4.8}$$

再取其中 r 个交叉谱 CSM 最大的特征值对应的特征向量构成降秩变换矩阵，即

$$\boldsymbol{T}=\boldsymbol{V}_{\mathrm{s}}=\sum_{i=1}^{r}\lambda_i\boldsymbol{u}_i\boldsymbol{u}_i^{\mathrm{H}} \tag{4.9}$$

CSM-GSC 的等效权重系数向量可以表示为

$$\boldsymbol{w}_{\text{CSM-GSC}}=\boldsymbol{w}_q-\boldsymbol{B}^{\mathrm{H}}\boldsymbol{T}\boldsymbol{w}_z=\boldsymbol{w}_q-\boldsymbol{B}^{\mathrm{H}}\boldsymbol{T}\left(\boldsymbol{T}^{\mathrm{H}}\boldsymbol{B}\boldsymbol{R}_x\boldsymbol{B}^{\mathrm{H}}\boldsymbol{T}\right)^{-1}\boldsymbol{T}^{\mathrm{H}}\boldsymbol{B}\boldsymbol{R}_x\boldsymbol{w}_q \tag{4.10}$$

3. 降秩多级维纳滤波器

多级维纳滤波器（Multi-stage Wiener Filter，MWF）是一种快速降秩自适应处理方法，具有较低的运算复杂度，该方法不需要进行特征值分解，也不需要计算采样协方差矩阵的逆矩阵。图 4.3 所示为降秩维数 $r=4$ 时多级维纳滤波器结构框图。

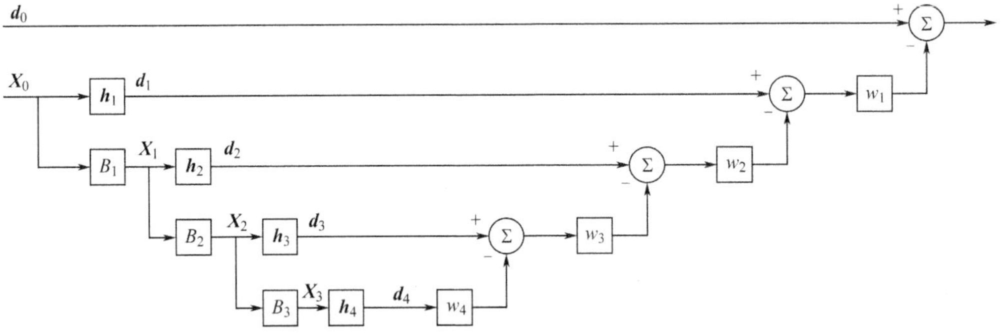

图 4.3 降秩维数 r=4 时多级维纳滤波器结构框图

当在第 r 级截断时，MWF 方法在 r 维降秩子空间中得到维纳霍夫方程式（4.11）的近似解。

$$\boldsymbol{R}_{x_0}\boldsymbol{w}_{x_0}=\boldsymbol{r}_{X_0 d_0} \tag{4.11}$$

其中，行向量 $\boldsymbol{d}_0$ 为 MWF 初始级的期望信号，$\boldsymbol{X}_0$ 为 MWF 输入信号，$\boldsymbol{r}_{X_0 d_0}$ 为 $\boldsymbol{X}_0$ 和 $\boldsymbol{d}_0$ 的互相

关，图 4.3 为 r=4 的情况。MWF 前向递推每级的期望信号由 $\boldsymbol{X}_{i-1}(i=1,2,\cdots,\bar{N})$ 中在 $\boldsymbol{r}_{\boldsymbol{X}_{i-1}\boldsymbol{d}_{i-1}}$ 方向的分量得到，即

$$\boldsymbol{d}_i=\boldsymbol{h}_i^{\mathrm{H}}\boldsymbol{X}_{i-1} \tag{4.12}$$

其中，$\boldsymbol{h}_i$ 为归一化后的 $\boldsymbol{r}_{\boldsymbol{X}_{i-1}\boldsymbol{d}_{i-1}}$。$\boldsymbol{X}_{i-1}$，$i=1,2,\cdots,\bar{N}$，中垂直于 $\boldsymbol{h}_i$ 的分量为 MWF 下一级输入信号，可以利用式(4.13)将 $\boldsymbol{X}_{i-1}$ 投影到 $\boldsymbol{h}_i$ 的正交补空间 $\boldsymbol{B}_i$ 得到。$\boldsymbol{B}_i$ 为阻塞矩阵，并满足 $\boldsymbol{B}_i^{\mathrm{H}}\boldsymbol{h}_i=0$。

$$\boldsymbol{X}_i=\boldsymbol{B}_i^{\mathrm{H}}\boldsymbol{X}_{i-1} \tag{4.13}$$

定义

$$\boldsymbol{T}_i=\left[\boldsymbol{t}_1,\boldsymbol{t}_2,\cdots,\boldsymbol{t}_i\right]=\left[\boldsymbol{h}_1,\boldsymbol{B}_1\boldsymbol{h}_2,\cdots,\prod_{j=1}^{i}\boldsymbol{B}_j\boldsymbol{h}_i\right] \tag{4.14}$$

以及

$$\boldsymbol{w}_{\boldsymbol{D}_i}=\left[w_1,-w_1w_2,\cdots,(-1)^{i+1}\prod_{j=1}^{i}w_j\right] \tag{4.15}$$

其中，

$$\boldsymbol{D}_i=\left[\boldsymbol{d}_1^{\mathrm{T}},\boldsymbol{d}_2^{\mathrm{T}},\cdots,\boldsymbol{d}_i^{\mathrm{T}}\right]^{\mathrm{T}} \tag{4.16}$$

是 MWF 前 i 级期望信号矩阵。在式（4.15）中，$\boldsymbol{w}_{\boldsymbol{D}_i}$ 为 MWF 前 i 级的自适应权重系数向量。由图 4.3 可以得到

$$\boldsymbol{D}_i=\boldsymbol{T}_i^{\mathrm{H}}\boldsymbol{X}_0 \tag{4.17}$$

$$\hat{\boldsymbol{d}}_0=\boldsymbol{w}_{\boldsymbol{D}_i}^{\mathrm{H}}\boldsymbol{D}_i \tag{4.18}$$

$\boldsymbol{D}_i$ 可以看成是 $\boldsymbol{X}_0$ 经过滤波器组 $\boldsymbol{T}_i$ 后的输出信号；$\hat{\boldsymbol{d}}_0$ 为 $\boldsymbol{D}_i$ 经过 $\boldsymbol{w}_{\boldsymbol{D}_i}$ 加权合成后的输出。当 MWF 在第 r 级截断，$\boldsymbol{T}_r$ 可被视为 $\bar{N}\times r$ 维降秩变换矩阵，且 $\boldsymbol{D}_i$ 的自相关矩阵如式（4.19）所示，为对称三对角矩阵。$\boldsymbol{R}_{\boldsymbol{x}_0}$ 通常可由采样快拍得到，即 $\boldsymbol{R}_{\boldsymbol{x}_0}=\boldsymbol{X}_0\boldsymbol{X}_0^{\mathrm{H}}/K$，其中 K 为快拍数。

$$\boldsymbol{R}_{\boldsymbol{D}_i}=E\left[\boldsymbol{D}_i(k)\boldsymbol{D}_i^{\mathrm{H}}(k)\right]=\boldsymbol{T}_i^{\mathrm{H}}\boldsymbol{R}_{\boldsymbol{x}_0}\boldsymbol{T}_i=\begin{bmatrix}\sigma_{d_1}^2 & \delta_2 & \cdots & 0 & 0\\ \delta_2 & \sigma_{d_2}^2 & \cdots & 0 & 0\\ \vdots & \vdots & & \vdots & \vdots\\ 0 & 0 & \cdots & \sigma_{d_{i-1}}^2 & \delta_i\\ 0 & 0 & \cdots & \delta_i & \sigma_{d_i}^2\end{bmatrix} \tag{4.19}$$

图 4.4 所示为满足 LCMV 约束的 MWF 结构框图。MWF 的期望信号 $\boldsymbol{d}_0$ 可由静态权向量 $\boldsymbol{w}_q$ 对阵列接收信号 $\boldsymbol{X}$ 加权得到，而 MWF 输入信号 $\boldsymbol{X}_0$ 为将 $\boldsymbol{X}$ 向 $\boldsymbol{w}_q$ 的正交补空间投影得到。该投影过程可利用阻塞矩阵 $\boldsymbol{B}_q$ 完成，即

$$\boldsymbol{d}_0=\boldsymbol{w}_q^{\mathrm{H}}\boldsymbol{X} \tag{4.20}$$

$$\boldsymbol{X}_0=\boldsymbol{B}_q^{\mathrm{H}}\boldsymbol{X} \tag{4.21}$$

$\boldsymbol{B}_q$ 与 LCMV 约束矩阵 $\boldsymbol{C}$ 正交，满足 $\boldsymbol{B}_q^{\mathrm{H}}\boldsymbol{C}=0$。由式（4.21）得到的 $\boldsymbol{X}_0$ 为 $\bar{N}\times T$ 维矩阵，其中维数 $\bar{N}$ 取决于约束矩阵 $\boldsymbol{C}$ 的维数。假定约束矩阵 $\boldsymbol{C}$ 为 $N\times N_{\mathrm{c}}$ 维矩阵，那么 $\bar{N}=N-N_{\mathrm{c}}$。静态权向量 $\boldsymbol{w}_q$ 可由下式得到

$$\boldsymbol{w}_q = \boldsymbol{C}\left(\boldsymbol{C}^{\mathrm{H}}\boldsymbol{C}\right)^{-1}\boldsymbol{f} \tag{4.22}$$

$$\boldsymbol{w}_q = \frac{\boldsymbol{w}_q}{\left\|\boldsymbol{w}_q\right\|_2} \tag{4.23}$$

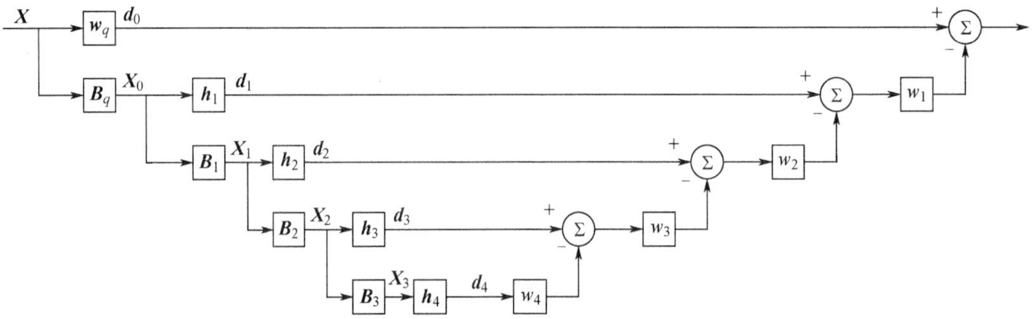

图 4.4　满足 LCMV 约束的 MWF 结构框图

基于以上分析，满足 LCMV 约束的 MWF 的权重系数向量可以等效为

$$\boldsymbol{w}_{\mathrm{MWF}} = \boldsymbol{w}_q - \boldsymbol{B}_q\boldsymbol{T}_i\boldsymbol{w}_{\boldsymbol{D}_i} \tag{4.24}$$

其中，$\boldsymbol{w}_{\boldsymbol{D}_i} = \boldsymbol{R}_{\boldsymbol{D}_i}^{-1}\boldsymbol{r}_{\boldsymbol{D}_i d_0}$，$\boldsymbol{r}_{\boldsymbol{D}_i d_0} = E\left[\boldsymbol{D}_i(t)\boldsymbol{d}_0^{\mathrm{H}}(t)\right] = [\delta_1, 0, \cdots, 0]^{\mathrm{T}}$。当$i=\bar{N}$时，MWF 与 GSC 等价。当$i=r$时，权重系数向量在$r$维降秩子空间得到。MWF 可以被认为是 GSC 在 Krylov 子空间的降秩实现，即满足 LCMV 约束的 MWF 为降秩 LCMV 算法在 Krylov 子空间的实现。

4．降秩最小方差波束形成器算法

降秩最小方差波束形成器（Reduced Rank Minimum Variance Beamformer，RR-MVB）利用期望信号加干扰的个数r通常远远小于阵元个数N的特点，通过降秩变换将输入信号的维数由N降至r，从而大幅降低自适应处理的维数。图 4.5 所示为降秩最小方差波束形成器的处理流程。

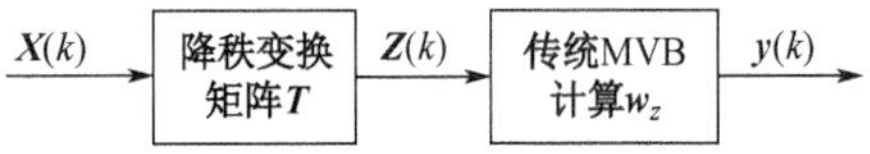

图 4.5　降秩最小方差波束形成器的处理流程

输入接收信号$\boldsymbol{X}(k)$经过降秩变换矩阵$\boldsymbol{T}$后得到降秩后信号$\boldsymbol{Z}(k)$，降秩后信号使用传统的 MVB 算法得到权重系数向量$\boldsymbol{w}_z$，经由权重系数向量$\boldsymbol{w}_z$的波束形成处理后，得到波束数据$\boldsymbol{y}(k)$，构造 RR-MVB 的优化函数

$$\boldsymbol{w}_z = \underset{\boldsymbol{w}^{\mathrm{H}}\boldsymbol{a}_T(\theta_0)=1}{\arg\min}\ \boldsymbol{w}^{\mathrm{H}}\boldsymbol{R}_z\boldsymbol{w} \tag{4.25}$$

其中，$\boldsymbol{a}_T(\theta_0) = \boldsymbol{T}^{\mathrm{H}}\boldsymbol{a}(\theta_0)$，可以解得

$$\boldsymbol{w}_z = \frac{\left(\boldsymbol{T}\boldsymbol{R}_x\boldsymbol{T}\right)^{-1}\boldsymbol{T}^{\mathrm{H}}\boldsymbol{a}(\theta_0)}{\boldsymbol{a}^{\mathrm{H}}(\theta_0)\boldsymbol{T}\left(\boldsymbol{T}^{\mathrm{H}}\boldsymbol{R}_x\boldsymbol{T}\right)^{-1}\boldsymbol{T}^{\mathrm{H}}\boldsymbol{a}(\theta_0)} \tag{4.26}$$

则 RR-MVB 的等效自适应权重系数向量为

$$\boldsymbol{w}_{\text{RR-MVB}} = \boldsymbol{T}\boldsymbol{w}_z = \frac{\boldsymbol{T}\left(\boldsymbol{T}\boldsymbol{R}_x\boldsymbol{T}\right)^{-1}\boldsymbol{T}^{\mathrm{H}}\boldsymbol{a}(\theta_0)}{\boldsymbol{a}^{\mathrm{H}}(\theta_0)\boldsymbol{T}\left(\boldsymbol{T}^{\mathrm{H}}\boldsymbol{R}_x\boldsymbol{T}\right)^{-1}\boldsymbol{T}^{\mathrm{H}}\boldsymbol{a}(\theta_0)} \tag{4.27}$$

降秩最小方差波束形成器的关键是降秩变换矩阵$\boldsymbol{T}$的设计。降秩变换矩阵$\boldsymbol{T}$可由接收数据协方差矩阵的特征分解构造，也可由二维离散傅里叶变换（DFT）或离散余弦变换（DCT）

矩阵的基向量构造。本节介绍构造降秩变换矩阵的修正主分量法（PCA-MVB）、小分量法（SC-MVB）和交叉谱法（CSM-MVB）。

（1）修正主分量法。修正主分量法（PCA-MVB）首先对接收数据协方差矩阵进行特征分解

$$\boldsymbol{R}_x=\sum_{i=1}^{N}\lambda_i\boldsymbol{u}_i\boldsymbol{u}_i^{\mathrm{H}}=\boldsymbol{U}_{\mathrm{s}}\boldsymbol{\Lambda}_{\mathrm{s}}\boldsymbol{U}_{\mathrm{s}}^{\mathrm{H}}+\boldsymbol{U}_{\mathrm{n}}\boldsymbol{\Lambda}_{\mathrm{n}}\boldsymbol{U}_{\mathrm{n}}^{\mathrm{H}} \tag{4.28}$$

然后取协方差矩阵的若干主特征向量（对应大特征值）作为降秩变换矩阵的列向量

$$\boldsymbol{T}=\left[\boldsymbol{U}_{\mathrm{s}}\quad \boldsymbol{a}(\theta_0)\right] \tag{4.29}$$

则 PCA-MVB 的自适应权重系数向量为

$$\boldsymbol{w}_{\text{PCA-MVB}}=\frac{\boldsymbol{T}\left(\boldsymbol{T}\boldsymbol{R}_x\boldsymbol{T}\right)^{-1}\boldsymbol{T}^{\mathrm{H}}\boldsymbol{a}(\theta_0)}{\boldsymbol{a}^{\mathrm{H}}(\theta_0)\boldsymbol{T}\left(\boldsymbol{T}^{\mathrm{H}}\boldsymbol{R}_x\boldsymbol{T}\right)^{-1}\boldsymbol{T}^{\mathrm{H}}\boldsymbol{a}(\theta_0)} \tag{4.30}$$

（2）小分量法。小分量法（SC-MVB）取协方差矩阵的噪声特征向量（对应小特征值）作为降秩变换矩阵的列向量

$$\boldsymbol{T}=\boldsymbol{U}_{\mathrm{n}} \tag{4.31}$$

由于 $\boldsymbol{U}_{\mathrm{n}}\boldsymbol{U}_{\mathrm{n}}^{\mathrm{H}}=\boldsymbol{I}$ 和 $\boldsymbol{U}_{\mathrm{n}}^{\mathrm{H}}\boldsymbol{U}_{\mathrm{s}}=0$，因此 SC-MVB 的自适应权重系数向量可以表示为

$$\boldsymbol{w}_{\text{SC-MVB}}=\frac{\boldsymbol{U}_{\mathrm{n}}\boldsymbol{\Lambda}_{\mathrm{n}}^{-1}\boldsymbol{U}_{\mathrm{n}}^{\mathrm{H}}\boldsymbol{a}(\theta_0)}{\boldsymbol{a}^{\mathrm{H}}(\theta_0)\boldsymbol{U}_{\mathrm{n}}\boldsymbol{\Lambda}_{\mathrm{n}}^{-1}\boldsymbol{U}_{\mathrm{n}}^{\mathrm{H}}\boldsymbol{a}(\theta_0)} \tag{4.32}$$

考虑到对应噪声的小特征值近似相等，所以自适应权重系数向量可近似为

$$\boldsymbol{w}_{\text{SC-MVB}}\approx\frac{\boldsymbol{U}_{\mathrm{n}}\boldsymbol{U}_{\mathrm{n}}^{\mathrm{H}}\boldsymbol{a}(\theta_0)}{\boldsymbol{a}^{\mathrm{H}}(\theta_0)\boldsymbol{U}_{\mathrm{n}}\boldsymbol{U}_{\mathrm{n}}^{\mathrm{H}}\boldsymbol{a}(\theta_0)}=\boldsymbol{w}_{\text{DREC}} \tag{4.33}$$

（3）交叉谱法。与 CSM-GSC 类似，交叉谱法（CSM-MVB）方法同样利用协方差矩阵中交叉谱 CSM 最大的 r 个特征值对应的特征向量构造降秩变换矩阵。定义交叉谱为

$$\mathrm{CSM}_i=\frac{\left|\boldsymbol{u}_i^{\mathrm{H}}\boldsymbol{a}(\theta_0)\right|^2}{\lambda_i} \tag{4.34}$$

则降秩变换矩阵 $\boldsymbol{T}$ 可以构造为

$$\boldsymbol{T}=\boldsymbol{U}_{\text{CSM}} \tag{4.35}$$

CSM-MVB 的自适应权重系数向量可以表示为

$$\boldsymbol{w}_{\text{CSM-MVB}}=\frac{\boldsymbol{U}_{\text{CSM}}\boldsymbol{\Lambda}_{\text{CSM}}^{-1}\boldsymbol{U}_{\text{CSM}}^{\mathrm{H}}\boldsymbol{a}(\theta_0)}{\boldsymbol{a}^{\mathrm{H}}(\theta_0)\boldsymbol{U}_{\text{CSM}}\boldsymbol{\Lambda}_{\text{CSM}}^{-1}\boldsymbol{U}_{\text{CSM}}^{\mathrm{H}}\boldsymbol{a}(\theta_0)} \tag{4.36}$$

其中，对角矩阵 $\boldsymbol{\Lambda}_{\text{CSM}}$ 的对角元素为与 $\boldsymbol{U}_{\text{CSM}}$ 对应的交叉谱最大的 r 个特征值。

5. 基于子空间迭代的降秩处理算法

（1）降秩共轭梯度法。对于 Wiener-Hopf 方程 $\boldsymbol{R}_{x_0}\boldsymbol{w}_{x_0}=\boldsymbol{r}_{x_0d_0}$，根据 Cayley-Hamiton 原理，有

$$\boldsymbol{R}_{x_0}^{-1}=\sum_{i=0}^{N-1}\partial_i\boldsymbol{R}_{x_0}^{i} \tag{4.37}$$

式中，∂_i 为待定系数，N 为阵元数。那么 Wiener-Hopf 方程的解可以写为

$$\boldsymbol{w}_{x_0}=\left(\sum_{i=0}^{N-1}\partial_i\boldsymbol{R}_{x_0}^i\right)\boldsymbol{r}_{x_0d_0} \tag{4.38}$$

定义 $\boldsymbol{R}_{x_0}$ 和 $\boldsymbol{r}_{x_0d_0}$ 的 i 阶 Krylov 子空间为

$$\mathcal{K}_i(\boldsymbol{R}_{x_0},\boldsymbol{r}_{x_0d_0})=\text{span}\left\{\boldsymbol{r}_{x_0d_0},\boldsymbol{R}_{x_0}\boldsymbol{r}_{x_0d_0},\cdots,\boldsymbol{R}_{x_0}^{i-1}\boldsymbol{r}_{x_0d_0}\right\} \tag{4.39}$$

显然，$\boldsymbol{w}_{x_0}$ 位于 $\boldsymbol{R}_{x_0}$ 和 $\boldsymbol{r}_{x_0d_0}$ 的 N 阶 Krylov 子空间内。因此，可用共轭梯度法（Conjugate Gradient，CG）迭代对式（4.38）进行进一步求解。问题描述如下：

$$\begin{aligned}\boldsymbol{w}_{\text{CG}}&=\underset{\boldsymbol{w}\in\mathcal{K}_i(\boldsymbol{R}_{x_0},\boldsymbol{r}_{x_0d_0})}{\arg\min}\ \varphi(\boldsymbol{w})\\ \varphi(\boldsymbol{w})&=\boldsymbol{w}^{\text{H}}\boldsymbol{R}_{x_0}\boldsymbol{w}-2\text{Re}(\boldsymbol{r}_{x_0d_0}^{\text{H}}\boldsymbol{w})\end{aligned} \tag{4.40}$$

对共轭梯度法做 r 次截断，即得到降秩共轭梯度法（Reduced Rank Conjugate Gradient，RR-CG）。降秩共轭梯度法的迭代过程如表 4.1 所示。

表 4.1 降秩共轭梯度法的迭代过程

$\boldsymbol{w}_0=0$
$\boldsymbol{p}_1=-\boldsymbol{t}_1=\boldsymbol{r}_{x_0d_0}$
for $i=1:r$
$\gamma_i=\dfrac{\boldsymbol{t}_i^{\text{H}}\boldsymbol{t}_i}{\boldsymbol{p}_i^{\text{H}}\boldsymbol{R}_{x_0}\boldsymbol{p}_i}$
$\boldsymbol{w}_i=\boldsymbol{w}_{i-1}+\gamma_i\boldsymbol{p}_i$
$\boldsymbol{t}_{i+1}=\boldsymbol{t}_i+\gamma_i\boldsymbol{R}_{x_0}\boldsymbol{p}_i$
$\rho_i=\dfrac{\boldsymbol{t}_{i+1}^{\text{H}}\boldsymbol{t}_{i+1}}{\boldsymbol{t}_i^{\text{H}}\boldsymbol{t}_i}$
$\boldsymbol{p}_{i+1}=-\boldsymbol{t}_{i+1}+\rho_i\boldsymbol{p}_i$
end

（2）降秩酉多维维纳滤波法。如果在多级维纳滤波器中选择每级正交投影变换中的阻塞矩阵 $\boldsymbol{B}_i$ 的行向量为彼此正交的单位向量（或取 $\boldsymbol{B}_i=\boldsymbol{I}-\boldsymbol{h}_i\boldsymbol{h}_i^{\text{H}}$），由于 $\boldsymbol{B}_i\boldsymbol{h}_i=0$，因此可以证明正交投影变换矩阵 $\boldsymbol{T}_i$ 为酉矩阵。定义 $\boldsymbol{L}=\boldsymbol{T}^{\text{H}}$，则可以得到 $\boldsymbol{L}\boldsymbol{L}^{\text{H}}=\boldsymbol{I}$，即 $\boldsymbol{L}$ 为酉矩阵，其行向量彼此正交。人们把 $\boldsymbol{L}$ 为酉矩阵的多级维纳滤波器称为酉多级维纳滤波器（Unitary Multistage Wiener Filter，UMWF）。

当阻塞矩阵为

$$\boldsymbol{B}_i=\boldsymbol{I}-\boldsymbol{h}_i\boldsymbol{h}_i^{\text{H}} \tag{4.41}$$

对应的阻塞操作为

$$\boldsymbol{x}_i(k)=\boldsymbol{B}_i\boldsymbol{x}_{i-1}(k)=\boldsymbol{x}_{i-1}(k)-\boldsymbol{h}_i\boldsymbol{d}_i(k) \tag{4.42}$$

具有这样阻塞矩阵的 MWF 被称为相关相减 MWF（Correlation Subtractive Structure MWF，CSS-MWF）。图 4.6 所示为 CSS-MWF 结构框图。式（4.42）表明，在 CSS-MWF 的阻塞操作中，只需要进行 N 次加法和 N 次乘法，有效降低了 MWF 前向递推计算量。同时正交投影变换矩阵 $[\boldsymbol{t}_1,\boldsymbol{t}_2,\cdots,\boldsymbol{t}_i]$ 等于归一化互相关向量 $[\boldsymbol{h}_1,\boldsymbol{h}_2,\cdots,\boldsymbol{h}_i]$，构成了降秩子空间的标准正交基。

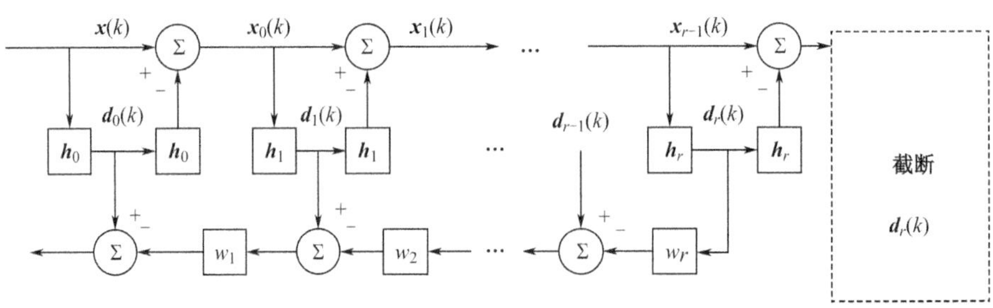

图 4.6 CSS-MWF 结构框图

CSS-MWF 无法实现降维，即当每个阶段的秩降低 1 时 $\boldsymbol{x}_i(k)$ 的维度保持不变；同时由于维度没有降低，量化误差可能会导致没有输入信号的方向产生扰动，从而降低了在有限精度条件下实现时的性能。

（3）多级维纳滤波器与共轭梯度法的关系。

对于 UMWF，有

$$\operatorname{range}\left(\boldsymbol{L}^{\mathrm{H}}\right)=\kappa_N\left(\boldsymbol{R}_{x_0},\boldsymbol{r}_{x_0 d_0}\right) \tag{4.43}$$

$$\boldsymbol{W}_{\mathrm{UMWF}}\in\kappa_N\left(\boldsymbol{R}_{x_0},\boldsymbol{r}_{x_0 d_0}\right) \tag{4.44}$$

故 UMWF 可等效为以下问题的解。

$$\begin{aligned}\boldsymbol{W}_{\mathrm{UMWF}} &= \underset{\boldsymbol{W}\in\kappa_N(\boldsymbol{R}_{x_0},\boldsymbol{r}_{x_0 d_0})}{\arg\min}\ \mathrm{SMSE}(\boldsymbol{W})\\ \mathrm{SMSE}(\boldsymbol{W}) &= \boldsymbol{W}^{\mathrm{H}}\boldsymbol{R}_{x_0}\boldsymbol{W}-2\,\mathrm{Re}(\boldsymbol{r}_{x_0 d_0}^{\mathrm{H}}\boldsymbol{W})+\sigma_{d_0}^2\end{aligned} \tag{4.45}$$

由式（4.45）和式（4.40）可得酉多级维纳滤波器与共轭梯度法相等效，即

$$\boldsymbol{W}_{\mathrm{CG}}=\boldsymbol{W}_{\mathrm{UMWF}} \tag{4.46}$$

4.2.3　基于 MVB 的快速降秩自适应波束形成算法

本节阐述了一种基于最小方差波束形成器的快速降秩自适应波束形成算法（FRRMVB），降秩变换矩阵取为干扰子空间与期望信号导向矢量组合成的矩阵。首先证明了在协方差已知的情况下，当降秩变换矩阵取为干扰子空间与期望信号导向矢量组成的矩阵时，降秩 MVB 具有与满秩 MVB 相同的输出 SINR 性能。通常情况下，协方差未知，干扰子空间由估计协方差特征值分解得到。本节中利用阵列接收的快拍数据来构造降秩变换矩阵中的干扰子空间，避免了特征值分解带来的大运算量的负担。因此，该算法具有更优的实时性，适用于大规模阵列或空时处理雷达系统。仿真结果证明，基于 MVB 的快速降秩自适应波束形成算法具有很好的波束形成性能，验证了算法的有效性。

1. 基于 MVB 的降秩自适应波束形成算法

图 4.7 所示为 RRMVB 框图。考虑 N 元均匀间距线性天线阵列，有 M 个不相关的窄带干扰信号入射，天线阵列在 t 时刻接收到的信号可表示为

$$\boldsymbol{x}(t)=\sum_{i=1}^{M}\boldsymbol{b}_i(t)\boldsymbol{a}(\theta_i)+n(t) \tag{4.47}$$

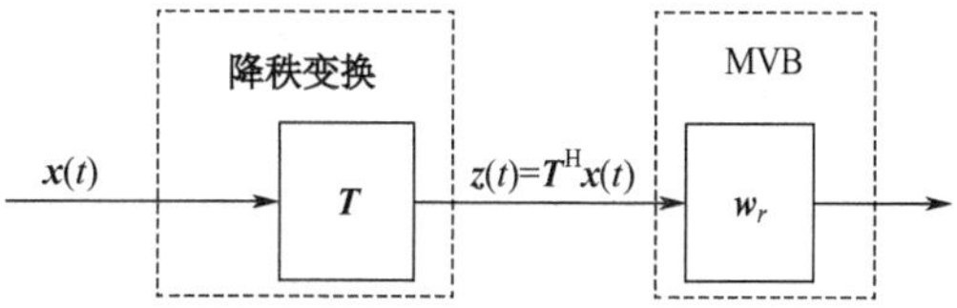

图 4.7　RRMVB 框图

其中，$i=1$，…，M 为干扰信号；$\boldsymbol{b}_i(t)$ 为信号的复包络；$\boldsymbol{a}(\theta_i)=[1,\mathrm{e}^{\mathrm{j}\pi\sin\theta_i},\cdots,\mathrm{e}^{\mathrm{j}\pi(N-1)\sin\theta_i}]^{\mathrm{T}}$ 为来波方向 θ_i 的信号导向矢量；$n(t)$ 为背景噪声，取背景噪声为高斯白噪声。$\boldsymbol{T}$ 为降秩变换矩阵。接收信号经过降秩变换后输出信号为 $\boldsymbol{z}(t)$，随后进入 MVB 处理。

阵列接收数据的相关矩阵为

$$\boldsymbol{R}_x=E\left\{\boldsymbol{x}(t)\boldsymbol{x}^{\mathrm{H}}(t)\right\}=\boldsymbol{U}_{\mathrm{L}}\boldsymbol{\varLambda}_{\mathrm{L}}\boldsymbol{U}_{\mathrm{L}}^{\mathrm{H}}+\sigma^2\boldsymbol{U}_{\mathrm{n}}\boldsymbol{U}_{\mathrm{n}}^{\mathrm{H}} \tag{4.48}$$

式中，$r\times r$ 维对角矩阵 $\boldsymbol{\varLambda}_{\mathrm{L}}=\mathrm{diag}(\lambda_1,\cdots\lambda_r)$，$\lambda_1\geqslant\lambda_2\cdots\geqslant\lambda_r$，包含 r 个 $\boldsymbol{R}_x$ 的主特征值；$\boldsymbol{U}_{\mathrm{L}}$ 为与之相对应的特征向量所构成的矩阵；σ^2 为噪声功率；$\boldsymbol{U}_{\mathrm{n}}$ 为 $\boldsymbol{R}_x$ 剩下的特征向量组成的矩阵。

传统的满秩 MVB 最优权重系数向量通过求解如下的最优化问题得到。

$$\begin{aligned}&\min\ \ \boldsymbol{w}^{\mathrm{H}}\boldsymbol{R}_x\boldsymbol{w}\\&\text{s.t.}\ \boldsymbol{a}^{\mathrm{H}}(\theta_0)\boldsymbol{w}=1\end{aligned} \tag{4.49}$$

其中，$\boldsymbol{a}(\theta_0)=[1,\mathrm{e}^{\mathrm{j}\pi\sin\theta_0},\cdots,\mathrm{e}^{\mathrm{j}\pi(N-1)\sin\theta_0}]^{\mathrm{T}}$为期望信号的导向矢量。在图 4.7 所示的降秩情况下，$\boldsymbol{x}(t)$首先通过一个 $N\times r$ 维降秩变换矩阵 $\boldsymbol{T}$，得到降秩后的 $r\times1$ 维接收数据向量 $\boldsymbol{z}(t)$，则降秩后的协方差矩阵为$\boldsymbol{R}_{zz}=\boldsymbol{T}^{\mathrm{H}}\boldsymbol{R}_x\boldsymbol{T}$。此时，相应的降秩导向矢量为$\boldsymbol{C}_r=\boldsymbol{T}^{\mathrm{H}}\boldsymbol{a}(\theta_0)$。RRMVB 求解最优自适应权重系数向量的问题变为

$$\begin{aligned}&\min\ \ \boldsymbol{w}_r^{\mathrm{H}}(\boldsymbol{T}^{\mathrm{H}}\boldsymbol{R}_x\boldsymbol{T})\boldsymbol{w}_r\\&\text{s.t.}\ \boldsymbol{C}_r^{\mathrm{H}}\boldsymbol{w}_r=1\end{aligned} \tag{4.50}$$

$r\times1$ 维自适应权重系数向量的最优解为

$$\boldsymbol{w}_r=k(\boldsymbol{T}^{\mathrm{H}}\boldsymbol{R}_x\boldsymbol{T})^{-1}\boldsymbol{T}^{\mathrm{H}}\boldsymbol{a}(\theta_0) \tag{4.51}$$

式中，k 为标量。RRMVB 的输出信号干扰噪声比（SINR）为

$$\mu=\boldsymbol{a}(\theta_0)^{\mathrm{H}}\boldsymbol{T}(\boldsymbol{T}^{\mathrm{H}}\boldsymbol{R}_x\boldsymbol{T})^{-1}\boldsymbol{T}^{\mathrm{H}}\boldsymbol{a}(\theta_0) \tag{4.52}$$

当满秩时，MVB 输出信号干扰噪声比$\mu_{\mathrm{full}}=\boldsymbol{a}(\theta_0)^{\mathrm{H}}\boldsymbol{R}_x^{-1}\boldsymbol{a}(\theta_0)$。对于任意 $N\times r$ $(r<N)$维降秩变换矩阵 $\boldsymbol{T}$，$\mu=\boldsymbol{a}(\theta_0)^{\mathrm{H}}\boldsymbol{T}(\boldsymbol{T}^{\mathrm{H}}\boldsymbol{R}_x\boldsymbol{T})^{-1}\boldsymbol{T}^{\mathrm{H}}\boldsymbol{a}(\theta_0)\leqslant\mu_{\mathrm{full}}$。

在本节中，采用的降秩变换矩阵结构为$\boldsymbol{T}=[\boldsymbol{U}_{\mathrm{L}}\ \ \boldsymbol{a}(\theta_0)]$。可以证明，在协方差矩阵已知的情况下，当降秩变换矩阵取为$\boldsymbol{T}=[\boldsymbol{U}_{\mathrm{L}}\ \ \boldsymbol{a}(\theta_0)]$时，降秩MVB具有和满秩MVB相同的输出SINR性能。证明如下，把$\boldsymbol{T}=[\boldsymbol{U}_{\mathrm{L}}\ \ \boldsymbol{a}(\theta_0)]$代入$\boldsymbol{T}^{\mathrm{H}}\boldsymbol{R}_x\boldsymbol{T}$可得

$$\begin{aligned}\boldsymbol{T}^{\mathrm{H}}\boldsymbol{R}_x\boldsymbol{T}&=\begin{bmatrix}\boldsymbol{U}_{\mathrm{L}}^{\mathrm{H}}\\\boldsymbol{a}^{\mathrm{H}}(\theta_0)\end{bmatrix}(\boldsymbol{U}_{\mathrm{L}}\boldsymbol{\varLambda}_{\mathrm{L}}\boldsymbol{U}_{\mathrm{L}}^{\mathrm{H}}+\boldsymbol{U}_{\mathrm{n}}\boldsymbol{\varLambda}_{\mathrm{n}}\boldsymbol{U}_{\mathrm{n}}^{\mathrm{H}})[\boldsymbol{U}_{\mathrm{L}}\ \ \boldsymbol{a}(\theta_0)]\\&=\begin{bmatrix}\boldsymbol{\varLambda}_{\mathrm{L}} & \boldsymbol{\varLambda}_{\mathrm{L}}\boldsymbol{U}_{\mathrm{L}}^{\mathrm{H}}\boldsymbol{a}(\theta_0)\\\boldsymbol{a}^{\mathrm{H}}(\theta_0)\boldsymbol{U}_{\mathrm{L}}\boldsymbol{\varLambda}_{\mathrm{L}} & \boldsymbol{a}^{\mathrm{H}}(\theta_0)(\boldsymbol{U}_{\mathrm{L}}\boldsymbol{\varLambda}_{\mathrm{L}}\boldsymbol{U}_{\mathrm{L}}^{\mathrm{H}}+\boldsymbol{U}_{\mathrm{n}}\boldsymbol{\varLambda}_{\mathrm{n}}\boldsymbol{U}_{\mathrm{n}}^{\mathrm{H}})\boldsymbol{a}(\theta_0)\end{bmatrix}\end{aligned} \tag{4.53}$$

其中，$\boldsymbol{\varLambda}_{\mathrm{n}}=\sigma^2\boldsymbol{I}$。由分块矩阵求逆引理可得

$$\begin{aligned}&(\boldsymbol{T}^{\mathrm{H}}\boldsymbol{R}_x\boldsymbol{T})^{-1}\\&=\begin{bmatrix}\boldsymbol{\varLambda}_{\mathrm{L}}^{-1}+\boldsymbol{U}_{\mathrm{L}}^{\mathrm{H}}\boldsymbol{a}(\theta_0)(\boldsymbol{a}^{\mathrm{H}}(\theta_0)\boldsymbol{U}_{\mathrm{n}}\boldsymbol{\varLambda}_{\mathrm{n}}\boldsymbol{U}_{\mathrm{n}}^{\mathrm{H}}\boldsymbol{a}(\theta_0))^{-1}\boldsymbol{a}^{\mathrm{H}}(\theta_0)\boldsymbol{U}_{\mathrm{L}} & -\boldsymbol{U}_{\mathrm{L}}^{\mathrm{H}}\boldsymbol{a}(\theta_0)(\boldsymbol{a}^{\mathrm{H}}(\theta_0)\boldsymbol{U}_{\mathrm{n}}\boldsymbol{\varLambda}_{\mathrm{n}}\boldsymbol{U}_{\mathrm{n}}^{\mathrm{H}}\boldsymbol{a}(\theta_0))^{-1}\\-(\boldsymbol{a}^{\mathrm{H}}(\theta_0)\boldsymbol{U}_{\mathrm{n}}\boldsymbol{\varLambda}_{\mathrm{n}}\boldsymbol{U}_{\mathrm{n}}^{\mathrm{H}}\boldsymbol{a}(\theta_0))^{-1}\boldsymbol{a}^{\mathrm{H}}(\theta_0)\boldsymbol{U}_{\mathrm{L}} & (\boldsymbol{a}^{\mathrm{H}}(\theta_0)\boldsymbol{U}_{\mathrm{n}}\boldsymbol{\varLambda}_{\mathrm{n}}\boldsymbol{U}_{\mathrm{n}}^{\mathrm{H}}\boldsymbol{a}(\theta_0))^{-1}\end{bmatrix}\end{aligned} \tag{4.54}$$

式（4.54）代入式（4.52）可得此时的输出 SINR 为

$$\begin{aligned}\mu&=\boldsymbol{a}^{\mathrm{H}}(\theta_0)\boldsymbol{T}(\boldsymbol{T}^{\mathrm{H}}\boldsymbol{R}_x\boldsymbol{T})^{-1}\boldsymbol{T}^{\mathrm{H}}\boldsymbol{a}(\theta_0)\\&=\boldsymbol{a}^{\mathrm{H}}(\theta_0)\boldsymbol{U}_{\mathrm{L}}\boldsymbol{\varLambda}_{\mathrm{L}}^{-1}\boldsymbol{U}_{\mathrm{L}}^{\mathrm{H}}\boldsymbol{a}(\theta_0)+\frac{(\boldsymbol{a}^{\mathrm{H}}(\theta_0)\boldsymbol{a}(\theta_0)-\boldsymbol{a}^{\mathrm{H}}(\theta_0)\boldsymbol{U}_{\mathrm{L}}\boldsymbol{U}_{\mathrm{L}}^{\mathrm{H}}\boldsymbol{a}(\theta_0))^2}{\sigma^2\boldsymbol{a}^{\mathrm{H}}(\theta_0)\boldsymbol{U}_{\mathrm{n}}\boldsymbol{U}_{\mathrm{n}}^{\mathrm{H}}\boldsymbol{a}(\theta_0)}\\&=\boldsymbol{a}^{\mathrm{H}}(\theta_0)\boldsymbol{U}_{\mathrm{L}}\boldsymbol{\varLambda}_{\mathrm{L}}^{-1}\boldsymbol{U}_{\mathrm{L}}^{\mathrm{H}}\boldsymbol{a}(\theta_0)+\frac{1}{\sigma^2}\boldsymbol{a}^{\mathrm{H}}(\theta_0)\boldsymbol{U}_{\mathrm{n}}\boldsymbol{U}_{\mathrm{n}}^{\mathrm{H}}\boldsymbol{a}(\theta_0)\\&=\boldsymbol{a}^{\mathrm{H}}(\theta_0)\boldsymbol{R}_x^{-1}\boldsymbol{a}(\theta_0)\end{aligned} \tag{4.55}$$

可见，当降秩变换矩阵取为$\boldsymbol{T}=[\boldsymbol{U}_{\mathrm{L}}\ \ \boldsymbol{a}(\theta_0)]$时，$\mu=\mu_{\mathrm{full}}$，即在协方差矩阵已知的情况下，$\boldsymbol{T}=[\boldsymbol{U}_{\mathrm{L}}\ \ \boldsymbol{a}(\theta_0)]$时降秩 MVB 具有和满秩 MVB 相同的输出 SINR 性能。

2. 基于 MVB 的快速降秩自适应波束形成算法

在实际应用中，阵列信号相关矩阵是通过有限的K次快拍数据估计得到的，即

$$\hat{\boldsymbol{R}}_x \approx \frac{1}{K}\sum_{t=1}^{K}\boldsymbol{x}(t)\boldsymbol{x}^{\mathrm{H}}(t) \tag{4.56}$$

式中，∧为对变量的估计；K为快拍数。William 证明了由于快拍数有限，噪声空间会出现大的扰动，但协方差的主分量部分（信号子空间）对快拍数具有稳健性，较少的快拍数就可以较准确地估计出信号子空间。降秩自适应波束形成算法在降秩的同时充分利用了协方差的主分量部分的统计稳定性，大大降低了由有限快拍数带来的性能波动。不同的降秩算法有不同的降秩变换矩阵$\boldsymbol{T}$。在主分量抑制（PCI）算法中，通过把期望信号导向矢量向与干扰子空间正交的子空间投影来抑制干扰，权重系数向量$\boldsymbol{w}=(\boldsymbol{I}_N-\tilde{\boldsymbol{U}}_{\mathrm{L}}\tilde{\boldsymbol{U}}_{\mathrm{L}}^{\mathrm{H}})\boldsymbol{a}(\theta_0)$，其中$\widetilde{\boldsymbol{U}}_{\mathrm{L}}$为$\hat{\boldsymbol{R}}_x$的干扰子空间。此时，等效为取降秩变换矩阵$\boldsymbol{T}=\widetilde{\boldsymbol{U}}_{\mathrm{n}}$（$\widetilde{\boldsymbol{U}}_{\mathrm{n}}$为$\hat{\boldsymbol{R}}_x$的噪声子空间)。PCI 算法等效于空间对消法。D.F.Marshall 考虑到当期望信号导向矢量处于噪声子空间时，如果直接用$\hat{\boldsymbol{R}}_x$的主分量来构造降秩变换矩阵，会带来性能的损失，从而把降秩变换矩阵取为$\boldsymbol{T}=[\tilde{\boldsymbol{U}}_{\mathrm{L}}\ \ \boldsymbol{a}(\theta_0)]$来避免性能的损失，这里把这种方法称为 PC-MVB。S.D.Berger 从使阵列输出信干噪比最大的角度出发，提出了基于 MV 的交叉谱法，这里称其为 CSM-MVB。该方法选择交叉谱最大的M个特征向量来构造降秩变换矩阵。在维数一定的前提下，保证阵列输出信干噪比最大。但这种方法每次选择都要遍历整个信号子空间，给包含大型阵列的雷达实现实时波束形成处理带来了困难。以上这些方法都需要通过特征值分解来获取降秩变换矩阵，而特征值分解会带来新的运算量，大大限制了算法的工程实现。

上面已经证明了在协方差矩阵已知的情况下，当降秩变换矩阵取为$\boldsymbol{T}=[\boldsymbol{U}_{\mathrm{L}}\ \ \boldsymbol{a}(\theta_0)]$时，降秩 MVB 具有和满秩 MVB 相同的输出 SINR 性能。在实际应用中，协方差矩阵未知，在通常情况下，通过有限次的快拍数估计得到。在这里，降秩变换矩阵取为$\boldsymbol{T}=[\hat{\boldsymbol{U}}_{\mathrm{L}}\ \ \boldsymbol{a}(\theta_0)]$，其中$\hat{\boldsymbol{U}}_{\mathrm{L}}$为估计干扰子空间，同时为了避免由特征值分解带来的大运算量，利用快速方法来估计干扰子空间。

当快拍数据$\boldsymbol{x}(t)$中只包含干扰信号时，有

$$\boldsymbol{x}(t)=\sum_{i=1}^{M}b_i(t)\boldsymbol{a}(\theta_i)=\boldsymbol{A}\boldsymbol{b}(t) \tag{4.57}$$

式中，$\boldsymbol{a}(\theta_i)=[1,\mathrm{e}^{\mathrm{j}\pi\sin\theta_i},\cdots,\mathrm{e}^{\mathrm{j}\pi(N-1)\sin\theta_i}]^{\mathrm{T}}$，$i$=1,2,⋯,$M$ 为来波方向为θ_i的干扰信号导向矢量；$\boldsymbol{A}=[\boldsymbol{a}(\theta_1),\boldsymbol{a}(\theta_2),\cdots,\boldsymbol{a}(\theta_M)]$；$\boldsymbol{b}(t)=[b_1(t),b_2(t),\cdots,b_M(t)]^{\mathrm{T}}$为干扰信号复包络矢量。由$M$个快拍数组成的矩阵$\boldsymbol{X}=[\boldsymbol{x}(t_1),\boldsymbol{x}(t_2),\cdots,\boldsymbol{x}(t_M)]=\boldsymbol{A}\boldsymbol{B}_b$，其中$\boldsymbol{B}_b=[\boldsymbol{b}(t_1),\boldsymbol{b}(t_2),\cdots,\boldsymbol{b}(t_M)]$，$\boldsymbol{b}(t_1)$，$\boldsymbol{b}(t_2)$，⋯，$\boldsymbol{b}(t_M)$线性不相关，$\mathrm{rank}\{\boldsymbol{B}_b\}=M$。此时，$\boldsymbol{X}=[\boldsymbol{x}(t_1),\boldsymbol{x}(t_2),\cdots,\boldsymbol{x}(t_M)]$与$\boldsymbol{A}=[\boldsymbol{a}(\theta_1),\boldsymbol{a}(\theta_2),\cdots,\boldsymbol{a}(\theta_M)]$列向量组成的子空间（干扰子空间）相同，即$\mathrm{span}\{\boldsymbol{x}(t_1),\boldsymbol{x}(t_2),\cdots,\boldsymbol{x}(t_M)\}=\mathrm{span}\{\boldsymbol{a}(\theta_1),\cdots,\boldsymbol{a}(\theta_M)\}$。在通常情况下，接收的快拍数据中含有噪声，当干噪比较大时，$\boldsymbol{X}$的列向量与$\boldsymbol{A}$的列向量组成的空间（干扰子空间）仍可以近似为相同。在 HTP 算法中，用$\boldsymbol{X}_L=[\boldsymbol{x}(t_1),\cdots,\boldsymbol{x}(t_L)]$来估计干扰子空间，$L$ 为用来估计干扰子空间的快拍数，权重系数向量通过正交投影得到$\boldsymbol{w}=(\boldsymbol{I}-\boldsymbol{X}_L(\boldsymbol{X}_L^{\mathrm{H}}\boldsymbol{X}_L)^{-1}\boldsymbol{X}_L^{\mathrm{H}})\boldsymbol{a}(\theta_0)$。在 FRRMVB 算法中，借鉴 HTP 中快速估计干扰子空间的方法，利用$\boldsymbol{X}_L=[\boldsymbol{x}(t_1),\cdots,\boldsymbol{x}(t_L)]$来快速估计干扰子空间，从而获得降秩变换矩阵为

$$\boldsymbol{T}=[\boldsymbol{X}_L\ \boldsymbol{a}(\theta_0)] \tag{4.58}$$

基于 MVB 的快速降秩波束形成算法步骤可以概述为如下。

（1）在雷达间歇期，对接收数据采样，构造矩阵 $\boldsymbol{X}_L$，再由式（4.58）估计降秩变换矩阵 $\boldsymbol{T}$。

（2）由 $\boldsymbol{z}(t)=\boldsymbol{T}^H\boldsymbol{x}(t)$ 获得降秩后快拍数据。

（3）由 $\hat{\boldsymbol{R}}_{zz}\approx\frac{1}{K}\sum_{t=1}^{K}\boldsymbol{z}(t)\boldsymbol{z}^{\mathrm{H}}(t)$ 估计 $\boldsymbol{R}_{zz}$。

（4）由 $\boldsymbol{C}_r=\boldsymbol{T}^{\mathrm{H}}\boldsymbol{a}(\theta_0)$ 计算降秩后导向矢量。

（5）由下式得到最优权重系数向量（其中 k 为标量）。

$$\boldsymbol{w}_{\mathrm{RRMVB}}=k\boldsymbol{T}\hat{\boldsymbol{R}}_{zz}^{-1}\boldsymbol{C}_r \tag{4.59}$$

下面分析算法的复数乘法运算量（Complex Multiplication，CM）。假设阵元个数为 N，用来估计干扰子空间的快拍数为 L。步骤（1）中构造降秩变换矩阵不需要复数乘法运算。步骤（2）中用来计算 $\boldsymbol{z}(t)$的复数乘法运算量为 $N(L+1)$。步骤（3）需要 $K(L+1)^2+1$ 次复乘来获得 $\boldsymbol{R}_{zz}$，其中 K 为用来估计协方差 $\boldsymbol{R}_{zz}$ 的快拍数。步骤（4）中计算 $\boldsymbol{C}_r$ 需要 $N(L+1)$次复乘。步骤（5），由式（4.59）计算 FRRMVB 的最优权重系数向量需要 $O((L+1)^3)+N(L+1)+(L+1)^2$ 次复乘。

FRRMVB 总共需要的复数乘法运算量为

$$\mathrm{CM}_{\mathrm{FRRMVB}}=O((L+1)^3)+(K+1)(L+1)^2+3N(L+1)+1 \tag{4.60}$$

而传统的基于特征值分解的降秩最小方差波束形成器的运算量为 $O(N^3)$。通过后面的实验仿真证实，当 L 等于干扰个数时，即 $L_{\mathrm{opt}}=M$，FRRMVB 波束形成性能最优。在实际工程应用中，对于大阵列系统，干扰的个数通常大大小于阵元的个数，即 $L+1$ 远小于 N。可见，与传统的降秩 MVB 相比，FRRMVB 具有很大的运算量优势。

HTP 被认为是一种具有高计算效率的算法。接下来对 FRRMVB 与 HTP 算法运算量进行比较。HTP 算法中最优权重系数向量 $\boldsymbol{w}=(\boldsymbol{I}-\boldsymbol{X}(\boldsymbol{X}^{\mathrm{H}}\boldsymbol{X})^{-1}\boldsymbol{X}^{\mathrm{H}})\boldsymbol{a}(\theta_0)$，算法总的运算量为 $\mathrm{CM}_{\mathrm{HTP}}=O(L^3)+2L^2N+(L+1)N^2$。由于 $O(L^2)<O(L^3)<O(L^4)$，可得 $\mathrm{CM}_{\mathrm{FRRMVB}}$ 小于 $\mathrm{CM}_1=(L+1)^4+(K+1)(L+1)^2+3N\times(L+1)$，而 $\mathrm{CM}_{\mathrm{HTP}}$ 大于 $\mathrm{CM}_2=L^2+2L^2N+3(L+1)N^2$。

图 4.8 所示为 FRRMVB 和 HTP 运算量比较图。其中 N=64，并且取 $\mathrm{CM}_{\mathrm{FRRMVB}}=\mathrm{CM}_1$，$\mathrm{CM}_{\mathrm{HTP}}=\mathrm{CM}_2$，$K=3(L+1)$。从图 4.8 中可以看出，当 $L<16$ 时，FRRMVB 具有比 HTP 更低的运算量。由于 $\mathrm{CM}_{\mathrm{FRRMVB}}<\mathrm{CM}_1$，$\mathrm{CM}_{\mathrm{HTP}}>\mathrm{CM}_2$，并且在实际应用中 L 的值通常小于 16，可见 FRRMVB 比 HTP 具有更低的运算量。N 与 L 的差距越大，FRRMVB 的运算量优势越明显。

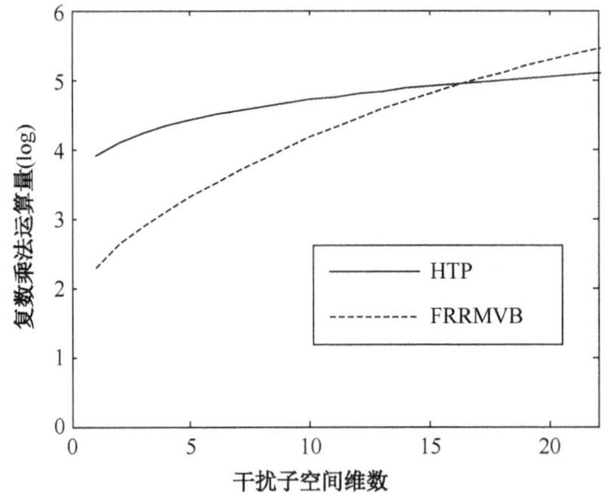

图 4.8 FRRMVB 和 HTP 运算量比较图

3. 算法性能分析

雷达接收机的检测概率是衡量雷达性能指标最重要的参数之一。采用波束形成算法后，波束形成算法对雷达检测概率的影响可以用条件信噪比损失（Conditioned Signal to Noise Ratio，CSNR）表示。CSNR 代表算法的 SINR 损失，定义为由算法计算得到的输出 SINR 与理想输出 SINR 的比值，即

$$\begin{aligned}\rho &= \frac{\mathrm{SINR_{eff}}}{\mathrm{SINR_{opt}}} \\ &= \frac{\sigma_s^2 \,|\boldsymbol{w}^{\mathrm{H}}\boldsymbol{a}(\theta_0)|^2 / \boldsymbol{w}^{\mathrm{H}}\boldsymbol{R}_x\boldsymbol{w}}{\sigma_s^2 \boldsymbol{a}(\theta_0)^{\mathrm{H}}\boldsymbol{R}_x^{-1}\boldsymbol{a}(\theta_0)} \\ &= \frac{|\boldsymbol{w}^{\mathrm{H}}\boldsymbol{a}(\theta_0)|^2}{\boldsymbol{w}^{\mathrm{H}}\boldsymbol{R}_x\boldsymbol{w}} \frac{1}{\boldsymbol{a}(\theta_0)^{\mathrm{H}}\boldsymbol{R}_x^{-1}\boldsymbol{a}(\theta_0)}\end{aligned} \tag{4.61}$$

式中，σ_s^2 为期望信号的功率。SMI 算法由有限的快拍数估计协方差矩阵，快拍数的有限带来了 SINR 损失。

$$\rho = \frac{K+2-N}{K+1} \tag{4.62}$$

式中，K 为估计协方差所用到的快拍数；N 为阵元个数。HTP 为正交投影算法，采用快速方法来估计干扰子空间，然后利用导向矢量向与干扰子空间正交的空间投影来获得最优权重系数向量。HTP 等效为基于 MV 的空间对消器。它的输出 CSNR 由两部分组成：一部分为空间对消器由于快拍数有限带来的 SINR 损失，即

$$\rho = \frac{L-M+1}{L+1} \tag{4.63}$$

另一部分由 $\boldsymbol{X}$ 中噪声分量带来，近似为

$$\rho = \frac{N-L}{N-M} \tag{4.64}$$

当 L 大于干扰个数时，估计的干扰子空间中存在噪声空间，使得投影算法的性能下降，L 与干扰空间维数误差越大，这部分的 SINR 损失越大。HTP 算法总的 SINR 的损失为

$$\rho = \frac{L-M+1}{L+1}\frac{N-L}{N-M} \tag{4.65}$$

式中，L 为 HTP 算法中用来构造干扰子空间的快拍数；M 为干扰的个数。HTP 的最优快拍数取值为 $L_{\mathrm{opt}} = \sqrt{M(N+1)} - 1$。

图 4.7 中的降秩 MVB (RRMVB)是由降秩变换和降秩后 MVB 两部分组成的。RRMVB 的 SINR 损失由有限快拍数及降秩共同产生，即

$$\rho = \rho_r \rho_b \tag{4.66}$$

$$\rho_r = \frac{(\boldsymbol{C}^{\mathrm{H}}\hat{\boldsymbol{R}}_{zz}^{-1}\boldsymbol{C})^2}{\boldsymbol{C}^{\mathrm{H}}\hat{\boldsymbol{R}}_{zz}^{-1}\boldsymbol{R}_{zz}\hat{\boldsymbol{R}}_{zz}^{-1}\boldsymbol{C}} \frac{1}{\boldsymbol{C}^{\mathrm{H}}\boldsymbol{R}_{zz}^{-1}\boldsymbol{C}} \tag{4.67}$$

$$\rho_b = \frac{\boldsymbol{C}^{\mathrm{H}}\boldsymbol{R}_{zz}^{-1}\boldsymbol{C}}{\boldsymbol{a}(\theta_0)^{\mathrm{H}}\boldsymbol{R}_x^{-1}\boldsymbol{a}(\theta_0)} \tag{4.68}$$

式中，ρ_r 为由有限快拍数产生的 SINR 损失；ρ_b 为降秩所带来的 SINR 损失。降秩后的 MVB 由式（4.59）获得最优权重系数向量，等效于 SMI，所以可得

$$\rho_r = \frac{K+2-r}{K+1} \tag{4.69}$$

与SMI不同的是，式（4.62）中的N变为降秩后的自适应维数r。在式（4.69）中，ρ_b为降秩所带来的SINR损失。通过统计仿真实验来分析FRRMVB的CSNR性能。

4．仿真实验

在本仿真实验中，假设阵列为含20个阵元的等距线阵，阵元天线方向图各向同性，忽略阵元间的耦合，阵元间距为半波长。来自不同方向的远场窄带信号互不相关，而且信号与加性噪声也不相关。假设期望信号来自0°方位，信噪比为0dB，3个干扰信号来自55°、−20°和−45°方位。可以利用的快拍数为K=50，实验结果通过2000次Monte Carlo实验平均得到。

图4.9所示为RRMVB输出CSNR随降秩变换矩阵维数变化曲线。对于FRRMVB，降秩变换矩阵维数即为L+1。本次仿真中干扰噪声比INR = 40dB。图中加号线为全自适应SMI（Full SMI）输出CSNR曲线。从图4.9中可以看出，FRRMVB具有与PC-MVB类似的输出CSNR性能，两者都在维数为4时，即等于干扰个数加1时达到性能最大值。当降秩变换矩阵维数大于4，且小于阵元个数N=20时，FRRMVB的性能略优于PC-MVB，且两者在降秩变换矩阵维数大于等于4，且小于阵元个数时，输出CSNR性能均优于SMI和CSM-MVB。可见，对于FRRMVB来说，最优快拍数$L_{\text{opt}} = M$，其中M为干扰个数。

对于FRRMVB和PC-MVB，CSNR随INR变化曲线如图4.10所示。取降矩阵维数L=3。图中加号线代表全自适应SMI输出CSNR。从图4.10中可以看出，PC-MVB的CSNR性能不受INR影响。不同INR下具有相同的CSNR性能。当INR≥10dB时，FRRMVB具有与PC-MVB类似的性能；当INR＜15dB时，FRRMVB的输出CSNR性能会略小于PC-MVB的CSNR性能。

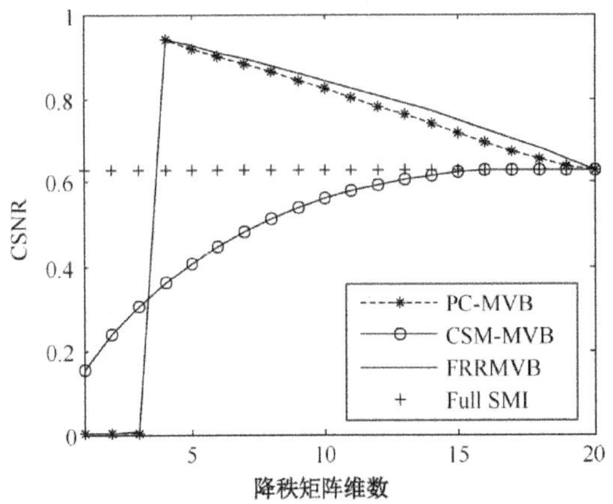

图4.9 RRMVB输出CSNR随降秩变换矩阵维数变化曲线

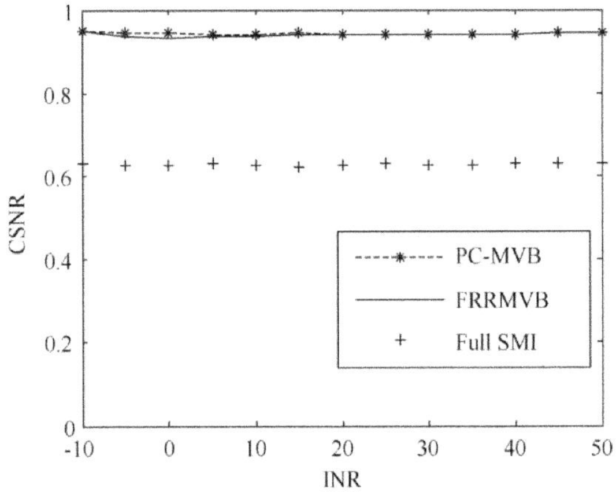

图4.10 CSNR随INR变化曲线

对于不同的方法，CSNR随快拍数变化曲线如图4.11所示。在本仿真实验中，取降秩变换矩阵的维数为3，INR=20dB。从图4.11中可以看出，FRRMVB和PC-MVB具有类似的性能，两者在小快拍数下的CSNR性能均优于CSM-MVB及JOINT-LCMV-NLMS。

对于FRRMVB和HTP算法，CSNR随L（估计干扰子空间快拍数）变化曲线如图4.12所示。图中加号线为全自适应SMI算法输出CSNR曲线。本实验中取INR=20dB。圆圈线和星号线分别为由式（4.61）和式（4.66）得到的HTP输出CSNR曲线，可以看出，两者具有很好的一致性。由图4.12可知，FRRMVB算法具有比HTP算法更好的输出CSNR性能。当L在2～20内取值时，FRRMVB输出CSNR均大于HTP输出CSNR。FRRMVB在L=3，即L等于干扰个数时达到最大值，再次证明了最优快拍数$L_{\text{opt}}=M$；HTP在L=7时达到最大值，即$L_{\text{opt}}=\sqrt{M(N+1)}-1\approx 7$。

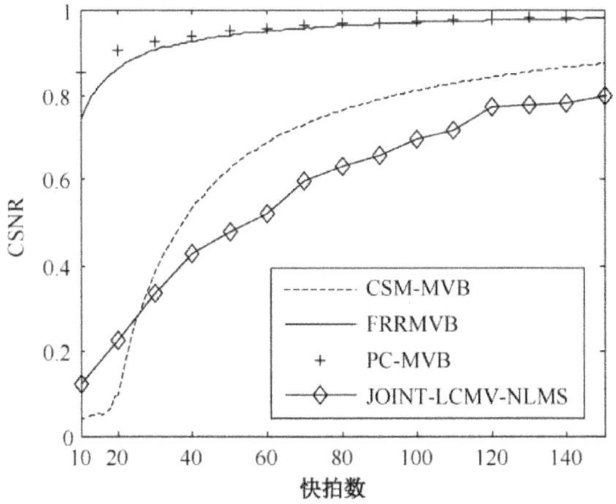

图 4.11　CSNR 随快拍数变化曲线

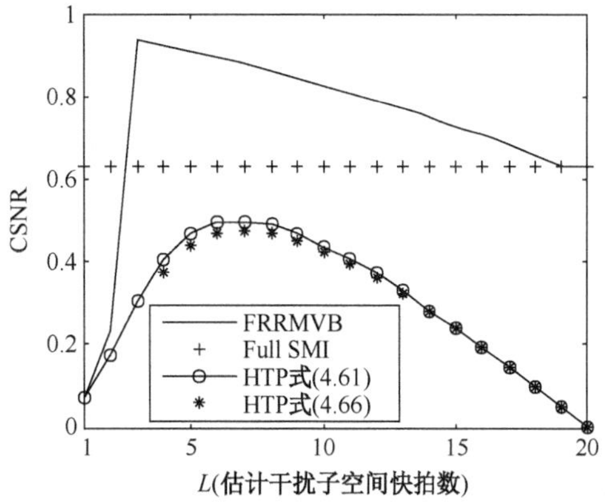

图 4.12　CSNR 随 L（估计干扰子空间快拍数）变化曲线

4.2.4　基于 GSC 的快速降秩自适应波束形成算法

4.2.3 节阐述的 FRRMVB 算法适用于存在间歇期的雷达系统，用来估计干扰子空间的快拍数据中不能含有期望信号。对于连续波体制雷达，接收信号中一直含有期望信号。针对连续波体制雷达，本节设计了一种基于广义旁瓣相消器（GSC）的快速降秩波束形成（FRRGSC）算法。FRRGSC 算法借鉴 HTP 算法中的快速估计干扰子空间的思想，结合 GSC 结构的特点，直接利用 GSC 下支路的中间快拍数据来构造降秩变换矩阵，并在此基础上对快速估计干扰空间的方法进行了改进，利用所有可以利用的快拍数来构造降秩变换矩阵，只增加了少量的运算量，可使得快速降秩波束形成算法具有很好的稳健性。传统的基于 GSC 的降秩算法构造降秩变换矩阵需要的运算量为 $O((N-1)^3)$，其中 $N-1$ 为降秩后自适应自由度，而 FRRGSC 算法构造降秩变换矩阵只需要一次复数乘法和少量复数加法，所需运算量大大降低，在实际应用中具有更优的实时性，有利于算法的工程实现。仿真实验证明，FRRGSC 算法具有很好的波束形成性能，验证了算法的有效性。

1. 基于 GSC 的降秩自适应波束形成算法

GSC 框架便于把线性约束与自适应滤波及其降秩处理分开，所以在 GSC 框架下可采用降秩变换的方法进行降秩处理。图 4.13 所示为基于 GSC 框架的降秩处理结构。对于接收信号 $\boldsymbol{x}(t)$，其权重系数向量表达式为

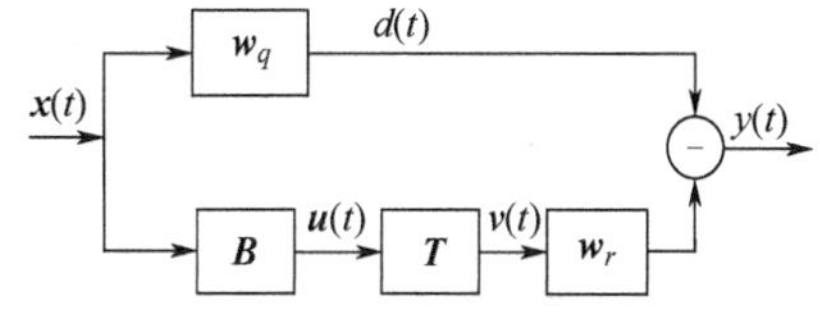

图 4.13　基于 GSC 框架的降秩处理结构

$$\boldsymbol{w}=\boldsymbol{w}_q-\boldsymbol{B}\boldsymbol{T}\boldsymbol{w}_r \tag{4.70}$$

其中，$\boldsymbol{w}_q$ 为静态权重，阵列接收信号 $\boldsymbol{x}(t)$ 经过 $\boldsymbol{w}_q$ 后输出为 $d(t)$。$\boldsymbol{w}_r$ 可以通过不带约束的最小方差求得

$$\min(\boldsymbol{w}_q - \boldsymbol{BTw}_r)^{\mathrm{H}} \boldsymbol{R}_x (\boldsymbol{w}_q - \boldsymbol{BTw}_r) \tag{4.71}$$

$$\boldsymbol{w}_r = (\boldsymbol{T}^{\mathrm{H}} \boldsymbol{R}_u \boldsymbol{T})^{-1} \boldsymbol{T}^{\mathrm{H}} \boldsymbol{r}_{ud} \tag{4.72}$$

式中，$\boldsymbol{B}$ 为 $N\times(N-1)$ 阻塞矩阵，$\boldsymbol{B}^{\mathrm{H}}\boldsymbol{C}=0$，$\boldsymbol{C}=\boldsymbol{a}(\theta_0)$，其中 $\boldsymbol{a}(\theta_0)$为期望信号导向矢量；$\boldsymbol{T}$ 为降秩变换矩阵。接收信号经过阻塞处理和降秩处理后，输出信号分别记为 $\boldsymbol{u}(t)$ 和 $\boldsymbol{v}(t)$。$\boldsymbol{R}_u = \boldsymbol{B}^{\mathrm{H}} \boldsymbol{R}_x \boldsymbol{B}$，$\boldsymbol{r}_{ud} = \boldsymbol{B}^{\mathrm{H}} \boldsymbol{R}_x \boldsymbol{w}_q$，波束形成后输出信号为 $\boldsymbol{y}(t)$。由式（4.70）和式（4.72）可以得

$$\boldsymbol{w} = (\boldsymbol{I}_N - \boldsymbol{BT}(\boldsymbol{T}^{\mathrm{H}} \boldsymbol{B}^{\mathrm{H}} \boldsymbol{R}_x \boldsymbol{BT})^{-1} \boldsymbol{T}^{\mathrm{H}} \boldsymbol{B}^{\mathrm{H}} \boldsymbol{R}_x) \boldsymbol{w}_q \tag{4.73}$$

波束形成器输出最小均方误差（MMSE）为

$$\mathrm{MMSE}=E\{|\boldsymbol{w}^{\mathrm{H}} \boldsymbol{x}(t)|^2\} = \boldsymbol{w}^{\mathrm{H}} \boldsymbol{R}_x \boldsymbol{w} \tag{4.74}$$

另外，波束形成器输出的信号干扰噪声比（SINR）可以表示为

$$\mathrm{SINR} = \frac{P_{\mathrm{s}}}{P_{\mathrm{I}}} = \frac{\boldsymbol{w}^{\mathrm{H}} \boldsymbol{R}_{\mathrm{s}} \boldsymbol{w}}{\boldsymbol{w}^{\mathrm{H}} \boldsymbol{R}_{\mathrm{I}} \boldsymbol{w}} \tag{4.75}$$

$$P_{\mathrm{s}} = \sigma_{\mathrm{s}}^2 \,|\, \boldsymbol{w}^{\mathrm{H}} \boldsymbol{a}(\theta_0) |^2 = \sigma_{\mathrm{s}}^2 \boldsymbol{w}^{\mathrm{H}} \boldsymbol{a}(\theta_0) \boldsymbol{a}^{\mathrm{H}}(\theta_0) \boldsymbol{w} \tag{4.76}$$

$$\boldsymbol{R}_x = \boldsymbol{R}_{\mathrm{s}} + \boldsymbol{R}_{\mathrm{I}} \tag{4.77}$$

式中，$\boldsymbol{R}_{\mathrm{s}}$ 为期望信号协方差矩阵；$\boldsymbol{R}_{\mathrm{I}}$ 为干扰和噪声协方差矩阵；σ_{s}^2 为期望信号功率。

因为 $\boldsymbol{B}^{\mathrm{H}}\boldsymbol{C}=0$，所以 $\boldsymbol{B}^{\mathrm{H}}\boldsymbol{a}(\theta_0)=0$，式（4.76）可变换为

$$P_{\mathrm{s}} = \sigma_{\mathrm{s}}^2 \boldsymbol{w}_q^{\mathrm{H}} \boldsymbol{a}(\theta_0) \boldsymbol{a}(\theta_0)^{\mathrm{H}} \boldsymbol{w}_q \tag{4.78}$$

由式（4.73）、式（4.74）和式（4.76）可得

$$\mathrm{MMSE} = P_{\mathrm{s}} + P_{\mathrm{s}} / \mathrm{SNR} \tag{4.79}$$

因为对于 GSC 来说，P_{s} 是固定的，所以由式（4.79）可知，GSC 结构的 MMSE 和 SINR 是可以相互表示的。在本节的仿真部分通过算法的 SINR 性能来表征算法的波束形成性能。

主分量法 PC-GSC 取 $\boldsymbol{R}_u$ 的 M 个大特征值所对应的特征向量来构造降秩变换矩阵。交叉谱法（CSM-MVB）取 $\boldsymbol{R}_u$ 的特征向量中交叉谱最大的 M 个特征向量构造降秩变换矩阵。主分量法和交叉谱法构造降秩变换矩阵都需要先进行特征值分解，特征值分解会带来新的运算量，大大限制了算法的工程实现。而且交叉谱法还需要遍历整个空间，这也给包含大型阵列的雷达实现实时波束形成带来了困难。

2. 基于 GSC 的快速降秩自适应波束形成算法

如图 4.13 所示，在 GSC 结构下支路中，$\boldsymbol{x}(t)$通过阻塞矩阵后得到 $\boldsymbol{u}(t)$。由于 $\boldsymbol{B}^{\mathrm{H}}\boldsymbol{C}=0$，因此 $\boldsymbol{u}(t)$中仅剩下干扰信号和噪声。

$$\begin{aligned}\boldsymbol{u}(t) &= \boldsymbol{B}^{\mathrm{H}} \boldsymbol{x}(t) \\ &= \sum_{i=1}^{M} s_i(t) \boldsymbol{a}(\theta_i) + N(t)\end{aligned} \tag{4.80}$$

其中，$\boldsymbol{a}(\theta_i) = [1, \mathrm{e}^{\mathrm{j}\pi\sin\theta_i}, \cdots, \mathrm{e}^{\mathrm{j}\pi(N-1)\sin\theta_i}]^{\mathrm{T}}$，$i$=1,2,$\cdots$,$M$ 为来波方向是 θ_i 的干扰信号导向矢量，$\boldsymbol{A} = [\boldsymbol{a}(\theta_1), \boldsymbol{a}(\theta_2), \cdots, \boldsymbol{a}(\theta_M)]$；$\boldsymbol{s}_{\mathrm{i}}(t) = [s_1(t), s_2(t), \cdots, s_M(t)]^{\mathrm{T}}$ 为对应的信号复包络矢量；$\boldsymbol{N}(t)$ 为通道噪声。当 $\boldsymbol{u}(t)$中只包含干扰信号时，M 个快拍数据组成的矩阵为 $\boldsymbol{U} = [\boldsymbol{u}(t_1), \boldsymbol{u}(t_2), \cdots, \boldsymbol{u}(t_M)] = \boldsymbol{AS}_{\mathrm{I}}$，

$\boldsymbol{S}_{\mathrm{I}}=[\boldsymbol{s}(t_1),\boldsymbol{s}(t_2),\cdots,\boldsymbol{s}(t_M)]$，其中 $\boldsymbol{s}(t_1)$，$\boldsymbol{s}(t_2)$，…，$\boldsymbol{s}(t_M)$ 线性不相关，$\mathrm{rank}\{\boldsymbol{S}_{\mathrm{I}}\}=M$。此时，$\boldsymbol{U}$ 的列向量与 $\boldsymbol{A}=[\boldsymbol{a}(\theta_1),\boldsymbol{a}(\theta_2),\cdots,\boldsymbol{a}(\theta_M)]$ 的列向量组成的空间相同，即

$$\mathrm{span}\{\boldsymbol{u}(t_1),\boldsymbol{u}(t_2),\cdots,\boldsymbol{u}(t_M)\}=\mathrm{span}\{\boldsymbol{a}(\theta_1),\cdots,\boldsymbol{a}(\theta_M)\} \tag{4.81}$$

通常情况下接收的快拍数据含有噪声分量，当干扰噪声比（INR）比较大时，$\boldsymbol{U}$ 的列向量与 $\boldsymbol{A}$ 的列向量组成的空间（干扰子空间）仍可以近似相同。

在本节设计的 FRRGSC 算法中，降秩变换矩阵取为干扰子空间。HTP 及 4.2.3 节中设计的 FRRMVB 算法只用 L 个快拍数来估计干扰子空间，算法的稳健性比较差。为提高算法稳健性，FRRGSC 利用所有可得到的 K 个快拍来快速估计降秩变换矩阵。首先，取 $K-L+1$ 个快速估计干扰子空间集：$\boldsymbol{T}_1=[\boldsymbol{u}(t_1),\cdots,\boldsymbol{u}(t_L)]$，$\boldsymbol{T}_2=[\boldsymbol{u}(t_2),\cdots,\boldsymbol{u}(t_{L+1})]$，…，$\boldsymbol{T}_{K-L+1}=[\boldsymbol{u}(t_{K-L+1}),\cdots,\boldsymbol{u}(t_K)]$，然后取平均得到最后的估计干扰子空间即降秩变换矩阵为

$$\boldsymbol{T}=\frac{1}{K-L+1}\sum_{i=1}^{K-L+1}\boldsymbol{T}_i \tag{4.82}$$

式中，L 为构造单次估计干扰子空间 $\boldsymbol{T}_i$ 的快拍数，即 FRRGSC 算法中降秩变换矩阵的维数。式（4.82）主要是加法运算。经过平均处理后，运算量增加不大，但使得算法具有很好的稳健性。

利用传统的方法构造降秩变换矩阵需要的运算量为 $O((N-1)^3)$，而 FRRGSC 算法构造降秩变换矩阵只需要 $(K-L+1)L$ 次复数加法和一次复数乘法，运算量大大地降低，有利于算法的工程实现。

3. 算法性能分析

雷达接收机的检测概率是衡量雷达性能指标最重要的参数之一。采用波束形成算法后，波束形成算法对雷达检测概率的影响可以用条件信噪比损失（CSNR）表示。在 4.2.3 节中对 CSNR 做了简要介绍。对于 FRRGSC 算法来说，$\boldsymbol{T}$ 直接由接收数据 $\boldsymbol{u}(t)$ 决定。由于接收数据的随机特性，因此很难直接得到 FRRGSC 算法的 CSNR 公式，它只能通过统计分析得到。在本节的实验仿真部分，通过实验仿真对 FRRGSC 算法的 CSNR 性能做了统计分析。这里只对 FRRGSC 算法的 CSNR 性能做简要分析。与 HTP 算法不同，FRRGSC 算法的 SINR 的损失主要是由降秩以及利用有限快拍数估计协方差矩阵所带来的。

而 FRRGSC 算法在不考虑自适应维数变大及估计协方差带来的性能变化时，快速估计干扰空间中含有噪声特征向量（当估计干扰个数存在误差时），反而会使得改进后的降秩 GSC 的输出 SINR 大于 $\boldsymbol{T}$ 中不含噪声分量的情况。因为对于降秩 GSC 结构，均方误差式（4.79）可以表示为

$$\mathrm{MMSE}=P_{\mathrm{s}}-\sum_{i=1}^{r}\frac{|\boldsymbol{v}_i^{\mathrm{H}}\boldsymbol{r}_{ud}|^2}{\eta_i} \tag{4.83}$$

式中，$\boldsymbol{v}_i$、η_i 分别为 $\boldsymbol{R}_u$ 对应的特征向量和特征值；$\boldsymbol{r}_{ud}$ 为向量 $\boldsymbol{u}$ 和 $\boldsymbol{d}$ 之间的互相关向量。$\boldsymbol{T}$ 中噪声分量的存在，会使得式（4.83）等式右边的第二部分值变大，也即 MMSE 变小，输出 SINR 变大。可见 $\boldsymbol{T}$ 中存在噪声分量并不会像 HTP 算法中用到的正交化算法一样造成部分期望信号的抑制。对于 FRRGSC 算法来说，SINR 的损失主要是由降秩以及利用快拍数估计协方差矩阵所带来的。后面的实验仿真证实，对于 FRRGSC 算法来说，最优快拍数 $L_{\mathrm{opt}}=M$，其中 M 为干扰个数，FRRGSC 算法具有比 HTP 算法高的输出 CSNR，SINR 损失更小，且 HTP 算法比 FRRGSC 算法对 L 取值更敏感。

4．仿真实验

在本仿真实验中，假设阵列为含 20 个阵元的等距线阵，阵元方向图各向同性，忽略阵元间的耦合，阵元间距为半波长。来自不同方向的远场窄带信号互不相关，而其信号与加性噪声也不相关。假设期望信号来自 0° 方位，信噪比为 0dB，3 个干扰信号来自 55° 、−22° 和−45° 方位，干噪比均为 15dB。可以利用的快拍数为 200，实验结果通过 1000 次蒙特卡洛试验平均得到。

图 4.14 所示为 FRRGSC 算法和 HTP 算法输出 CSNR 随估计干扰子空间快拍数 L 变化曲线。对于 FRRGSC 算法来说，L 为单次估计干扰子空间的快拍数，也是降秩变换矩阵的维数。其中，星号线和虚线分别为 FRRGSC 算法及 HTP 算法在接收数据中不含有期望信号（接收数据中不包含期望信号）情况下（条件 1）CSNR 变化曲线；实线和加号线分别为 FRRGSC 算法及 HTP 算法在接收数据中含有期望信号情况下（条件 2）CSNR 变化曲线。三角形曲线为利用式（4.66）得到的 HTP 在接收数据中不含期望信号情况下 CSNR 变化曲线。三角形曲线与实际仿真得到的 HTP 算法输出 CSNR 曲线（虚线）具有比较好的一致性。从图 4.14 中可以看出，当接收数据含有期望信号时，HTP 算法输出 CSNR 性能很差，HTP 算法只能在接收数据中不含期望信号的情况下工作；而 FRRGSC 算法在接收数据中含有期望信号和不含有期望信号两种情况下的性能均优于 HTP 在接收数据中不含期望信号时的性能。HTP 在 L=7 时达到最大值，$7 \approx L_{\text{opt}} = \sqrt{M(N+1)} - 1$ 与 Zatman M 推导出的近似最优值相同，且当 L 大于 L_{opt} 时，算法随 L 的增大，HTP 的性能急剧下降，当 L 等于阵元数 N=20 时，输出 CSNR=0。而 FRRGSC 在 L=3，即 L 等干扰个数时达到最大值，最优快拍数 $L_{\text{opt}} = M$ ，当 L 在 2～20 内取值时，FRRGSC 算法输出 CSNR 均大于 HTP 算法输出 CSNR。

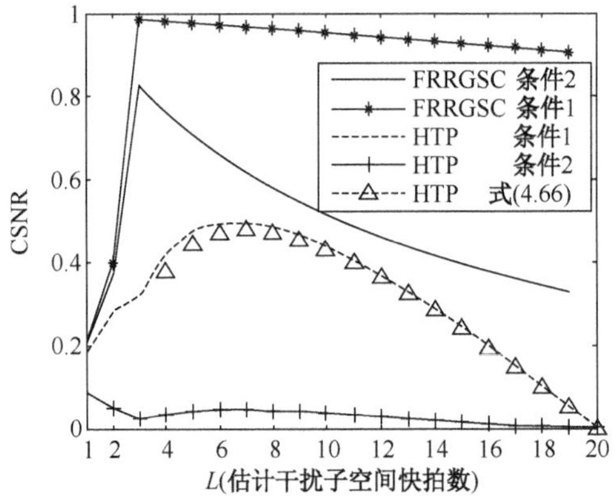

图 4.14　FRRGSC 算法和 HTP 算法输出 CSNR 随估计干扰子空间快拍数 L 变化曲线

注：接收数据不含有期望信号（条件 1）：星号线：FRRGSC；虚线：HTP；三角形曲线：HTP 由式（4.66）得到。接收数据含有期望信号（条件 2）：实线：FRRGSC；加号线：HTP。

对于不同算法在接收数据中含有期望信号的情况下，FRRGSC、PC-GSC 及 CSM-GSC 输出 CSNR 随降秩变换矩阵维数变化曲线如图 4.15 所示。对于 FRRGSC 来说，降秩变换矩阵的维数即单次估计干扰子空间的快拍数 L。从图 4.15 中可以看出，本节的 FRRGSC 算法的性能与 PC-GSC 算法的性能类似。当估计降秩变换矩阵维数小于实际的干扰个数时，传统的 CSM-GSC 算法的性能优于 PC-GSC 算法及 FRRGSC 算法降秩方法；而当降秩变换矩阵维数大于实际干扰的个数时，传统 CSM-GSC 算法输出 CSR 性能比 PC-GSC 算法及 FRRGSC 算法差；且当降秩变换矩阵的维数等于实际干扰个数时，三者输出 CSNR 都达到最大值，且此时 CSM-GSC 算法输出 CSNR 略小于 PC-GSC 算法及 FRRGSC 算法的输出 CSNR。

在本仿真实验中，取降秩变换矩阵的维数为 3。其他的实验仿真条件同上一实验中图 4.14。图 4.16 所示为 FRRGSC、CSM-GSC、PC-GSC 及 JOINT-LCMV-NLMS 输出 CSNR 随快拍数变化情况。从图 4.16 中可以看出，FRRGSC 算法和 PC-GSC 算法具有类似的性能，两者在小快拍数下的输出 CSNR 性能均优于 CSM-GSC 算法及 R.Fa 等人设计的联合迭代优化算法(JOINT-LCMV-NLMS)。在 K=200 时，CSM-GSC 算法输出 CSNR 小于 FRRGSC 算法及 PC-GSC 算法输出 CSNR，与图 4.14 中结果一致。

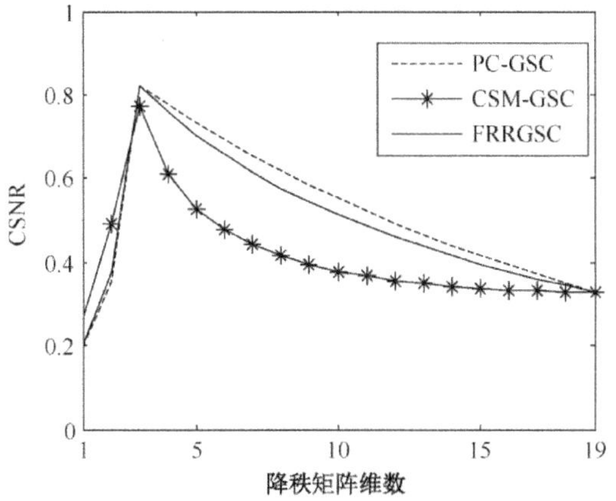

图 4.15　FRRGSC、PC-GSC 及 CSM-GSC 输出 CSNR 随降秩变换矩阵维数变化曲线

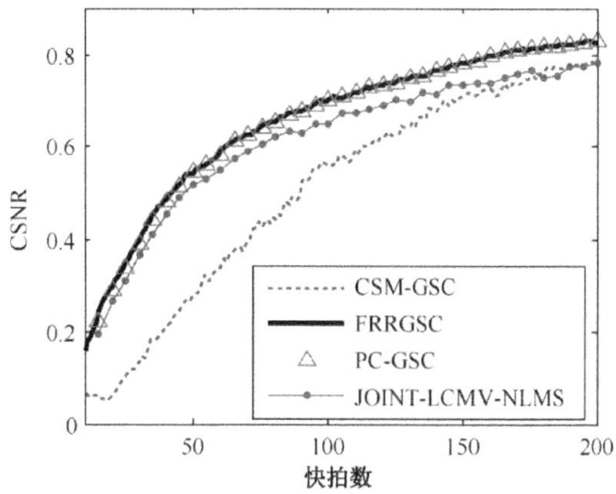

图 4.16　FRRGSC、CSM-GSC、PC-GSC 及 JOINT-LCMV-NLMS 输出 CSNR 随快拍数变化情况

在本实验仿真中，假设阵列为含 10 个阵元的等距线阵，忽略阵元间的耦合，阵元间距为半波长。来自不同方向的远场窄带信号互不相关，而其信号与加性噪声也不相关。假设期望信号来自 30° 方位，信噪比为 0dB，两个干扰信号分别来自 55° 和−22° 方位，干噪比均为 30dB。可以利用的快拍数为 50。图 4.17 所示为阵列方向图（稳健性改进前快速方法），图 4.18 所示为阵列方向图(稳健性改进后快速方法)。从图 4.17 和图 4.18 可以看出，改进后的 FRRGSC 快速降秩算法在增加了少量的复数加法运算和一次复数乘法运算后，具有更好的稳健性。

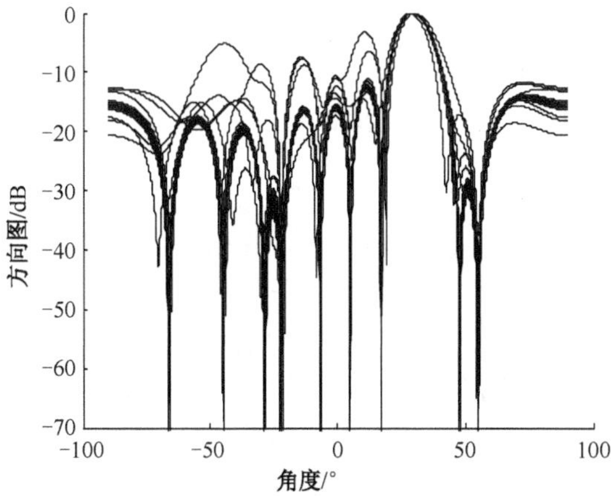

图 4.17　阵列方向图（稳健性改进前快速方法）

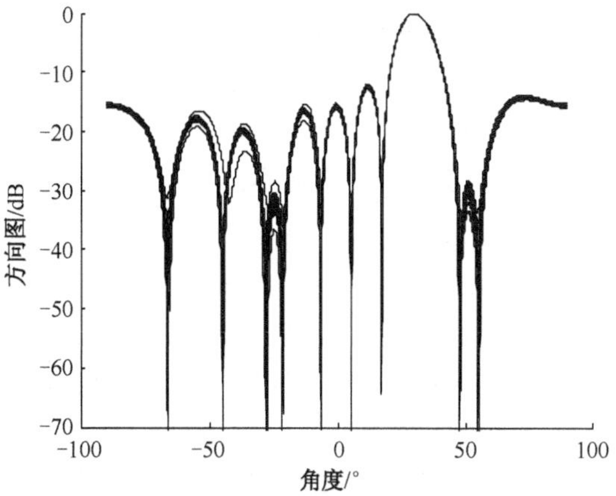

图 4.18　阵列方向图（稳健性改进后快速方法）

4.3 大阵列天线数字波束形成的并行自适应处理技术

除了采用部分自适应和快速自适应技术，将自适应波束形成算法并行化处理也是提高自适应波束形成实时性的有效技术路径。相较于部分自适应处理技术，采用并行化处理技术的阵列天线不会损失自由度，可对抗多种干扰。本节将分别讨论基于 Systolic 结构的自适应波束形成并行处理技术和分块并行结构的自适应波束形成并行处理技术。

4.3.1 脉动并行自适应处理技术

基于 QR 分解的方法数值稳定性好，易于映射到脉动阵进行并行快速实时处理。可以不必求出自适应权而直接得到合成波束，运算量比均方域算法虽然大很多，但具有高度并行性，可以采用脉动阵、波前阵实现，这种以运算冗余度增加来换取并行度增加的方法常常可以满足实时处理对数据吞吐率的要求。

K. Teitelbaum 在其关于林肯实验室 RST 雷达的论文中提出了直接对数据矩阵进行处理的 QR 分解 SMI（QR-SMI）算法。罗旭明在其论文中给出了 QR-SMI 算法及其脉动阵实现的过程。后来有人提出了近似 QR 分解（A-QR-LS）算法，可以得到比 QR-LS 更低的运算复杂度和较 QR-LMS 更快的收敛速度。但脉动阵算法在实现上存在以下的困难：结构缺乏通用性和可重构性，专用设计成本太高。

4.3.2 分块并行自适应处理技术

分块并行自适应处理技术可以在通用的分布式处理平台上实现，且性能与一个全自适应阵列的算法是相同的。分块并行类算法并没有在物理级（硬件结构）上对阵列进行子阵划分，没有减少阵列的自适应自由度。它只是在波束形成时对阵列接收的采样数据采用子阵划分，即把阵列接收数据按子阵划分的形式分成若干子矢量块数据。阵元的原始采样数据在子分块级处理，并且子分块中和子分块间均采用自适应处理，每个子分块数据处理时又利用了整个阵列迭代处理的结果，从而在阵列自由度不变的前提下达到与未采用分块处理时相同的波束性能。分块并行处理技术克服了脉动阵算法通用性和可重构性差的问题。本节将主要介绍分块并行递归最小二乘算法（ERLS）、异步分块并行递归最小二乘算法（SARLS）、分块并行的线性约束最小方差算法（SLCMV）、分块并行的稳健递归线性约束最小方差算法（PRRLCMV）以及单脉冲测角系统的分块并行的线性约束最小方差算法（PLCMV）。

1. 分块并行递归最小二乘算法（ERLS）

分块并行递归最小二乘算法（ERLS）是分块并行的波束形成算法，阵列接收数据在算法中被划分为若干子矢量块，相应的阵列权重系数向量同样被划分为若干子权重系数向量块。每个阵列接收数据子矢量块被分配在单独的子权重系数向量运算模块中进行处理。每个子权重系数向量运算模块进行自适应波束形成处理时，需要接收其他运算模块的中间数据以及整个阵列的中间数据。不同于传统的子阵处理技术，ERLS 算法并没有在物理上对天线阵列进行子阵划分，不会影响阵列的自由度，最小子权矢量的维数（接收数据最小子矢量块包含的阵元数）可以小于干扰的个数。但是 ERLS 算法的波束形成性能受分块形式的影响，而且当最大子权矢量的维数比较大时，ERLS 算法的运算量比传统的 RLS 算法要大。

对于 N 阵元自适应波束形成的优化函数

$$
\begin{aligned}
&\min\ E[|y(t)|^2]=\min\left(\boldsymbol{w}^{\mathrm{H}}\boldsymbol{R}_x\boldsymbol{w}\right)\\
&\text{s.t. } \boldsymbol{C}^{\mathrm{H}}\boldsymbol{w}=\boldsymbol{f}
\end{aligned}
\tag{4.84}
$$

基于 GSC 结构的阵列波束形成给出的阵列权值向量 $\boldsymbol{w}$ 为

$$
\boldsymbol{w}=\boldsymbol{w}_q-\boldsymbol{B}\boldsymbol{w}_a \tag{4.85}
$$

其中，$N\times 1$ 维的静态权值向量 $\boldsymbol{w}_q=\boldsymbol{C}(\boldsymbol{C}^{\mathrm{H}}\boldsymbol{C})^{-1}\boldsymbol{f}$，$N\times L$ 维的信号阻塞矩阵 $\boldsymbol{B}$ 需要满足 $\boldsymbol{B}^{\mathrm{H}}\boldsymbol{C}=0$。

选择自适应权重系数向量 $\boldsymbol{w}_a$，使阵列输出功率最小，即

$$
\min\ (\boldsymbol{w}_q-\boldsymbol{B}\boldsymbol{w}_a)^{\mathrm{H}}\boldsymbol{R}_x(\boldsymbol{w}_q-\boldsymbol{B}\boldsymbol{w}_a) \tag{4.86}
$$

最优解为

$$
\boldsymbol{w}_{ao}=\boldsymbol{R}_u^{-1}\boldsymbol{P} \tag{4.87}
$$

其中，$\boldsymbol{R}_u=\boldsymbol{B}^{\mathrm{H}}\boldsymbol{R}_x\boldsymbol{B}$，$\boldsymbol{P}=\boldsymbol{B}^{\mathrm{H}}\boldsymbol{R}_x\boldsymbol{w}_q$。

令接收信号向量 $\boldsymbol{x}(t)$ 经过 $N\times(N-L)$ 维的信号阻塞矩阵 $\boldsymbol{B}$ 后得到的 $(N-L)\times 1$ 维数据向量记为 $\boldsymbol{u}(t)=\boldsymbol{B}^{\mathrm{H}}\boldsymbol{x}(t)$，将 $(N-L)\times 1$ 维的 $\boldsymbol{u}(t)$ 进一步划分为 M 个块 $\boldsymbol{u}(t)=[\boldsymbol{u}_1^{\mathrm{T}}(t)\ \boldsymbol{u}_2^{\mathrm{T}}(t)\ \cdots\ \boldsymbol{u}_M^{\mathrm{T}}(t)]^{\mathrm{T}}$，其中，$\boldsymbol{u}_i(t)$ 是 $N_i\times 1$ 维向量，满足 $\sum_{i=1}^{M}N_i=(N-L)$。那么 $\boldsymbol{u}(t)$ 的自相关矩阵 $\boldsymbol{R}_u$ 可表示为

$$
\begin{aligned}
\boldsymbol{R}_u&=E\{\boldsymbol{u}(t)\boldsymbol{u}^{\mathrm{H}}(t)\}\\
&=E\left\{\begin{bmatrix}\boldsymbol{u}_1(t)\\ \boldsymbol{u}_2(t)\\ \vdots\\ \boldsymbol{u}_M(t)\end{bmatrix}[\boldsymbol{u}_1^{\mathrm{H}}(t)\ \boldsymbol{u}_2^{\mathrm{H}}(t)\ \cdots\ \boldsymbol{u}_M^{\mathrm{H}}(t)]\right\}\\
&=\begin{bmatrix}\boldsymbol{R}_{11} & \boldsymbol{R}_{12} & \cdots & \boldsymbol{R}_{1M}\\ \boldsymbol{R}_{21} & \boldsymbol{R}_{22} & \cdots & \boldsymbol{R}_{2M}\\ \vdots & \vdots & & \vdots\\ \boldsymbol{R}_{M1} & \boldsymbol{R}_{M2} & \cdots & \boldsymbol{R}_{MM}\end{bmatrix}
\end{aligned}
\tag{4.88}
$$

其中，$\boldsymbol{R}_{ij}=E\{\boldsymbol{u}_i(t)\boldsymbol{u}_j^{\mathrm{H}}(t)\},\ i,j=1,2,\cdots,M$，令 $\boldsymbol{P}=\boldsymbol{B}^{\mathrm{H}}\boldsymbol{R}_x\boldsymbol{w}_q$ 相应地划分为

$$
\boldsymbol{P}=\begin{bmatrix}\boldsymbol{P}_1(t)\\ \boldsymbol{P}_2(t)\\ \vdots\\ \boldsymbol{P}_M(t)\end{bmatrix} \tag{4.89}
$$

其中，子向量 $\boldsymbol{P}_i=E\{\boldsymbol{u}_i(t)d^*(t)\},\ i=1,2,\cdots,M$，$d(t)=\boldsymbol{w}_q^{\mathrm{H}}\boldsymbol{x}(t)$，*表示复共轭，$\boldsymbol{P}_i$ 的维数为 $N_i\times 1$。将式（4.88）与式（4.89）代入式（4.87）中，有

$$
\boldsymbol{w}_{ao}=\begin{bmatrix}\boldsymbol{w}_1(t)\\ \boldsymbol{w}_2(t)\\ \vdots\\ \boldsymbol{w}_M(t)\end{bmatrix}=\begin{bmatrix}\boldsymbol{R}_{11} & \boldsymbol{R}_{12} & \cdots & \boldsymbol{R}_{1M}\\ \boldsymbol{R}_{21} & \boldsymbol{R}_{22} & \cdots & \boldsymbol{R}_{2M}\\ \vdots & \vdots & & \vdots\\ \boldsymbol{R}_{M1} & \boldsymbol{R}_{M2} & \cdots & \boldsymbol{R}_{MM}\end{bmatrix}^{-1}\begin{bmatrix}\boldsymbol{P}_1(t)\\ \boldsymbol{P}_2(t)\\ \vdots\\ \boldsymbol{P}_M(t)\end{bmatrix} \tag{4.90}
$$

那么其中的权重子向量为

$$\begin{aligned}\boldsymbol{w}_i &= \boldsymbol{R}_{ii}^{-1}\left(\boldsymbol{P}_i - \sum_{j=1,j\neq i}^{M} \boldsymbol{R}_{ij}\boldsymbol{w}_j\right) \\ &= \boldsymbol{R}_{ii}^{-1}E\left\{\boldsymbol{u}_i(t)d^{\mathrm{H}}(t) - \sum_{j=1,j\neq i}^{M} \boldsymbol{u}_i(t)\boldsymbol{u}_j^{\mathrm{H}}(t)\boldsymbol{w}_j\right\} \\ &= \boldsymbol{R}_{ii}^{-1}E\left\{\boldsymbol{u}_i(t)\left(d(t) - \sum_{j=1,j\neq i}^{M} \boldsymbol{w}_j^{\mathrm{H}}\boldsymbol{u}_j(t)\right)^{\mathrm{H}}\right\}\end{aligned} \tag{4.91}$$

式中，$\boldsymbol{w}_j$ 为稳态权向量第 j 个子权向量。在得到 $\boldsymbol{w}_i$ 之后，可以从这些权重子向量重构出原始的最优向量 $\boldsymbol{w}_{ao}$。又因为 $\boldsymbol{w}_i = \boldsymbol{R}_{ii}^{-1}E\left\{\boldsymbol{u}_i(t)d_i^*(t)\right\}$，所以有

$$d_i(t) = d(t) - \sum_{j=1,j\neq i}^{M} \boldsymbol{w}_j^{\mathrm{H}}\boldsymbol{u}_j(t) \tag{4.92}$$

为了计算式（4.90）中的自适应权重系数向量 $\boldsymbol{w}_{ao}$，ERLS 中给出了权重子向量 $\boldsymbol{w}_i$ 在任意 $t+1$ 时刻值，即

$$\boldsymbol{w}_i(t+1) = \boldsymbol{w}_i(t) + \boldsymbol{L}_i(t+1)\alpha_i^*(t+1) \tag{4.93}$$

其中，

$$\boldsymbol{L}_i(t+1) = \frac{\boldsymbol{\Phi}_i(t)\boldsymbol{u}_i(t+1)}{\sigma + \boldsymbol{u}_i^{\mathrm{H}}(t+1)\boldsymbol{\Phi}_i(t)\boldsymbol{u}_i(t+1)} \tag{4.94}$$

$$\boldsymbol{\Phi}_i(t+1) = \frac{1}{\sigma}\left(\boldsymbol{\Phi}_i(t) - \frac{\boldsymbol{\Phi}_i(t)\boldsymbol{u}_i(t+1)\boldsymbol{u}_i^{\mathrm{H}}(t+1)\boldsymbol{\Phi}_i(t)}{\sigma + \boldsymbol{u}_i^{\mathrm{H}}(t+1)\boldsymbol{\Phi}_i(t)\boldsymbol{u}_i(t+1)}\right) \tag{4.95}$$

$$\alpha_i(t+1) = d_i(t+1) - \boldsymbol{w}_i^{\mathrm{H}}(t)\boldsymbol{u}_i(t+1) \tag{4.96}$$

式中，σ 为遗忘因子，$0<\sigma<1$。因此基于无约束的 ERLS 分块自适应算法的具体计算步骤如下。

（1）根据式（4.94）和式（4.95），计算 $\boldsymbol{L}_i(t+1)$ 和 $\boldsymbol{\Phi}_i(t+1)$，$i=1,2,\cdots,M$。

（2）根据式（4.96），计算 $\alpha_i(t+1)$，$i=1,2,\cdots,M$。

（3）根据式（4.93），计算 $\boldsymbol{w}_i(t+1)$，$i=1,2,\cdots,M$。

2. 异步分块并行递归最小二乘算法（SARLS）

汤俊等人提出的异步分块并行递归最小二乘算法（SARLS）的运算量比 ERLS 算法更低，但每次迭代更新一次权重系数需要比 ERLS 算法多 $M-2$ 个节拍（M 为分块的块数）。

相比于 ERLS 算法，SARLS 算法采取了如下的递推过程。

$$\alpha_i(t+1) = d(t+1) - \sum_{j=1}^{i-1}\boldsymbol{w}_j^{\mathrm{H}}(t+1)\boldsymbol{u}_j(t+1) - \sum_{j=1}^{M}\boldsymbol{w}_j^{\mathrm{H}}(t)\boldsymbol{u}_j(t+1) \tag{4.97}$$

即用瞬时权向量代替稳态权向量。此时

$$\boldsymbol{w}_i(t+1) = \boldsymbol{w}_i(t) + \boldsymbol{L}_i(t+1)\times\left(d(t+1) - \sum_{j=1}^{i-1}\boldsymbol{w}_j^{\mathrm{H}}(t+1)\boldsymbol{u}_j(t+1) - \sum_{j=1}^{M}\boldsymbol{w}_j^{\mathrm{H}}(t)\boldsymbol{u}_j(t+1)\right)^* \tag{4.98}$$

令 $\boldsymbol{w}_i(t+1) = \boldsymbol{w}_i(t) + \Delta\boldsymbol{w}_i(t+1)$，则

$$\Delta\boldsymbol{w}_i(t+1) = \boldsymbol{L}_i(t+1)\left(d(t+1) - \sum_{j=1}^{i-1}\boldsymbol{w}_j^{\mathrm{H}}(t+1)\boldsymbol{u}_j(t+1) - \sum_{j=1}^{M}\boldsymbol{w}_j^{\mathrm{H}}(t)\boldsymbol{u}_j(t+1)\right)^* \tag{4.99}$$

令

$$\boldsymbol{g}_i(t+1)=\boldsymbol{L}_i^{\mathrm{H}}(t+1)\boldsymbol{u}_i(t+1) \tag{4.100}$$

$$\Delta\boldsymbol{h}_i(t+1)=\Delta\boldsymbol{w}_i^{\mathrm{H}}(t+1)\boldsymbol{u}_i(t+1) \tag{4.101}$$

将式（4.99）两边共轭转置后同乘 $\boldsymbol{u}_i(t+1)$，可得

$$\Delta\boldsymbol{h}_i(t+1)=\boldsymbol{g}_i(t+1)\left(d(t+1)-\sum_{j=1}^{i-1}\Delta\boldsymbol{h}_j(t+1)-\sum_{j=1}^{M}\boldsymbol{w}_j^{\mathrm{H}}(t)\boldsymbol{u}_j(t+1)\right) \tag{4.102}$$

即为矩阵方程

$$\begin{bmatrix} 1/\boldsymbol{g}_1(t+1) & 1 & \cdots & 1 \\ 1 & 1/\boldsymbol{g}_2(t+1) & \cdots & 1 \\ \vdots & \vdots & & \vdots \\ 1 & 1 & \cdots & 1/\boldsymbol{g}_M(t+1) \end{bmatrix}\begin{bmatrix} \Delta\boldsymbol{h}_1(t+1) \\ \Delta\boldsymbol{h}_2(t+1) \\ \vdots \\ \Delta\boldsymbol{h}_M(t+1) \end{bmatrix}=\begin{bmatrix} f(t+1) \\ f(t+1) \\ \vdots \\ f(t+1) \end{bmatrix} \tag{4.103}$$

其中，

$$f(t+1)=d(t+1)-\sum_{j=1}^{M}\boldsymbol{w}_j^{\mathrm{H}}\boldsymbol{u}_j(t+1) \tag{4.104}$$

可见，此时的权重更新表达式为

$$\boldsymbol{w}_i(t+1)=\boldsymbol{w}_i(t)+\boldsymbol{L}_i(t+1)\left(f(t+1)-\sum_{j=1}^{i-1}\Delta\boldsymbol{h}_j(t+1)\right)^* \tag{4.105}$$

SARLS 算法的具体计算步骤如下。

（1）根据 ERLS 算法中的式（4.94）和式（4.95），计算 $\boldsymbol{L}_i(t+1)$ 和 $\boldsymbol{\Phi}_i(t+1)$，$i=1,2,\cdots,M$。

（2）根据式（4.104）、式（4.100），计算 $f(t+1)$ 和 $\boldsymbol{g}_i(t+1)$，$i=1,2,\cdots,M$。

（3）通过解式（4.103）的矩阵方程，求出 $\Delta\boldsymbol{h}_i(t+1)$，$i=1,2,\cdots,M$。

（4）根据式（4.105），计算 $\boldsymbol{w}_i(t+1)$，$i=1,2,\cdots,M$。

同时，由算法的计算流程可知，步骤（1）、（2）、（4）均是可以完全并行计算的。在实际的并行计算系统中，可以将对应不同子阵权矢量更新的运算分配在不同的处理结点上运行。所以，算法易于实现向并行计算系统映射。

3．分块并行的线性约束最小方差算法（SLCMV）

大阵列应用场景下的降维自适应处理并不能有效利用阵列自由度的优势来对抗多种干扰；而在降秩自适应处理中，根据空间干扰环境构造低复杂度的降秩变换矩阵依然是一个难点。分块并行的线性约束最小方差算法（SLCMV）将迭代 LCMV 算法的参数更新运算过程分解为运算模块，各运算模块可以进行独立的参数更新，并将结果汇总得到全阵列的权重系数向量。该算法适用于在 FPGA 和多核 DSP 平台并行实现。图 4.19 所示为分块并行的 LCMV 算法示意图。

SLCMV 算法首先基于 LCMV 算法的优化函数为

$$\begin{aligned} &\min\ E[|y(t)|^2]=\min\left(\boldsymbol{w}^{\mathrm{H}}\boldsymbol{R}_x\boldsymbol{w}\right) \\ &\text{s.t. } \boldsymbol{w}^{\mathrm{H}}\boldsymbol{a}(\theta_0)=1 \end{aligned} \tag{4.106}$$

式中，$\boldsymbol{R}_x$ 为输入信号 $\boldsymbol{X}(i)$ 的协方差矩阵。将最优解

$$\boldsymbol{w}=\boldsymbol{R}_x^{-1}\boldsymbol{a}(\theta_0)\left(\boldsymbol{a}(\theta_0)^{\mathrm{H}}\boldsymbol{R}_x^{-1}\boldsymbol{a}(\theta_0)\right)^{-1} \tag{4.107}$$

写为迭代形式，即

$$\boldsymbol{w}(i+1)=\left(\boldsymbol{I}-\boldsymbol{a}(\theta_0)\left(\boldsymbol{a}(\theta_0)^{\mathrm{H}}\boldsymbol{a}(\theta_0)\right)^{-1}\boldsymbol{a}(\theta_0)^{\mathrm{H}}\right)\left[\boldsymbol{w}(i)-\mu y(i)\boldsymbol{X}^{*}(i)\right]+\boldsymbol{a}(\theta_0)\left(\boldsymbol{a}(\theta_0)^{\mathrm{H}}\boldsymbol{a}(\theta_0)\right)^{-1} \quad (4.108)$$

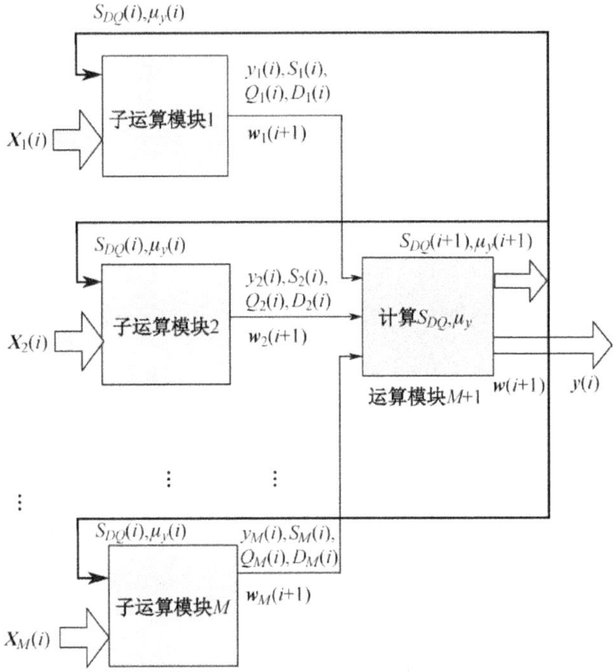

图 4.19　分块并行的 LCMV 算法示意图

式中，μ 是一个小的正值，代表步长参数；i 是迭代次数。令

$$\begin{aligned}
S&=(\boldsymbol{a}^{\mathrm{H}}(\theta_0)\boldsymbol{a}(\theta_0))^{-1}\\
D(i)&=\boldsymbol{a}^{\mathrm{H}}(\theta_0)\boldsymbol{w}(i)\\
Q(i)&=\boldsymbol{a}^{\mathrm{H}}(\theta_0)\boldsymbol{X}^{*}(i)\\
y(i)&=\boldsymbol{w}^{\mathrm{H}}(i)\boldsymbol{X}(i)\\
\mu_y(i)&=\mu y(i)
\end{aligned} \quad (4.109)$$

式中，S_{Σ} 是一个和期望信号导向矢量有关的常数。那么把式（4.109）代入最优解的迭代公式，可以得到

$$\begin{aligned}
\boldsymbol{w}(i+1)&=[\boldsymbol{I}-S\boldsymbol{a}(\theta_0)\boldsymbol{a}^{\mathrm{H}}(\theta_0)][\boldsymbol{w}(i)-\mu y(i)\boldsymbol{X}^{*}(i)]+S\boldsymbol{a}(\theta_0)\\
&=\boldsymbol{w}(i)-S\boldsymbol{a}(\theta_0)D(i)-\mu y(i)\boldsymbol{X}^{*}(i)+\mu y(i)S\boldsymbol{a}(\theta_0)Q(i)+S\boldsymbol{a}(\theta_0)\\
&=\boldsymbol{w}(i)+S\boldsymbol{a}(\theta_0)[1-D(i)+\mu y(i)Q(i)]-\mu y(i)\boldsymbol{X}^{*}(i)\\
&=\boldsymbol{w}(i)+S\boldsymbol{a}(\theta_0)[1-D(i)+\mu_y(i)Q(i)]-\mu_y(i)\boldsymbol{X}^{*}(i)
\end{aligned} \quad (4.110)$$

将阵列接收信号 $\boldsymbol{X}(i)$ 划分成 M 个子块，有

$$\boldsymbol{X}(i)=[\boldsymbol{X}_1^{\mathrm{T}}(i)\ \ \boldsymbol{X}_2^{\mathrm{T}}(i)\ \ \cdots\boldsymbol{X}_M^{\mathrm{T}}(i)\ \ ]^{\mathrm{T}} \quad (4.111)$$

式中，$\boldsymbol{X}_p(i)$ 是一个 $N_p\times1$ 维的向量，其中 N_p 是第 p 个子块中所包含的元素个数。类似地，将向量 $\boldsymbol{a}(\theta_0)$ 和 $\boldsymbol{w}_{\Sigma}$ 也按照相同的方式进行划分，即

$$\boldsymbol{a}(\theta_0)=[\boldsymbol{a}_1^{\mathrm{T}}(\theta_0)\ \ \boldsymbol{a}_2^{\mathrm{T}}(\theta_0)\ \ \cdots\boldsymbol{a}_M^{\mathrm{T}}(\theta_0)]^{\mathrm{T}}$$
$$\boldsymbol{w}(i)=[\boldsymbol{w}_1^{\mathrm{T}}(i)\ \ \boldsymbol{w}_2^{\mathrm{T}}(i)\ \ \cdots\boldsymbol{w}_M^{\mathrm{T}}(i)\ ]^{\mathrm{T}} \tag{4.112}$$

得到的自适应和波束权重系数向量中，对应第 p 个子块的迭代公式为

$$\boldsymbol{w}_p(i+1)=\boldsymbol{w}_p(i)+S_{DQ}(i)\boldsymbol{a}_p(\theta_0)-\mu_y(i)\boldsymbol{X}_p^*(i) \tag{4.113}$$

其中，

$$\begin{aligned}
&S_{DQ}(i)=S[1-D(i)+\mu_y(i)Q\ (i)]\\
&D(i)=\sum_{p=1}^{M}\left(D_p(i)\right)=\sum_{p=1}^{M}\left(\boldsymbol{a}_p^{\mathrm{H}}(\theta_0)\boldsymbol{w}_p(i)\right)\\
&Q(i)=\sum_{p=1}^{M}\left(Q_p(i)\right)=\sum_{p=1}^{M}\left(\boldsymbol{a}_p^{\mathrm{H}}(\theta_0)\boldsymbol{X}_p(i)\right)\\
&\mu_y(i)=\mu y(i)=\mu\sum_{p=1}^{M}\left(y_p(i)\right)=\mu\sum_{p=1}^{M}\left(\boldsymbol{w}_p^{\mathrm{H}}\boldsymbol{X}_p(i)\right)
\end{aligned} \tag{4.114}$$

在上面的公式中，$S_{DQ}(i)$ 和 $\mu_y(i)$ 是与整个阵列结构相关的标量。在给定指向的条件下，$\boldsymbol{a}_p(\theta_0)$ 也是一个常值向量。通过上面的推导可以看到，$\boldsymbol{w}_p$ 的更新只需要对应当前子块的阵列接收数据 $\boldsymbol{X}_p$ 以及 S_{DQ} 和 μ_y 这两个标量。如果这两个标量的值在新的一次迭代之前就已经被准备好了，那么所有子块对应的权重系数向量都可以同时并行的计算了。

4．分块并行的稳健递归线性约束最小方差算法（PRRLCMV）

分块并行的稳健递归线性约束最小方差算法（PRRLCMV）的核心是在存在阵列相位误差的情况下，采用梯度优化算法，在最大阵列输出期望信号响应的准则下，通过分块并行的梯度搜索的方法估计阵列相位误差，进而利用修正的期望信号导向矢量代入 SLCMV 方法对权重系数向量进行更新。

首先，基于 LCMV 优化函数

$$\boldsymbol{w}_{\mathrm{opt}}=\arg\min\boldsymbol{w}^{\mathrm{H}}\boldsymbol{R}_x\boldsymbol{w}\ \ \text{s.t.}\ \ \ \boldsymbol{C}(\theta_0,\Delta\boldsymbol{\Phi})^{\mathrm{H}}\boldsymbol{w}=\boldsymbol{f} \tag{4.115}$$

其中，$\boldsymbol{C}(\theta_0,\Delta\boldsymbol{\Phi})=[\mathrm{e}^{\mathrm{j}w_0\tau_1(\theta_0)+\mathrm{j}\Delta\phi_1},\cdots,\mathrm{e}^{\mathrm{j}w_0\tau_N(\theta_0)+\mathrm{j}\Delta\phi_N}]^{\mathrm{T}}$，可在最大阵列输出期望信号响应的准则下对阵列相位误差 $\Delta\boldsymbol{\Phi}$ 进行估计。

$$\begin{aligned}
\max_{\Delta\boldsymbol{\Phi}}P_{\mathrm{s}}&=\min_{\Delta\boldsymbol{\Phi}}P_{\mathrm{s}}'\\
&=\min_{\Delta\boldsymbol{\Phi}}\boldsymbol{C}^{\mathrm{H}}(\theta_0,\Delta\boldsymbol{\Phi})\boldsymbol{R}_x^{-1}\boldsymbol{C}(\theta_0,\Delta\boldsymbol{\Phi})
\end{aligned} \tag{4.116}$$

通过梯度搜索法，$\Delta\boldsymbol{\Phi}$ 的迭代表达式为

$$\Delta\boldsymbol{\Phi}(t+1)=\Delta\boldsymbol{\Phi}(t)-\mu'\frac{\partial P_{\mathrm{s}}'(t)}{\partial\Delta\boldsymbol{\Phi}}\bigg|_{\Delta\boldsymbol{\Phi}=\Delta\boldsymbol{\Phi}(t)} \tag{4.117}$$

通过将相位误差向量 $\Delta\boldsymbol{\Phi}$ 划分成很多等维数的子块，即

$$\Delta\boldsymbol{\Phi}(t)=[\Delta\boldsymbol{\Phi}_1^{\mathrm{T}}(t),\Delta\boldsymbol{\Phi}_2^{\mathrm{T}}(t),\cdots,\Delta\boldsymbol{\Phi}_M^{\mathrm{T}}(t)] \tag{4.118}$$

$\boldsymbol{C}(\theta_0,\Delta\boldsymbol{\Phi})$ 可以同样的方式分块为 $\boldsymbol{C}_{\Delta\boldsymbol{\Phi}}(t)=\left[\boldsymbol{C}_{\Delta\boldsymbol{\Phi}_1}(t)^{\mathrm{T}},\boldsymbol{C}_{\Delta\boldsymbol{\Phi}_2}(t)^{\mathrm{T}},\cdots,\boldsymbol{C}_{\Delta\boldsymbol{\Phi}_M}(t)^{\mathrm{T}}\right]$。其中，$\boldsymbol{C}_{\Delta\boldsymbol{\Phi}i}(t)=\mathrm{jdiag}\{\boldsymbol{C}_i(t)\}$。因此式（4.117）可分块处理后变为

$$\Delta\boldsymbol{\Phi}_i(t+1)=\Delta\boldsymbol{\Phi}_i(t)-\mu'\frac{\partial P_i(t)}{\partial\Delta\boldsymbol{\Phi}_i}\bigg|_{\Delta\boldsymbol{\Phi}_i=\Delta\boldsymbol{\Phi}_i(t)} \tag{4.119}$$

所以可在 SLCMV 的每次迭代中分块并行地更新约束向量 $\boldsymbol{C}_i(t)$。

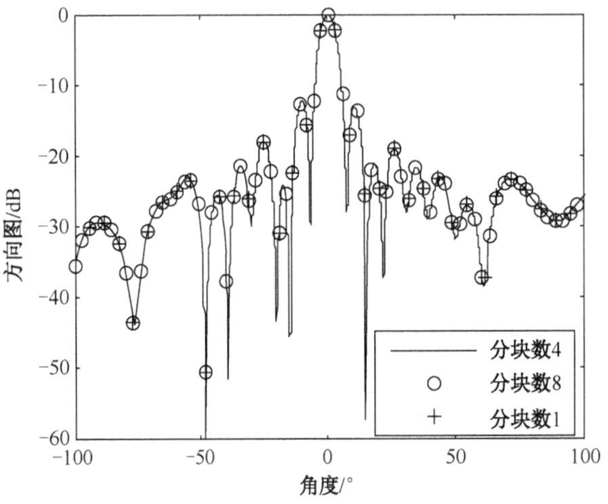

图 4.20 存在期望信号来波方向误差时，不同分块情况下阵列方向图

图 4.20 所示为存在期望信号来波方向误差时，不同分块情况下阵列方向图。图 4.20 给出了期望信号来波方向为 0°，估计期望信号来波方向为-5°，信号噪声比 SNR=0dB。干扰来波方向为-20°，干扰噪声比 INR=10dB。$\mu = 0.004$，$\mu' = 0.013$，迭代次数为 2500 时不同分块数量的天线方向图对比。可以看出，PRRLCMV 方法的波束形成性能不受分块方式的影响，且均可准确估计期望信号指向误差。

当期望信号来波方向为 0°，估计的期望信号来波方向为-5°，信号噪声比 SNR=0dB，两个干扰信号来波方向分别为 10°和-20°，在 INR=10dB 时，PRRLCMV 与 ERLS 和 SLCMV 算法的输出信干噪比比较如图 4.21 所示。其中，SLCMV 准确已知期望信号导向矢量，ERLS(N_i=1)和 PRRLCMV(N_i=1)需估计导向矢量存在的误差。可以看到，ERLS 收敛后的输出 SINR 为 4.3dB，PRRLCMV 为 10.4dB，SLCMV 为 10.8dB。图 4.22 所示为 PRRLCMV 与 ERLS 和 SLCMV 算法的波束方向图比较。可以看到 PRRLCMV 算法可准确估计导向矢量的误差，而 ERLS 算法方向图出现了畸变。综上所述，PRRLCMV 算法可获得接近 SLCMV 且远优于 ERLS 算法的性能。

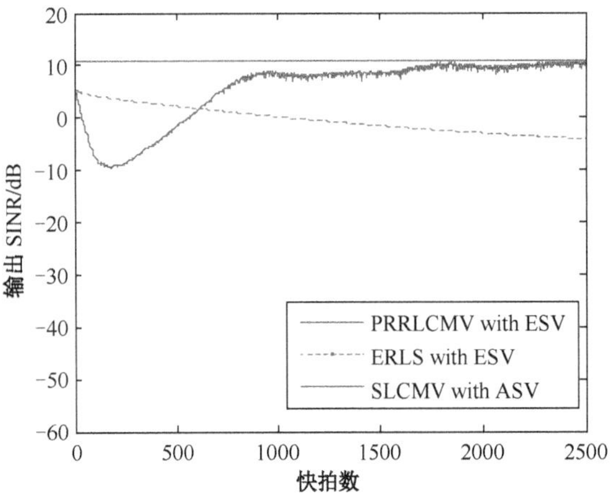

图 4.21 PRRLCMV 与 ERLS 和 SLCMV 算法的输出信干噪比比较

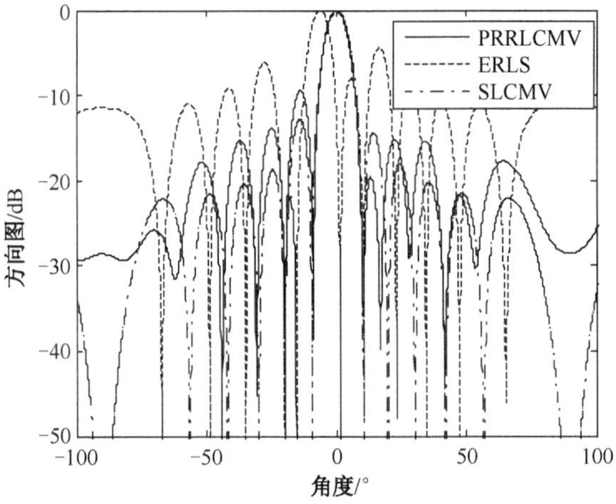

图 4.22 PRRLCMV 与 ERLS 和 SLCMV 算法的波束方向图比较

5. 单脉冲测角系统的分块并行的线性约束最小方差算法（PLCMV）

在单脉冲测角系统中，指向期望信号的和波束、方位差波束和俯仰差波束都需要由自适应波束形成产生。式（4.106）～式（4.114）中仅考虑了对期望信号方向施加单位增益约束，不适用于方位差与俯仰差波束的生成。下面将讨论单脉冲方位差与俯仰差波束的 PLCMV 分块并行处理。

令差波束与和波束具有相同的指向(θ_0, φ_0)，对于自适应方位差波束来说，可以在零点约

束和单脉冲比斜率约束的条件下，通过令阵列输出信号的功率最小，来计算其对应的权重系数向量。数学模型为

$$\min\ E[|y_{\Delta\theta}(t)|^2]=\min\left(\boldsymbol{w}_{\Delta\theta}^{\mathrm{H}}\boldsymbol{R}_x\boldsymbol{w}_{\Delta\theta}\right)$$

$$\text{s.t.}\begin{cases}\boldsymbol{w}_{\Delta\theta}^{\mathrm{H}}\boldsymbol{a}(\theta_0,\varphi_0)=0\\ \dfrac{\boldsymbol{w}_{\Delta\theta}^{\mathrm{H}}\boldsymbol{a}(\theta_0+\Delta\theta,\varphi_0)}{\boldsymbol{w}_{\Sigma}^{\mathrm{H}}\boldsymbol{a}(\theta_0+\Delta\theta,\varphi_0)}=k_{\mathrm{s}}\Delta\theta\\ \dfrac{\boldsymbol{w}_{\Delta\theta}^{\mathrm{H}}\boldsymbol{a}(\theta_0-\Delta\theta,\varphi_0)}{\boldsymbol{w}_{\Sigma}^{\mathrm{H}}\boldsymbol{a}(\theta_0-\Delta\theta,\varphi_0)}=-k_{\mathrm{s}}\Delta\theta\end{cases}\tag{4.120}$$

式中，k_{s}是一个常数，即单脉冲比斜率。将上面的问题重新写成矩阵形式，即

$$\begin{aligned}&\min\ E[|y_{\Delta\theta}(t)|^2]=\boldsymbol{w}_{\Delta\theta}^{\mathrm{H}}\boldsymbol{R}_x\boldsymbol{w}_{\Delta\theta}\\&\text{s.t.}\ \boldsymbol{H}^{\mathrm{T}}\boldsymbol{w}_{\Delta\theta}=\boldsymbol{\rho}_\theta\end{aligned}\tag{4.121}$$

其中

$$\begin{aligned}&\boldsymbol{H}_\theta=[\boldsymbol{a}(\theta_0,\varphi_0),\boldsymbol{a}(\theta_0+\Delta\theta,\varphi_0),\boldsymbol{a}(\theta_0-\Delta\theta,\varphi_0)]\\&\boldsymbol{\rho}_\theta=k_{\mathrm{s}}\begin{bmatrix}0\\ \boldsymbol{w}_{\Sigma}^{\mathrm{H}}\boldsymbol{a}(\theta_0+\Delta\theta,\varphi_0)\\ -\boldsymbol{w}_{\Sigma}^{\mathrm{H}}\boldsymbol{a}(\theta_0-\Delta\theta,\varphi_0)\end{bmatrix}\Delta\theta\end{aligned}\tag{4.122}$$

类似地，式（4.122）对应的最优解表达式为

$$\boldsymbol{w}_{\Delta\theta}=\boldsymbol{R}_x^{-1}\boldsymbol{H}_\theta^{*}(\boldsymbol{H}_\theta^{\mathrm{T}}\boldsymbol{R}_x^{-1}\boldsymbol{H}_\theta^{*})^{-1}\boldsymbol{\rho}_\theta\tag{4.123}$$

迭代形式为

$$\boldsymbol{w}_{\Delta\theta}(i+1)=\left(\boldsymbol{I}-\boldsymbol{H}_\theta^{*}(\boldsymbol{H}_\theta^{\mathrm{T}}\boldsymbol{H}_\theta^{*})^{-1}\boldsymbol{H}_\theta^{\mathrm{T}}\right)[\boldsymbol{w}_{\Delta\theta}(i)-\mu y_{\Delta\theta}(i)\boldsymbol{X}^{*}(i)]+\boldsymbol{H}_\theta^{*}(\boldsymbol{H}_\theta^{\mathrm{T}}\boldsymbol{H}_\theta^{*})^{-1}\boldsymbol{\rho}_\theta\tag{4.124}$$

式中，μ是一个小的正值，代表步长参数；i是迭代次数。令

$$\begin{aligned}&\boldsymbol{S}_\theta=(\boldsymbol{H}_\theta^{\mathrm{T}}\boldsymbol{H}_\theta^{*})^{-1}\\&\boldsymbol{D}_\theta(i)=\boldsymbol{H}_\theta^{\mathrm{T}}\boldsymbol{w}_{\Delta\theta}(i)\\&\boldsymbol{Q}_\theta(i)=\boldsymbol{H}_\theta^{\mathrm{T}}\boldsymbol{X}^{*}(i)\\&y_{\Delta\theta}(i)=\boldsymbol{w}_{\Delta\theta}^{\mathrm{H}}(i)\boldsymbol{X}(i)\\&\mu_{y\Delta\theta}(i)=\mu y_{\Delta\theta}(i)\end{aligned}\tag{4.125}$$

式中，$\boldsymbol{S}_\theta$是一个与约束条件有关的 3×3 的矩阵。将式（4.125）代入差波束权重系数向量的迭代解公式中，得

$$\begin{aligned}\boldsymbol{w}_{\Delta\theta}(i+1)&=[\boldsymbol{I}-\boldsymbol{H}_\theta^{*}\boldsymbol{S}_\theta\boldsymbol{H}_\theta^{\mathrm{T}}][\boldsymbol{w}_{\Delta\theta}(i)-\mu y_{\Delta\theta}(i)\boldsymbol{X}^{*}(i)]+\boldsymbol{H}_\theta^{*}\boldsymbol{S}_\theta\boldsymbol{\rho}_\theta\\&=\boldsymbol{w}_{\Delta\theta}(i)+\boldsymbol{H}_\theta^{*}\boldsymbol{S}_\theta[\boldsymbol{\rho}_\theta-\boldsymbol{D}_\theta(i)+\mu_{y\theta}(i)\boldsymbol{Q}_\theta(i)]-\mu_{y\Delta\theta}(i)\boldsymbol{X}^{*}(i)\end{aligned}\tag{4.126}$$

类似于和波束，对$\boldsymbol{H}_\theta$和$\boldsymbol{w}_{\Delta\theta}$按照如下方式进行分块：

$$\begin{aligned}&\boldsymbol{H}_\theta=\begin{bmatrix}\boldsymbol{H}_{\theta,1}\\ \boldsymbol{H}_{\theta,2}\\ \vdots\\ \boldsymbol{H}_{\theta,M}\end{bmatrix}=\begin{bmatrix}\boldsymbol{a}_1(\theta_0,\varphi_0)&\boldsymbol{a}_1(\theta_0+\Delta\theta,\varphi_0)&\boldsymbol{a}_1(\theta_0-\Delta\theta,\varphi_0)\\ \boldsymbol{a}_2(\theta_0,\varphi_0)&\boldsymbol{a}_2(\theta_0+\Delta\theta,\varphi_0)&\boldsymbol{a}_2(\theta_0-\Delta\theta,\varphi_0)\\ \vdots&\vdots&\vdots\\ \boldsymbol{a}_M(\theta_0,\varphi_0)&\boldsymbol{a}_M(\theta_0+\Delta\theta,\varphi_0)&\boldsymbol{a}_M(\theta_0-\Delta\theta,\varphi_0)\end{bmatrix}\\&\boldsymbol{w}_{\Delta\theta}(i)=[\boldsymbol{w}_{\Delta\theta1}^{\mathrm{T}}(i)\ \ \boldsymbol{w}_{\Delta\theta2}^{\mathrm{T}}(i)\ \cdots\boldsymbol{w}_{\Delta\theta M}^{\mathrm{T}}(i)\ ]^{\mathrm{T}}\end{aligned}\tag{4.127}$$

那么自适应方位差波束对应第 p 个子块的权重系数向量为

$$\boldsymbol{w}_{\Delta\theta p}(i+1)=\boldsymbol{w}_{\Delta\theta p}(i)+\boldsymbol{H}_{\theta,p}^{*}\boldsymbol{S}_{DQ\theta}(i)-\mu_{y\Delta\theta}(i)\boldsymbol{X}_{p}^{*}(i) \tag{4.128}$$

其中

$$\begin{aligned}
&\boldsymbol{S}_{DQ\theta}(i)=\boldsymbol{S}_{\theta}[\boldsymbol{\rho}_{\theta}-\boldsymbol{D}_{\theta}(i)+\mu_{y\Delta\theta}(i)\boldsymbol{Q}_{\theta}(i)]\\
&\boldsymbol{\rho}_{\theta}=\sum_{p=1}^{M}\left(\boldsymbol{\rho}_{\theta p}(i)\right)=\sum_{p=1}^{M}\left(k_s\begin{bmatrix}0\\ \boldsymbol{w}_{\Sigma p}^{\mathrm{H}}\boldsymbol{a}_p(\theta_0+\Delta\theta,\varphi_0)\\ -\boldsymbol{w}_{\Sigma p}^{\mathrm{H}}\boldsymbol{a}_p(\theta_0-\Delta\theta,\varphi_0)\end{bmatrix}\Delta\theta\right)\\
&\boldsymbol{D}_{\theta}(i)=\sum_{p=1}^{M}\left(\boldsymbol{D}_{\theta p}(i)\right)=\sum_{p=1}^{M}\left(\boldsymbol{H}_{\theta,p}^{\mathrm{T}}\boldsymbol{w}_{\Delta\theta p}(i)\right)\\
&\boldsymbol{Q}_{\theta}(i)=\sum_{p=1}^{M}\left(\boldsymbol{Q}_{\theta p}(i)\right)=\sum_{p=1}^{M}\left(\boldsymbol{H}_{\theta,p}^{\mathrm{T}}\boldsymbol{X}_p(i)\right)\\
&\mu_{y\Delta\theta}(i)=\mu y_{\Delta\theta}(i)=\mu\sum_{p=1}^{M}\left(y_{\Delta\theta p}(i)\right)=\mu\sum_{p=1}^{M}\left(\boldsymbol{w}_{\Delta\theta p}^{\mathrm{H}}\boldsymbol{X}_p(i)\right)
\end{aligned} \tag{4.129}$$

分块并行方法下对应的自适应俯仰差波束权重系数向量可以通过上述类似的方法得到

$$\boldsymbol{w}_{\Delta\varphi p}(i+1)=\boldsymbol{w}_{\Delta\varphi p}(i)+\boldsymbol{H}_{\varphi,p}^{*}\boldsymbol{S}_{DQ\varphi}(i)-\mu_{y\Delta\varphi}(i)\boldsymbol{X}_{p}^{*}(i) \tag{4.130}$$

其中，

$$\boldsymbol{S}_{DQ\varphi}(i)=\boldsymbol{S}_{\varphi}[\boldsymbol{\rho}_{\varphi}-\boldsymbol{D}_{\varphi}(i)+\mu_{y\Delta\varphi}(i)\boldsymbol{Q}_{\varphi}(i)]$$

其中，

$$\begin{aligned}
&\boldsymbol{S}_{\varphi}=(\boldsymbol{H}_{\varphi}^{\mathrm{T}}\boldsymbol{H}_{\varphi}^{*})^{-1}\\
&\boldsymbol{H}_{\varphi}=[\boldsymbol{a}(\theta_0,\varphi_0),\boldsymbol{a}(\theta_0,\varphi_0+\Delta\varphi),\boldsymbol{a}(\theta_0,\varphi_0-\Delta\varphi)]\\
&\boldsymbol{\rho}_{\varphi}=\sum_{p=1}^{M}\left(\boldsymbol{\rho}_{\varphi p}(i)\right)=\sum_{p=1}^{M}\left(k_s\begin{bmatrix}0\\ \boldsymbol{w}_{\Sigma p}^{\mathrm{H}}\boldsymbol{a}_p(\theta_0,\varphi_0+\Delta\varphi)\\ -\boldsymbol{w}_{\Sigma p}^{\mathrm{H}}\boldsymbol{a}_p(\theta_0,\varphi_0-\Delta\varphi)\end{bmatrix}\Delta\varphi\right)\\
&\boldsymbol{D}_{\varphi}(i)=\sum_{p=1}^{M}\left(\boldsymbol{D}_{\varphi p}(i)\right)=\sum_{p=1}^{M}\left(\boldsymbol{H}_{\varphi,p}^{\mathrm{T}}\boldsymbol{w}_{\Delta\varphi p}(i)\right)\\
&\boldsymbol{Q}_{\varphi}(i)=\sum_{p=1}^{M}\left(\boldsymbol{Q}_{\varphi p}(i)\right)=\sum_{p=1}^{M}\left(\boldsymbol{H}_{\varphi,p}^{\mathrm{T}}\boldsymbol{X}_p(i)\right)\\
&\mu_{y\Delta\varphi}(i)=\mu y_{\Delta\varphi}(i)=\mu\sum_{p=1}^{M}\left(y_{\Delta\varphi p}(i)\right)=\mu\sum_{p=1}^{M}\left(\boldsymbol{w}_{\Delta\varphi p}^{\mathrm{H}}\boldsymbol{X}_p(i)\right)\\
&\boldsymbol{w}_{\Delta\varphi}(i)=[\boldsymbol{w}_{\Delta\varphi1}^{\mathrm{T}}(i)\ \ \boldsymbol{w}_{\Delta\varphi2}^{\mathrm{T}}(i)\ \ \cdots\boldsymbol{w}_{\Delta\varphi\mathrm{M}}^{\mathrm{T}}(i)\ \ ]^{\mathrm{T}}
\end{aligned} \tag{4.131}$$

在上面的公式中，$\boldsymbol{S}_{\theta}$ 和 $\boldsymbol{S}_{\varphi}$ 是两个 3×3 的矩阵，这两个矩阵与整个阵列的阵列导向矢量以及采用的约束条件有关。$\boldsymbol{\rho}_{\theta}$ 和 $\boldsymbol{\rho}_{\varphi}$ 是两个 3×1 的向量，与和波束权重系数向量以及约束有关。$\mu_{y\Delta\theta}$ 和 $\mu_{y\Delta\varphi}$ 是两个标量，分别与方位差和俯仰差波束输出的信号成正比。对于给定的阵列指向来说，子矩阵 $\boldsymbol{H}_{\theta,p}^{\mathrm{T}}$ 和 $\boldsymbol{H}_{\varphi,p}^{\mathrm{T}}$ 是固定不变的。对于第 p 个子块中 $\boldsymbol{w}_{\Delta\theta p}$ 和 $\boldsymbol{w}_{\Delta\varphi p}$ 的更新，仅需要对应的子块接收数据 $\boldsymbol{X}_p$，一个 3×3 的 $\boldsymbol{S}_{DQ\theta}$ 和 $\boldsymbol{S}_{DQ\varphi}$ 矩阵，一个 3×1 的 $\boldsymbol{\rho}_{\theta}$ 和 $\boldsymbol{\rho}_{\varphi}$ 向量，标量 $\mu_{y\Delta\theta}$ 和 $\mu_{y\Delta\varphi}$。$\boldsymbol{S}_{DQ\theta}$、$\boldsymbol{S}_{DQ\varphi}$、$\boldsymbol{\rho}_{\theta}$、$\boldsymbol{\rho}_{\varphi}$、$\mu_{y\Delta\theta}$ 和 $\mu_{y\Delta\varphi}$ 对于每个子块来说都是相同的。如果在一个新的权重更新过程开始之前，这些数据都能被准备好，那么各个子块内的权重系数向量更新就

可以并行执行。

4.4　稳健的自适应波束形成算法

依赖于接收数据的自适应波束形成算法大多基于一些理想的假设，如估计期望信号方向无误差，阵列阵元位置无误差等。在这些假设条件下可以得到较好的性能。但在实际应用中，快拍数有限，信号源、天线阵列出现误差，传统的自适应波束形成算法性能将会下降。当接收数据中包含有期望信号时，对信号及阵列误差更敏感。此外，在有限的快拍数下，由于估计协方差矩阵中噪声扰动的存在，算法的波束形成性能也将降低。因此，为使自适应波束形成器可以在更加复杂的信号环境中稳健地工作，达到更好的处理性能，许多研究者致力于稳健的自适应波束形成算法研究，本节主要阐述基于特征投影和基于附加线性约束的两类稳健自适应数字波束形成算法。

4.4.1　基于特征投影的稳健自适应数字波束形成算法

本节阐述了特征干扰相消器（Eigen Canceller，EC）、主分量求逆法（Priciple Components Inversion，PCI）和正交投影算法（Orthogonal Projection，OP），以及一种改进的稳健自适应数字波束形成算法。

1. 特征干扰相消器

对于传统的 LCMV 或 MVDR 自适应波束形成处理器，当干扰角度之间超过一个波束宽度时，零陷的位置比较准确。但在一个波束宽度内存在多个干扰时，零陷位置一般会偏移真实的干扰角度，甚至不能对每个干扰都产生零陷。因此，在干噪比较低或干扰集中于一个波束宽度内的情况下，虽然阵列输出信干噪比（由干扰和噪声抑制的总体效果决定）是最优的，但干扰有可能未被有效抑制。

特征干扰相消器借鉴超分辨谱估计的思想，在噪声子空间内对自适应权矢量进行约束，以得到超角度分辨的干扰对消性能，即在一个波束宽度内形成多个准确的零陷，以解决波束宽度内多个干扰抑制的问题。其算法的实质是通过对接收信号协方差矩阵的特征分解得到干扰子空间，间接提取干扰信息，然后通过干扰特征向量约束抑制干扰。由于增加了约束自由度，因此减少了自适应自由度，所以特征干扰相消器属于一种降秩的自适应波束形成处理算法。

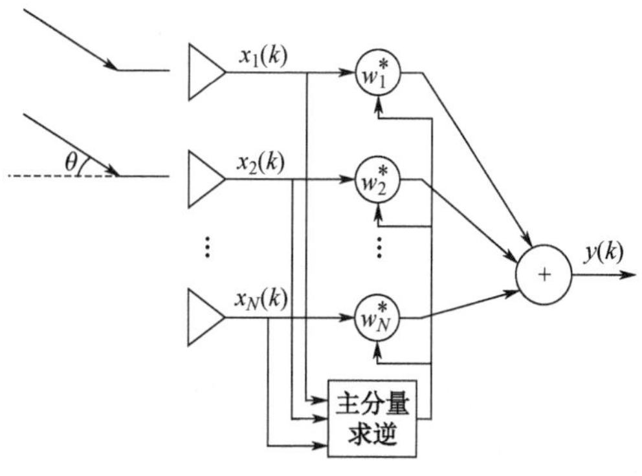

图 4.23　特征干扰相消法示意图

图 4.23 所示为特征干扰相消法示意图。对于包含 N 个单元的阵列天线，假定阵列接收的波束权重训练数据 $\boldsymbol{X}=[\boldsymbol{x}(1),\boldsymbol{x}(2),\cdots,\boldsymbol{x}(k)]^{\mathrm{T}}$ 中仅包含干扰、杂波和噪声，其中 $\boldsymbol{x}(k)=[\boldsymbol{x}_1(k),\boldsymbol{x}_2(k),\cdots,\boldsymbol{x}_N(k)]$，$k=1,2,\cdots$，其协方差矩阵为 $\boldsymbol{R}_x$。对 $\boldsymbol{R}_x$ 进行特征分解，得到阵列接收数据的 N 个特征值 λ_i（$i=1,2,\cdots,N$）和对应的特征向量 u_i，$i=1,2,\cdots,N$，如式（4.132）所示。

$$R_x = \sum_{i=1}^{N} \lambda_i u_i u_i^{\mathrm{H}} = U_{\mathrm{s}} \Lambda_{\mathrm{s}} U_{\mathrm{s}}^{\mathrm{H}} + U_{\mathrm{n}} \Lambda_{\mathrm{n}} U_{\mathrm{n}}^{\mathrm{H}} \tag{4.132}$$

将特征值从大到小排列，前若干个大特征值对应干扰信号，构成干扰子空间 U_{s}。剩余的小特征值对应噪声，构成噪声子空间 U_{n}。Λ_{s} 和 Λ_{n} 为对角阵，对角线元素为 U_{s} 和 U_{n} 中各特征向量对应的特征值。

线性约束特征干扰相消器（Linearly Constrained Eigen Canceler，LCEC）是在优化函数中添加线性约束的特征干扰相消器，又称为最小范数特征干扰相消器。首先，构造优化函数

$$w_{\mathrm{LCEC}} = \arg \min_{\substack{U_{\mathrm{s}}^{\mathrm{H}} w = 0 \\ C^{\mathrm{H}} w = f}} w^{\mathrm{H}} w \tag{4.133}$$

图 4.23 中 w_i 为 w_{LCEC} 的第 i 个元素，$y(k)$ 为波束形成后输出。采用拉格朗日乘子法，建立求解式（4.133）的目标函数，即

$$w_{\mathrm{LCEC}} = \left(I - U_{\mathrm{s}} U_{\mathrm{s}}^{\mathrm{H}}\right) C\eta \tag{4.134}$$

然后，将求目标函数关于权重系数向量 w 一阶导数为 0 的点，即极值点。

$$\nabla_w J = 2w - C\eta - U_{\mathrm{s}}\mu = 0 \tag{4.135}$$

可得

$$w_{\mathrm{LCEC}} = C\eta + U_{\mathrm{s}}\mu \tag{4.136}$$

代入干扰约束关系 $\mu = -U_{\mathrm{s}}^{\mathrm{H}} C\eta$，可得

$$w_{\mathrm{LCEC}} = \left(I - U_{\mathrm{s}} U_{\mathrm{s}}^{\mathrm{H}}\right) C\eta \tag{4.137}$$

最后，代入线性约束关系 $\eta = \left[C^{\mathrm{H}}\left(I - U_{\mathrm{s}} U_{\mathrm{s}}^{\mathrm{H}}\right) C\right]^{-1} f$，可得 LCEC 的权重系数为

$$w_{\mathrm{LCEC}} = \left(I - U_{\mathrm{s}} U_{\mathrm{s}}^{\mathrm{H}}\right) C \left[C^{\mathrm{H}}\left(I - U_{\mathrm{s}} U_{\mathrm{s}}^{\mathrm{H}}\right) C\right]^{-1} f = U_{\mathrm{n}} U_{\mathrm{n}}^{\mathrm{H}} C \left[C^{\mathrm{H}} U_{\mathrm{n}} U_{\mathrm{n}}^{\mathrm{H}} C\right]^{-1} f \tag{4.138}$$

无失真响应特征干扰相消器（Distortionless Response Eigencanceler，DREC）是 LCEC 的一个特例，即优化函数中的约束条件仅针对波束指向方向的响应为

$$w_{\mathrm{DREC}} = \arg \min_{\substack{U_{\mathrm{s}}^{\mathrm{H}} w = 0 \\ a^{\mathrm{H}}(\theta_0) w = 1}} w^{\mathrm{H}} w \tag{4.139}$$

同样利用拉格朗日乘子法，DREC 的权重系数向量表达式为

$$\begin{aligned} w_{\mathrm{DREC}} &= \frac{\left(I - U_{\mathrm{s}} U_{\mathrm{s}}^{\mathrm{H}}\right) a(\theta_0)}{a^{\mathrm{H}}(\theta_0)\left(I - U_{\mathrm{s}} U_{\mathrm{s}}^{\mathrm{H}}\right) a(\theta_0)} \\ &= \frac{U_{\mathrm{n}} U_{\mathrm{n}}^{\mathrm{H}} a(\theta_0)}{a^{\mathrm{H}}(\theta_0) U_{\mathrm{n}} U_{\mathrm{n}}^{\mathrm{H}} a(\theta_0)} \\ &= \mu U_{\mathrm{n}} U_{\mathrm{n}}^{\mathrm{H}} a(\theta_0) \end{aligned} \tag{4.140}$$

从 LCEC 和 DREC 的权重系数向量表达式可以看出，自适应权重系数向量被投影到了噪声子空间。由于噪声子空间与干扰子空间正交，因此自适应权重对干扰的抑制能力显著增强。

特征干扰相消器的优点是，当权重系数向量的训练数据快排数较少时，LCEC 能够获得优于 LCMV 的干扰和杂波对消性能，且方向图变化小、失真小、运算量小。然而，特征干扰相消器对信号子空间的秩，即信号数的估计要求较高，当信号子空间的估计误差较大出现噪声的特征向量泄漏时，特征干扰相消器的性能会出现恶化。

2. 主分量求逆法

主分量求逆法的基本思想是，由阵列接收数据估计强干扰分量，然后从原始数据中减去这些分量，从而抑制强干扰，再以期望信号的导向矢量为滤波权矢量，对剩余数据向量进行空域匹配滤波得到阵列输出。

主分量求逆法算法步骤可以概括如下。

（1）采用降秩的信号增强算法估计干扰信号成分。

假定阵列接收数据在雷达工作休止期获得，仅包含干扰、杂波和噪声，K 次快拍得到原始观测数据矩阵 $\boldsymbol{X}=[\boldsymbol{x}(1),\boldsymbol{x}(2),\cdots,\boldsymbol{x}(K)]$。对 $\boldsymbol{X}$ 进行奇异值分解，得到 N 个特征值 λ_i，也得到与特征值对应的酉矩阵 $\boldsymbol{U}$ 和 $\boldsymbol{V}$。

将特征值由大到小排列，前若干个大特征值对应干扰信号，其左奇异向量构成干扰子空间 $\boldsymbol{U}_{\rm s}$。剩余的小特征值对应噪声，构成噪声子空间 $\boldsymbol{U}_{\rm n}$。$\boldsymbol{\varLambda}_{\rm s}$ 和 $\boldsymbol{\varLambda}_{\rm n}$ 为对角阵，对角线元素为 $\boldsymbol{U}_{\rm s}$ 和 $\boldsymbol{U}_{\rm n}$ 中各特征向量对应的特征值。

$$\boldsymbol{X}=\boldsymbol{U}_{\rm s}\boldsymbol{\varLambda}_{\rm s}\boldsymbol{V}_{\rm s}^{\rm H}+\boldsymbol{U}_{\rm n}\boldsymbol{\varLambda}_{\rm n}\boldsymbol{V}_{\rm n}^{\rm H}=\boldsymbol{X}_{\rm s}+\boldsymbol{X}_{\rm n} \tag{4.141}$$

$\boldsymbol{X}_{\rm s}$ 是 $\boldsymbol{X}$ 的低秩最佳近似，可以通过投影算子计算得到

$$\boldsymbol{X}_{\rm s}=\boldsymbol{U}_{\rm s}\boldsymbol{U}_{\rm s}^{\rm T}\boldsymbol{X} \tag{4.142}$$

（2）在原始观测数据中减去估计得到的干扰信号成分。

在原始观测数据中减去估计得到的干扰信号成分，剩余的信号为

$$\tilde{\boldsymbol{X}}=\boldsymbol{X}-\boldsymbol{X}_{\rm s}=\boldsymbol{X}-\boldsymbol{U}_{\rm s}\boldsymbol{U}_{\rm s}^{\rm T}\boldsymbol{X}=\left(\boldsymbol{I}-\boldsymbol{U}_{\rm s}\boldsymbol{U}_{\rm s}^{\rm T}\right)\boldsymbol{X} \tag{4.143}$$

对剩余的信号进行空域匹配滤波得到阵列输出

$$y=\boldsymbol{a}^{\rm H}(\theta_0)\tilde{\boldsymbol{x}}=\boldsymbol{a}^{\rm H}(\theta_0)\left(\boldsymbol{I}-\boldsymbol{U}_{\rm s}\boldsymbol{U}_{\rm s}^{\rm T}\right)\boldsymbol{x} \tag{4.144}$$

（3）主分量求逆法的最佳权重系数向量可以表示为

$$\boldsymbol{w}_{\rm PCI}=\left(\boldsymbol{I}-\boldsymbol{U}_{\rm s}\boldsymbol{U}_{\rm s}^{\rm H}\right)\boldsymbol{a}(\theta_0) \tag{4.145}$$

与式（4.140）比较可见，主分量求逆法的最佳权重系数向量与 DREC 法等价。

3. 正交投影算法

正交投影算法的核心思想是，利用阵列接收数据的协方差矩阵估计干扰信号子空间，将阵列波束指向方向的导向矢量向干扰子空间的正交子空间投影，得到正交投影算法的最佳权重系数向量。

图 4.24 所示为主分量求逆法示意图。假定阵列接收数据 $\boldsymbol{X}=[\boldsymbol{x}(1),\boldsymbol{x}(2),\cdots,\boldsymbol{x}(k)]$ 中仅包含干扰、杂波和噪声，其协方差矩阵为 $\boldsymbol{R}_x$。对 $\boldsymbol{R}_x$ 进行特征分解，得到阵列接收数据的 N 个特征值 $\lambda_i(i=1,2,\cdots,N)$，和对应的特征向量 $\boldsymbol{u}_i$，$i=1,2,\cdots,N$，如式（4.146）所示。

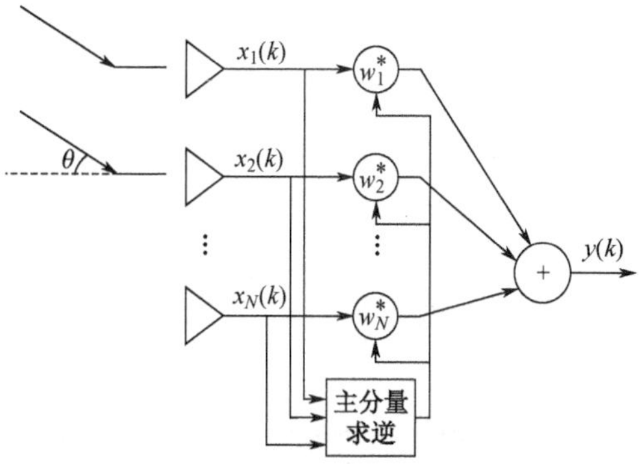

图 4.24　主分量求逆法示意图

$$\boldsymbol{R}_x=\sum_{i=1}^{N}\lambda_i\boldsymbol{u}_i\boldsymbol{u}_i^{\rm H}=\boldsymbol{U}_{\rm s}\boldsymbol{\varLambda}_{\rm s}\boldsymbol{U}_{\rm s}^{\rm H}+\boldsymbol{U}_{\rm n}\boldsymbol{\varLambda}_{\rm n}\boldsymbol{U}_{\rm n}^{\rm H} \tag{4.146}$$

将特征值由大到小排列，前若干个大特征值对应干扰信号，构成干扰子空间 $\boldsymbol{U}_{\mathrm{s}}$。剩余的小特征值对应噪声，构成噪声子空间 $\boldsymbol{U}_{\mathrm{n}}$。$\boldsymbol{\Lambda}_{\mathrm{s}}$ 和 $\boldsymbol{\Lambda}_{\mathrm{n}}$ 为对角阵，对角线元素为 $\boldsymbol{U}_{\mathrm{s}}$ 和 $\boldsymbol{U}_{\mathrm{n}}$ 中各特征向量对应的特征值。

由第 3 章可知，最大输出信干噪比准则下的最佳权重系数向量为

$$\boldsymbol{w}_{\mathrm{opt}} = \boldsymbol{R}_x^{-1}\boldsymbol{a}(\theta_0) \tag{4.147}$$

假定干扰数目为 N_i，则

$$\begin{aligned}\boldsymbol{R}_x^{-1} &= \left(\boldsymbol{R}_j + \sigma_0^2\boldsymbol{I}\right)^{-1} \\ &= \sum_{i=1}^{N_i}\frac{1}{\left(\lambda_i + \sigma_0^2\right)}\boldsymbol{u}_i\boldsymbol{u}_i^{\mathrm{H}} + \frac{1}{\sigma_0^2}\sum_{i=N_i+1}^{N}\boldsymbol{u}_i\boldsymbol{u}_i^{\mathrm{H}}\end{aligned} \tag{4.148}$$

由于干扰信号的功率通常远大于噪声功率，即 $\lambda_i \approx Np_i \gg \sigma_0^2$，$i=1,2,\cdots,N_i$，因此有

$$\boldsymbol{R}_x^{-1} \approx \frac{1}{\sigma_0^2}\sum_{i=N_i+1}^{N}\boldsymbol{u}_i\boldsymbol{u}_i^{\mathrm{H}} = \frac{1}{\sigma_0^2}\boldsymbol{U}_{\mathrm{n}}\boldsymbol{U}_{\mathrm{n}}^{\mathrm{H}} = \frac{1}{\sigma_0^2}\left(\boldsymbol{I} - \boldsymbol{U}_{\mathrm{s}}\boldsymbol{U}_{\mathrm{s}}^{\mathrm{H}}\right) \tag{4.149}$$

从而可得到正交投影算法的最佳权重系数向量为

$$\boldsymbol{w}_{\mathrm{OP}} = \boldsymbol{U}_{\mathrm{n}}\boldsymbol{U}_{\mathrm{n}}^{\mathrm{H}}\boldsymbol{a}(\theta_0) = \left(\boldsymbol{I} - \boldsymbol{U}_{\mathrm{s}}\boldsymbol{U}_{\mathrm{s}}^{\mathrm{H}}\right)\boldsymbol{a}(\theta_0) \tag{4.150}$$

与式（4.140）比较可见，正交投影算法的最佳权重系数向量与 DREC 等价。图 4.25 中 w_i 为 $\boldsymbol{w}_{\mathrm{OP}}$ 的第 i 个元素，$\boldsymbol{y}(t)$ 为波束形成后输出。

4．改进的稳健自适应数字波束形成算法

传统的基于投影的稳健自适应数字波束形成算法，校正期望信号导向矢量由估计期望信号导向矢量调整为由协方差矩阵特征值分解后估计得到的信号子空间投影得到

$$\bar{\boldsymbol{s}}_d = \boldsymbol{E}_{\mathrm{s}}\boldsymbol{E}_{\mathrm{s}}^{\mathrm{H}}\hat{\boldsymbol{s}}_d \tag{4.151}$$

式中，$\boldsymbol{E}_{\mathrm{s}}$ 为估计信号子空间，$\hat{\boldsymbol{s}}_d$ 为估计期望信号导向矢量。传统的基于投影的稳健自适应数字波束形成算法是基于特征值分解的，估计信号干扰子空间需要先估计信号源数。信号源数估计准确与否会影响算法的波束形成性能。在已经提出的信号源数估计方法中，最常用的是基于信息论准则的方法，如 Akaike 信息论（AIC）准则和最小描述长度（MDL）准则。MDL 准则是一致性估计，而 AIC 准则不是一致性估计，即 AIC 在大快拍数下，仍有较大的误差概率。基于信息论准则的信源估计是基于估计协方差矩阵特征值的方法，在中高信噪比下该准则有较好的性能，而在小信噪比下该准则性能很差。Lee H 提出了基于特征向量的信源估计方法。这类方法可以在低信噪比下获得较好的性能。但是需要精确已知其中一个信号源的导向矢量，当导向矢量存在误差时该方法性能很差。

为了消除协方差矩阵的不确定性，设计了一种改进的基于投影稳健自适应波束形成算法，给出协方差矩阵 $\boldsymbol{R}$ 的线性 shrinkage 估计。

$$\bar{\boldsymbol{R}} = \beta\hat{\boldsymbol{R}}_x + \alpha\boldsymbol{I} \tag{4.152}$$

式中，$\hat{\boldsymbol{R}}_x$ 为估计协方差矩阵，参数 $\alpha \geqslant 0$、$\beta \geqslant 0$ 为 shrinkage 系数。选择 α、β 使得协方差矩阵估计值 $\bar{\boldsymbol{R}}_x$ 的均方误差最小，即 $\mathrm{MSE}(\bar{\boldsymbol{R}}_x)=E\left\{\left\|\bar{\boldsymbol{R}}_x - \boldsymbol{R}_x\right\|^2\right\}$ 最小，其中 $\boldsymbol{R}_x$ 为准确的协方差矩阵。

$$\begin{aligned}\mathrm{MSE}(\bar{\boldsymbol{R}}_x)&=E\{\|\alpha\boldsymbol{I}-(1-\beta)\boldsymbol{R}_x+\beta(\hat{\boldsymbol{R}}_x-\boldsymbol{R}_x)\|^2\}\\&=\|\alpha\boldsymbol{I}-(1-\beta)\boldsymbol{R}_x\|^2+\beta^2E\{\|\hat{\boldsymbol{R}}_x-\boldsymbol{R}_x)\|^2\}\\&=\alpha^2N-2\alpha(1-\beta)\mathrm{tr}(\boldsymbol{R}_x)+(1-\beta)^2\|\boldsymbol{R}_x\|^2+\beta^2E\{\|\hat{\boldsymbol{R}}_x-\boldsymbol{R}_x\|^2\}\end{aligned}\tag{4.153}$$

由此可得α、β的值为

$$\hat{\alpha}=\min\left[\hat{v}\frac{\hat{\rho}}{\left\|\hat{\boldsymbol{R}}-\hat{v}\boldsymbol{I}\right\|^2},\hat{v}\right]\tag{4.154}$$

$$\hat{\beta}=1-\frac{\hat{\alpha}}{\hat{v}}\tag{4.155}$$

其中，$\hat{v}=\frac{\mathrm{tr}(\hat{\boldsymbol{R}}_x)}{N}$，$\hat{\rho}=\frac{1}{T^2}\sum_{t=1}^{T}\left\|\boldsymbol{x}(t)\right\|^4-\frac{1}{T}\left\|\hat{\boldsymbol{R}}_x\right\|^2$。把$\alpha$、$\beta$代入式（4.152）即可得到校正协方差矩阵$\bar{\boldsymbol{R}}_x$，后面估计真实信号导向矢量也将用到该协方差矩阵$\bar{\boldsymbol{R}}_x$。

接下来利用校准后的协方差矩阵来校正估计期望信号导向矢量。

协方差矩阵$\boldsymbol{R}_x$可以特征值分解为

$$\boldsymbol{R}_x=\sum_{i=1}^{N}\lambda_i\boldsymbol{e}_i\boldsymbol{e}_i^{\mathrm{H}}\tag{4.156}$$

其中，$\lambda_1\geqslant\lambda_2\geqslant\cdots\geqslant\lambda_{J+2}=\cdots=\lambda_N=\sigma^2$，为从大到小排列的$\boldsymbol{R}_x$的特征值；$\boldsymbol{e}_i$（$i$=1,2,⋯,$N$）为与之相对应的特征向量。

首先分析期望信号导向矢量$\boldsymbol{s}_d$在特征向量$\boldsymbol{e}_i$上的投影，在这里为了分析方便，考虑一个干扰一个信号的情况，信号与干扰不相干。此时协方差可以表示为

$$\begin{aligned}\boldsymbol{R}_x&=[\boldsymbol{s}_d,\boldsymbol{s}_{\mathrm{I}}]\begin{bmatrix}P_{\mathrm{s}}&0\\0&P_{\mathrm{I}}\end{bmatrix}[\boldsymbol{s}_d,\boldsymbol{s}_{\mathrm{I}}]^{\mathrm{H}}+\sigma^2\boldsymbol{I}\\&=[\boldsymbol{e}_1,\boldsymbol{e}_2]\begin{bmatrix}\mu_1&0\\0&\mu_2\end{bmatrix}[\boldsymbol{e}_1,\boldsymbol{e}_2]^{\mathrm{H}}+\sigma^2\boldsymbol{I}\end{aligned}\tag{4.157}$$

式中，σ^2为噪声功率；$\boldsymbol{s}_{\mathrm{I}}$为干扰导向矢量；$P_{\mathrm{s}}$和$P_{\mathrm{I}}$分别为期望信号和干扰的功率；$\mu_i$（$i$=1,2），为信号子空间的特征值，$\mu_1\geqslant\mu_2$。由于信号子空间与噪声子空间正交，因此可得$\left|\boldsymbol{s}_d^{\mathrm{H}}\boldsymbol{e}_i\right|^2=0$，$i$=3,⋯,$N$。计算得到

$$\mu_1=\frac{\left(N(P_{\mathrm{s}}+P_{\mathrm{I}})+\sqrt{N^2(P_{\mathrm{s}}+P_{\mathrm{I}})^2-4N^2P_{\mathrm{s}}P_{\mathrm{I}}(1-|d|^2)}\right)}{2}\tag{4.158}$$

$$\mu_2=\frac{\left(N(P_{\mathrm{s}}+P_{\mathrm{I}})-\sqrt{N^2(P_{\mathrm{s}}+P_{\mathrm{I}})^2-4N^2P_{\mathrm{s}}P_{\mathrm{I}}(1-|d|^2)}\right)}{2}\tag{4.159}$$

且

$$\left|\boldsymbol{s}_d^{\mathrm{H}}\boldsymbol{e}_i\right|^2=N(-1)^i\frac{-\mu_i+NP_{\mathrm{I}}(1-|d|^2)}{\mu_1-\mu_2}\quad i=1,2\tag{4.160}$$

其中，$|d|=(1/N)\boldsymbol{s}_d^{\mathrm{H}}\boldsymbol{s}_{\mathrm{I}}$。把式（4.158）和式（4.159）代入式（4.160），可得

$$\left|\boldsymbol{s}_d^{\mathrm{H}}\boldsymbol{e}_1\right|^2 = N\frac{\dfrac{\left((P_{\mathrm{s}}+P_{\mathrm{I}})+\sqrt{(P_{\mathrm{s}}+P_{\mathrm{I}})^2-4P_{\mathrm{s}}P_{\mathrm{I}}(1-|d|^2)}\right)}{2}-P_{\mathrm{I}}\left(1-|d|^2\right)}{\sqrt{(P_{\mathrm{s}}+P_{\mathrm{I}})^2-4P_{\mathrm{s}}P_{\mathrm{I}}(1-|d|^2)}} \tag{4.161}$$

$$\left|\boldsymbol{s}_d^{\mathrm{H}}\boldsymbol{e}_2\right|^2 = N\frac{P_{\mathrm{I}}\left(1-|d|^2\right)-\dfrac{\left((P_{\mathrm{s}}+P_{\mathrm{I}})-\sqrt{(P_{\mathrm{s}}+P_{\mathrm{I}})^2-4P_{\mathrm{s}}P_{\mathrm{I}}\left(1-|d|^2\right)}\right)}{2}}{\sqrt{(P_{\mathrm{s}}+P_{\mathrm{I}})^2-4P_{\mathrm{s}}P_{\mathrm{I}}\left(1-|d|^2\right)}} \tag{4.162}$$

在通常情况下，干扰处在主波瓣外，即干扰和信号角度之差大于波束宽度，所以$|d|^2 \ll 1$。当$P_{\mathrm{I}} > P_{\mathrm{s}}$时，式（4.161）和式（4.162）可以近似写为

$$\begin{cases}\left|\boldsymbol{s}_d^{\mathrm{H}}\boldsymbol{e}_1\right|^2 \approx N\dfrac{P_{\mathrm{I}}|d|^2}{P_{\mathrm{I}}-P_{\mathrm{s}}} \\ \left|\boldsymbol{s}_d^{\mathrm{H}}\boldsymbol{e}_2\right|^2 \approx N\left(1-\dfrac{P_{\mathrm{I}}|d|^2}{P_{\mathrm{I}}-P_{\mathrm{s}}}\right)\end{cases} \tag{4.163}$$

当$P_{\mathrm{I}} \gg P_{\mathrm{s}}$时，可以得到$\left|\boldsymbol{s}_d^{\mathrm{H}}\boldsymbol{e}_1\right|^2 \approx 0$，$\left|\boldsymbol{s}_d^{\mathrm{H}}\boldsymbol{e}_2\right|^2 \approx N$，也即此时$\boldsymbol{e}_2$和$\boldsymbol{s}_d$间的夹角$\varphi_1$近似为0°。$\boldsymbol{e}_2$张开的子空间可以近似认为与真实的期望信号导向矢量$\boldsymbol{s}_d$张开的子空间相同。此时，$\boldsymbol{e}_2$张开的子空间可以当成期望信号导向矢量张开的子空间的估计值，可以通过把估计期望信号导向矢量向$\boldsymbol{e}_2$张开的子空间投影得到校正后的期望信号导向矢量。

接下来，考虑当$P_{\mathrm{I}} \gg P_{\mathrm{s}}$不成立的情况。此时$\left|\boldsymbol{s}_d^{\mathrm{H}}\boldsymbol{e}_1\right|^2 \neq 0$，于是$\boldsymbol{e}_2$张开的子空间不能近似作为期望信号导向矢量张开的子空间。例如，当$P_{\mathrm{I}} = P_{\mathrm{s}} = P$时，

$$\mu_1 = NP\left(1+|d|\right) \tag{4.164}$$

$$\mu_2 = NP\left(1-|d|\right) \tag{4.165}$$

式（4.164）和式（4.165）代入式（4.163）可得

$$\left|\boldsymbol{s}_d^{\mathrm{H}}\boldsymbol{e}_1\right|^2 = \frac{N}{2}\left(1+|d|\right) \approx \frac{N}{2} \tag{4.166}$$

$$\left|\boldsymbol{s}_d^{\mathrm{H}}\boldsymbol{e}_2\right|^2 = \frac{N}{2}\left(1-|d|\right) \approx \frac{N}{2} \tag{4.167}$$

可见，此时$\boldsymbol{s}_d$不仅处在$\boldsymbol{e}_2$张成的子空间中，而且处在$\boldsymbol{e}_1$张成的子空间中。在这种情况下，由矩阵$\boldsymbol{P} = [\boldsymbol{e}_1 \quad \boldsymbol{e}_2]$张成的空间可以近似认为与真实的期望信号导向矢量 $\boldsymbol{s}_d$ 张开的子空间相同。此时，可以把$\boldsymbol{P}$张开的子空间当作期望信号导向矢量张开的子空间，可以通过把估计期望信号导向矢量向$\boldsymbol{P}$张开的子空间投影得到校正期望信号导向矢量。

而且在实际应用中，因为协方差矩阵$\boldsymbol{R}_x$通常由有限的快拍数估计得到，所以$\left|\boldsymbol{s}_d^{\mathrm{H}}\boldsymbol{e}_i\right|^2 \neq 0$（$i$=3,⋯, N）。此时，可以通过把$\boldsymbol{s}_d$向协方差矩阵特征向量投影的方法来寻找出对应大投影的特征向量，从而构造矩阵$\boldsymbol{P}$，$\boldsymbol{P}$张成的空间近似为期望信号子空间。在实际应用中，真实期望信号导向矢量是未知的，通常用估计期望信号导向矢量$\hat{\boldsymbol{s}}_d$代替$\boldsymbol{s}_d$，且实际应用中$\hat{\boldsymbol{s}}_d$和$\boldsymbol{s}_d$之间的误差不会特别大。此时，可以通过$\hat{\boldsymbol{s}}_d$向协方差矩阵特征向量投影$d(i) = |\boldsymbol{e}_i^{\mathrm{H}}\hat{\boldsymbol{s}}_d|^2$的方法来构

造矩阵 $\boldsymbol{P}$。首先，把估计期望信号导向矢量 $\hat{\boldsymbol{s}}_d$ 投影到 $\boldsymbol{e}_i$，得到投影

$$d(i)=|\boldsymbol{e}_i^{\mathrm{H}}\hat{\boldsymbol{s}}_d|^2 \qquad i=1,2,\cdots,N \tag{4.168}$$

然后，把 $d(i)(i=1,2,\cdots,N)$ 从大到小排列，$d_{[N]}>d_{[N-1]}>\cdots>d_{[1]}$。相应地，$\boldsymbol{e}_i$ 排列为 $\boldsymbol{e}_{[N]}$，$\boldsymbol{e}_{[N-1]}$，$\cdots$，$\boldsymbol{e}_{[1]}$，其中 $\boldsymbol{e}_{[i]}$ 为与 $d_{[i]}$ 相对应的特征向量。接下来，找出大投影值所对应的特征向量来构成矩阵 $\boldsymbol{P}$，$\boldsymbol{P}$ 张成的子空间近似为真实期望信号导向矢量 $\boldsymbol{s}_d$ 的空间。找到最小的 n 满足下列表达式：

$$\left(d_{[N]}+d_{[N-1]}+\cdots+d_{[n]}\right)/y>\eta \tag{4.169}$$

其中，$y=d(1)+d(2)+\cdots+d(N)=N$ 为所有投影值的和；η 为常数，用来选取大投影值，$0<\eta<1$。

然后可以构造出矩阵

$$\boldsymbol{P}=\left[\boldsymbol{e}_{[n]}\boldsymbol{e}_{[n+1]}\cdots\boldsymbol{e}_{[N]}\right] \tag{4.170}$$

最后把估计期望信号导向矢量向 $\boldsymbol{P}$ 张开的子空间（期望信号子空间）投影得到校正期望信号导向矢量

$$\overline{\boldsymbol{s}}_d=\boldsymbol{P}\boldsymbol{P}^{\mathrm{H}}\hat{\boldsymbol{s}}_d \tag{4.171}$$

通过向期望信号子空间投影，很好地修正了估计期望信号导向矢量的误差。

本节所设计的基于投影的稳健自适应数字波束形成算法可以概述如下。

（1）对接收数据进行采样，得到快拍数据 $\boldsymbol{x}(t)$，估计协方差矩阵 $\hat{\boldsymbol{R}}_x$，然后由式（4.154）和式（4.155）求解 α、β，并通过式（4.152）获得校正协方差矩阵 $\overline{\boldsymbol{R}}_x$。

（2）由式（4.170）构造矩阵 $\boldsymbol{P}$，并利用式（4.171）获得校正期望信号导向矢量。

（3）计算最优权重系数向量。

$$\boldsymbol{w}=\overline{\boldsymbol{R}}_x^{-1}\overline{\boldsymbol{s}}_d(\overline{\boldsymbol{s}}_d^{\mathrm{H}}\overline{\boldsymbol{R}}_x^{-1}\overline{\boldsymbol{s}}_d)^{-1} \tag{4.172}$$

接下来通过仿真实验分析算法性能，实验中采用线性均匀分布阵列，阵元间距为半波长，阵元天线各向同性，总阵元数为 10。各阵元噪声为加性白噪声。来自不同方向的远场窄带信号互不相关，而其信号与加性噪声也不相关。期望信号的入射方向为 $\theta_p=5^\circ$。两个干扰信号的入射角分别为-50° 和-20°，INR 均为 30dB，取 $\eta=0.7$，可以利用的快拍数 $T=50$。仿真结果均为 200 次独立实验的平均结果。

本实验对 3 种稳健的自适应波束形成算法的波束形成性能进行了比较，即本节设计的基于投影的稳健自适应数字波束形成算法、传统的基于投影的稳健算法（利用 MDL 来估计信号源个数）、对角加载法和 Y.J.Gu 的联合稳健自适应数字波束形成算法，其中取 $\delta=0.1$、$K=6$ 和 $\Theta=\left[\theta_p-5^\circ,\theta_p+5^\circ\right]$。

在实验一中，考虑期望信号估计角度误差对阵列输出信号干扰噪声比（SINR）的影响。假设角度误差为 3°，即估计期望信号来波方向为 8°。对于以上几种稳健算法，图 4.25 和图 4.26 所示均为输出 SINR 随 SNR 变化曲线。图中实线为理想的输出 SINR 曲线；圈号线为本节中提出的基于投影的稳健自适应数字波束形成算法输出 SINR 曲线；星号线为传统的基于投影的稳健自适应数字波束形成算法输出 SINR 曲线；虚线为传统的 LCMV 波束形成算法输出 SINR 曲线，五角星线为对角加载法输出 SINR 曲线；加号线为联合稳健自适应数字波束形成算法算法输出 SINR 曲线。从图 4.25 和图 4.26 可以看出，稳健算法可以减少由于指向误差所带来的阵列性能误差。本节所提出的稳健的基于投影的稳健算法性能优于传统的投影算法和对角加载算法，且具有与联合稳健算法类似的性能。

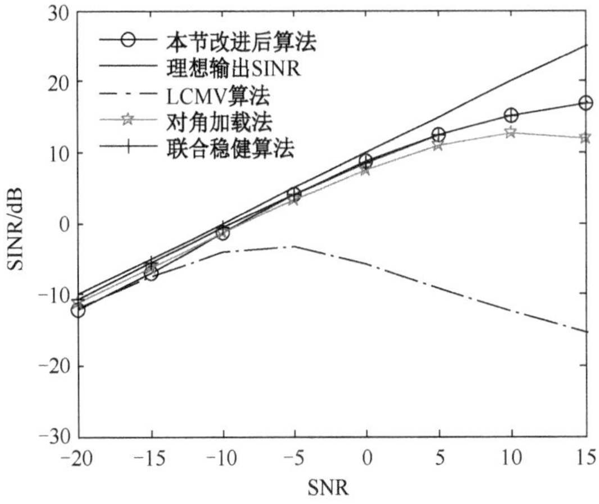

图 4.25 输出 SINR 随 SNR 变化曲线

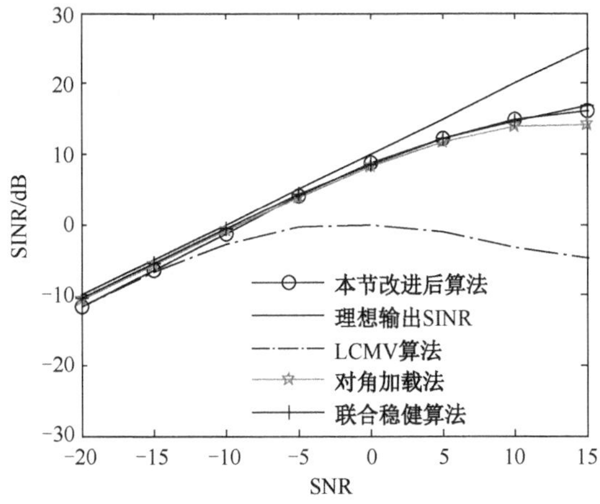

图 4.26 输出 SINR 随 SNR 变化曲线

在实验二中，考虑阵元位置误差及期望信号估计角度误差同时存在时，误差对阵列输出信号干扰噪声比的影响。假设阵元位置误差在[−0.05,0.05]×λ 内均匀分布，其中 λ 为信号波长，期望信号估计角度误差则在[−4°，4°]内随机均匀分布。图 4.27 所示为输出 SINR 随 SNR 变化曲线。图中实线为理想的输出 SINR 曲线；圈号线为本节中提出的基于投影的稳健自适应数字波束形成算法输出 SINR 曲线；星号线为传统的基于投影的稳健自适应数字波束形成算法输出 SINR 曲线；虚线为传统的 LCMV 波束形成算法输出 SINR 曲线；五角星线为对角加载法输出 SINR 曲线；加号线为联合稳健自适应数字波束形成。从图 4.27 可以看出，稳健算法可以减少由于阵元位置误差及指向误差所带来的阵列性能下降，且本节所提出的稳健的基于投影的稳健算法性能优于传统的投影算法和对角加载算法，且具有与联合稳健算法类似的性能。

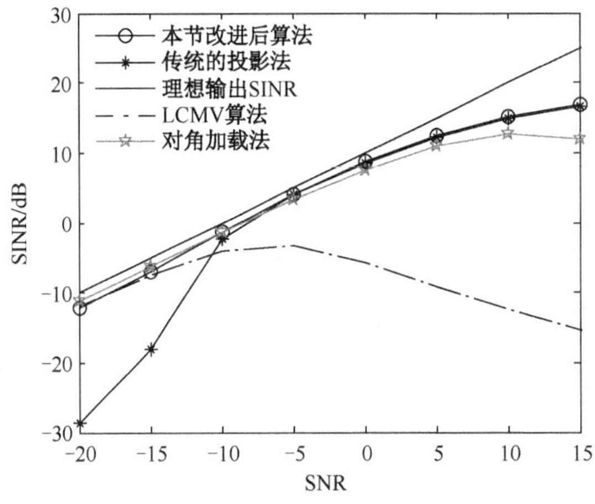

图 4.27 输出 SINR 随 SNR 变化曲线

4.4.2 基于附加线性约束的稳健降秩自适应和差波束形成算法

在自适应单脉冲和差波束形成中，目标信号的来波方向会出现在 3dB 波束宽度内的任意方向，即会出现波束指向误差。如果按照 4.2.2 节中的方法构造约束矩阵和阻塞矩阵，会造成目标信号分量进入 MWF 的下支路输入信号 $\boldsymbol{X}_0$ 中，出现目标信号相消的现象，这会严重影响单脉冲测角性能。本节介绍了一种空间阻塞展宽及参数加载的自动降秩 MWF (VLSRS-MWF) 以实现稳健降秩的自适应单脉冲和差波束形成。

1．基于主瓣空间基向量的空间阻塞展宽

假定 $\boldsymbol{w}=\boldsymbol{w}_q-\boldsymbol{B}_q\boldsymbol{T}_r\boldsymbol{w}_{\boldsymbol{D}_r}$ 表示 MWF 的权重系数向量，如果约束 MWF 的自适应方向图主瓣与静态权 $\boldsymbol{w}_q$ 的方向图主瓣一致，那么 $\boldsymbol{w}$ 可由如下最优化问题得到。

$$\begin{aligned}&\min \boldsymbol{w}^{\mathrm{H}}\boldsymbol{R}_x\boldsymbol{w}\\&\text{s.t. } \boldsymbol{A}_\Theta^{\mathrm{H}}\boldsymbol{w}=\boldsymbol{A}_\Theta^{\mathrm{H}}\boldsymbol{w}_q\end{aligned} \tag{4.173}$$

式中，$\boldsymbol{A}_\Theta$ 是包含 3dB 主瓣宽度 Θ 内所有角度的导向矢量的矩阵。如果 $\boldsymbol{B}_q$ 满足 $\boldsymbol{B}_q^{\mathrm{H}}\boldsymbol{A}_\Theta=0$，即 $\boldsymbol{B}_q$ 与 $\boldsymbol{A}_\Theta$ 正交，那么 $\boldsymbol{A}_\Theta^{\mathrm{H}}\boldsymbol{w}=\boldsymbol{A}_\Theta^{\mathrm{H}}\boldsymbol{w}_q$ 显然满足。这等价于将 $\boldsymbol{B}_q$ 的空间阻塞零深展宽以覆盖整个 3dB 主瓣宽度 Θ，即 Θ 内任意角度入射的信号都会被阻塞掉。本节将证明，这样的过程可以用 $\boldsymbol{A}_\Theta$ 的基向量实现，并给出了阻塞过程的泄露信号。

假定 $\boldsymbol{P}=\left[\boldsymbol{p}_1,\boldsymbol{p}_2,\cdots,\boldsymbol{p}_Q\right]$ 为 $\boldsymbol{A}_\Theta$ 的一组正交基向量，称为主瓣空间基向量，则主瓣内任意角度的导向矢量可由主瓣空间基向量近似。

$$\boldsymbol{a}(u)=a_1\boldsymbol{p}_1+a_2\boldsymbol{p}_2+\cdots+a_P\boldsymbol{p}_Q+\varDelta_P(u) \tag{4.174}$$

式中，Q 为基向量数；$\varDelta_P(u)$ 为近似误差，$u=\sin\theta$ 及 $(u_0-\Delta u)\leqslant u\leqslant(u_0+\Delta u)$ 是主瓣 3dB 范围内的角度。定义 $G_{\mathrm{s}}(u)$ 和 $F_{\mathrm{s}}(u)$ 分别为 w 和 $\boldsymbol{w}_q$ 的功率方向图主瓣，可表示为

$$G_{\mathrm{s}}(u)=\left(\boldsymbol{w}_q-\boldsymbol{B}_q\boldsymbol{T}_r\boldsymbol{w}_{\boldsymbol{D}_r}\right)^{\mathrm{H}}\boldsymbol{a}(u)\boldsymbol{a}^{\mathrm{H}}(u)\left(\boldsymbol{w}_q-\boldsymbol{B}_q\boldsymbol{T}_r\boldsymbol{w}_{\boldsymbol{D}_r}\right) \tag{4.175}$$

和

$$F_{\mathrm{s}}(u)=\boldsymbol{w}_q^{\mathrm{H}}\boldsymbol{a}(u)\boldsymbol{a}^{\mathrm{H}}(u)\boldsymbol{w}_q \tag{4.176}$$

此外，定义 $T_u=\boldsymbol{a}^{\mathrm{H}}(u)\boldsymbol{B}_q\boldsymbol{T}_r\boldsymbol{w}_{\boldsymbol{D}_r}$，可以得到

$$\left|G_{\mathrm{s}}(u)-F_{\mathrm{s}}(u)\right|\leqslant\left|\boldsymbol{a}^{\mathrm{H}}(u)\boldsymbol{B}_q\boldsymbol{T}_r\boldsymbol{w}_{\boldsymbol{D}_r}\right|^2+2\left|\boldsymbol{w}_q^{\mathrm{H}}\boldsymbol{a}(u)\boldsymbol{a}^{\mathrm{H}}(u)\boldsymbol{B}_q\boldsymbol{T}_r\boldsymbol{w}_{\boldsymbol{D}_r}\right|=\left|T_u\right|^2+2\left|\boldsymbol{w}_q^{\mathrm{H}}\boldsymbol{a}(u)T_u\right| \tag{4.177}$$

如果 $\boldsymbol{B}_q^{\mathrm{H}}\boldsymbol{P}=\boldsymbol{0}$，即 $\boldsymbol{B}_q=\mathrm{null}\left(\boldsymbol{P}\boldsymbol{P}^{\mathrm{H}}\right)$，$T_u$ 可以表示为

$$T_u=\left(a_1\boldsymbol{p}_1+a_2\boldsymbol{p}_2+\cdots+a_P\boldsymbol{p}_Q+\varDelta_P(u)\right)^{\mathrm{H}}\boldsymbol{B}_q\boldsymbol{T}_r\boldsymbol{w}_{\boldsymbol{D}_r}=\varDelta_P^{\mathrm{H}}(u)\boldsymbol{B}_q\boldsymbol{T}_r\boldsymbol{w}_{\boldsymbol{D}_r} \tag{4.178}$$

那么

$$\left|G_{\mathrm{s}}(u)-F_{\mathrm{s}}(u)\right|\leqslant\left|\varDelta_P^{\mathrm{H}}(u)\boldsymbol{B}_q\boldsymbol{T}_r\boldsymbol{w}_{\boldsymbol{D}_r}\right|^2+2\left|\boldsymbol{w}_q^{\mathrm{H}}\boldsymbol{a}(u)\varDelta_P^{\mathrm{H}}(u)\boldsymbol{B}_q\boldsymbol{T}_r\boldsymbol{w}_{\boldsymbol{D}_r}\right| \tag{4.179}$$

在式（4.179）中，当 $\varDelta_P$ 近似为 0 时，$\left|G_{\mathrm{s}}(u)-F_{\mathrm{s}}(u)\right|$ 近似为 0，即权重系数向量 $\boldsymbol{w}$ 的方向图主瓣能够和 $\boldsymbol{w}_q$ 的方向图主瓣保持一致。此时，阻塞矩阵 $\boldsymbol{B}_q$ 的零深能被主瓣基向量展宽到覆盖整个 3dB 主瓣宽度且能阻塞掉任何出现在 3dB 主瓣宽度内的目标信号，即避免波束指向误差引起目标信号相消。

当 $\varDelta_P\neq0$ 时，由式（4.179），$\boldsymbol{B}_q^{\mathrm{H}}\boldsymbol{a}(u)=\boldsymbol{B}_q^{\mathrm{H}}\varDelta_P$ 可以被视为阻塞过程的泄漏信号，且会影响自适应方向图的性能。可利用式（4.180）中表示的旁瓣泄露因子来衡量泄漏进 MWF 下支路的信号功率，即 $\boldsymbol{B}_q$ 对主瓣内任意角度信号的阻塞性能。对 $\boldsymbol{B}_q$ 的阻塞零深展宽以覆盖整个 3dB 主瓣宽度即是将 $H(u)$的零陷展宽。

$$H(u)=10\lg_{10}\frac{\left\|\boldsymbol{B}_q\left(\boldsymbol{B}_q^{\mathrm{H}}\boldsymbol{B}_q\right)^{-1}\boldsymbol{B}_q^{\mathrm{H}}\boldsymbol{a}(u)\right\|_2^2}{\left\|\boldsymbol{a}(u)\right\|_2^2} \tag{4.180}$$

现有的基于导数约束和特征向量约束的阻塞零深展宽方法，都可以视为基于主瓣空间基向量的阻塞展宽方法。特征向量约束方法利用角度积分构造导向矢量的自相关矩阵

$$\boldsymbol{R}_\Theta=\int_\Theta \boldsymbol{a}(\theta)\boldsymbol{a}^{\mathrm{H}}(\theta)\mathrm{d}\theta \tag{4.181}$$

并通过对 $\boldsymbol{R}_\Theta$ 的特征值分解得到特征向量约束和阻塞矩阵。基于特征向量约束的阻塞矩阵在主瓣内具有较稳定的阻塞零深。基于特征向量约束的方法得到 $\boldsymbol{X}_0$ 的运算复杂度为 $N^2N_\theta+O(N^3)+(N-p)NT$，其中 N_θ，$N_\theta>N$ 是计算导向矢量自相关矩阵的离散角度。虽然导数约束方法具有远低于特征向量约束的运算复杂度，但是其只适用于较小的波束指向误差的情况。

对于自适应和差波束形成，MWF 的权重系数向量应当满足和差波束的约束矩阵 $\boldsymbol{C}_\Sigma$ 和 $\boldsymbol{C}_\Delta$ 以满足约束的单脉冲比斜率。所以，$\boldsymbol{B}_q$ 应当与 $\boldsymbol{C}_\Sigma$ 和 $\boldsymbol{C}_\Delta$ 完全正交。而利用导向矢量的高阶导数作为正交基对导向矢量进行近似，在角度偏差较小时具有很高的精度。当角度偏差增大后，逼近精度会显著下降。为了使得在 3dB 主瓣宽度内都获得较高的逼近精度且使 $\boldsymbol{B}_q$ 与 $\boldsymbol{C}_\Delta$ 正交，需要使用的基向量数要多于特征向量约束。

基于上述分析，本节设计了均匀导向矢量以作为主瓣空间基向量。基于均匀导向矢量的阻塞矩阵在获得主瓣内稳定的阻塞性能的同时具有较低的运算复杂度。

假定方向图主瓣 3dB 范围为 $\Theta=[u_0-\Delta u,u_0+\Delta u]$，$\bar{u}_1,\bar{u}_2,\cdots,\bar{u}_p$ 为其中一组均匀排列的角度。当相邻两个导向矢量的角度差较小时，它们是高度相关的，即一个导向矢量可由其相邻的导向矢量线性表示。所以，$\boldsymbol{A}_\Theta$ 的秩远小于其中导向矢量的个数。$\boldsymbol{P}_{\Theta u}=\left[\boldsymbol{a}(\bar{u}_1),\boldsymbol{a}(\bar{u}_2),\cdots,\boldsymbol{a}(\bar{u}_p)\right]$ 可以作为一组主瓣空间基向量。由于 $\boldsymbol{C}_\Sigma$ 和 $\boldsymbol{C}_\Delta$ 可以被设计包含进 $\boldsymbol{P}_{\Theta u}=\left[\boldsymbol{a}(\bar{u}_1),\boldsymbol{a}(\bar{u}_2),\cdots,\boldsymbol{a}(\bar{u}_p)\right]$ 中，因此由 $\boldsymbol{P}_{\Theta u}$ 得到的阻塞矩阵 $\boldsymbol{B}_{qu}=\mathrm{null}\left(\boldsymbol{P}_{\Theta u}\boldsymbol{P}_{\Theta u}^{\mathrm{H}}\right)$ 与 $\boldsymbol{C}_\Sigma$ 和 $\boldsymbol{C}_\Delta$ 正交。

由于 $\boldsymbol{B}_{qu}$ 对空间角度的阻塞性能受该角度导向矢量与均匀导向矢量的相关性影响，当两者之间的角度差变大后，该角度导向矢量与均匀导向矢量的相关性变差，会使得该角度的阻塞性能下降。选择足够数量的均匀导向矢量对维持稳定的阻塞零深较为重要。本节在后续的仿真实验中证明了，基于均匀导向矢量的阻塞矩阵零深展宽性能会略差于基于特征向量约束的阻塞矩阵，但优于基于导数约束的阻塞矩阵。

对于均匀导向矢量构成的基向量，利用 Householder 变换构造阻塞矩阵以及阻塞矩阵输出信号 $\boldsymbol{X}_0$ 具有较低的运算复杂度。Householder 变换计算过程如表 4.2 所示。在本节设计的 VLSRS-MWF 算法中，利用 Householder 变换由均匀导向矢量 $\boldsymbol{P}_{\Theta u}$ 得到 $\boldsymbol{X}_0$ 的运算复杂度为 $[2Np-p(p-1)]^{\mathrm{T}}+O(4Np^2+Np)$ 次复数乘法。与特征向量约束相比，本节设计的算法具有更低的运算复杂度。

表 4.2 Householder 变换计算过程

计算过程	计算复杂度
初始化： $\boldsymbol{P}$ 为主瓣空间基向量 $\bar{\boldsymbol{P}}=\boldsymbol{P}\mathrm{sqrtm}\left(\left(\boldsymbol{P}^{\mathrm{H}}\boldsymbol{P}\right)^{-1}\right)$	$2Np^2+O(p^3)$，其中 p 为基向量数

续表

计算过程	计算复杂度
$V = 0_{N\times p}$	
For i=1,2,⋯,p	
$\tau = \bar{P}(i:N,i)$	
$e_1 = \left[1\ 0_{1\times(N-i)}\right]^{\mathrm{T}}$	
$v = \mathrm{sgn}(\tau(1))\|\tau\|_2 e_1 + \tau$	$N-i+1$
$v = v/\|v\|_2$	$2(N-i+1)$
$\bar{P}(i:N,i:p) = \bar{P}(i:N,i:p) - 2v\left(v^{\mathrm{H}}\bar{P}(i:N,i:p)\right)$	$(N-i+1)(2p-2i+3)$
$V(i:N,i) = v$	
End	$O(2Np^2)$
利用 Householder 变换得到 X_0：	
$X_0 = X$	
For i=1,2,⋯,p	
$X_0(i:N,:) = X_0(i:N,:) - 2V(i:N,i)\left[V^{\mathrm{H}}(i:N,i)X_0(i:N,:)\right]$	
End	$\left[2Np - p(p-1)\right]^{\mathrm{T}}$

2．对降秩协方差矩阵参数加载以控制旁瓣

在本节设计的 VLSRS-MWF 算法中，利用空间阻塞展宽的阻塞矩阵 B_q 可以实现对自适应方向图主瓣的保形，使其与静态方向图主瓣一致。式（4.172）中的最优化问题可以转换为下式中的无约束优化问题。

$$w_{D_r} = \arg\min\left(w_q - B_q T_r w_{D_r}\right)^{\mathrm{H}} R_x \left(w_q - B_q T_r w_{D_r}\right) \tag{4.182}$$

则 w_{D_r} 可以表示为

$$w_{D_r} = \left(T_r^{\mathrm{H}} B_q^{\mathrm{H}} R_x B_q T_r\right)^{-1} T_r^{\mathrm{H}} B_q^{\mathrm{H}} R_x w_q = R_D^{-1} r_{D_r d_0} \tag{4.183}$$

在式（4.182）中，w_{D_r} 为降秩子空间 T_r 中维纳霍夫方程的近似解。

在式（4.182）的优化问题中，对自适应方向图的主瓣区施加了严格的约束，但是没有对方向图的旁瓣区进行限制。直接对方向图的主旁瓣区施加限制的阵列方向图综合问题一般较难以得到闭式解，虽然可以通过 FFT 等算法得到权重系数向量，但是这类算法与 MWF 算法框架难以兼容。

由天线理论可知，天线的增益定义为

$$\mathrm{Gain} = e_{cd}\cdot 4\pi \frac{U_{\max}}{\int_0^{\pi} U(\theta)\sin(\theta)\mathrm{d}\theta} \tag{4.184}$$

式中，$U(\theta)$ 为天线功率方向图；e_{cd} 为天线辐射效率。在 VLSRS-MWF 算法中，自适应方向图的主瓣响应与静态方向图的主瓣保持一致，那么自适应方向图与静态方向图的增益差由方向图旁瓣决定。而自适应阵列的输出信噪比与天线方向图增益呈正相关，所以通过优化 VLSRS-MWF 的输出信噪比，可以对其旁瓣电平进行限制使其与静态方向图旁瓣电平近似。

令 $\bar{w} = w_q - B_q T_r w_D$ 表示 VLSRS-MWF 的权重系数向量，w_D 为其中需要优化的量。因此，

波束输出信噪比可以表示为

$$\begin{aligned}\mathrm{SNR}_0 &= \frac{\bar{\boldsymbol{w}}^{\mathrm{H}}\boldsymbol{R}_{\mathrm{s}}\bar{\boldsymbol{w}}}{\bar{\boldsymbol{w}}^{\mathrm{H}}\boldsymbol{R}_{\mathrm{n}}\bar{\boldsymbol{w}}} = \frac{\sigma_{\mathrm{s}}^2\bar{\boldsymbol{w}}^{\mathrm{H}}\boldsymbol{a}(u_{\mathrm{s}})\boldsymbol{a}^{\mathrm{H}}(u_{\mathrm{s}})\bar{\boldsymbol{w}}}{\sigma^2\|\bar{\boldsymbol{w}}\|_2^2} \\ &= \frac{\sigma_{\mathrm{s}}^2\left|\left(\boldsymbol{w}_q^{\mathrm{H}} - \boldsymbol{w}_{\boldsymbol{D}}^{\mathrm{H}}\boldsymbol{T}_r^{\mathrm{H}}\boldsymbol{B}_q^{\mathrm{H}}\right)\boldsymbol{a}(u_{\mathrm{s}})\right|^2}{\sigma^2\|\bar{\boldsymbol{w}}\|_2^2} \\ &= \frac{\sigma_{\mathrm{s}}^2\left|\boldsymbol{w}_q^{\mathrm{H}}\boldsymbol{a}(u_{\mathrm{s}}) - \boldsymbol{w}_{\boldsymbol{D}}^{\mathrm{H}}\boldsymbol{T}_r^{\mathrm{H}}\boldsymbol{B}_q^{\mathrm{H}}\varDelta_P(u_{\mathrm{s}})\right|^2}{\sigma^2\left\|\boldsymbol{w}_q - \boldsymbol{B}_q\boldsymbol{T}_r\boldsymbol{w}_{\boldsymbol{D}}\right\|_2^2}\end{aligned} \tag{4.185}$$

式中，$\boldsymbol{R}_{\mathrm{s}}$ 和 $\boldsymbol{R}_{\mathrm{n}}$ 分别为目标信号和噪声的协方差矩阵；σ_{s}^2 为目标信号的功率。在式（4.185）中，$\boldsymbol{B}_q^{\mathrm{H}}\varDelta_P(u_{\mathrm{s}})$ 趋近于 $\mathbf{0}$，即分子中的第二项可以忽略。则可以得到

$$\mathrm{SNR}_0 = \frac{\sigma_{\mathrm{s}}^2\left|\boldsymbol{w}_q^{\mathrm{H}}\boldsymbol{a}(u_{\mathrm{s}})\right|^2}{\sigma^2\|\bar{\boldsymbol{w}}\|_2^2} \leqslant \frac{\sigma_{\mathrm{s}}^2\left|\boldsymbol{w}_q^{\mathrm{H}}\boldsymbol{a}(u_{\mathrm{s}})\right|^2}{\sigma^2\|\boldsymbol{w}_q\|_2^2} \tag{4.186}$$

即输出信噪比受 $\|\bar{\boldsymbol{w}}\|_2^2$ 影响。通过对权重系数向量施加范数约束，可以进一步提高波束输出信噪比，同时对方向图旁瓣进行限制。将范数约束引入式（4.173）可以得到

$$\begin{aligned}&\min \bar{\boldsymbol{w}}^{\mathrm{H}}\boldsymbol{R}_x\bar{\boldsymbol{w}} \\ &\text{s.t. } \boldsymbol{A}_{\Theta}^{\mathrm{H}}\bar{\boldsymbol{w}} = \boldsymbol{A}_{\Theta}^{\mathrm{H}}\boldsymbol{w}_q \\ &\|\bar{\boldsymbol{w}}\|_2^2 \leqslant \varepsilon\end{aligned} \tag{4.187}$$

式中，ε 是一个与旁瓣限制相关的因子。式（4.187）中的优化问题可以转化为

$$\begin{aligned}&\min \bar{\boldsymbol{w}}^{\mathrm{H}}\boldsymbol{R}_x\bar{\boldsymbol{w}} \\ &\text{s.t. } \boldsymbol{P}_{\Theta}^{\mathrm{H}}\bar{\boldsymbol{w}} = \boldsymbol{P}_{\Theta}^{\mathrm{H}}\boldsymbol{w}_q \\ &\|\bar{\boldsymbol{w}}\|_2^2 = \varepsilon\end{aligned} \tag{4.188}$$

可以将 l_2 范数约束转化为对角加载问题，即

$$\begin{aligned}\boldsymbol{w}_{\boldsymbol{D}} &= \left(\boldsymbol{T}_r^{\mathrm{H}}\boldsymbol{B}_q^{\mathrm{H}}(\boldsymbol{R}_x + \delta\boldsymbol{I})\boldsymbol{B}_q\boldsymbol{T}_r\right)^{-1}\boldsymbol{T}_r^{\mathrm{H}}\boldsymbol{B}_q^{\mathrm{H}}(\boldsymbol{R}_x + \delta\boldsymbol{I})\boldsymbol{w}_q \\ &= \left(\boldsymbol{T}_r^{\mathrm{H}}\boldsymbol{B}_q^{\mathrm{H}}(\boldsymbol{R}_x + \delta\boldsymbol{I})\boldsymbol{B}_q\boldsymbol{T}_r\right)^{-1}\boldsymbol{r}_{\boldsymbol{D}_r\boldsymbol{d}_0}\end{aligned} \tag{4.189}$$

Zhuang J 等人证明了对角加载量 $\delta\boldsymbol{I}$ 会影响干扰抑制性能，利用 $\gamma\boldsymbol{R}_x^{-1}$ 对协方差矩阵进行参数加载得到

$$\boldsymbol{w}_{\boldsymbol{D}} = \left(\boldsymbol{T}_r^{\mathrm{H}}\boldsymbol{B}_q^{\mathrm{H}}\left(\boldsymbol{R}_x + \gamma\boldsymbol{R}_x^{-1}\right)\boldsymbol{B}_q\boldsymbol{T}_r\right)^{-1}\boldsymbol{r}_{\boldsymbol{D}_r\boldsymbol{d}_0} \tag{4.190}$$

对 $\boldsymbol{R}_x$ 的参数加载，等价于式（4.191）中对 $\boldsymbol{R}_{\boldsymbol{D}_r}$ 的参数加载。

$$\begin{aligned}\boldsymbol{w}_{\boldsymbol{D}} &= \left(\boldsymbol{T}_r^{\mathrm{H}}\boldsymbol{B}_q^{\mathrm{H}}\boldsymbol{R}_x\boldsymbol{B}_q\boldsymbol{T}_r + \gamma\boldsymbol{T}_r^{\mathrm{H}}\boldsymbol{B}_q^{\mathrm{H}}\boldsymbol{R}_x^{-1}\boldsymbol{B}_q\boldsymbol{T}_r\right)^{-1}\boldsymbol{r}_{\boldsymbol{D}_r\boldsymbol{d}_0} \\ &= \left(\boldsymbol{R}_{\boldsymbol{D}_r} + \gamma\boldsymbol{T}_r^{\mathrm{H}}\boldsymbol{B}_q^{\mathrm{H}}\boldsymbol{R}_x^{-1}\boldsymbol{B}_q\boldsymbol{T}_r\right)^{-1}\boldsymbol{r}_{\boldsymbol{D}_r\boldsymbol{d}_0}\end{aligned} \tag{4.191}$$

如果 $\boldsymbol{R}_x$ 的特征值分解可以表示为 $\boldsymbol{R}_x = \bar{\boldsymbol{U}}\boldsymbol{\varLambda}\bar{\boldsymbol{V}}$，那么

$$\boldsymbol{R}_{\boldsymbol{D}_r} = \boldsymbol{T}_r^{\mathrm{H}}\boldsymbol{B}_q^{\mathrm{H}}\boldsymbol{R}_x\boldsymbol{B}_q\boldsymbol{T}_r = \boldsymbol{T}_r^{\mathrm{H}}\boldsymbol{B}_q^{\mathrm{H}}\bar{\boldsymbol{U}}\boldsymbol{\varLambda}\bar{\boldsymbol{V}}\boldsymbol{B}_q\boldsymbol{T}_r = \bar{\boldsymbol{U}}_1\boldsymbol{\varLambda}\bar{\boldsymbol{V}}_1 \tag{4.192}$$

和

$$\boldsymbol{T}_r^{\mathrm{H}}\boldsymbol{B}_q^{\mathrm{H}}\boldsymbol{R}_x^{-1}\boldsymbol{B}_q\boldsymbol{T}_r = \boldsymbol{T}_r^{\mathrm{H}}\boldsymbol{B}_q^{\mathrm{H}}\bar{\boldsymbol{U}}\boldsymbol{\varLambda}^{-1}\bar{\boldsymbol{V}}\boldsymbol{B}_q\boldsymbol{T} = \bar{\boldsymbol{U}}_1\boldsymbol{\varLambda}^{-1}\bar{\boldsymbol{V}}_1 = \boldsymbol{R}_{\boldsymbol{D}_r}^{-1} \tag{4.193}$$

所以，可以得到 $\boldsymbol{w}_{\boldsymbol{D}}=\left(\boldsymbol{R}_{\boldsymbol{D}_r}+\gamma\boldsymbol{R}_{\boldsymbol{D}_r}^{-1}\right)^{-1}\boldsymbol{r}_{\boldsymbol{D}_r\boldsymbol{d}_0}$。利用矩阵求逆公式，可以得到

$$\begin{aligned}\boldsymbol{w}_{\boldsymbol{D}}&=\left(\boldsymbol{R}_{\boldsymbol{D}_r}+\gamma\boldsymbol{R}_{\boldsymbol{D}_r}^{-1}\right)^{-1}\boldsymbol{r}_{\boldsymbol{D}_r\boldsymbol{d}_0}\\&=\left(\boldsymbol{I}+\gamma\boldsymbol{R}_{\boldsymbol{D}_r}^{-2}\right)^{-1}\boldsymbol{R}_{\boldsymbol{D}_r}^{-1}\boldsymbol{r}_{\boldsymbol{D}_r\boldsymbol{d}_0}\\&=\left(\boldsymbol{I}+\gamma\boldsymbol{R}_{\boldsymbol{D}_r}^{-2}\right)^{-1}\boldsymbol{w}_{\boldsymbol{D}_r}\end{aligned}\tag{4.194}$$

其中，加载量 γ 难以直接由约束求得，利用数值方法对其求解。定义函数 $h(\gamma)=\left(\boldsymbol{I}+\gamma\boldsymbol{R}_{\boldsymbol{D}_r}^{-2}\right)^{-1}$，其相对于 γ 的一阶导数可以表示为 $h'(\gamma)=-\left(\boldsymbol{I}+\gamma\boldsymbol{R}_{\boldsymbol{D}_r}^{-2}\right)^{-1}\boldsymbol{R}_{\boldsymbol{D}_r}^{-2}\left(\boldsymbol{I}+\gamma\boldsymbol{R}_{\boldsymbol{D}_r}^{-2}\right)^{-1}$。那么，$h(\gamma)\approx h(0)+\gamma h'(0)$，即 $\left(\boldsymbol{I}+\gamma\boldsymbol{R}_{\boldsymbol{D}_r}^{-2}\right)^{-1}\approx\boldsymbol{I}-\gamma\boldsymbol{R}_{\boldsymbol{D}_r}^{-2}$。$\boldsymbol{w}_{\boldsymbol{D}}$ 可以表示为

$$\boldsymbol{w}_{\boldsymbol{D}}\approx\left(\boldsymbol{I}-\gamma\boldsymbol{R}_{\boldsymbol{D}_r}^{-2}\right)\boldsymbol{w}_{\boldsymbol{D}_r}=\boldsymbol{w}_{\boldsymbol{D}_r}-\gamma\boldsymbol{R}_{\boldsymbol{D}_r}^{-2}\boldsymbol{w}_{\boldsymbol{D}_r}=\boldsymbol{w}_{\boldsymbol{D}_r}-\gamma\boldsymbol{v}_a\sqrt{a^2+b^2}\tag{4.195}$$

其中，$\boldsymbol{v}_a=\boldsymbol{R}_{\boldsymbol{D}_r}^{-2}\boldsymbol{w}_{\boldsymbol{D}_r}$。假定 $\boldsymbol{w}_q$ 为经过归一化的静态权重，即 $\boldsymbol{w}_q^{\mathrm{H}}\boldsymbol{w}_q=1$。由 $\|\overline{\boldsymbol{w}}\|_2^2=\varepsilon$ 可得

$$\boldsymbol{w}_{\boldsymbol{D}}^{\mathrm{H}}\boldsymbol{w}_{\boldsymbol{D}}=\varepsilon-\boldsymbol{w}_q^{\mathrm{H}}\boldsymbol{w}_q=\varepsilon-1\tag{4.196}$$

将式（4.195）代入式（4.196）可得

$$\boldsymbol{w}_{\boldsymbol{D}}^{\mathrm{H}}\boldsymbol{w}_{\boldsymbol{D}}-\varepsilon+1=a\gamma^2+b\gamma+c=0\tag{4.197}$$

其中，$a=\|\boldsymbol{v}_a\|_2^2$，$b=-2\mathrm{Re}\left\{\boldsymbol{v}_a^{\mathrm{H}}\boldsymbol{w}_{\boldsymbol{D}_r}\right\}$ 和 $c=\left\|\boldsymbol{w}_{\boldsymbol{D}_r}\right\|_2^2-\varepsilon+1$。无论 $b^2-4ac>0$ 或 $b^2-4ac\leqslant 0$ 都可以利用式（4.198）求解 γ。

$$\gamma=\frac{-b-\mathrm{Re}\left\{\sqrt{b^2-4ac}\right\}}{2a}\tag{4.198}$$

之后，自适应权重 $\boldsymbol{w}_{\boldsymbol{D}}$ 可由式（4.197）得到。

3. MWF 自动降秩维数选择

对于 MWF 来说，准确且高效的选择降秩维数对其性能至关重要。Hager 证明了 MWF 的 Ritz 值，即降秩协方差矩阵 $\boldsymbol{R}_{\boldsymbol{D}_i}$ 的特征值可以用来近似 $\boldsymbol{R}_{\boldsymbol{X}_0}$ 的主特征值，并基于此设计了一种 Ritz 值准则对 MWF 降秩维数进行选择。Ritz 值准则（RVE）能够在 MWF 的每一级以 $O(1)$的运算复杂度实现 Ritz 值的更新。之后通过设定一个高于噪声功率的阈值区分对应噪声和信号的 Ritz 值，并将 MWF 的降秩维数 r 选为 $\boldsymbol{R}_{\boldsymbol{X}_0}$ 中包含的信号数。

假定 Ritz 值可以表示为$\xi_1\geqslant\xi_2\geqslant\cdots\geqslant\xi_i$，$i=1,\cdots,\bar{N}$，则 Ritz 值准则可以表示为

$$r=\max_i\{i\,|\,\xi_i>\eta\}\tag{4.199}$$

式中，η 为与噪声功率相关的判别阈值。Ritz 值准则计算过程如表 4.3 所示。利用采样协方差矩阵的特征值分布给出了一种 Ritz 阈值的表达式，并将其命名为确定阈值 Ritz 值准则（DT-RVE）。

表 4.3　Ritz 值准则计算过程

算法步骤
For $i=1,2,\cdots,\bar{N}$
If $i=1$
$\rho_1=\sigma_{d_1}^2$，$q_1=1$，$\xi_1=\rho_1/q_1$
Else
$\mu_i=\delta_i/\rho_{i-1}$，$\rho_i=\sigma_{d_i}^2-\mu_i\delta_i$，
$q_i=1+\mu_i^2 q_{i-1}$，$\xi_i=\rho_i/q_i$
End
If $\xi_i<\eta$
$r=i-1$
Break
End
End

对于随机矩阵特征值分布的研究可被用来分析符

合式（4.200）模型的 $\boldsymbol{X}$ 的协方差矩阵。

$$\boldsymbol{X}=\boldsymbol{X}_{\mathrm{s}}+\sigma\boldsymbol{X}_{\mathrm{n}} \tag{4.200}$$

式中，$\boldsymbol{X}$、$\boldsymbol{X}_{\mathrm{n}}$ 和 $\boldsymbol{X}_{\mathrm{s}}$ 分别为 $m\times n$ 维复矩阵。当 $m,n\to+\infty$ 时，$m/n\to c$，c 为一常数；$\boldsymbol{X}_{\mathrm{n}}$ 为包含均值为 0、方差为 1 的复高斯随机变量的随机矩阵。当 $n\to+\infty$ 时，$\boldsymbol{X}_{\mathrm{s}}$ 中的 r 个非零奇异值可以表示为 l_i（$i=1,\cdots,r$）。且 r 与 m 和 n 独立。那么 $\boldsymbol{X}$ 的协方差矩阵的特征值 λ_i（$i=1,\cdots,m$）满足以下性质。

$$\lambda_{\mathrm{i}}\to\begin{cases}\dfrac{\left(\sigma^2+l_i^2\right)\left(\sigma^2c+l_i^2\right)}{l_i^2}, i\leqslant r, l_i>\sigma c^{1/4}\\ \left(1+\sqrt{c}\right)^2\sigma^2, \qquad \text{其他}\end{cases} \tag{4.201}$$

在 VLSRS-MWF 算法中，阻塞矩阵 $\boldsymbol{B}_q$ 为酉矩阵。所以，$\boldsymbol{X}_0$ 中的噪声依然为高斯白噪声，且 $\boldsymbol{X}_0$ 符合式（4.200）中的模型。σ^2 可以视为噪声功率。在式（4.201）中，奇异值小于 $\sigma c^{1/4}$ 的分量很难与噪声区分开。通常来说，$\boldsymbol{X}_0$ 中的干扰分量为强干扰，即干扰分量的奇异值均可认为大于 $\sigma c^{1/4}$。而 $\boldsymbol{X}_0$ 中目标信号的分量已经被阻塞矩阵 $\boldsymbol{B}_q$ 阻塞掉，其中泄漏的分量很小。所以，$\eta=\left(1+\sqrt{c}\right)^2\sigma^2$ 可以作为区分 $\boldsymbol{X}_0$ 中干扰与噪声分量的阈值用于 MWF 的降秩维数选择。

本节设计的 DT-RVE 准则可以表示为

$$r=\max_i\left\{i\,|\,\xi_i>\left(1+\sqrt{c}\right)^2\sigma^2\right\}\quad i=1,2,\cdots,\bar{N} \tag{4.202}$$

4．算法小结

VLSRS-MWF 算法是一种基于 T 个快拍的块自适应处理算法。VLSRS-MWF 算法计算过程如表 4.4 所示。需要注意的是，VLSRS-MWF 算法中所使用的空间零陷展宽的阻塞矩阵可以将主瓣 3dB 宽度内任意方向的来波信号阻塞掉，包括目标信号及可能出现的主瓣干扰，即本节设计的 VLSRS-MWF 算法不能抑制主瓣干扰。对主瓣干扰的抑制可以通过在 VLSRS-MWF 后接附加的处理方法，如四通道单脉冲法完成。

表 4.4　VLSRS-MWF 算法计算过程

计算过程	计算复杂度
构造基于均匀导向矢量的主瓣空间基向量 P	$O(Np)$
利用表 4.2 中的 Householder 变换得到 $\boldsymbol{X}_0$	$[2Np-p(p-1)]^{\mathrm{T}}+O(4Np^2)$
For $i=1,2,\cdots,\bar{N}$	
// MWF 的前向递推	
$\boldsymbol{h}_i=\boldsymbol{X}_{i-1}\boldsymbol{d}_{i-1}^{\mathrm{H}}/T$	$\bar{N}(T+1)$
$\delta_i^2=\boldsymbol{h}_i^{\mathrm{H}}\boldsymbol{h}_i$	$\bar{N}$
$\boldsymbol{h}_i=\boldsymbol{h}_i/\delta_i$	$\bar{N}$
$\boldsymbol{d}_i=\boldsymbol{h}_i^{\mathrm{H}}\boldsymbol{X}_{i-1}$	$\bar{N}T$
$\sigma_{\boldsymbol{d}_i}^2=\boldsymbol{d}_i\boldsymbol{d}_i^{\mathrm{H}}/T$	$T+1$
$\boldsymbol{X}_i=\boldsymbol{X}_{i-1}-\boldsymbol{h}_i\boldsymbol{d}_i$	$\bar{N}T$
// DT-RVE 降秩维数选择	
If $i=1$	
$\rho_1=\sigma_{\boldsymbol{d}_1}^2$，$q_1=1$，$\xi_1=\rho_1/q_1$	
Else	

续表

计算过程	计算复杂度
$\mu_i=\delta_i/\rho_{i-1}$，$\rho_i=\sigma_{d_i}^2-\mu_i\delta_i$，	
$q_i=1+\mu_i^2 q_{i-1}$，$\xi_i=\rho_i/q_i$	
End	$O(1)$
If $\xi_i<\left(1+\sqrt{c}\right)^2\sigma^2$	
$r=i-1$	
Break	
End	
End	$(3\bar{N}T+3\bar{N}+T+O(1))(r+1)$
// 计算权重系数向量	
利用 $\sigma_{d_i}^2$ 和 δ_i^2 构造 $\boldsymbol{R}_{D_r}$	
$\boldsymbol{w}_{D_r}=\boldsymbol{R}_{D_r}^{-1}\boldsymbol{r}_{D_r d_0}=\boldsymbol{R}_{D_r}^{-1}[\delta_1,0,\cdots,0]^{\mathrm{T}}$	$r+O\left(r^3\right)$
$\boldsymbol{v}_a=\boldsymbol{R}_{D_r}^{-2}\boldsymbol{w}_{D_r}$	$r^2+O(r^3)$
$a=\Vert\boldsymbol{v}_a\Vert_2^2$	r
$b=-2\mathrm{Re}\left\{\boldsymbol{v}_a^{\mathrm{H}}\boldsymbol{w}_{D_r}\right\}$	$r+1$
$c=\Vert\boldsymbol{w}_{D_r}\Vert_2^2-\varepsilon+1$	r
$\gamma=\left(-b-\mathrm{Re}\left\{\sqrt{b^2-4ac}\right\}\right)/2a$	$O(1)$
$\boldsymbol{w}_D=\boldsymbol{w}_{D_r}-\gamma\boldsymbol{v}_a$	r

5．仿真实验

本节基于一个 31 阵元均匀直线阵对 VLSRS-MWF 算法进行了仿真。假定天线阵中的单元都是各向同性的。天线法向 3dB 波束宽度为 3.4°，即方向图主瓣 3dB 范围为$[u_0-\Delta u,u_0+\Delta u]$，其中 $u_0=\sin(\theta_0)$，$-60^\circ\leqslant\theta_0\leqslant 60^\circ$ 为波束指向，$\Delta u=0.0297$。阵列接收信号中包含的噪声为均值为 0、方差为 1 的高斯白噪声。在仿真实验中，首先比较了基于均匀导向矢量的阻塞矩阵与基于特征向量约束和导数约束的阻塞矩阵在空间零陷展宽性能上的差异，并通过设定的要求选择了合适的基向量数。然后，将本节设计的 VLSRS-MWF 算法与现有的降秩自适应波束形成算法以及稳健自适应数字波束形成算法进行了比较和分析。

（1）不同基向量构造阻塞矩阵的空间阻塞展宽仿真。

本实验仿真比较了基于均匀导向矢量的阻塞矩阵 $\boldsymbol{B}_{qu}$ 与基于特征向量约束的阻塞矩阵 $\boldsymbol{B}_{qe}$ 以及基于导数约束的阻塞矩阵 $\boldsymbol{B}_{qd}$ 在空间阻塞展宽性能上的差异，并用式（4.179）中定义的旁瓣泄漏因子来评估 3 种阻塞矩阵在主瓣内的阻塞性能。对于均匀导向矢量，其中导向矢量的角度为 $u_0-\Delta u+(i-1)\left(2\Delta u/(p-1)\right)$，$i$=1,2,⋯,$p$。为选择合适的基向量和基向量数，对阻塞矩阵做出了如下性能要求。

① 在主瓣 3dB 范围$[u_0-\Delta u,u_0+\Delta u]$内，旁瓣泄漏因子 $H(u)$ 应低于−100dB。

② 主瓣空间基向量数 p 应尽可能小。

图 4.28 所示为 3 种阻塞矩阵在 p=6、p=7 以及 p=8 时的空间阻塞性能对比。在图 4.28（a）～（c）中，波束指向角度为 $\theta_0=0^\circ$。可以看到，$\boldsymbol{B}_{qd}$ 可以在 u_0 附近产生最深的阻塞零深，但是其阻塞性能随着 $|u-u_0|$ 增大恶化明显。当 p=6 和 p=7 时，$\boldsymbol{B}_{qd}$ 的阻塞零深难以覆盖整个 3dB 主瓣范围。$\boldsymbol{B}_{qe}$ 能在主瓣范围内产生稳定的零深，而 $\boldsymbol{B}_{qu}$ 的空间阻塞性能随着 $|u-u_0|$ 的增大而

出现了下降。综合来看，$\boldsymbol{B}_{qu}$ 的阻塞性能略低于 $\boldsymbol{B}_{qe}$ 但高于 $\boldsymbol{B}_{qd}$。$\boldsymbol{B}_{qu}$ 和 $\boldsymbol{B}_{qe}$ 的阻塞性能在 p=7 时能够满足性能要求，而 $\boldsymbol{B}_{qd}$ 在 p=8 时能满足性能要求，但是其在主瓣边缘的阻塞性能依然远差于 $\boldsymbol{B}_{qu}$ 和 $\boldsymbol{B}_{qe}$。图 4.28（d）中给出了 p=7 且 $\theta_0 = 60°$ 时 3 种阻塞矩阵的阻塞性能。与图 4.28（b）比较可以发现，在不同的波束指向下 3 种阻塞矩阵的性能能够保持不变。综合以上结果，$\boldsymbol{B}_{qu}$ 具有略低于 $\boldsymbol{B}_{qe}$ 但较 $\boldsymbol{B}_{qd}$ 稳定的阻塞性能以及低于 $\boldsymbol{B}_{qe}$ 的运算复杂度。所以，选择 p=7 时的均匀导向矢量构造空间阻塞展宽的阻塞矩阵用于 VLSRS-MWF 的主瓣保形。

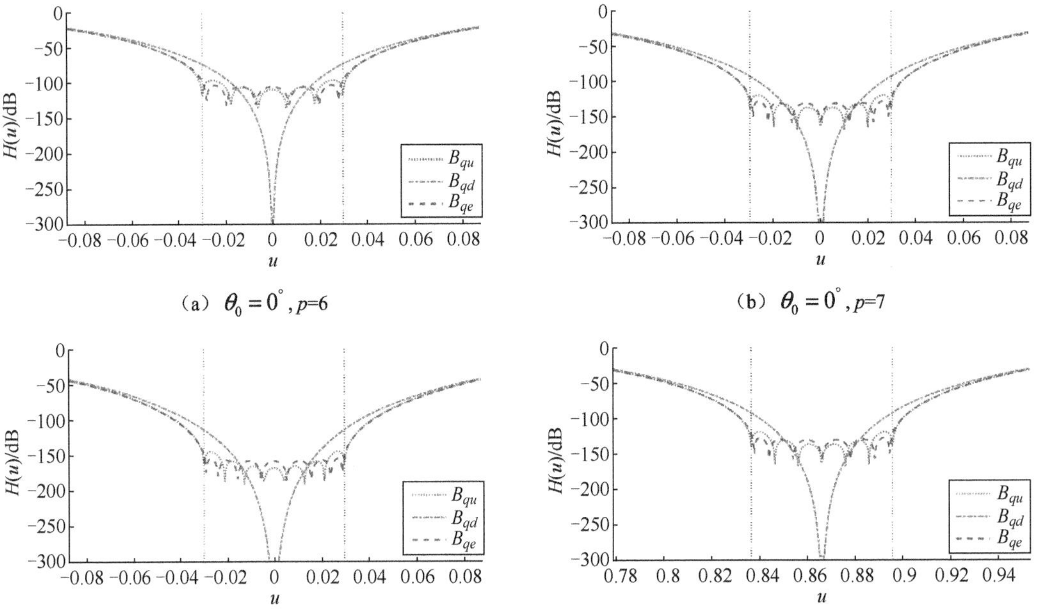

（a）$\theta_0 = 0°$，p=6　（b）$\theta_0 = 0°$，p=7

（c）$\theta_0 = 0°$，p=8　（d）$\theta_0 = 60°$，p=7

图 4.28　3 种阻塞矩阵在 p=6、p=7 以及 p=8 时的空间阻塞性能对比

（2）MWF 降秩维数选择。本实验将 DT-RVE 算法与不同判别阈值下 RVE 算法的降秩维数选择性能进行了比较。假定 ΔRank 表示最优降秩维数与所选择维数的差。定义 P_d 为 $\Delta\text{Rank} = 0$ 的概率，且 P_d 由 10000 次蒙特卡洛实验得到。在实验中，波束指向设为 $\theta_0 = 0°$。假定存在 8 个干扰信号，干扰角度在区间 $\left[-50°,-20°\right] \cup \left[20°,50°\right]$ 中均匀分布，且每个干扰的干噪比在 SNR_0 到 $\text{SNR}_0 + 40\text{dB}$ 间随机选取。由于干扰为强干扰，因此在 4 个仿例中 INR_0 分别选为 10dB、15dB、20dB 以及 25dB。在实验中，RVE 算法的判别阈值分别选为 $\eta_0 + 1\text{dB}$、$\eta_0 + 3\text{dB}$ 和 $\eta_0 + 5\text{dB}$，其中 $\eta_0 = 10\log10(\sigma_n^2)$。快拍数 T 为 100～1000。

图 4.29 所示为 DT-RVE 算法与 RVE 算法的降秩维数选择性能与快拍数的变化曲线。根据仿真结果，单一阈值的 RVE 算法难以在不同 INR_0 下获得稳定的降秩维数选择性能。$\eta_0 + 1\text{dB}$ 的阈值在 INR_0 为 10dB 时能获得最高的性能，但是当 INR_0 升高后，该阈值依然难以在较少快拍时达到最优的 P_d。$\eta_0 + 3\text{dB}$ 和 $\eta_0 + 5\text{dB}$ 的阈值在 INR_0 足够高时可以达到最优的 P_d。但是它们在 INR_0 为 10dB 时的性能明显低于 $\eta_0 + 1\text{dB}$ 的阈值和 DT-RVE 算法，对于 DT-RVE 方法，式（4.200）中的性质在 $m,n \to +\infty$，$m/n \to c$ 时成立。当快拍数较少且干噪比较低时，利用 DT-RVE 算法区分干扰和噪声并不够稳定。例如，在图 4.29 中，DT-RVE 算法的性能在 INR_0 为 10dB 且 T<250 时低于 $\eta_0 + 1\text{dB}$ 阈值的 RVE 算法。但是当快拍数增加后，

DT-RVE 算法的性能很快收敛到最优 P_d。DT-RVE 算法的性能能够在 INR_0 为 15dB、20dB 以及 25dB 时保持最优。综合以上结果，DT-RVE 算法能够比单一阈值的 RVE 算法在不同干噪比环境中获得更稳定的降秩维数选择性能。

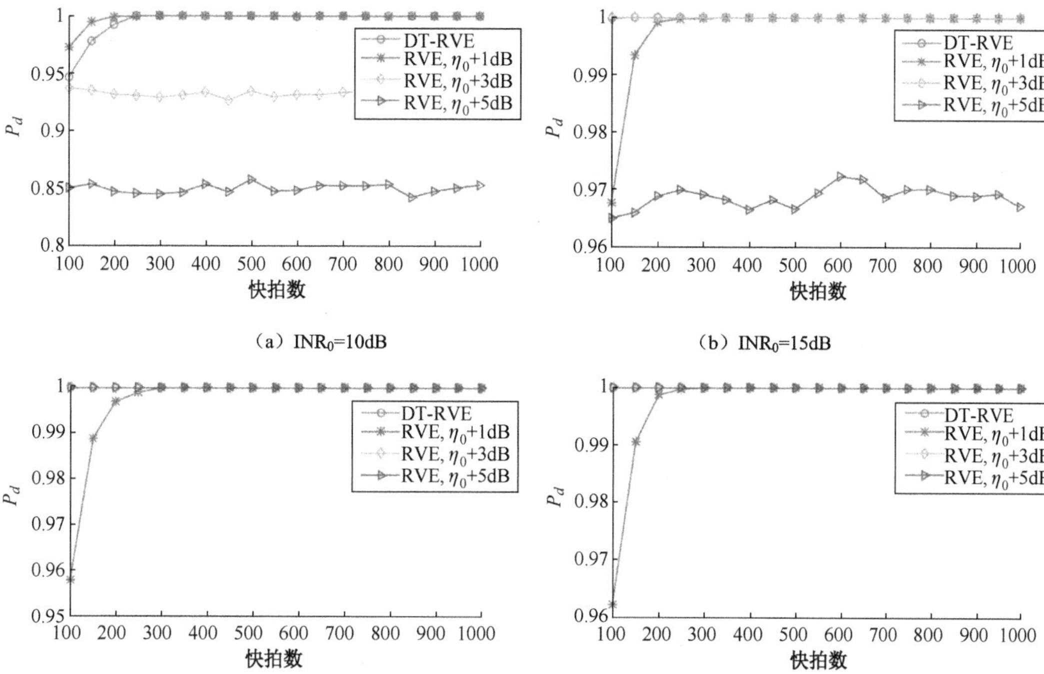

（a）INR_0=10dB　（b）INR_0=15dB

（c）INR_0=20dB　（d）INR_0=25dB

图 4.29　DT-RVE 算法与 RVE 算法的降秩维数选择性能与快拍数的变化曲线

（3）输出信干噪比仿真分析。本实验仿真分析了 VLSRS-MWF 算法的输出信干噪比曲线，并与 4.2.1 节中的满足 LCMV 约束的 MWF（LCMV-MWF）、降秩自适应算法中的基于主特征向量的最小方差波束形成器（PC-MVB）以及稳健自适应算法中的导数约束 GSC 算法、基于子空间的稳健算法和 RCB 算法进行了对比。在仿真中，假定存在 5 个干扰信号，来波角度分别为−20°、−30°、10°、25°和 40°。在两个仿例中，目标的来波方向分别为 0.5°和 1°，波束指向设为 0°。阵元级输入信噪比的变化范围为−20～40dB，输入干噪比高于信噪比 35dB。对所有的算法，计算权重的快拍数为 300，且快拍中包含目标信号分量。对于导数约束 GSC 算法，约束中包含 6 阶导数约束和波束指向约束 $\boldsymbol{a}(u_0)$。PC-MVB 算法的降秩变换矩阵由采样协方差矩阵中最大的 6 个主特征值对应的特征向量组成。仿例中输出信干噪比的变化曲线由 500 次蒙特卡洛实验平均得到。

图 4.30 所示为几种算法输出信干噪比相对输入信噪比的变化曲线。根据仿真结果，VLSRS-MWF 算法的输出信干噪比曲线与 PC-MVB 算法以及基于子空间的稳健算法近似，并高于其他对比算法。满足 LCMV 约束的 MWF 算法中由于仅对和波束主瓣施加了波束指向方向响应为 1 的约束且存在波束指向误差，目标信号泄漏进 MWF 下支路中导致输出信号中出现目标信号相消的现象。因此图 4.30 中满足 LCMV 约束的 MWF 的输出信干噪比随输入信噪比的升高出现了下降。导数约束 GSC 算法的输出信干噪比曲线在输入信噪比大于 10dB 后维持不变，且远低于 VLSRS-MWF 算法。比较图 4.30（a）和图 4.30（b），当波束指向误差增大后，VLSRS-MWF 算法的输出信干噪比相比 PC-MVB 算法和基于子空间的稳健算法出现

了略微的下降。这是由于在 PC-MVB 算法和基于子空间的稳健算法中，将波束指向方向的导向矢量向信号子空间进行了投影。该投影过程可以将波束指向对准目标方向，即波束输出可以获得最大的主瓣增益。而本节设计的 VLSRS-MWF 算法的主瓣与静态方向图保持一致，并不能自动地调整波束指向，所以当波束指向误差增大后，输出信干噪比由于目标偏离主瓣增益最大点而出现下降。与 PC-MVB 算法以及基于子空间的稳健算法相比，VLSRS-MWF 算法的优势在于较低的运算复杂度。

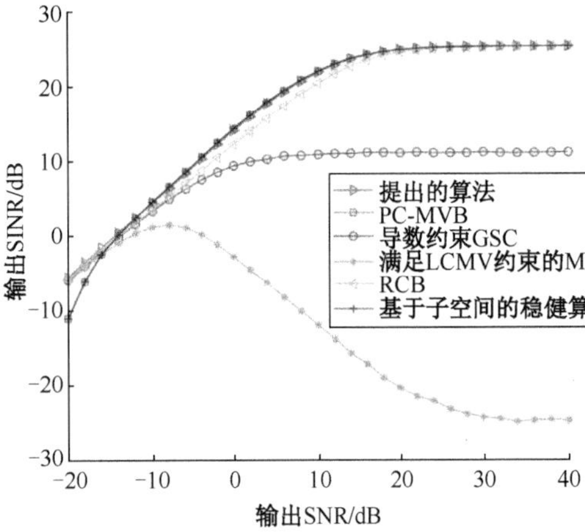

(a) $\theta_s = 0.5°$

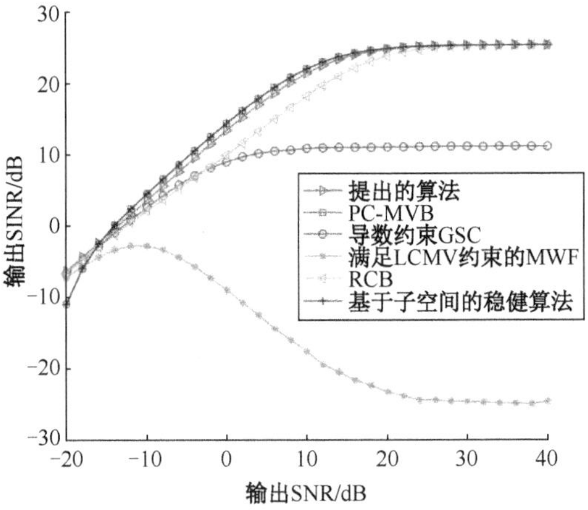

(b) $\theta_s = 1°$

图 4.30 几种算法输出信干噪比相对输入信噪比的变化曲线

表 4.5 给出了几种算法计算 1000 次权重系数向量的时间。将降秩自适应算法中基于交叉谱的最小方差波束形成器（CSM-MVB）和利用快拍构造降秩变换矩阵的算法加入对比。在满足 LCMV 约束的 MWF 中，阻塞矩阵也由 Householder 变换快速得到。可以看到，VLSRS-MWF 的计算时间高于利用快拍构造降秩变换矩阵的算法和满足 LCMV 约束的 MWF，但低于其他几种对比算法。造成 VLSRS-MWF 算法与满足 LCMV 约束的 MWF 在计算时间上差异的主要因素是利用 Householder 变换得到 $\boldsymbol{X}_0$。如表 4.5 所示，满足 LCMV 约束的 MWF 仅需 1 步变换，而 VLSRS-MWF 需要完成 7 步变换以得到 $\boldsymbol{X}_0$。然而，满足 LCMV 约束的 MWF 和利用快拍构造降秩变换矩阵的算法都未考虑存在波束指向误差的稳健性问题。综合以上结果，VLSRS-MWF 算法能够以较低的运算复杂度实现稳健降秩波束形成，相比上述对比算法具有很强的优势。

表 4.5 几种算法计算 1000 次权重系数向量的时间

PC-MVB	CSM-MVB	利用快拍构造降秩变换矩阵方法	导数约束 GSC	满足 LCMV 约束 MWF	RCB	基于子空间的稳健方法	VLSRS-MWF
3.181s	3.246s	0.976s	1.994s	0.863s	3.860s	3.218s	1.269s

（4）角度估计误差仿真。本节对基于 VLSRS-MWF 的自适应单脉冲角度估计误差进行了仿真，并与基于满足 LCMV 约束的 MWF（LCMV-MWF）的自适应单脉冲角度估计以及静态和差权重下的角度估计误差进行了对比。在两个仿例中，分别使用均方根误差（RMSE）对角度估计误差进行评估。并假定有 5 个干扰入射到阵面上，干扰来波角度、目标角度及波束指向角度与前面相同。阵元级输入信噪比变化范围为−20～30dB，而输入干噪比高于信噪比

35dB。同样的，自适应权重由 300 个包含目标信号分量的采样快拍计算得到。对于静态和差权重，利用同样输入信噪比下不含干扰的快拍估计角度。角度估计值由 300 个快拍的估计值平均得到。仿例中的 RMSE 变化曲线由 500 次蒙特卡洛实验计算得到。

图 4.31 所示为角度估计误差随输入信噪比的变化曲线。在图 4.31 中，基于满足 LCMV 约束的 MWF 的自适应单脉冲角度估计精度由于波束指向误差而出现了恶化。而基于 VLSRS-MWF 的自适应单脉冲角度估计精度可以实现与静态和差权重的精度一致。

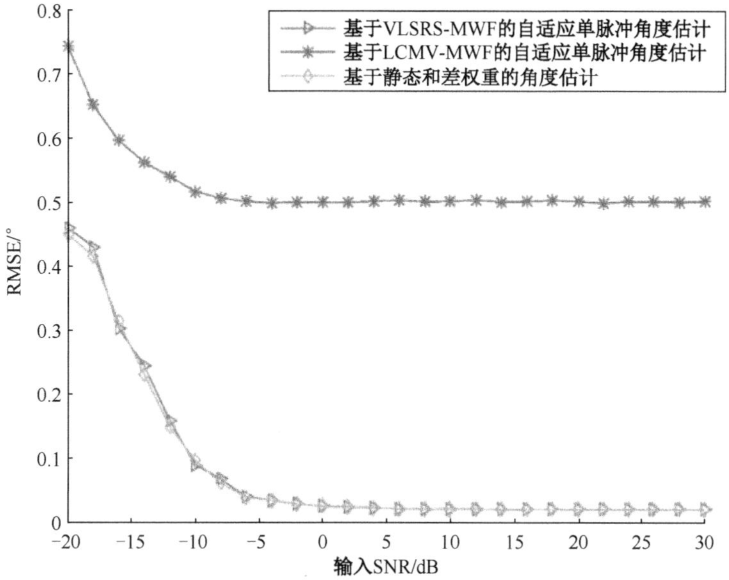

（a）$\theta_s = 0.5°$

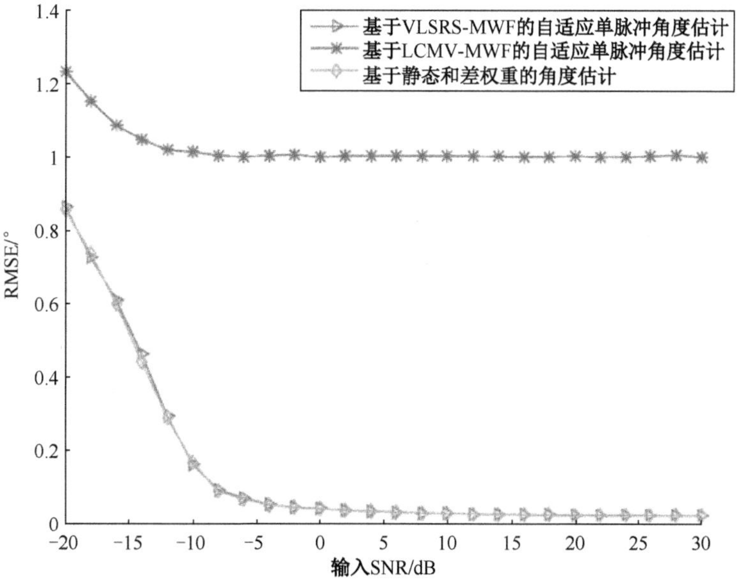

（b）$\theta_s = 1°$

图 4.31　角度估计误差随输入信噪比的变化曲线

随后，仿真比较了目标来波方向与角度估计误差的关系。在仿真中，假定目标来波角度由−1.7° 变化到 1.7°，而波束指向角度维持 0° 不变。在两个仿例中，阵元级输入信噪比分别为 0dB 和 30dB，而其他设置与上一仿真相同。图 4.32 所示为角度估计误差随目标来波角度的变化曲线。基于满足 LCMV-MWF 的自适应单脉冲角度估计精度随着波束指向误差的增大恶化明显。而基于 VLSRS-MWF 的自适应单脉冲角度估计精度可以在信噪比为 0dB 和 30dB 时与静态和差权重保持一致。

以上结果表明，基于 VLSRS-MWF 的自适应单脉冲算法可以在指向误差存在的情况下获得与静态和差权重一致的角度估计精度。

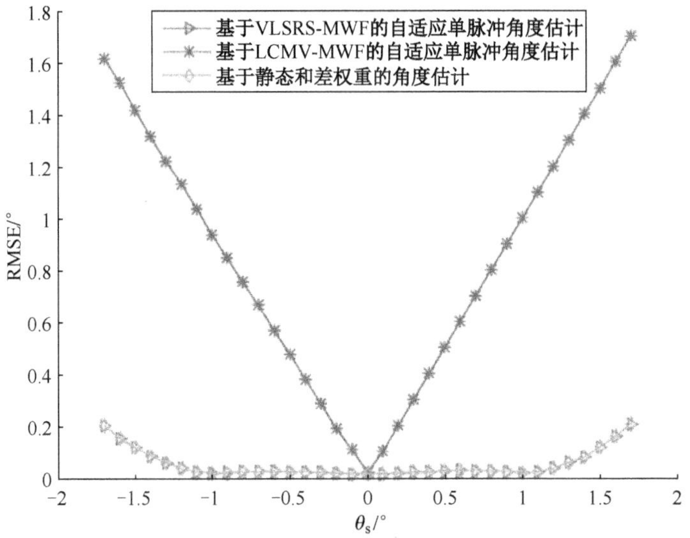

（a）SNR=0dB

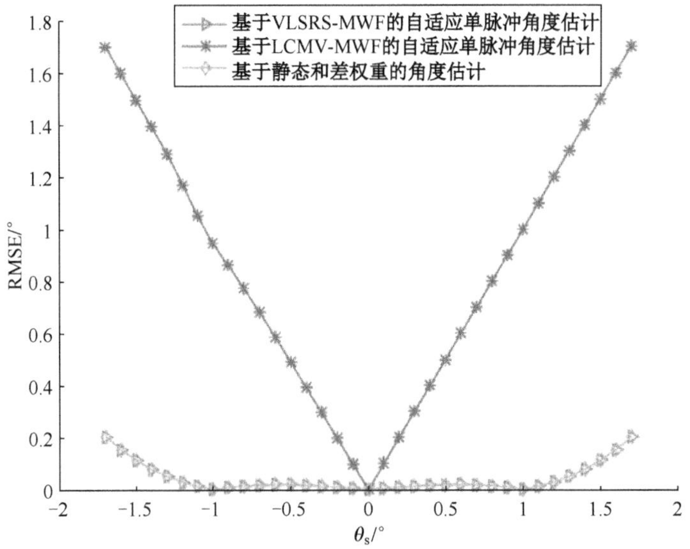

（b）SNR=30dB

图 4.32 角度估计误差随目标来波角度的变化曲线

（5）自适应方向图旁瓣控制仿真。图 4.33 所示为天线阵列排布。本节基于该天线阵列排布仿真了 VLSRS-MWF 算法的旁瓣控制性能。仿真中相关参数设置如表 4.6 所示。

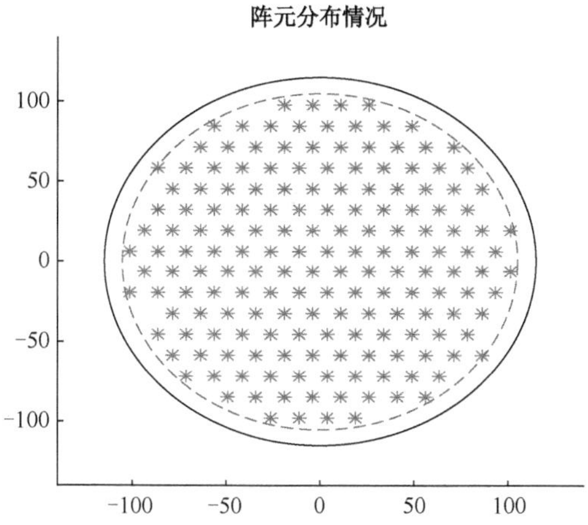

图 4.33　天线阵列排布

表 4.6　仿真中相关参数设置

波束指向角度	$(\theta_s,\varphi_s)=(0°,0°)$
目标角度	$(\theta_s,\varphi_s)=(5°,45°)$
干扰 1 角度	$(\theta_{j1},\varphi_{j1})=(25°,0°)$
干扰 2 角度	$(\theta_{j2},\varphi_{j2})=(-30°,0°)$
干扰 3 角度	$(\theta_{j3},\varphi_{j3})=(25°,90°)$
干扰 4 角度	$(\theta_{j4},\varphi_{j4})=(-30°,90°)$
阵元级信噪比	0dB
阵元级干噪比	30dB
快拍数	300
基于均匀导向矢量的基向量数	25
和波束泰勒加权	-30dB
差波束贝利斯加权	-25dB

图 4.34 所示为 VLSRS-MWF 算法形成的自适应和差方向图。从图 4.34 中可以看出，VLSRS-MWF 算法在自适应抑制干扰的同时能够对和差方向图旁瓣电平进行控制，和波束旁瓣电平低于-28dB，差波束旁瓣电平低于-20dB。

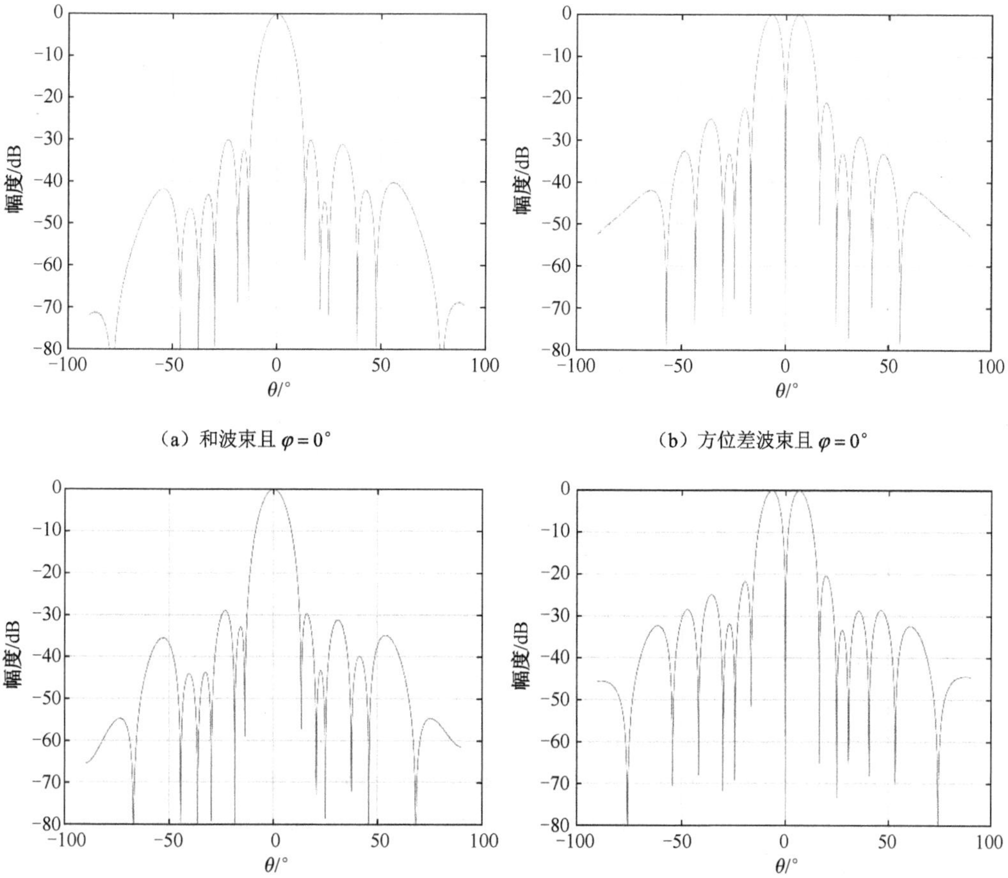

（a）和波束且 $\varphi=0°$

（b）方位差波束且 $\varphi=0°$

（c）和波束且 $\varphi=90°$

（d）俯仰差波束且 $\varphi=90°$

图 4.34　VLSRS-MWF 算法形成的自适应和差方向图

4.5 小结

本章讨论了雷达系统中的数字波束形成算法，包括针对雷达大阵列天线的部分自适应波束形成技术、快速自适应波束形成技术以及并行自适应技术，部分自适应阵列处理通常采用降维自适应阵列处理和降秩自适应阵列处理两种方式实现，降维算法处理的自由度受限于所选取的降维维度，运算量可以大幅下降，对于大型阵列仍有很强的实用性。降秩算法可以根据空间信号数灵活地配置降秩维数，不受限于阵列物理设计，可以加快算法的收敛速度和稳健性，但对运算量的降低效果不如降维算法。然后介绍了并行处理自适应波束形成算法充分利用多核处理器以及大规模 FPGA 器件等信号处理器的并行运算优势，将权重计算分块化，能够在维持原有算法的性能的同时降低运算量，应用前景广阔。最后讨论了稳健的自适应波束形成算法，减少了由于阵元位置误差及指向误差所带来的阵列性能下降。

思考题

4-1 试推导无失真响应特征干扰相消器（DREC）的权重计算公式，证明 DREC 算法和正交投影算法等价。

4-2 分析正交投影算法（OP）和 Hung-Turner 正交化投影算法（HTP）的运算复杂度差异。

4-3 考虑 5 个干扰源从阵列天线旁瓣入射，现采用降秩多级维纳滤波器（MWF）处理，试画出最优的 MWF 结构框图。

4-4 在稳健 PLCMV 算法中，对阵列相位误差进行估计依赖的是什么准则？写出优化函数表达式。

参考文献

[1] 王永良，丁前军，李荣锋. 自适应阵列处理[M]. 北京：清华大学出版社，2009.

[2] 黄飞，盛卫星，马晓峰. 随机错位子阵阵列天线及其优化设计[J]. 电波科学学报，2008, 23(5), 917-921

[3] 韩明华，袁乃昌. 整体退火遗传算法在不等间距线天线阵的综合中的应用[J]. 电子与信息学报，1999, 2: 226-231.

[4] Siew Eng Nai, Wee Ser, Zhu Liang Yu, et al. Beampattern synthesis for linear and planar arrays with antenna selection by convex optimization[J]. IEEE Transactions on Antennas and Propagation, 2010, 58(12): 3923-3930.

[5] Han Y, Wang J. Adaptive Beamforming Based on Compressed Sensing with Smoothed Norm[J]. International Journal of Antennas and Propagation, 2015.

[6] Hu B, Wu X, Zhang X, et al. Adaptive Beamforming for Sparse Array Based on Semi-Definite Programming[J]. IEEE Access, 2018, 6: 64525-64532.

[7] Pal P, Vaidyanathan P P. Nested arrays in two dimensions, part II: Application in two dimensional array processing[J]. IEEE Transactions on Signal Processing, 2012, 60(9):

4706-4718.

[8] Qin S, Zhang Y D, Amin M G, et al. DOA estimation exploiting a uniform linear array with multiple co-prime frequencies[J]. Signal Processing, 2017, 130: 37-46.

[9] Huang F, Sheng W, Lu C, et al. A fast adaptive reduced rank transformation for minimum variance beamforming[J]. Signal processing, 2012, 92(12): 2881-2887.

[10] 黄飞，盛卫星，马晓峰. 基于广义旁瓣相消器的快速降秩自适应波束形成算法[J]. 兵工学报，2010, 31(12): 1637-1642.

[11] William F G. Using spectral estimation techniques in adaptive processing antenna systems[J]. IEEE transactions on Antennas and Propagation, 1986, AP-34:291-300.

[12] Kirsteins I P, Tuffts D W. Adaptive detection using low rank approximation to a data matrix[J]. IEEE transactions on Aerospace and Electronic Systems, 1994, 30:55-67.

[13] Chang L, Yeh C. Performance of DMI and eigenspace-based beamformers[J]. IEEE transactions on Antennas and Propagation, 1992, 40:1336-1347.

[14] Marshall D F. A two step adaptive interference nulling algorithm for use with airborne sensor arrays[C]. In proc. of the Seventh signal processing workshop on statistical and array processing, 1994:301-304.

[15] Berger S D, Welsh B M. Selecting a reduced-rank transformation for STAP a direct form perspective[J]. IEEE transactions on aerospace and electronic systems,1999, 35(2):722-729.

[16] Zatman M. Properties of Hung-Turner projections and their relationship to the eigencanceller [C]. In Conference Record of the Thirtieth Asilomar Conference on Signals, Systems and Computers, 1996:1176-1180.

[17] Fa R, De Lamare R C, Zanatta-Filho D. Reduced-rank STAP algorithm for adaptive radar based on joint iterative optimization of adaptive filters[C]. 42nd Asilomar Conference on Signals, Systems and Computers, 2008:533-537.

[18] Teitelbaum K A．Flexible Processor for a digital adaptive array radar[J]．IEE Trans．Systems Magazine，May 1991，AES:18-22.

[19] 罗旭明. 自适应干扰置零并行处理技术[D]. 成都：电子科技大学，1998.

[20] Shiann-Jeng Yu, Ju-Hong Lee. Adaptive array beamforming based on an efficient technique. in IEEE Transactions on Antennas and Propagation, vol. 44, NO. 8, pp. 1094-1101, Aug. 1996.

[21] Tang J，Wang X Q, Peng Y N．Sub-array RLS adaptive algorithm[J]. IEEE Electronics letters，1999，35(13)：1061-1062.

[22] Huang F, Sheng W, Ma X, et al. Robust adaptive beamforming for large-scale arrays[J]. Signal Processing, 2010, 90(1): 165-172.

[23] 黄飞. 阵列天线快速自适应数字波束形成技术研究[J]. 南京理工大学，2010.

[24] Lee H, Li F. An eigenvector technique for detecting the number of emitters in a cluster. IEEE Trans[J]. Signal Process., 1994, 42 (9):2380-2388.

[25] Du L, Li J, Stoica P. Fully automatic computation of diagonal loading levels for robust adptive beamforming[J]. IEEE Trans. Areospace and electronic systems, 2010, 46(1):449-458.

[26] Gu Y J, Zhu W P, Swamy M N S. Adaptive beamforming with joint robustness against

covariance matrix uncertainty and signal steering vector mismatch[J]. IET electronics letters, 2010, 46(1).

[27] Tian Z, Bell K L, Van Trees H L. A recursive least squares implementation for LCMP beamforming under quadratic constraint[J]. IEEE Transactions on Signal Processing, 2001, 49(6): 1138-1145.

[28] Zhuang J, Ye Q, Tan Q, et al. Low-complexity variable loading for robust adaptive beamforming[J]. Electronics letters, 2016, 52(5): 338-340.

[29] Hager W W. Updating the inverse of a matrix[J]. SIAM review, 1989, 31(2): 221-239.

第 5 章　无线通信系统中的自适应数字波束形成算法

5.1　引言

在蜂窝式无线通信系统中，随着用户数目的增加，频谱的拥塞和同信道干扰将变得越来越严重。同信道干扰主要由频率复用引起，使得多个单元工作在同一载波频率，相互间产生干扰。在某些地理和环境条件下，同信道干扰常常成为主要的信道损失。经典的自适应数字波束形成算法需要已知期望信号的方向矢量（如 LMS 算法、Griffiths 算法、Frost 算法等），有的还需已知干扰的方向矢量或需要参考信号（如 LMS 算法），才能使接收机达到最佳的接收性能。然而，由于蜂窝式通信的动态性质和严重的衰落，阵列方向矢量一般变化很快，使得接收机无法知道期望用户与/或干扰用户在某个时间的准确阵列方向矢量。

在这种情况下，盲波束形成应运而生，它不需要参考信号，而是利用用户信号本身的特征实现波束形成。这些特征包括恒模性、非高斯性、循环平稳性、有限码集特性等，我们把这种用户或干扰的方向矢量均未知，又不需要参考信号的波束形成称为盲波束形成。在本章中，我们主要从空间滤波和自适应阵列两个角度出发，对移动通信中基于恒模特性的自适应盲波束形成技术作进一步的深入讨论。

5.2　无线通信系统中的盲波束形成技术综述

对于人工信号，特别是无线通信中使用的信号，信号的统计性质和确定性性质常常是清楚的，并且准确已知。通信信号的典型统计性质有高斯性、循环平稳性等，典型的确定性性质则包括恒模性。利用这些信号性质，就构成了一类用于无线通信系统的盲波束形成技术。

如果被利用的信号性质是信号的统计性质（如非高斯性和循环平稳性），我们就把这类盲波束形成称为随机性盲波束形成（Stochastic Blind Beamforming）；若被利用的是信号本身的确定性性质（如恒模、有限字符、独立性等）或信道的信号处理模型的结构性质（如矩阵的 Toeplitz 结构等），则称其为确定性盲波束形成（Deterministic Blind Beamforming）。本节介绍基于通信信号确定性性质的确定性盲波束形成算法的主要类型。

5.2.1　利用恒模特性的算法

所谓恒模性，是指许多常见的通信信号都具有恒定包络的特性，利用信号所具有的这一特征，1983 年，Treichler 等人提出了恒模算法（Constant Modules Algorithm，CMA）。它的基本思想是恒模信号（如 FM、PSK、FSK 等）在经历了多径衰落、加性干扰或其他不利因素时，会产生幅度扰动，破坏信号的恒模特性，因此可以定义一种“恒模准则”，使自适应空间滤波器的输出恢复成恒模信号。

由于恒模算法的代价函数是非线性的，无法直接求解，一般采用随机梯度法逐步逼近最优解，因此称为随机梯度恒模算法。随机梯度恒模算法收敛速度较慢，并且需要仔细地校正步长。

1986 年，Agee 提出了一种具有快速收敛特性的最小二乘恒模算法（LS-CMA），该算法基于高斯方法，无须步长因子。CMA 和 LS-CMA 都是针对只有一个恒模用户的情况。由于 CMA 和 LS-CMA 仅仅利用了信号恒定包络特性这一先验知识，当多个恒模用户同时存在时，不能自适应地辨别出不同的恒模信号，因此不能把所有用户信号都恢复出来。然而在 CDMA 体制下，由于是多个用户并存的，因此要求波束形成算法具有对多路信号同时实现波束形成的能力，针对恒模算法存在的这个问题，许多学者展开了大量的研究，提出了一些算法，其中比较著名的是多级恒模算法和解析恒模算法。

多级恒模算法是 Gooch 和 Lundell 等人在 1986 年提出来的。他们在多个恒模阵波束形成器后面加上一个自适应信号对消器构成一级恒模阵，再将多个恒模阵串联在一起设计成多级恒模阵。当每一级恒模阵的波束形成器捕获一个恒模用户后，它后面的自适应信号对消器就把该信号从接收数据中除去，然后把含有其余信号的混合数据输入到下一级恒模阵进行同样的处理，直至把所有恒模用户信号捕获并分离出来，从而实现对多路恒模用户信号分离接收。多级恒模算法主要包括两部分算法：第一部分是随机梯度恒模算法；第二部分是由最小均方算法（LMS）控制的信号对消技术。多级恒模算法实现起来比较复杂，它既要实现对恒模用户信号的波束形成，又要从接收数据中除掉已捕获的恒模信号。两部分算法都需要仔细校正步长，算法实施难度大。

1996 年，Paulraj 等人提出了解析恒模算法。解析恒模算法在求出恒模用户信号个数的基础上，利用解析的方法把恒模分解问题转化为等价问题，进而实现对所有恒模用户的分离接收。解析恒模算法的结果比较精确，且算法具有较强的鲁棒性，但运算量比较大，计算复杂度较高。

5.2.2 利用循环平稳性的算法

由于许多常见的通信信号都具有自己独特的循环频率，频谱自相关算法就是利用期望信号所特有的循环频率在接收数据中恢复这个信号。

最常用的利用频谱自相关性的一类算法是 1990 年 Agee 等人提出的 SCORE 算法。根据算法优化准则的不同，SCORE 算法又可分为以下几种。

（1）LS-SCORE 算法：适用于期望信号具有循环平稳性，干扰无循环平稳性的情况。

（2）Cross-SCORE 算法：适用于多个互不相关，具有不同循环频率的期望信号的分离。

（3）Phase-SCORE 算法：适用于分离能量特性相同，相位特性不同的信号。

SCORE 类算法计算量都比较大，收敛性较慢，且不适于多径环境。

5.2.3 利用有限码集特性的算法

有限码集特性是所有数字信号所具有的特性。利用数字信号的有限码集特性并结合最大似然准则。Talwar 提出了基于投影的最小均方迭代算法（Iterative Least-Squares with Projection，ILSP）和基于列举的最小均方迭代算法（Iterative Least-Squares with Enumeration，ILSE）。

5.3　随机梯度恒模算法

5.3.1　问题的数学模型

考虑由 N 个阵元构成的阵列天线，接收到 d 个不同的信号，经 k 次采样后的接收数据模型可以表示为

$$\boldsymbol{X}=\boldsymbol{AS}+\boldsymbol{E} \tag{5.1}$$

这里，$\boldsymbol{X}$ 是 $N\times K$ 的接收数据矩阵，$\boldsymbol{E}$ 是噪声，$\boldsymbol{S}$ 是 $d\times K$ 的输入信号矩阵，且

$$\boldsymbol{S}=\left(\boldsymbol{s}_1,\cdots,\boldsymbol{s}_d\right)^{\mathrm{T}} \tag{5.2}$$

式中，$\boldsymbol{s}_i$（$i=1,\cdots,d$）是第 i 个信号的输入向量。

$\boldsymbol{A}$ 是 $N\times d$ 的阵列响应矩阵，且有

$$\boldsymbol{A}=\left[\boldsymbol{a}_1,\cdots,\boldsymbol{a}_d\right] \tag{5.3}$$

式中，$\boldsymbol{a}_i$（$i=1,\cdots,d$）是信号 $\boldsymbol{s}_i$（$i=1,\cdots,d$）的导向矢量。

$$\boldsymbol{a}_i=\left[1,\mathrm{e}^{-\mathrm{j}\phi_i},\cdots,\mathrm{e}^{-\mathrm{j}(p-1)\phi_i}\right]^{\mathrm{T}} \tag{5.4}$$

其中，

$$\phi_i=2\pi\left(\frac{\Delta d}{\lambda}\right)\sin\left(\theta_i\right) \tag{5.5}$$

式中，Δd 是阵元间隔，λ 是载波波长，θ_i 是信号 s_i 的波达角。

不妨设 $\boldsymbol{s}_1$ 是用户信号矩阵，则波束形成算法可以归纳为下列问题：已知接收数据矩阵 $\boldsymbol{X}$，寻找满足波束形成方程

$$\hat{\boldsymbol{s}}_1=\boldsymbol{W}^{\mathrm{T}}\boldsymbol{X} \tag{5.6}$$

的权向量 $\boldsymbol{W}$，这里 $\hat{\boldsymbol{s}}_1$ 是对用户信号的估计。相应地，天线阵 K 次快拍的输出向量 $\boldsymbol{y}$ 可以表示为

$$\boldsymbol{y}=\boldsymbol{W}^{\mathrm{T}}\boldsymbol{X}=\hat{\boldsymbol{s}}_1 \tag{5.7}$$

5.3.2　随机梯度恒模算法原理

恒模信号在经历了多径衰落、加性干扰或其他不利因素时，会产生幅度扰动破坏信号的恒模特性，因此可以利用恒模阵波束形成器来最大限度地恢复恒模信号，恒模阵波束形成器结构示意图如图 5.1 所示。这里，恒模阵波束形成器利用恒模算法通过对恒模代价函数的优化来恢复恒模用户信号，恒模算法定义的代价函数为

$$J_{pq}\left(k\right)=E\left[\left|\boldsymbol{y}\left(k\right)^{p}-1\right|^{q}\right] \tag{5.8}$$

其中，p、q 是正整数，在实际中取 1 和 2，并相应地记作"CMA_{p-q}"。由于恒模算法的代价函数是非线性的，无法直接求解，只能采用迭代的方式逐步逼近最优解，一般采用梯度下降法来优化恒模代价函数，其迭代公式为

$$\boldsymbol{W}\left(k+1\right)=\boldsymbol{W}\left(k\right)-\mu\nabla_{w}J_{pq}\left(k\right) \tag{5.9}$$

这里 $\mu>0$，是步长因子，∇_w 表示关于 $\boldsymbol{W}$ 的梯度算子。用瞬时值取代期望值，并取定 p、q 值，

得到

$$W(k+1)=W(k)-\mu X^*(k)e(k) \tag{5.10}$$

其中，

$$\text{CMA}_{1-1}:\ e(k)=\frac{\boldsymbol{y}(k)}{\boldsymbol{y}(k)}\text{sgn}\left(\boldsymbol{y}(k)-1\right) \tag{5.11a}$$

$$\text{CMA}_{2-1}:\ e(k)=2\boldsymbol{y}(k)\text{sgn}\left(\boldsymbol{y}(k)^2-1\right) \tag{5.11b}$$

$$\text{CMA}_{1-2}:\ e(k)=2\frac{\boldsymbol{y}(k)}{\boldsymbol{y}(k)}\left(\boldsymbol{y}(k)-1\right) \tag{5.11c}$$

$$\text{CMA}_{2-2}:\ e(k)=4\boldsymbol{y}(k)\left(\boldsymbol{y}(k)^2-1\right) \tag{5.11d}$$

上述 4 式以 CMA_{1-1} 和 CMA_{2-2} 最为常用。众所周知，随机梯度恒模算法的收敛性能很大程度上取决于算法设置的初值和步长因子。一般而言，在使用算法之前需要仔细地校正步长，若步长过小，则收敛速度太慢；若步长过大，性能容易失调。

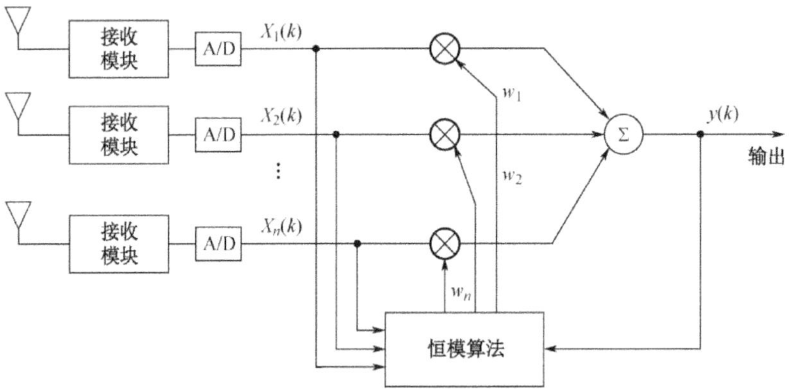

图 5.1　恒模阵波束形成器结构示意图

5.4　最小二乘恒模算法

5.4.1　静态数据块最小二乘恒模算法

上面介绍了最陡下降恒模算法，这里介绍最小二乘恒模算法。这种算法是 Agee 提出的，他使用了非线性最小二乘即高斯法的推广来设计恒模算法。根据高斯法的推广，令代价函数为

$$F(\boldsymbol{\omega})=\sum_{k=1}^{K}\left|g_k(\boldsymbol{\omega})\right|^2=\left\|\boldsymbol{g}(\boldsymbol{\omega})\right\|_2^2 \tag{5.12}$$

式中，$g_k(\boldsymbol{\omega})$ 是第 k 个信号的非线性函数，其中 $k=1,\cdots,K$，向量

$$\boldsymbol{g}(\boldsymbol{\omega})=\left[g_1(\boldsymbol{\omega}),g_2(\boldsymbol{\omega}),\cdots,g_K(\boldsymbol{\omega})\right]^{\text{T}} \tag{5.13}$$

则代价函数具有部分 Taylor 级数展开的平方和形式

$$F(\boldsymbol{\omega}+\boldsymbol{d})=\left\|\boldsymbol{g}(\boldsymbol{\omega})+\boldsymbol{D}^{\text{H}}(\boldsymbol{\omega})\boldsymbol{d}\right\|_2^2 \tag{5.14}$$

式中，$\boldsymbol{d}$ 称为偏差向量，且

$$\boldsymbol{D}(\boldsymbol{\omega})=\left[\nabla\left(g_1(\boldsymbol{\omega})\right),\nabla\left(g_2(\boldsymbol{\omega})\right),\cdots,\nabla\left(g_K(\boldsymbol{\omega})\right)\right] \tag{5.15}$$

代价函数 $F(\boldsymbol{\omega}+\boldsymbol{d})$ 相对于偏差向量 $\boldsymbol{d}$ 梯度向量为

$$\begin{aligned}\nabla_d(F(\boldsymbol{\omega}+\boldsymbol{d})&=2\frac{\partial F(\boldsymbol{\omega}+\boldsymbol{d})}{\partial \boldsymbol{d}^*}\\&=2\frac{\partial\left\{\left[\boldsymbol{g}(\boldsymbol{\omega})+\boldsymbol{D}^{\mathrm{H}}(\boldsymbol{\omega})\boldsymbol{d}\right]^{\mathrm{H}}\left[\boldsymbol{g}(\boldsymbol{\omega})+\boldsymbol{D}^{\mathrm{H}}(\boldsymbol{\omega})\boldsymbol{d}\right]\right\}}{\partial \boldsymbol{d}^*}\\&=2\frac{\partial\left\{\left\|\boldsymbol{g}(\boldsymbol{\omega})\right\|_2^2+\boldsymbol{g}^{\mathrm{H}}(\boldsymbol{\omega})\boldsymbol{D}^{\mathrm{H}}(\boldsymbol{\omega})\boldsymbol{d}+\boldsymbol{d}^{\mathrm{H}}\boldsymbol{D}(\boldsymbol{\omega})\boldsymbol{g}(\boldsymbol{\omega})+\boldsymbol{d}^{\mathrm{H}}\boldsymbol{D}(\boldsymbol{\omega})\boldsymbol{D}^{\mathrm{H}}(\boldsymbol{\omega})\boldsymbol{d}\right\}}{\partial \boldsymbol{d}^*}\\&=2\left[\boldsymbol{D}(\boldsymbol{\omega})\boldsymbol{g}(\boldsymbol{\omega})+\boldsymbol{D}(\boldsymbol{\omega})\boldsymbol{D}^{\mathrm{H}}(\boldsymbol{\omega})\boldsymbol{d}\right]\end{aligned} \tag{5.16}$$

令 $\nabla_d\left(F(\boldsymbol{\omega}+\boldsymbol{d})\right)$ 等于零，则可求出使代价函数 $F(\boldsymbol{\omega}+\boldsymbol{d})$ 最小的偏差向量为

$$\boldsymbol{d}=-\left[\boldsymbol{D}(\boldsymbol{\omega})\boldsymbol{D}^{\mathrm{H}}(\boldsymbol{\omega})\right]^{-1}\boldsymbol{D}(\boldsymbol{\omega})\boldsymbol{g}(\boldsymbol{\omega}) \tag{5.17}$$

将偏差向量 $\boldsymbol{d}$ 与权向量 $\boldsymbol{\omega}(k)$ 相加，即可得到使代价函数最小的新的权向量 $\boldsymbol{\omega}(k+1)$，即迭代公式为

$$\boldsymbol{\omega}(k+1)=\boldsymbol{\omega}(k)-\left[\boldsymbol{D}(\boldsymbol{\omega}(k))\boldsymbol{D}^{\mathrm{H}}(\boldsymbol{\omega}(k))\right]^{-1}\boldsymbol{D}(\boldsymbol{\omega}(k))\boldsymbol{g}(\boldsymbol{\omega}(k)) \tag{5.18}$$

式中，k 代表迭代步数。

对式（5.18）应用恒模函数，即得到最小二乘恒模算法，令代价函数

$$F(\boldsymbol{\omega})=\sum_{k=1}^{K}\left|\left|\boldsymbol{y}(k)\right|-1\right|^2=\sum_{k=1}^{K}\left|\left|\boldsymbol{\omega}^{\mathrm{H}}\boldsymbol{x}(k)\right|-1\right|^2 \tag{5.19}$$

将式（5.19）与式（5.12）作比较，可以看出

$$\boldsymbol{g}_k(\boldsymbol{\omega})=\left|\boldsymbol{y}(k)\right|-1=\left|\boldsymbol{\omega}^{\mathrm{H}}\boldsymbol{x}(k)\right|-1 \tag{5.20}$$

将式（5.20）代入式（5.13），得

$$\boldsymbol{g}(\boldsymbol{\omega})=\begin{bmatrix}\left|y(1)\right|-1\\\left|\boldsymbol{y}(2)\right|-1\\\vdots\\\left|\boldsymbol{y}(K)\right|-1\end{bmatrix} \tag{5.21}$$

由此可求得 $\boldsymbol{g}_k(\boldsymbol{\omega})$ 的梯度为

$$\nabla\boldsymbol{g}_k(\boldsymbol{\omega})=2\frac{\partial g_k(\boldsymbol{\omega})}{\partial\boldsymbol{\omega}^*}=x(k)\frac{\boldsymbol{y}^*(k)}{\left|\boldsymbol{y}(k)\right|} \tag{5.22}$$

现在将式（5.22）代入式（5.15），则 $\boldsymbol{D}(\boldsymbol{\omega})$ 可以写作

$$\begin{aligned}\boldsymbol{D}(\boldsymbol{\omega})&=\left[\nabla\left(\boldsymbol{g}_1(\boldsymbol{\omega})\right),\nabla\left(\boldsymbol{g}_2(\boldsymbol{\omega})\right),\cdots,\nabla\left(\boldsymbol{g}_k(\boldsymbol{\omega})\right)\right]\\&=\left[\boldsymbol{x}(1)\frac{\boldsymbol{y}^*(1)}{\left|\boldsymbol{y}(1)\right|},\boldsymbol{x}(2)\frac{\boldsymbol{y}^*(2)}{\left|\boldsymbol{y}(2)\right|},\cdots,\boldsymbol{x}(K)\frac{\boldsymbol{y}^*(K)}{\left|\boldsymbol{y}(K)\right|}\right]\\&=\boldsymbol{X}\boldsymbol{Y}_{\mathrm{CM}}\end{aligned} \tag{5.23}$$

式中，

$$\boldsymbol{X}=\left[\boldsymbol{x}(1),\boldsymbol{x}(2),\cdots,\boldsymbol{x}(K)\right] \tag{5.24a}$$

$$\boldsymbol{Y}_{\mathrm{CM}}=\begin{bmatrix} \dfrac{\boldsymbol{y}^*(1)}{\left|\boldsymbol{y}(1)\right|} & 0 & \cdots & 0 \\ 0 & \dfrac{\boldsymbol{y}^*(2)}{\left|\boldsymbol{y}(2)\right|} & \cdots & \vdots \\ \vdots & \vdots & & 0 \\ 0 & \cdots & 0 & \dfrac{\boldsymbol{y}^*(K)}{\left|\boldsymbol{y}(K)\right|} \end{bmatrix} \tag{5.24b}$$

利用式（5.22）和式（5.20），则有

$$\boldsymbol{D}(\boldsymbol{\omega})\boldsymbol{D}^{\mathrm{H}}(\boldsymbol{\omega})=\boldsymbol{X}\boldsymbol{Y}_{\mathrm{CM}}\boldsymbol{Y}_{\mathrm{CM}}^{\mathrm{H}}\boldsymbol{X}^{\mathrm{H}}=\boldsymbol{X}\boldsymbol{X}^{\mathrm{H}} \tag{5.25}$$

$$\boldsymbol{D}(\boldsymbol{\omega})\boldsymbol{g}(\boldsymbol{\omega})=\boldsymbol{X}\boldsymbol{Y}_{\mathrm{CM}}\begin{bmatrix} \left|\boldsymbol{y}(1)\right|-1 \\ \left|\boldsymbol{y}(2)\right|-1 \\ \vdots \\ \left|\boldsymbol{y}(K)\right|-1 \end{bmatrix}=\boldsymbol{X}\begin{bmatrix} \boldsymbol{y}^*(1)-\dfrac{\boldsymbol{y}^*(1)}{\left|\boldsymbol{y}(1)\right|} \\ \boldsymbol{y}^*(2)-\dfrac{\boldsymbol{y}^*(2)}{\left|\boldsymbol{y}(2)\right|} \\ \vdots \\ \boldsymbol{y}^*(K)-\dfrac{\boldsymbol{y}^*(K)}{\left|\boldsymbol{y}(K)\right|} \end{bmatrix} \tag{5.26}$$

若令

$$\boldsymbol{y}=\left[\boldsymbol{y}(1),\boldsymbol{y}(2),\cdots,\boldsymbol{y}(K)\right]^{\mathrm{T}} \tag{5.27a}$$

$$\boldsymbol{r}=\left[\frac{\boldsymbol{y}(1)}{\left|\boldsymbol{y}(1)\right|},\frac{\boldsymbol{y}(2)}{\left|\boldsymbol{y}(2)\right|},\cdots,\frac{\boldsymbol{y}(K)}{\left|\boldsymbol{y}(K)\right|}\right]^{\mathrm{T}}=\boldsymbol{L}(\boldsymbol{y}) \tag{5.27b}$$

其中，$\boldsymbol{L}(\boldsymbol{y})$代表对$\boldsymbol{y}$的硬限幅运算，则式（5.26）可简写为

$$\boldsymbol{D}(\boldsymbol{\omega})\boldsymbol{g}(\boldsymbol{\omega})=\boldsymbol{X}(\boldsymbol{y}-\boldsymbol{r})^* \tag{5.28}$$

向量$\boldsymbol{y}$和$\boldsymbol{r}$分别称为输出数据向量和复限幅输出数据向量。将式（5.25）和式（5.26）代入式（5.18），则有

$$\begin{aligned}\boldsymbol{\omega}(k+1)&=\boldsymbol{\omega}(k)-\left(\boldsymbol{X}\boldsymbol{X}^{\mathrm{H}}\right)^{-1}\boldsymbol{X}\left[\boldsymbol{y}(k)-\boldsymbol{r}(k)\right]^*\\&=\boldsymbol{\omega}(k)-\left(\boldsymbol{X}\boldsymbol{X}^{\mathrm{H}}\right)^{-1}\boldsymbol{X}\boldsymbol{X}^{\mathrm{H}}\boldsymbol{\omega}(k)-\left(\boldsymbol{X}\boldsymbol{X}^{\mathrm{H}}\right)^{-1}\boldsymbol{X}\boldsymbol{r}^*(k)\\&=\left(\boldsymbol{X}\boldsymbol{X}^{\mathrm{H}}\right)^{-1}\boldsymbol{X}\boldsymbol{r}^*(k)\end{aligned} \tag{5.29}$$

式中，

$$\boldsymbol{y}(k)=\left[\boldsymbol{\omega}^{\mathrm{H}}(k)\boldsymbol{X}\right]^{\mathrm{T}} \tag{5.30}$$

$$\boldsymbol{r}(k)=\boldsymbol{L}\left(\boldsymbol{y}(k)\right) \tag{5.31}$$

式（5.29）称为静态最小二乘恒模算法，因为算法是使用K个数据组成的单个数据块$\left\{\boldsymbol{x}(k)\right\}$迭代的。一旦权向量$\boldsymbol{\omega}(k+1)$计算出，滤波输出的新估计值$\boldsymbol{y}$便可得到，并产生$\boldsymbol{r}(k+1)$的新值。算法重复迭代，直至收敛。

5.4.2 动态数据块最小二乘恒模算法

与静态最小二乘恒模算法不同，动态最小二乘恒模算法不是在一个静态数据块内迭代。相反，它使用最新 K 个数据组成的向量进行权向量更新，并且每隔 K 个样本进行一次更新。记

$$\boldsymbol{X}(k)=\left[\boldsymbol{x}(1+kK),\boldsymbol{x}(2+kK),\cdots,\boldsymbol{x}(K+kK)\right] \tag{5.32}$$

则动态最小二乘恒模算法由以下计算构成：

$$\begin{aligned}\boldsymbol{D}(\boldsymbol{\omega})&=\left[\boldsymbol{\omega}^{\mathrm{H}}(k)\boldsymbol{X}(k)\right]^{\mathrm{T}}\\&=\left[\boldsymbol{y}(1+kK),\boldsymbol{y}(2+kK),\cdots,\boldsymbol{y}(K+kK)\right]^{\mathrm{T}}\end{aligned} \tag{5.33}$$

$$\boldsymbol{r}(k)=\boldsymbol{L}(\boldsymbol{y}) \tag{5.34}$$

$$\boldsymbol{\omega}(k+1)=\left[\boldsymbol{X}(k)\boldsymbol{X}^{\mathrm{H}}(k)\right]^{-1}\boldsymbol{X}(k)\boldsymbol{r}^{*}(k) \tag{5.35}$$

最陡下降恒模算法是一种逐个样本更新算法，即每输入一个新样本，都需要更新权向量。动态最小二乘恒模算法与之不同，是一种样本数据块更新算法，即每输入一个数据块才对权向量更新一次。在第 k 次迭代，我们可以计算输入数据的样本自相关矩阵 $\hat{\boldsymbol{R}}_{xx}(k)$ 和输入数据与硬限幅输出之间的样本互相关向量

$$\hat{\boldsymbol{R}}_{xx}(k)=\frac{1}{K}\boldsymbol{X}(k)\boldsymbol{X}^{\mathrm{H}}(k) \tag{5.36}$$

$$\hat{\boldsymbol{p}}_{xr}(k)=\frac{1}{K}\boldsymbol{X}(k)\boldsymbol{r}^{*}(k) \tag{5.37}$$

于是，式（5.35）可以写成

$$\boldsymbol{\omega}(k+1)=\widehat{\boldsymbol{R}}_{xx}^{-1}\hat{\boldsymbol{p}}_{xr}(k) \tag{5.38}$$

这又是我们所熟悉的 Wiener-Hopf 方程，它恰好是最佳 Wiener 权向量。因此，最小二乘恒模算法将给出最佳的权向量。

最小二乘恒模算法将在后面介绍的盲自适应波束形成中起重要作用。前面说过，Bussgang 算法使用非线性的、无记忆的估计子 $g(\cdot)$获得期望信号的估计。这种估计子对发射的信号（接收机的输入信号）是完全“闭眼的”。即使是具有恒定幅值包络的发射信号，Bussgang 自适应算法也对信号的恒模特性视而不见。与 Bussgang 算法相比，恒模算法则利用了发射信号的恒模特性，即 $g(\cdot)$是有记忆的，其作用只是抽取输入信号的（未知）相位信息。

5.5 串联型多目标恒模阵列

基于恒模算法的自适应阵列称为恒模阵列，由 Gooch 和 Lundell 于 1986 年提出。恒模阵列是一种盲自适应波束形成器：通过与自适应信号对消器联合使用，恒模阵列可以分离和估计同信道的信源，却不需要训练或导引信号。简单来说，恒模阵列具有加权求和的波束形成器结构，而加权系数则利用恒模算法更新。因此，恒模阵列在同信道干扰为主要危害的蜂窝式通信系统中具有很好的应用价值。若将恒模阵列/对消器组成的模块级联起来，所得到的多级系统则可分离多个同信道信号源，并估计它们的波达方向。作为一种自适应波束形成器，恒模阵列具有快速收敛的性能，计算也比较简单，并且信号恢复性能对阵列结构不敏感，因而最近几年备受关注。

5.5.1 恒模阵列与自适应信号对消器

恒模阵列与自适应信号对消器如图 5.2 所示。图中，假定 Q 个源信号入射到具有 M 个阵元的均匀直线天线阵列上。阵列的输出信号向量 $\boldsymbol{x}(k)$构成了恒模阵列的接收信号向量。

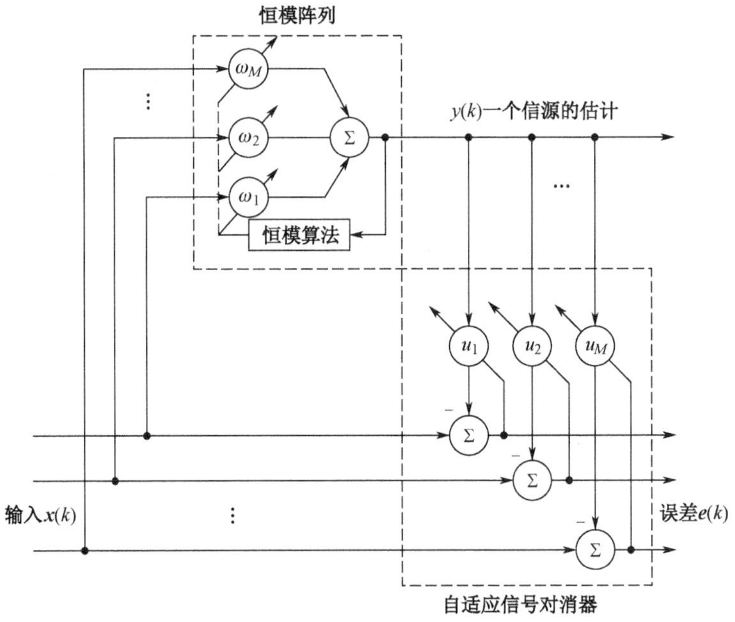

图 5.2 恒模阵列与自适应信号对消器

根据 5.1 节的分析，第 m 个阵元的输出信号的连续时间模型为

$$\boldsymbol{x}_m(t)=\sum_{q=1}^{Q}\boldsymbol{s}_q(t)\mathrm{e}^{-\mathrm{j}\phi_q(m)}+\boldsymbol{n}_m(t),\ m=1,\cdots,\ M \tag{5.39}$$

式中，$\{\boldsymbol{s}_q(t)\}(q=1,\cdots,Q)$代表 Q 个信源；$\{\boldsymbol{n}_m(t)\}$ 为第 m 个阵元上的加性高斯白噪声过程。在窄带信源的假设下，$\phi_q(m)=2\pi\dfrac{d}{\lambda}\sin\theta_q$，其中 d 为阵元的间距，λ 为信源的波长，而 θ_q 是第 q 个信源的波达方向。

阵列的连续输出信号经离散采样后，式（5.39)又可写成离散信号的矩阵形式

$$\boldsymbol{x}(k)=\boldsymbol{A}\boldsymbol{s}(k)+n(k) \tag{5.40}$$

式中，

$$\boldsymbol{x}(k)=\left[x_1(k),\cdots,\ x_M(k)\right]^{\mathrm{T}} \tag{5.41a}$$

$$\boldsymbol{s}(k)=\left[s_1(k),\cdots,\ s_Q(k)\right]^{\mathrm{T}} \tag{5.41b}$$

$$\boldsymbol{A}=\begin{bmatrix}1 & \cdots & 1\\ \mathrm{e}^{-\mathrm{j}\phi_1} & \cdots & \mathrm{e}^{-\mathrm{j}\phi_Q}\\ \vdots & & \vdots\\ \mathrm{e}^{-\mathrm{j}(M-1)\phi_1} & \cdots & \mathrm{e}^{-\mathrm{j}(M-1)\phi_Q}\end{bmatrix} \tag{5.41c}$$

矩阵 $\boldsymbol{A}$ 的列向量$\{\boldsymbol{a}_i\}$即为方向向量。

需要注意的是，式（5.41c）只是针对等距线阵定义的，我们通常也对等距线阵感兴趣，但是恒模阵列的信号复制性能却与阵列的几何结构无关。因此，式（5.40）中的矩阵 $\boldsymbol{A}$ 可以是一般矩阵。我们知道，在大多数的波达方向估计算法（如 MUSIC 等）中要求信源个数波形小于阵元数即 $Q<M$，但在恒模阵列中只要求 $Q\leqslant M$ 即可。

数据向量 $\boldsymbol{x}(k)$ 的自相关矩阵 $\boldsymbol{R}_x=E\left\{\boldsymbol{x}(k)\boldsymbol{x}^{\mathrm{H}}(k)\right\}$ 由下式给出：

$$\boldsymbol{R}_x=\boldsymbol{A}\boldsymbol{R}_s\boldsymbol{A}^{\mathrm{H}}+\boldsymbol{R}_n \tag{5.42}$$

式中，$\boldsymbol{R}_s=E\left\{\boldsymbol{s}(k)\boldsymbol{s}^{\mathrm{H}}(k)\right\}$ 和 $\boldsymbol{R}_n=E\left\{\boldsymbol{n}(k)\boldsymbol{n}^{\mathrm{H}}(k)\right\}$。假定 $\boldsymbol{s}(k)$ 和 $\boldsymbol{n}(k)$ 互不相关，并且均为零均值。由于发射信号是互不相关的，加性噪声为高斯白噪声，因此 $\boldsymbol{R}_s$ 和 $\boldsymbol{R}_n$ 可分别用对角矩阵 $\boldsymbol{\Sigma}_s$ 和 $\boldsymbol{\Sigma}_n$ 表示，其中 $\boldsymbol{\Sigma}_s$ 的对角元素为 $\sigma_{s_i}=E\left\{\left|\boldsymbol{s}_i(k)\right|^2\right\}$，对应为第 i 个信源的功率。若进一步假定各阵元的噪声功率相同，则式（5.42）变为

$$\boldsymbol{R}_x=\boldsymbol{A}\boldsymbol{\Sigma}_s\boldsymbol{A}^{\mathrm{H}}+\sigma_n^2\boldsymbol{I} \tag{5.43}$$

波束形成和波达方向估计算法需要直接估计 $\boldsymbol{R}_x$。与这些算法不同，恒模阵列可以用一种在线的自适应方式，直接由数据向量 $\boldsymbol{x}(k)$ 本身估计 $\boldsymbol{s}(k)$ 的某个分量 $s_i(k)$，而无须直接估计相关矩阵 $\boldsymbol{R}_x$。另外，它还能给出该信源方向向量 $\boldsymbol{a}_i$ 的估计，从而得到该信源的波达方向角 θ_i。

由图 5.2 的结构，恒模阵列的输入向量 $\boldsymbol{x}(k)$ 经过自适应更新的权向量 $\boldsymbol{\omega}(k)$ 加权求和，组成波束形成器的输出

$$y(k)=\boldsymbol{\omega}^{\mathrm{H}}(k)\boldsymbol{x}(k) \tag{5.44}$$

式中，$\boldsymbol{\omega}(k)=\left[\omega_1(k),\cdots,\omega_M(k)\right]^{\mathrm{T}}$ 为自适应权向量，并由恒模算法更新为

$$\boldsymbol{\omega}(k+1)=\boldsymbol{\omega}(k)+2\mu_{\mathrm{CMA}}\boldsymbol{x}(k)\boldsymbol{e}^*(k) \tag{5.45}$$

式中，$\boldsymbol{e}(k)$ 为前面提到的恒模控制更新（或矫正）量的误差项，即

$$\boldsymbol{e}(k)=\frac{\boldsymbol{y}(k)}{\left|\boldsymbol{y}(k)\right|}-y(k) \tag{5.46}$$

而步长 $\mu_{\mathrm{CMA}}>0$ 控制更新公式（5.45）的收敛速度。

注释 1：对于恒模信号，恒模阵列捕获信号的性能与初始权向量 $\boldsymbol{\omega}(0)$ 和阵列输出端信号的相对功率有关。对于 $Q=M=2$ 的情况，恒模阵列将在阵列的输出锁定具有较大功率的信源，并抑制掉另一个信源。

注释 2：如果非恒模信号的峰度小于 2，那么恒模阵列也会捕获非恒模信号。

由于恒模输出主要包含了某个被捕获的信号 $\boldsymbol{s}_i(k)$，因此需要使用信号对消器将 $\boldsymbol{s}_i(k)$ 从数据向量 $\boldsymbol{x}$ 中除去，以便下一步捕获另一个恒模信号。

由图 5.2 可以看出，信号对消器借助权向量 $\boldsymbol{u}(k)=\left[u_1(k),\cdots,u_M(k)\right]^{\mathrm{T}}$ 处理恒模阵列的输出 $y(k)$，然后从数据向量 $\boldsymbol{x}(k)$ 中减去这一处理结果，产生误差向量

$$\boldsymbol{e}(k)=\boldsymbol{x}(k)-\boldsymbol{u}(k)y(k) \tag{5.47}$$

而对消器权向量则用 LMS 算法更新，即

$$\boldsymbol{u}(k+1)=\boldsymbol{u}(k)+2\mu_{\mathrm{LMS}}\boldsymbol{y}^*(k)\boldsymbol{e}(k) \tag{5.48}$$

将式（5.46）代入式（5.47），可以得到误差向量的紧凑表示

$$\boldsymbol{e}(k)=\boldsymbol{T}(k)\boldsymbol{x}(k) \tag{5.49}$$

式中，

$$\boldsymbol{T}(k)\overset{\text{def}}{=\!=}\boldsymbol{I}-\boldsymbol{u}(k)\boldsymbol{\omega}^{\mathrm{H}}(k) \tag{5.50}$$

定义为信号传递矩阵。

注意，由于恒模阵列的权系数由式（5.47）连续更新，因此恒模阵列输出 $y(k)$的方差 $\sigma_y^2=E\left\{\left|\boldsymbol{y}(k)\right|^2\right\}$是时变的。由 LMS 自适应算法的分析易知，为了使更新式（5.48）依均值收敛，步长的选择应该满足$0<\mu_{\mathrm{LMS}}<\dfrac{1}{\sigma_y^2}$。因此，可以得出结论：对消器的收敛性能与恒模阵列的收敛性能有关，但恒模阵列的权系数的收敛与自适应的对消器无关。由于对消器的输入只有 $y(k)$一个，因此对消器的所有权系数都以相同的时间常数$\tau\approx\dfrac{1}{2\mu_{\mathrm{LMS}}\sigma_y^2}$收敛。

5.5.2 性能分析

下面分析恒模阵列和自适应对消器的性能。

1．恒模阵列的最佳权向量

假定恒模阵列捕获第 i 个信源，则估计误差$e_i(k)=\boldsymbol{s}_i(k)-\boldsymbol{y}(k)$。由均方估计理论可知，权向量收敛时，估计误差与数据正交，即$E\left\{\boldsymbol{x}(k)e_i^*(k)\right\}=0$。于是，均方误差为

$$\begin{aligned}J(\omega)&=E\left\{\left|\boldsymbol{s}_i(k)-\boldsymbol{y}(k)\right|^2\right\}\\&=E\left\{\left[\boldsymbol{s}_i(k)-\boldsymbol{\omega}^{\mathrm{H}}\boldsymbol{x}(k)\right]\left[\boldsymbol{s}_i(k)-\boldsymbol{\omega}^{\mathrm{H}}\boldsymbol{x}(k)\right]^*\right\}\\&=E\{[\boldsymbol{s}_i(k)\boldsymbol{s}_i^*(k)-2E\left\{\boldsymbol{s}_i^*(k)\boldsymbol{\omega}^{\mathrm{H}}\boldsymbol{x}(k)\right\}+E\left\{\boldsymbol{\omega}^{\mathrm{H}}\boldsymbol{x}(k)\boldsymbol{x}^{\mathrm{H}}(k)\boldsymbol{\omega}\right\}\end{aligned} \tag{5.51}$$

用式（5.51）求$J(\boldsymbol{\omega})$的梯度，得

$$\frac{\partial}{\partial\boldsymbol{\omega}}J(\boldsymbol{\omega})=-2E\left\{\boldsymbol{x}(k)\boldsymbol{s}_i^*(k)\right\}+2E\left\{\boldsymbol{x}(k)\boldsymbol{x}^{\mathrm{H}}(k)\right\}$$

再令梯度等于零，便可求出满足最小均方误差（MMSE）准则的最佳权向量$\boldsymbol{\omega}_{\mathrm{opt}}$，即有

$$E\left\{\boldsymbol{x}(k)\boldsymbol{x}^{\mathrm{H}}(k)\right\}\boldsymbol{\omega}_{\mathrm{opt}}=E\left\{\boldsymbol{s}_i^*(k)\boldsymbol{x}(k)\right\}$$

或写作

$$\boldsymbol{\omega}_{\mathrm{opt}}=\boldsymbol{R}_x^{-1}\boldsymbol{p}_i \tag{5.52}$$

式中，

$$\boldsymbol{R}_x=E\left\{\boldsymbol{x}(k)\boldsymbol{x}^{\mathrm{H}}(k)\right\} \tag{5.53a}$$

$$\boldsymbol{p}_i=E\left\{\boldsymbol{s}_i^*(k)\boldsymbol{x}(k)\right\} \tag{5.53b}$$

将式（5.40）的数据向量$\boldsymbol{x}(k)$代入式（5.53b），再将$\boldsymbol{p}_i$的结果代入式（5.52），则

$$\boldsymbol{\omega}_{\mathrm{opt}}=\sigma_{s_i}^2\boldsymbol{R}_x^{-1}\boldsymbol{a}_i \tag{5.54}$$

式中，$\boldsymbol{a}_i$是阵列响应矩阵$\boldsymbol{A}$的第i列，它即为第i个信源的方向向量。

收敛时，恒模阵列输出的功率

$$\sigma_{y_0}^2 = \boldsymbol{\omega}_{\mathrm{opt}} \boldsymbol{R}_x \boldsymbol{\omega}_{\mathrm{opt}} \tag{5.55}$$

2．信号对消器的最佳权向量

由信号对消器的误差向量 $\boldsymbol{e}(k)$ 的表达式（5.47），得到均方误差

$$\begin{aligned} J(\boldsymbol{u}) &= E\left\{\boldsymbol{e}^{\mathrm{H}}(k)\boldsymbol{e}(k)\right\} \\ &= E\left\{\left[\boldsymbol{x}^{\mathrm{H}}(k) - \boldsymbol{u}^{\mathrm{H}}\boldsymbol{y}^*(k)\right]\left[\boldsymbol{x}(k) - \boldsymbol{u}(k)\right]\right\} \\ &= E\left\{\boldsymbol{x}^{\mathrm{H}}(k)\boldsymbol{x}(k)\right\} - 2E\left\{\boldsymbol{u}^{\mathrm{H}}\boldsymbol{x}(k)y^*(k) + \boldsymbol{u}^{\mathrm{H}}y^*(k)y(k)\boldsymbol{u}\right\} \end{aligned} \tag{5.56}$$

用式（5.56）求梯度，并令其等于零，得

$$\frac{\partial}{\partial \boldsymbol{u}} J(\boldsymbol{u}) = -2E\left\{\boldsymbol{x}(k)\boldsymbol{y}^*(k)\right\} + 2E\left\{\left|\boldsymbol{y}(k)\right|^2\right\}\boldsymbol{u} = 0 \tag{5.57}$$

于是，信号对消器（在 MMSE 意义下）的最佳权重系数向量满足关系

$$E\left\{\left|y(k)\right|^2\right\}\boldsymbol{u}_{\mathrm{opt}} = E\left\{\boldsymbol{x}(k)\boldsymbol{y}^*(k)\right\} \tag{5.58}$$

注意到 $\sigma_{y_0}^2 = E\left\{\left|y(k)\right|^2\right\}$，且 $E\left\{\boldsymbol{x}(k)\boldsymbol{y}^*(k)\right\} = E\left\{\boldsymbol{x}^{\mathrm{H}}(k)\boldsymbol{x}(k)\right\}\boldsymbol{\omega}_{\mathrm{opt}}$（假定恒模阵列的权向量固定为最佳权向量），故式（5.58）给出信号对消器最佳权重系数向量的解为

$$\boldsymbol{u}_{\mathrm{opt}} = \frac{\boldsymbol{R}_x \boldsymbol{\omega}_{\mathrm{opt}}}{\sigma_{y_0}^2} \tag{5.59}$$

将恒模阵列的最佳权重系数向量表达式（5.54）代入式（5.59）得到

$$\boldsymbol{u}_{\mathrm{opt}} = \frac{\sigma_{s_i}^2}{\sigma_{y_0}^2}\boldsymbol{a}_i \tag{5.60}$$

上式表明，当信号对消器达到稳定（其权重系数向量收敛时），在 MMSE 意义下的最佳权重系数向量 $\boldsymbol{u}_{\mathrm{opt}}$ 与第 i 个信源的方向向量 $\boldsymbol{a}_i$ 成正比（比例因子为 $\sigma_{s_i}^2 / \sigma_{y_0}^2$）。这意味着，如果有方向向量的校正表，就可通过查表由 $\boldsymbol{u}_{\mathrm{opt}}$ 得到方向向量的估计，从而得到第 i 个信源的波达方向角 θ_i。注意，对于均匀线阵而言，由于方向向量 $\boldsymbol{a} = \left[1, \mathrm{e}^{-\mathrm{j}\phi_i}, \cdots, \mathrm{e}^{-\mathrm{j}(M-1)\phi_i}\right]^{\mathrm{T}}$ 的第一个元素为 1，因此可以由 $\boldsymbol{u}_{\mathrm{opt}}$ 得到 $\sigma_{s_i}^2 / \sigma_{y_0}^2$ 和 $\phi_i = 2\pi(d/\lambda)\sin\theta_i$，进而得到波达方向角 θ_i。

也许有的读者会问，方向向量 $\boldsymbol{a}_i$ 不也可以利用式（5.54），根据恒模阵列的最佳权向量 $\boldsymbol{\omega}_{\mathrm{opt}}$ 和数据向量的相关矩阵 $\boldsymbol{R}_x$ 的样本估计求出吗？问题是，在快拍数少的情况下，样本相关矩阵的估计误差可能很大，从而会严重影响 $\boldsymbol{a}_i$ 的估计精度。显然，利用式（5.60）由 $\boldsymbol{u}_{\mathrm{opt}}$ 估计 $\boldsymbol{a}_i$ 就没有这个问题。

以上只考虑了单个感兴趣信号的复制或恢复，我们在 5.5.3 节将会看到，单级结构可以推广为多级级联的形式，从而可构造多信号恢复（复制）的恒模阵列。

5.5.3　多信号恢复的恒模阵列

假定 Q 个源信号入射到具有 M 个阵元的一天线阵列上。接收信号向量 $\boldsymbol{x}(k)$ 组成多级恒模阵列的输入，多级恒模阵列（Q=2 级）模型如图 5.3 所示。多级系统的每一级由两个部件组成：①变加权的波束形成器，它由恒模算法（CMA）更新；②自适应信号对消器，它由 LMS

算法更新。

第 1 级的波束形成器权系数与阵列输入 $\boldsymbol{x}(k)$ 的元素线性组合，以使得 $Q-1$ 个信源方向上的输出为零，并在剩余的期望信源方向上保留大的增益。被捕获的信号通过自适应对消器从 $\boldsymbol{x}(k)$ 中除去，得到的误差信号 $\boldsymbol{e}(k)$ 便比 $\boldsymbol{x}(k)$ 少了一个信号。误差信号 $\boldsymbol{e}(k)$ 在第 2 级用相同的方式又可除去另一个信号，得到第 3 级的误差信号。逐级用这种方式处理，多个同信道信号即可用一种序贯方式分别估计出。这样一种不需要训练信号或导引信号的波束形成成为恒模阵列，是 Gooch 与 Lundell 于 1986 年最早提出的。

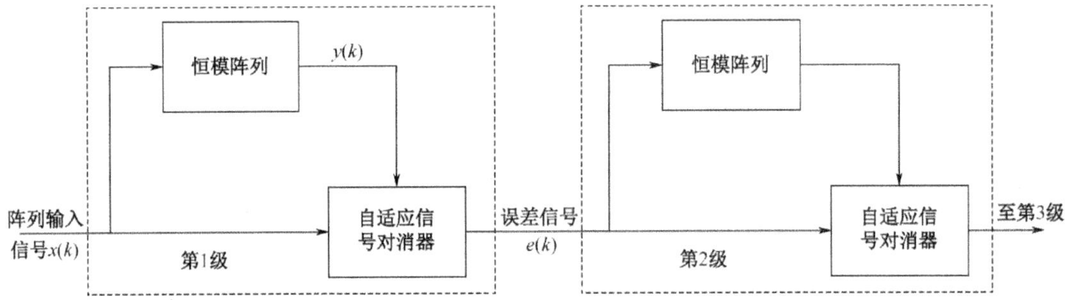

图 5.3 多级恒模阵列（$Q=2$ 级）模型

为方便计算，我们假定阵列为均匀线阵，并且接收的（基带）信号向量 $\boldsymbol{x}(k)=\left[x_1(k),\cdots,x_M(k)\right]^{\mathrm{T}}$ 可以写作

$$\boldsymbol{x}(k)=\boldsymbol{A}\boldsymbol{s}(k)+\boldsymbol{n}(k) \tag{5.61}$$

式中，$\boldsymbol{s}(k)=\left[s_1(k),\cdots,s_Q(k)\right]^{\mathrm{T}}$ 为同信道的信源向量，信源 $\boldsymbol{s}_i(k)(i=1,\cdots,Q)$ 都是恒模信源，而 $\boldsymbol{n}(k)=\left[n_1(k),\cdots,n_M(k)\right]^{\mathrm{T}}$ 是零均值的高斯白噪声，其中 $M\geqslant Q$。

阵列响应矩阵 $\boldsymbol{A}$ 的元素为 $a_{k,i}=\mathrm{e}^{\mathrm{j}(k-1)2\pi(d/\lambda)\sin\theta_i}$，其中 λ 为信源的波长，$d=\lambda/2$（半波长）为两个相邻阵元间的距离，且 θ_i 为信源的波达方向角。

进一步假定 $\boldsymbol{s}(k)$ 的元素 $s_i(k)(i=1,\cdots,Q)$ 具有零均值，并且相互不相关，这使得自相关矩阵 $E\left\{\boldsymbol{s}(k)\boldsymbol{s}^{\mathrm{H}}(k)\right\}=\boldsymbol{\Sigma}_s$ 为对角矩阵。对角矩阵 $\boldsymbol{\Sigma}_s$ 的（对角）元素 $\sigma_{s_i}^2$ 表示信号 $\boldsymbol{s}_i(k)$ 的功率。噪声向量 $\boldsymbol{n}(k)$ 与 $\boldsymbol{s}$ 不相关，且噪声向量的自相关矩阵由 $E\left\{\boldsymbol{n}(k)\boldsymbol{n}^{\mathrm{H}}(k)\right\}=\sigma_n^2\boldsymbol{I}$ 给出。因此，可以写出接收相互的自相关矩阵 $\boldsymbol{R}_x=E\left\{\boldsymbol{x}(k)\boldsymbol{x}^{\mathrm{H}}(k)\right\}$：

$$\boldsymbol{R}_x=\boldsymbol{A}\boldsymbol{\Sigma}_s\boldsymbol{A}^{\mathrm{H}}+\sigma_n^2 I \tag{5.62}$$

注意，$\boldsymbol{A}\boldsymbol{\Sigma}_s\boldsymbol{A}^{\mathrm{H}}$ 的秩为 Q（其也是矩阵 $\boldsymbol{A}$ 的秩），故矩阵 $\boldsymbol{R}_x$ 有 $M-Q$ 个特征值等于噪声功率 σ_n^2。

第 1 级恒模阵列的输出为 $y(k)=\boldsymbol{\omega}^{\mathrm{H}}(k)\boldsymbol{x}(k)$。阵列权重系数向量 $\boldsymbol{\omega}=\left[\omega_1(k),\cdots,\omega_M(k)\right]^{\mathrm{T}}$ 用恒模算法更新如下：

$$\boldsymbol{\omega}(k+1)=\boldsymbol{\omega}(k)+2\mu_{\mathrm{CMA}}\boldsymbol{x}(k)\left[\frac{\boldsymbol{y}(k)}{|y(k)|}-y(k)\right]^* \tag{5.63}$$

式中，$\mu_{\mathrm{CMA}}>0$ 为恒模算法步长；上标 * 代表复数共轭。阵列的输出被对消器权重系数向量 $\boldsymbol{u}(k)=\left[u_1(k),\cdots,u_N(k)\right]^{\mathrm{T}}$，在第 1 级的输出端给出阵列信号向量

$$\boldsymbol{e}(k)=\boldsymbol{x}(k)-\boldsymbol{u}(k)y(k)=\boldsymbol{T}(k)\boldsymbol{x}(k) \tag{5.64}$$

式中，$\boldsymbol{T}(k)=\boldsymbol{I}-\boldsymbol{\omega}^{\mathrm{H}}(k)$。第 1 级的输出 $\boldsymbol{e}(k)$ 再作为第 2 级的输入。其作用相当于一组用来更新对消器权重系数向量的误差信号，即有

$$\boldsymbol{u}(k+1)=\boldsymbol{u}(k)+2\mu_{\mathrm{LMS}}\boldsymbol{e}(k)\boldsymbol{y}^{*}(k) \tag{5.65}$$

级联相同的其他级用相同的方式构成，第 1 级输出的自相关矩阵即为第 2 级输入的有效自相关矩阵，它类似于 $\boldsymbol{R}_x$，由

$$\boldsymbol{R}_e=E\left\{\boldsymbol{e}(k)\boldsymbol{e}^{\mathrm{H}}(k)\right\}=\boldsymbol{T}_0\boldsymbol{R}_x\boldsymbol{T}_0^{\mathrm{H}} \tag{5.66}$$

给出，式中 $\boldsymbol{T}_0=\boldsymbol{I}-\boldsymbol{u}_0\boldsymbol{\omega}_0^{\mathrm{H}}$ 为稳态信号传递矩阵。权重系数向量 $\boldsymbol{\omega}_0$ 和 $\boldsymbol{u}_0$ 分别是 $\boldsymbol{\omega}(k)$ 和 $\boldsymbol{u}(k)$ 的稳态值。因此，$\boldsymbol{e}(k)$ 可以写为

$$\boldsymbol{e}(k)=\boldsymbol{T}_0\boldsymbol{A}\boldsymbol{s}(k)+\boldsymbol{T}_0\boldsymbol{n}(k)=\boldsymbol{A}_e\boldsymbol{s}(k)+\boldsymbol{n}_e(k) \tag{5.67}$$

式中已将式（5.61）代入式（5.63），并定义有效阵列响应矩阵 $\boldsymbol{A}_e=\boldsymbol{T}_0\boldsymbol{A}$ 和第 2 级噪声向量 $\boldsymbol{n}_e(k)=\boldsymbol{T}_0\boldsymbol{n}(k)$。不难看出，式（5.67）的误差信号模型与式（5.61）的信号模型之间是相似的。

假定信号 $s_1(k)$ 被第 1 级所捕获，则有

$$\begin{cases}\boldsymbol{\omega}_{\mathrm{opt}}=\sigma_{s_1}\boldsymbol{R}_x^{-1}\boldsymbol{a}_1\\ \boldsymbol{u}_{\mathrm{opt}}=\dfrac{\sigma_{s_1}}{\sigma_{y_0}^2}\boldsymbol{a}_1\end{cases} \tag{5.68}$$

式中，$\sigma_{y_0}^2=E\left\{\left|\boldsymbol{y}_0(k)\right|^2\right\}=E\left\{\boldsymbol{\omega}_{\mathrm{opt}}^{\mathrm{H}}\boldsymbol{x}(k)\right\}$ 是第 1 级波束形成器的输出功率；$\boldsymbol{a}_1$ 是矩阵 $\boldsymbol{A}$ 的第一列，它与信号 $s_1(k)$ 相对应。

阵列响应矩阵 $\boldsymbol{A}_e$ 的秩等于 $Q-1$，且可写为

$$\boldsymbol{A}_e=\left[0,\boldsymbol{a}_2-\beta_{1,2}\boldsymbol{a}_1,\cdots,\boldsymbol{a}_Q-\beta_{1,Q}\boldsymbol{a}_1\right] \tag{5.69}$$

式中“移位因子”由 $\beta_{i,j}=\left(\boldsymbol{a}_i^{\mathrm{H}}\boldsymbol{R}_x^{-1}\boldsymbol{a}_j\right)/\left(\boldsymbol{a}_i^{\mathrm{H}}\boldsymbol{R}_x^{-1}\boldsymbol{a}_i\right)$ 给定。矩阵 $\boldsymbol{A}_e$ 的第一列为零向量，这意味着对消器准确地除去了被捕获的信源 $\boldsymbol{s}_1(k)$。

5.5.4　输出信干噪比和信噪比

当恒模阵列收敛时，其输出由 $y_0(k)=\boldsymbol{\omega}_{\mathrm{opt}}^{\mathrm{H}}\boldsymbol{x}(k)$ 给出。将式（5.54）的最佳权向量 $\boldsymbol{\omega}_{\mathrm{opt}}$ 和式（5.40）的 $\boldsymbol{x}(k)$ 代入上述输出公式，则得

$$y_0(k)=\sigma_{s_i}^2\boldsymbol{a}_i^{\mathrm{H}}\boldsymbol{R}_x^{-1}\boldsymbol{A}\boldsymbol{s}(k)+\sigma_{s_i}^2\boldsymbol{a}_i^{\mathrm{H}}\boldsymbol{R}_x^{-1}n(k) \tag{5.70}$$

令 $\boldsymbol{A}=\left[\boldsymbol{a}_1,\cdots,\boldsymbol{a}_Q\right]$，并令 $\alpha_{i,j}\xlongequal{\mathrm{def}}\boldsymbol{a}_i^{\mathrm{H}}\boldsymbol{R}_x^{-1}\boldsymbol{a}_j$，则式（5.70）又可写为

$$\begin{aligned}y_0(k)&=\sigma_{s_i}^2\sum_{j=1}^{Q}\alpha_{i,j}\boldsymbol{s}_j(k)+\sigma_{s_i}^2\boldsymbol{a}_i^{\mathrm{H}}\boldsymbol{R}_x^{-1}\boldsymbol{n}(k)\\&=\sigma_{s_i}^2\alpha_{i,j}\boldsymbol{s}_i(k)+\sigma_{s_i}^2\sum_{j=1,j\neq i}^{Q}\alpha_{i,j}\boldsymbol{s}_j(k)+\sigma_{s_i}^2\boldsymbol{a}_i^{\mathrm{H}}\boldsymbol{R}_x^{-1}\boldsymbol{n}(k)\\&\xlongequal{\mathrm{def}}\boldsymbol{s}_c(k)+\boldsymbol{c}(k)+\boldsymbol{v}(k)\end{aligned} \tag{5.71}$$

式中，$\boldsymbol{s}_c(k)$ 表示恒模阵列输出端被捕获的信源（相差一常数因子）；$\boldsymbol{c}(k)$ 代表同信道信号，

即干扰信号；$\boldsymbol{v}(k)$ 为噪声项。

输出信干噪比 $\mathrm{SINR}_{\mathrm{out}}$ 定义为

$$\mathrm{SINR}_{\mathrm{out}} \stackrel{\mathrm{def}}{=\!=} \frac{E\left\{\left|\boldsymbol{s}_c(k)\right|^2\right\}}{E\left\{\left|\boldsymbol{c}(k)\right|^2\right\}+E\left\{\left|\boldsymbol{v}(k)\right|^2\right\}} \tag{5.72}$$

这里假定信源和噪声互不相关。将式（5.71）代入式（5.72），并消去公共的 $\sigma_{s_1}^2$ 项后，得到

$$\mathrm{SINR}_{\mathrm{out}} = \frac{\sigma_{s_i}^2 \alpha_{i,i}^2}{\sum_{j=1, j\neq i}^{Q}\left|\alpha_{i,j}\right|^2 \sigma_{s_j}^2 + \sigma_n^2 \boldsymbol{a}_i^{\mathrm{H}} \boldsymbol{R}_x^{-2} \boldsymbol{a}_i} \tag{5.73}$$

用 $\alpha_{i,j}^2$ 同除上式分子和分母，并代入 $\beta_{i,j} \stackrel{\mathrm{def}}{=\!=} \alpha_{i,j} / \alpha_{i,i}$，则式（5.73）给出以下结果：

$$\mathrm{SINR}_{\mathrm{out}} = \frac{\sigma_{s_i}^2}{\sum_{j=1, j\neq i}^{Q}\left|\beta_{i,j}\right|^2 \sigma_{s_i}^2 + \left(\sigma_n^2 / \alpha_{i,i}^2\right) \boldsymbol{a}_i^{\mathrm{H}} \boldsymbol{R}^{-2} \boldsymbol{a}_i} \tag{5.74}$$

这就是恒模阵列的输出信干噪比定义式。

忽略式（5.74）分母中的同信道干扰项，即得到输出信噪比

$$\mathrm{SNR}_{\mathrm{out}} = \frac{\sigma_{s_i}^2}{\sigma_n^2} \frac{\alpha_{i,i}^2}{\sigma_n^2 \boldsymbol{a}_i^{\mathrm{H}} \boldsymbol{R}_x^{-2} \boldsymbol{a}_i} = \mathrm{SNR}_{\mathrm{in}} \frac{\left(\boldsymbol{a}_i^{\mathrm{H}} \boldsymbol{R}_x^{-1} \boldsymbol{a}_i\right)^2}{\boldsymbol{a}_i^{\mathrm{H}} \boldsymbol{R}_x^{-2} \boldsymbol{a}_i} \tag{5.75}$$

这表明，输出信噪比 $\mathrm{SNR}_{\mathrm{out}}$ 是输入信噪比 $\mathrm{SNR}_{\mathrm{in}} = \sigma_{s_i}^2 / \sigma_n^2$ 的加权结果，加权系数可以简写作

$$\omega \stackrel{\mathrm{def}}{=\!=} \frac{\left(\boldsymbol{a}_i^{\mathrm{H}} \boldsymbol{R}_x^{-1} \boldsymbol{a}_i\right)^2}{\boldsymbol{a}_i^{\mathrm{H}} \boldsymbol{R}_x^{-2} \boldsymbol{a}_i} = \frac{\left(\boldsymbol{a}_i^{\mathrm{H}} \boldsymbol{b}_i\right)^2}{\boldsymbol{b}_i^{\mathrm{H}} \boldsymbol{b}_i} \tag{5.76}$$

式中，$\boldsymbol{b}_i = \boldsymbol{R}_x^{-1} \boldsymbol{a}_i$。由于方向向量 $\boldsymbol{a}_i$ 的所有元素都具有单位幅值，显而易见下面的结果成立：

$$\left(\boldsymbol{a}_i^{\mathrm{H}} \boldsymbol{b}_i\right)^2 = \left(\sum_{k=1}^{M} \mathrm{e}^{j(k-1)\phi_i} b_{i,k}\right)^2 \leqslant M \sum_{k=1}^{M}\left|b_{i,k}\right|^2 = M \boldsymbol{b}_i^{\mathrm{H}} \boldsymbol{b}_i \tag{5.77}$$

这说明式（5.75）所示输入信噪比 $\mathrm{SNR}_{\mathrm{in}}$ 加权系数 $\boldsymbol{\omega} \leqslant M$，因此有

$$\mathrm{SINR}_{\mathrm{out}} \leqslant \mathrm{SNR}_{\mathrm{out}} \leqslant M \cdot \mathrm{SNR}_{\mathrm{in}} \tag{5.78}$$

5.6 并联型多目标恒模算法

在 5.5 节中，我们介绍了利用恒模阵列的级联（串联）形式实现多用户信号的复制。本节将讨论多用户信号复制的另外一种形式——恒模阵列的并联，习惯称为多目标自适应波束形成器。

5.6.1 多目标最小二乘恒模算法

用最小二乘恒模算法（Least Squares Constant Modulus Algorithm，LS-CMA）构成的多目标最小二乘恒模算法（Multi-Target Least Squares Constant Modulus Algorithm，MT-LSCMA，以下简称多目标 LS-CMA）是 Agee 于 1989 年首次提出的。这种算法包含了 3 个主要部分：

一是软正交化的动态最小二乘恒模算法，二是分拣和分类算法，三是快速捕获算法。这种算法本身运算复杂，下面根据图 5.4 所示的多目标 LS-CMA 自适应阵列的结构，对这种算法进行介绍。注意，在这个结构中，输出端口的数目与天线阵元数相等，均为 M 。

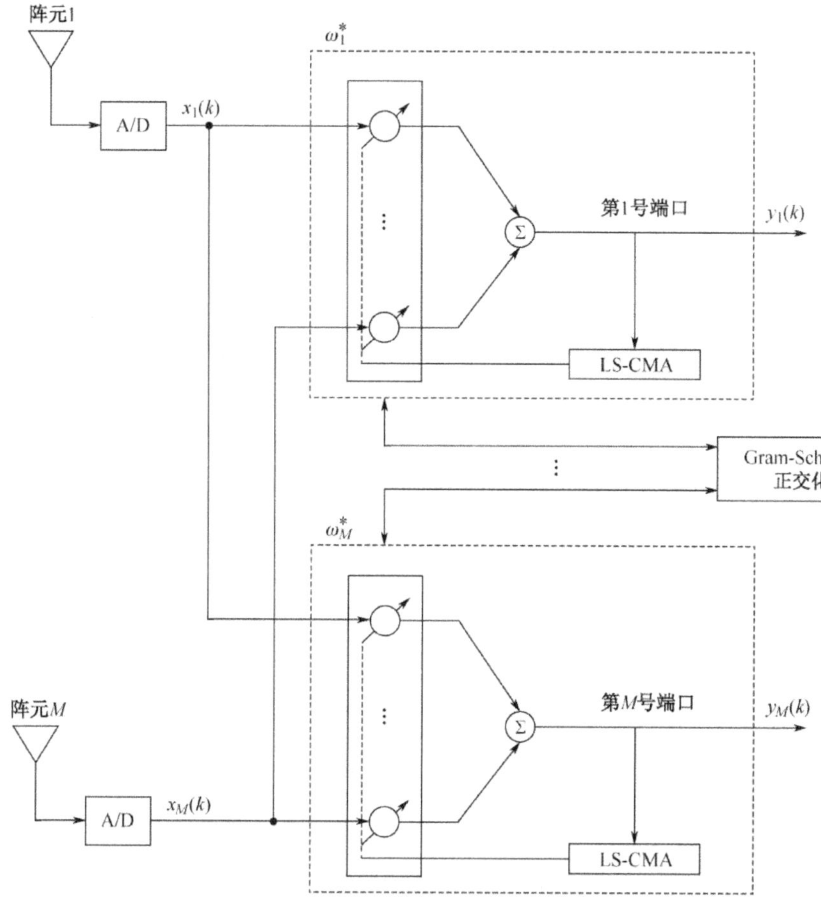

图 5.4　多目标 LS-CMA 自适应阵列的结构

作为自适应算法的初始值，权向量 $\boldsymbol{\omega}_1,\cdots,\boldsymbol{\omega}_M$ 用一组不同的向量（如 $M\times M$ 单位矩阵的列向量）初始化。然后，这些向量用式（5.33）～式（5.35）描述的动态 LS-CMA 算法独立地更新。然而，由于 LS-CMA 只使用了原信号具有恒定包络的先验知识，因此对于发射信号确实具有恒模性质的某些通信系统（如 CDMA 系统），如果不采取其他步骤，那么不同输出端的所有权向量便可能收敛为同一波束模式。为了避免这一点，需要执行 Gram-Schmidt 正交化。

定义两个权向量 $\boldsymbol{\omega}_i$ 和 $\boldsymbol{\omega}_j$ 之间的相关系数为

$$\rho_{i,j} \overset{\text{def}}{=\!=} \frac{\boldsymbol{\omega}_i^{\mathrm{H}}\boldsymbol{\omega}_j}{\|\boldsymbol{\omega}_i\|\cdot\|\boldsymbol{\omega}_j\|} \tag{5.79}$$

若相关系数 $\rho_{i,j}$ 的绝对值取比较大的值（如大于 0.5 和接近 1），则认为权向量 $\boldsymbol{\omega}_i$ 和 $\boldsymbol{\omega}_j$ 收敛为同一波束模式。在多目标 LS-CMA 中，先用式（5.79）计算相关系数 $\rho_{i,j}$，这些相关系数的绝对值与预先设立的阈值 ρ 进行比较。若对一指数 $i=2,\cdots,M$ 存在某个 $j<i$ 满足 $|\rho_{ij}>\rho|$，则 ω 需要进行以下正交化：

算法 5.6.1（Gram-Schmidt 正交化）

步骤 1 令 $\boldsymbol{W}=[\boldsymbol{\omega}_1,\cdots,\boldsymbol{\omega}_M]$ 和 $i=1$。

步骤 2 计算 $\hat{\boldsymbol{\omega}}_1=\dfrac{\boldsymbol{\omega}_1}{\|\boldsymbol{\omega}_1\|}$。

步骤 3 令 $i=i+1$，并计算

$$\tilde{\rho}_{ij}=\frac{\boldsymbol{\omega}_i^{\mathrm{H}}\hat{\boldsymbol{\omega}}_j}{\|\boldsymbol{\omega}_i\|\cdot\|\hat{\boldsymbol{\omega}}_j\|},j=1,\cdots,\ i-1 \tag{5.80}$$

$$\hat{\boldsymbol{\omega}}_i=\boldsymbol{\omega}_i-\sum_{j=1}^{i-1}\hat{\rho}_{i,j}\hat{\boldsymbol{\omega}}_j \tag{5.81}$$

$$\hat{\boldsymbol{\omega}}_i=\frac{\hat{\boldsymbol{\omega}}_i}{\|\hat{\boldsymbol{\omega}}_i\|} \tag{5.82}$$

步骤 4 重复步骤 3 直至 $i=M$。

其中阈值 ρ 的典型值取接近 0.7。由于多目标 LS-CMA 自适应阵列使用 LS-CMA 算法更新每个输出端的权向量，并且恒模类算法存在相位模糊问题，因此每个输出端的信号相位是非确定的。解决相位模糊问题有 3 种方法，第 1 种方法是使用差分相移键控（Differential Phase Shift Keying，DPSK）调制，这是因为，在 DPSK 调制中确定输出数据的正是现在的码元与前面的码元之间的相位差，相位旋转 2π 对解调的数据没有任何影响。第 2 种方法是从移动用户发送导引信号给基站，并使用接收到的导引信号获得相位旋转信息。然后，这个信息可以用于补偿输出端的相位模糊。第 3 种方法是采用相位约束技术对每个权向量加一个相位约束条件，使每个权向量的第一个元素都是一个实数。对于收敛后的权向量 $\boldsymbol{\omega}_i$，利用相位约束产生一个新的权向量 $\tilde{\boldsymbol{\omega}}_i$ 为

$$\tilde{\boldsymbol{\omega}}_i=\boldsymbol{\omega}_i\exp\left[-j\arg\left(\boldsymbol{\omega}_{1i}\right)\right] \tag{5.83}$$

式中，$\arg(\cdot)$表示相位函数，而 $\boldsymbol{\omega}_{1i}$ 是权向量 $\boldsymbol{\omega}_i$ 的第一个元素。

5.6.2 信号的分拣

在多目标 LS-CMA 自适应阵列中，在算法收敛后，必须执行分拣，使每个输出端口与每个用户信号对应起来。在 CDMA 系统中，可以使用对每个用户指定的伪噪声序列来分拣。令 CDMA 系统有 Q 个用户，则由第 i 个用户发射的信号的基带复包络可以表示为

$$\boldsymbol{s}_i(t)=\sqrt{2P_i}\boldsymbol{b}_i(t)\boldsymbol{c}_i(t)\mathrm{e}^{-j\psi_i},\ i=1,\cdots,Q \tag{5.84}$$

式中，P_i、$b_i(t)$、$c_i(t)$ 和 ψ_i 分别是第 i 个用户信号的功率、数据信号、扩频信号（伪噪声序列）和随机相位。数据信号 $b_i(t)$ 由下式给出：

$$b_i(t)=\sum_{n=-\infty}^{\infty}b_{in}\prod\left(\frac{t-nT_b}{T_b}\right) \tag{5.85}$$

式中，$b_{in}\in\{-1,+1\}$ 是第 i 个用户信号的第 n 个数据比特；T_b 是 CDMA 信号的比特周期；$\prod(\cdot)$ 是单位脉冲函数。扩频增益 N_c 为比特周期与码片周期之比，即

$$N_c = \frac{T_b}{T_c} \tag{5.86}$$

通常，CDMA 系统都设计成具有很大的扩频增益，即 $N_c \gg 1$ 或 $T_b \gg T_c$；并且每个用户的伪噪声码设计成具有很低的互相关和很窄的自相关。假定系统用户数小于或等于波束形成器的输出端口数（阵元数）。波束形成器的第 i 个输出 $y_i(t)$ 是第 j 个用户信号 $s_i(t)$ 的时延、比例缩小和相位旋转形式与加性噪声之和，即

$$y_i(t) = \alpha_i \sqrt{2P_j}\boldsymbol{b}_j(t-\tau_j)\boldsymbol{c}_j(t-\tau_j)\mathrm{e}^{-j(\psi_j+\gamma_j)} + n_i(t) \tag{5.87}$$

式中，α_j 是第 j 个用户信号的比例因子，满足关系 $\alpha_i^2 P_i = \alpha_j^2 P_j (i \neq j)$；$\tau_j$ 是第 j 个用户信号的时间延迟；γ_i 是第 i 个输出端由于 LS-CMA 中的相位旋转引起的相移；$n_i(t)$ 是第 i 个输出端的加性高斯白噪声。在式（5.87）中，i 可以等于 j，也可以不等于 j，分拣方法将用来使用户的编号 i 与输出端的编号对应起来。当时延 τ_j 估计得比较准确，并且相位 $\psi_j + \gamma_j$ 利用相位约束技术估计正确时，便执行图 5.5 所示的适用于 CDMA 系统的多目标 LS-CMA 阵列的分拣器流程。分拣器的输入向量 $\boldsymbol{y}(t)$ 由波束形成器的端口输出组成，即

$$\boldsymbol{y}(t) = \left[y_1(t), y_2(t), \cdots, y_M(t)\right]^{\mathrm{T}} \tag{5.88}$$

向量 $\boldsymbol{y}(t)$ 中的 M 个信号 $y_i(t)(i=1,\cdots,M)$ 先与 Q 个用户的伪噪声码的时延形式相乘。因此，对于图 5.5 的每一路而言，都存在 M 个与同一个用户的伪噪声码对应的乘积输出。

这些输出在一个比特周期内被积分，积分的输出再被采样，它们的绝对值互相比较。第 i 路上的第 j 个积分器的输出是 $y_j(t)$ 与用户 i 的伪噪声码的时延形式 $c_i(t-\tau_i)$ 之间的相关函数。由于伪噪声码具有很低的互相关，因此只有含第 i 个用户信号的输出端才在积分输出有峰值，该输出端的编号 j_i 将被存储为分拣器的输出 j_i。

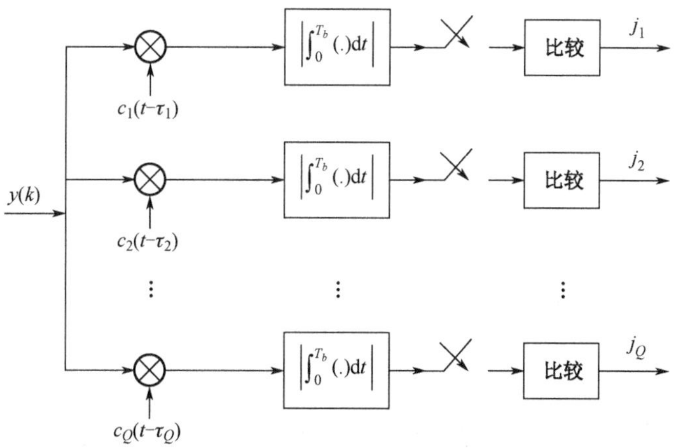

图 5.5　适用于 CDMA 系统的多目标 LS-CMA 阵列的分拣器

若系统的用户数大于输出端的个数（天线阵元数），则其中一个输出就有可能包含多个用户的信号。使用图 5.5 所示的分拣器，就可以将一输出与多个用户对应。换句话说，存在 i_1 和 $i_2(i_1 \neq i_2)$，使得 $j_{i_1} = j_{i_2}$。在这种情况下，输出 j_{i_1}（或 j_{i_2}）将被针对用户 i_1 和用户 i_2 设计的接收机所使用，以抽取这两个用户的信号。

实现多目标 LS-CMA 自适应阵列的算法如下：

算法 5.6.2（多目标 LS-CMA 算法）

步骤 1 用一 $M \times M$ 的单位矩阵的列向量初始化 M 个权向量 $\boldsymbol{\omega}_1,\cdots,\boldsymbol{\omega}_M$。

步骤 2 用 5.4 节介绍的最小二乘恒模算法(LS-CMA)独立更新每个权向量。

步骤 3 在 LS-CMA 几次迭代之后，对得到的权向量用算法 5.6.1 进行 Gram-Schmidt 正交化。

步骤 4 重复步骤 1～3，直至算法收敛。

步骤 5 对收敛后的权向量使用相位约束技术或进行相位旋转补偿。

步骤 6 执行分拣，将输出端口与每个用户的信号对应起来。

5.6.3 多目标决策指向算法

如果多目标 LS-CMA 自适应阵列中的 LS-CMA 算法用决策指向算法代替，就可得到多目标决策指向自适应阵列。决策指向算法既可以用最陡下降法实现，也可以用最小二乘法实现。如果决策指向算法用最陡下降法实现，就称这种多目标型算法为多目标最陡下降决策指向（Steepest-Descent Decision-Directed，SD-DD）算法；若决策指向算法用最小二乘法实现，则称为多目标最小二乘决策指向算法。

最陡下降决策指向自适应算法如下：

$$\boldsymbol{y}(k)=\boldsymbol{\omega}^{\mathrm{H}}(k)\boldsymbol{X}(k) \tag{5.89}$$

$$\boldsymbol{e}(k)=\boldsymbol{y}(k)-\operatorname{sgn}\left\{\operatorname{Re}\left[\boldsymbol{y}(k)\right]\right\} \tag{5.90}$$

$$\boldsymbol{\omega}(k+1)=\boldsymbol{\omega}(k)-\mu\boldsymbol{x}(k)\boldsymbol{e}^{*}(k) \tag{5.91}$$

式中，Re(·)表示取复数的实部。

最小二乘决策指向（Least Squares Decision-Directed，LS-DD）算法的更新公式如下：

$$\boldsymbol{y}(l)=\left[\boldsymbol{\omega}^{\mathrm{H}}(l)\boldsymbol{X}(l)\right]^{\mathrm{T}}=\left[\boldsymbol{y}(1+lK),\cdots,\boldsymbol{y}(K+lK)\right]^{\mathrm{T}} \tag{5.92}$$

$$\boldsymbol{r}(l)=\left[\operatorname{sgn}\left\{\operatorname{Re}\left[\boldsymbol{y}(1+lK)\right]\right\},\cdots,\operatorname{sgn}\left\{\operatorname{Re}\left[\boldsymbol{y}(K+lK)\right]\right\}\right]^{\mathrm{T}} \tag{5.93}$$

$$\boldsymbol{\omega}(l+1)=\left[\boldsymbol{X}(l)\boldsymbol{X}^{\mathrm{H}}(l)\right]^{-1}\boldsymbol{X}(l)\boldsymbol{r}^{*}(l) \tag{5.94}$$

式中，l 是迭代步数；K 是每个数据块的样本个数；$\boldsymbol{X}(l)$定义为

$$\boldsymbol{X}(l)=\left[\boldsymbol{x}(1+lK),\cdots,\boldsymbol{x}(K+lK)\right] \tag{5.95}$$

算法 5.6.3（多目标 SD-DD 算法）

步骤 1 用一 $M\times M$ 单位矩阵的列向量作为 M 个权向量 $\omega_1,\cdots,\omega_M$ 的初始值。

步骤 2 利用 SD-DD 算法即式（5.89）～式（5.91）更新每个权向量。

步骤 3 在 SD-DD 算法的一系列迭代之后，用算法 5.6.1 对得到的权向量进行 Gram-Schmidt 正交化。

步骤 4 重复步骤 2 和步骤 3，直至算法收敛。

步骤 5 对收敛的权向量使用相位约束或相位旋转补偿技术。

步骤 6 使用分拣，将输出端口与每个用户的信号对应起来。

在步骤 2，一系列迭代之后再进行 Gram-Schmidt 正交化。一般，μ 取 0.001，Gram-Schmidt 正交化之前的迭代步数取作 1000。

多目标 LS-CMA 算法将信号星座图约束在单位圆上，而多目标决策指向算法则将信号星座图约束为+1 和−1。由于每个用户的信号具有随机的相位，因此多目标决策指向算法对信号星座图的约束也会引起相位模糊，所以需要执行步骤 5 去除相位模糊。

多目标 LA-CMA、多目标 SD-DD 和多目标 LS-DD 3 种算法的比较如下。

（1）多目标 SD-DD 算法的每一步迭代的计算都非常简单，但是它需要大量迭代才能收敛。

（2）多目标 LS-DD 和多目标 LS-CMA 算法需要的迭代步数大约为 5 步，但是这两种算法在每步迭代时都需要一次逆矩阵。

因此，在选择这 3 种算法的时候，需要兼顾收敛速度与计算复杂性。

将多目标的自适应阵列与多级恒模自适应阵列比较，有以下结论。

（1）多级恒模自适应阵列为串联（级联）结构，而多目标自适应阵列为并联结构。

（2）串联结构需要自适应信号对消器，而并联结构不需要对消器。

（3）在串联结构中，只有在前一级收敛之后，下一级才开始迭代；而在并联结构中，各级的迭代更新是同时进行的。

（4）串联结构对多用户的信号做恒模约束（星座图分布在单位圆上），而并联结构对多用户信号的星座图约束为+1 和−1。

5.7 最小二乘解扩重扩多目标阵列及其改进

5.5 节介绍的多用户或多目标自适应阵列只利用了多用户信号的星座图的约束条件。对于 CDMA 系统，它们没有利用扩频信号的任何信息。正如我们在前面反复强调的那样，在 CDMA 系统中，正是这些扩频信号在占据相同频带的不同用户的检测中起着关键的作用。在针对 CDMA 系统设计自适应阵列时，如果利用扩频信号的信息，无疑会大有裨益。这种自适应阵列称为最小二乘解扩重扩多目标阵列（Least Squares De-spread Re-spread Multitarget Array，LS-DRMTA）。

5.7.1 最小二乘解扩重扩多目标阵列

图 5.6 是使用 LS-DRMTA 的自适应波束形成器结构图，该波束形成器是针对第 i 个用户设计的。在 CDMA 系统的基站，所有用户的扩频信号都是事先已知的。利用一般的接收机，为了检测第 i 个用户的信号（数据比特），接收到的信号需要与第 i 个用户的扩频信号的时延形式 $c_i(t-\tau_i)$ 做相关计算，然后相关输出被送给检测器，检测器根据输入的相关做出决策。估计第 i 个用户发射信号的时延 τ_i 有很多的方法，因此下面将假定时延 τ_i 已被准确估计出。

若第 i 个用户的第 n 个比特被检测器正确检测，即 $\hat{b}_{in}=b_{in}$，则第 i 个用户在时间周期 $[(n-1)T_b, nT_b]$ 发射的信号波形就可以利用第 i 个用户的扩频码（伪噪声序列）对检测出的数据 $\hat{b}_{in}$ 进行重（新）扩（频）得到，这一重扩信号然后在波束形成器中被用来更新用户 i 的权向量。使用这样一种解扩和重扩技术的自适应算法称为最小二乘扩频重扩多目标阵列。图 5.7 是

LS-DRMTA 算法的方框图。

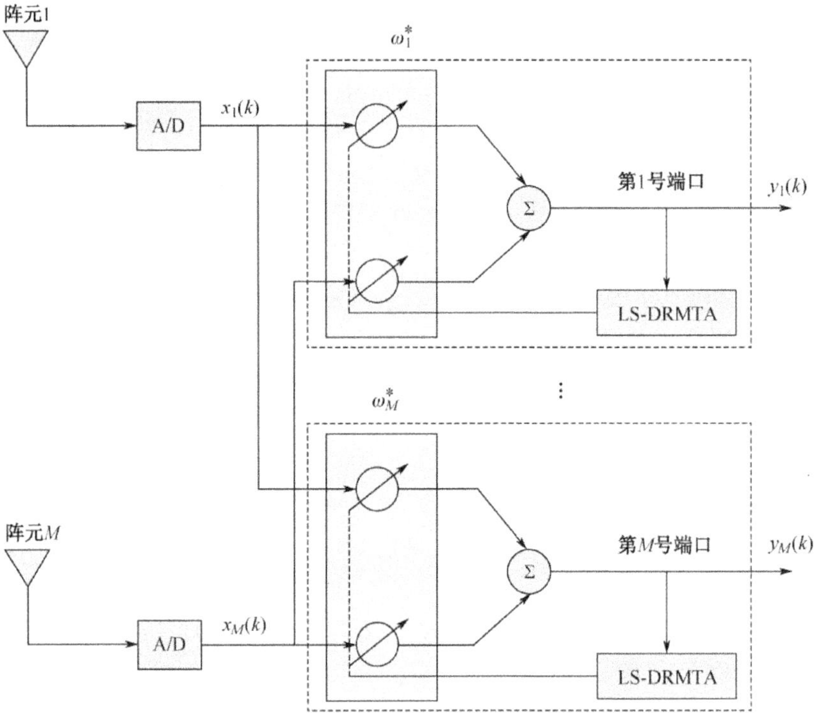

图 5.6 使用 LS-DRMTA 的自适应波束形成器结构图

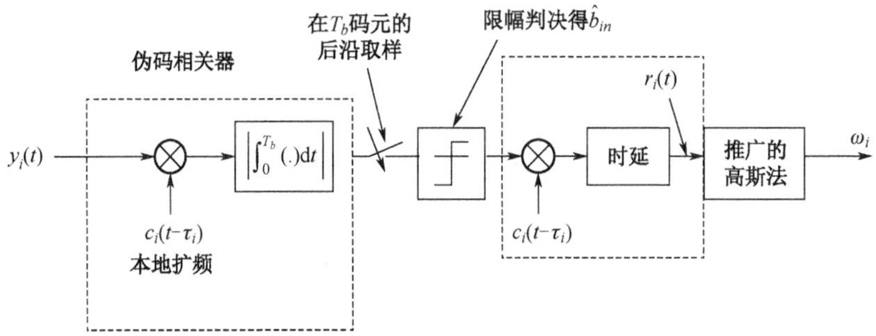

图 5.7 LS-DRMTA 算法的方框图

在图 5.7 中，$\boldsymbol{r}_i(t)$ 是对用户 i 的重扩信号的时延形式，即

$$\boldsymbol{r}_i(t)=\hat{b}_{i\tau_i}\boldsymbol{c}_i(t-\tau_i),(n-1)T_b \leqslant t \leqslant nT_b \tag{5.96}$$

令代价函数

$$F(\boldsymbol{\omega}_i)=\sum_{k=1}^{K}\left|\boldsymbol{y}_i(k)-\boldsymbol{r}_i(k)\right|^2=\sum_{k=1}^{K}\left|\boldsymbol{\omega}_i^{\mathrm{H}}\boldsymbol{x}(k)-\boldsymbol{r}_i(k)\right|^2 \tag{5.97}$$

式中，K 是数据块的大小，在 LS-DRMTA 中 K 取作每个比特周期内的样本数。若信号用采样率 $R_\theta=N_sR_c$ 采样（其中 R_c 是 CDMA 信号的码片速率，N_s 是一个大于 2 的整数），则 $K=N_cN_s$，其中 N_c 为扩频增益。LS-DRMTA 算法根据式（5.97）的代价函数的最小化确定最佳权重系数向量 $\boldsymbol{\omega}_i$。这个最小化问题可以利用高斯方法的推广来求解，将代价函数表示为

$$F(\omega_i)=\sum_{k=1}^{K}\left|g_k(\omega_i)\right|^2 \tag{5.98}$$

式中，

$$\boldsymbol{g_k}(\boldsymbol{\omega}_i)=\left|\boldsymbol{y}_i(k)-\boldsymbol{r}_i(k)\right|=\left|\boldsymbol{\omega}_i^{\mathrm{H}}\boldsymbol{x}(k)-\boldsymbol{r}_i(k)\right| \tag{5.99}$$

定义 $\boldsymbol{g}(\boldsymbol{\omega}_i)\overset{\text{def}}{=\!=}\left[\boldsymbol{g}_1(\boldsymbol{\omega}_i),\cdots,\boldsymbol{g}_k(\boldsymbol{\omega}_i)\right]^{\mathrm{T}}$ 和 $\boldsymbol{v}_i(\boldsymbol{k})=\boldsymbol{y}_i(k)-\boldsymbol{r}_i(k)$，则

$$\boldsymbol{g}(\boldsymbol{\omega}_i)=\begin{bmatrix}\left|\boldsymbol{y}_i(1)-\boldsymbol{r}_i(1)\right|\\ \left|\boldsymbol{y}_i(2)-\boldsymbol{r}_i(2)\right|\\ \vdots\\ \left|\boldsymbol{y}_i(K)-\boldsymbol{r}_i(K)\right|\end{bmatrix}=\begin{bmatrix}\left|\boldsymbol{v}_i(1)\right|\\ \left|\boldsymbol{v}_i(2)\right|\\ \vdots\\ \left|\boldsymbol{v}_i(K)\right|\end{bmatrix} \tag{5.100}$$

容易求出 $\boldsymbol{g}_k(\boldsymbol{\omega}_i)$ 的梯度为

$$\nabla(\boldsymbol{g}_k(\boldsymbol{\omega}_i))=2\frac{\partial \boldsymbol{g_k}(\boldsymbol{\omega}_i)}{\partial \boldsymbol{\omega}_i^*}=\boldsymbol{x}(k)\frac{\left[\boldsymbol{y}_i(k)-\boldsymbol{r}_i(k)\right]^*}{|\boldsymbol{y}_i(k)-\boldsymbol{r}_i(k)|}=\boldsymbol{x}(k)\frac{\boldsymbol{v}_i^*(k)}{|\boldsymbol{v}_i(k)|} \tag{5.101}$$

根据高斯法，权向量的更新公式为

$$\omega(l+1)=\omega(l)-\left[D(\omega(l))D^{\mathrm{H}}(\omega(l))\right]^{-1}D(\omega(l))g(\omega(l)) \tag{5.102}$$

式中，

$$\boldsymbol{D}(\boldsymbol{\omega})=\left[\nabla\boldsymbol{g}_1(\boldsymbol{\omega}),\nabla\boldsymbol{g}_2(\boldsymbol{\omega}),\cdots,\nabla\boldsymbol{g_k}(\boldsymbol{\omega})\right] \tag{5.103}$$

将式（5.102）代入式（5.103），则 $\boldsymbol{D}(\boldsymbol{\omega}_i)$ 可以表示为

$$\begin{aligned}\boldsymbol{D}(\boldsymbol{\omega}_i)&=\left[\nabla\boldsymbol{g}_1(\boldsymbol{\omega}_i),\nabla\boldsymbol{g}_2(\boldsymbol{\omega}_i),\cdots,\nabla\boldsymbol{g_k}(\boldsymbol{\omega}_i)\right]\\&=\left[\boldsymbol{x}(1)\frac{\boldsymbol{v}_i^*(1)}{|\boldsymbol{v}_i(1)|},\boldsymbol{x}(2)\frac{\boldsymbol{v}_i^*(2)}{|\boldsymbol{v}_i(2)|},\cdots,\boldsymbol{x}(K)\frac{\boldsymbol{v}_i^*(K)}{|\boldsymbol{v}_i(K)|}\right]\\&=\boldsymbol{X}\boldsymbol{V}_{i\mathrm{CM}}\end{aligned} \tag{5.104}$$

式中，

$$\boldsymbol{X}=\left[\boldsymbol{x}(1),\boldsymbol{x}(2),\cdots,\boldsymbol{x}(K)\right] \tag{5.105a}$$

$$\boldsymbol{V}_{i\mathrm{CM}}=\begin{bmatrix}\dfrac{\boldsymbol{v}_i^*(1)}{|\boldsymbol{v}_i(1)|} & 0 & \cdots & 0\\ 0 & \dfrac{\boldsymbol{v}_i^*(2)}{|\boldsymbol{v}_i(2)|} & & \vdots\\ \vdots & & \ddots & 0\\ 0 & \cdots & 0 & \dfrac{\boldsymbol{v}_i^*(K)}{|\boldsymbol{v}_i(K)|}\end{bmatrix} \tag{5.105b}$$

由式（5.104）和式（5.105）易得

$$\boldsymbol{D}(\boldsymbol{\omega}_i)\boldsymbol{D}^{\mathrm{H}}(\boldsymbol{\omega}_i)=\boldsymbol{X}\boldsymbol{V}_{i\mathrm{CM}}\boldsymbol{V}_{i\mathrm{CM}}^{\mathrm{H}}\boldsymbol{X}^{\mathrm{H}}=\boldsymbol{X}\boldsymbol{X}^{\mathrm{H}} \tag{5.106}$$

由式（5.100）和式（5.104），又可得

$$
\begin{aligned}
\boldsymbol{D}(\omega_i)\boldsymbol{g}(\omega_i) &= \boldsymbol{X}\boldsymbol{V}_{i\text{CM}}\begin{bmatrix} |\boldsymbol{v}_i(1)| \\ \vdots \\ |\boldsymbol{v}_i(K)| \end{bmatrix} \\
&= \boldsymbol{X}\begin{bmatrix} \boldsymbol{v}_i^*(1) \\ \vdots \\ \boldsymbol{v}_i^*(K) \end{bmatrix} = \boldsymbol{X}\boldsymbol{v}_i^* \\
&= \boldsymbol{X}(\boldsymbol{y}_i - \boldsymbol{r}_i)^*
\end{aligned} \tag{5.107}
$$

式中，

$$\boldsymbol{v}_i = [\boldsymbol{v}_i(1),\cdots,\boldsymbol{v}_i(K)]^{\text{T}} \tag{5.108a}$$

$$\boldsymbol{y}_i = [\boldsymbol{y}_i(1),\cdots,\boldsymbol{y}_i(K)]^{\text{T}} \tag{5.108b}$$

$$\boldsymbol{r}_i = [\boldsymbol{r}_i(1),\cdots,\boldsymbol{r}_i(K)]^{\text{T}} \tag{5.108c}$$

向量 $\boldsymbol{y}_i$ 是分配给用户 i 的输出数据向量，而 $\boldsymbol{r}_i$ 是用户 i 在一个比特周期内的信号波形的估计。将式（5.106）和式（5.107）代入式（5.102），则有

$$
\begin{aligned}
\boldsymbol{\omega}_i(l+1) &= \boldsymbol{\omega}_i(l) - [\boldsymbol{X}(l)\boldsymbol{X}^{\text{H}}(l)]^{-1}\boldsymbol{X}(l)[\boldsymbol{y}_i(l)-\boldsymbol{r}_i(l)]^* \\
&= \boldsymbol{\omega}_i(l) - [\boldsymbol{X}(l)\boldsymbol{X}^{\text{H}}(l)]^{-1}\boldsymbol{X}(l)\boldsymbol{X}^{\text{H}}(l)\boldsymbol{\omega}_i(l) + [\boldsymbol{X}(l)\boldsymbol{X}^{\text{H}}(l)]^{-1}\boldsymbol{X}(l)\boldsymbol{r}_i^*(l) \\
&= [\boldsymbol{X}(l)\boldsymbol{X}^{\text{H}}(l)]^{-1}\boldsymbol{X}(l)\boldsymbol{r}_i^*(l)
\end{aligned} \tag{5.109}
$$

式中

$$\boldsymbol{X}(l) = [\boldsymbol{x}(1+lK),\cdots,\boldsymbol{x}(K+lK)]^{\text{T}} \tag{5.110}$$

$$\boldsymbol{r}_i(l) = \hat{b}_{in}\left[\boldsymbol{c}_i(1+lK-k_{r_i},\cdots,\boldsymbol{c}_i((1+l)K)-k_{r_i})\right]^{\text{T}} \tag{5.111}$$

其中，$\hat{b}_{in}$ 是第 i 个用户发射信号的第 n 个比特的估计，由下式给出：

$$\hat{b}_{in} = \text{sgn}\left\{\text{Re}\left[\sum_{k=1+lK}^{(1+l)K}\boldsymbol{y}_i(k)\boldsymbol{c}_i(k-k_{r_i})\right]\right\} \tag{5.112}$$

式中，$\boldsymbol{c}_i(k)$ 是用户 i 的扩频信号在 k 时刻的采样；k_{r_i} 是对应于 $\boldsymbol{r}_i$（用户 i 的信号时延）的样本数目；而波束形成器输出数据 $\boldsymbol{y}_i(k)$ 由下式确定：

$$y_i(k) = [\boldsymbol{\omega}_i^{\text{H}}(l)\boldsymbol{X}(l)]^{\text{T}} = [\boldsymbol{y}_i(1+lK),\cdots,\boldsymbol{y}_i((1+l)K)]^{\text{T}} \tag{5.113}$$

LS-DRMTA 算法如下，其中 $M\times 1$ 向量 $\boldsymbol{e}_i$ 的第 i 个元素为 1，其他元素均等于 0。

算法 5.7.1（LS-DRMTA 算法）

步骤 1 通过令 $\boldsymbol{\omega}_i = \boldsymbol{e}_i$ 初始化 Q 个权向量 $\boldsymbol{\omega}_1,\cdots$，$\boldsymbol{\omega}_Q$。

步骤 2 利用式（5.113）计算阵列输出向量 $\boldsymbol{y}_i(l)$。

步骤 3 用式（5.112）对第 i 个用户的信号解扩，得到第 n 个比特的估计 $\hat{b}_{in}$。

步骤 4 利用式（5.111）及第 i 个用户的伪噪声序列（码片）对估计的数据比特进行重扩，并得到在时间周期 $[(n-1)T_b, nT_b]$ 的用户 i 的信号波形的估计。

步骤 5 利用式（5.109）更新第 i 个用户的权向量 $\boldsymbol{\omega}_i$。

步骤 6 重复步骤 2～步骤 5，直至算法收敛。

在步骤 4 的重扩中，当$l=0$时，式（5.111）中的某些时间指数可能小于 0。注意到伪噪声序列的可能周期为T_b（在离散时间域，相当于周期为K），所以小于 0 的k可以用$k+K$代替。

与多目标 LS-CMA 和多目标 SD-DD 算法相比，LS-DRMTA 具有以下优点。

（1）不需要 Gram-Schmidt 正交化。

（2）不需要执行分拣。

（3）波束形成器的输出端的个数不受阵元数目的限制。

（4）计算比多目标 LS-CMA 和多目标 SD-DD 算法简单。

（5）可以在多目标 LS-CMA 和多目标 SD-DD 不能工作的低信号干扰噪声比（SINR）条件下运行。

5.7.2　最小二乘解扩重扩多目标恒模阵列

5.7.1 节介绍的最小二乘解扩重扩多目标阵列利用了 CDMA 系统的扩频信号，而多级恒模阵列则利用了发射信号的恒模性质。显然，对 CDMA 系统的多用户信号进行自适应波束形成时，我们可以将扩频信号和发射信号的恒模性质加以综合利用后，再对权向量进行更新。使用这样一种综合技术构成的算法称为最小二乘解扩重扩多目标恒模算法（LS-DRMT-CMA）。只需要将图 5.6 中使用 LS-DRMTA 的自适应波束形成器的每路的 LS-DRMTA 算法换成 LS-DRMT-CMA 算法，即可得到使用 LS-DRMT-CMA 算法的自适应波束形成器（针对用户i）的结构图。

在 LS-DRMT-CMA 算法中，最小化的代价函数与 LS-DRMTA 算法的代价函数相同：

$$F(\boldsymbol{\omega}_i)=\sum_{k=1}^{K}|\boldsymbol{y}_i(k)-\boldsymbol{r}_i(k)|^2=\sum_{k=1}^{K}|\boldsymbol{\omega}_i^{\mathrm{H}}\boldsymbol{x}(k)-\boldsymbol{r}_i(k)|^2 \tag{5.114}$$

但$\boldsymbol{r}_i(k)$不同，现在变成了加权的重扩信号和加权信号的复数限幅信号之和，即

$$\boldsymbol{r}_i(k)=a_{\mathrm{PN}}\boldsymbol{r}_{i\mathrm{PN}}(k)+a_{\mathrm{CM}}\boldsymbol{r}_{i\mathrm{CM}}(k) \tag{5.115}$$

式中，$\boldsymbol{r}_{i\mathrm{PN}}(k)$为用户$i$的重扩信号，由

$$\boldsymbol{r}_{i\mathrm{PN}}(k)=\boldsymbol{r}_i(k-k_i),(n-1)K\leqslant k<nK \tag{5.116}$$

给出，而$\boldsymbol{r}_{i\mathrm{CM}}(k)$是用户$i$的复数限幅信号，即

$$\boldsymbol{r}_{i\mathrm{CM}}(k)=\frac{\boldsymbol{y}_i(k)}{|\boldsymbol{y}_i(k)|} \tag{5.117}$$

式（5.115）中的加权项a_{PN}和a_{CM}分别是第i个用户的重扩信号和复数限幅输出的加权系数，均为正实数，并满足条件

$$a_{\mathrm{PN}}+a_{\mathrm{CM}}=1 \tag{5.118}$$

令

$$\boldsymbol{r}_{i\mathrm{PN}}(l)=\left[\boldsymbol{c}_i\left(1+lK-k_{r_i}\right),\cdots,\boldsymbol{c}_i\left((1+l)K-k_{r_i}\right)\right]^{\mathrm{T}} \tag{5.119}$$

$$\boldsymbol{r}_{i\mathrm{CM}}(l)=\left[\frac{\boldsymbol{y}_i(1+lK)}{|\boldsymbol{y}_i(1+lK)|},\cdots,\frac{\boldsymbol{y}_i((1+l)K)}{|\boldsymbol{y}_i((1+l)K)|}\right]^{\mathrm{T}} \tag{5.120}$$

根据 5.7.1 节 LS-DRMTA 算法的推导，容易得到 LS-DRMT-CMA 算法如下。

算法 5.7.2（LS-DRMT-CMA 算法）

步骤 1　初始化权向量 $\boldsymbol{\omega}_i = \boldsymbol{e}_i$，$i = 1, \cdots, Q$。

步骤 2　利用式（5.113）计算阵列输出向量 $\boldsymbol{y}_i(l)$。

步骤 3　用式（5.112）对第 i 个用户的信号解扩，得到第 n 个比特的估计 $\hat{b}_{in}$。

步骤 4　利用式（5.119）及第 i 个用户的伪噪声序列（码片）对估计的数据比特进行重扩，并得到在时间周期 $\left[(n-1)T_b, nT_b\right]$ 的用户 i 的重扩信号 $r_{i\mathrm{PN}}(l)$。

步骤 5　利用式（5.120）计算第 i 个用户的复数限幅输出向量 $\boldsymbol{r}_{i\mathrm{CM}}(l)$。

步骤 6　利用式（5.115）计算参考信号向量 $\boldsymbol{r}_i(l)$。

步骤 7　利用式（5.109）更新第 i 个用户的权向量 $\boldsymbol{\omega}_i(l+1)$。

步骤 8　重复步骤 2～步骤 7，直至算法收敛。

由于 LS-DRMT-CMA 使用发射信号的伪噪声序列和恒模性质，因此具有 LS-DRMTA 所有的优点，并且还有另外的优点。最重要的是，它可以达到比 LS-DRMTA 低得多的比特误差率。然而，由于 LS-DRMT-CMA 在权向量的更新中使用每个用户的复数限幅输出向量，这个优点的代价是计算复杂性增加了。

5.8　星载智能天线的主瓣保形自适应波束形成算法

低地球轨道（Low Earth Orbit，LEO）卫星通信系统的大规模天线一般需要同时形成大量较高增益的赋形波束，覆盖大张角对地通信区域，接收和发射来自其覆盖的地球区域的大量移动通信用户信号。例如，美国的全球星移动卫星通信系统，采用如图 5.8（a）所示的 91 阵元三角栅格六边形结构阵列天线系统，可以同时形成如图 5.8（b）所示的三层共 16 个天线波束，覆盖地球表面±55° 张角的可视区域。

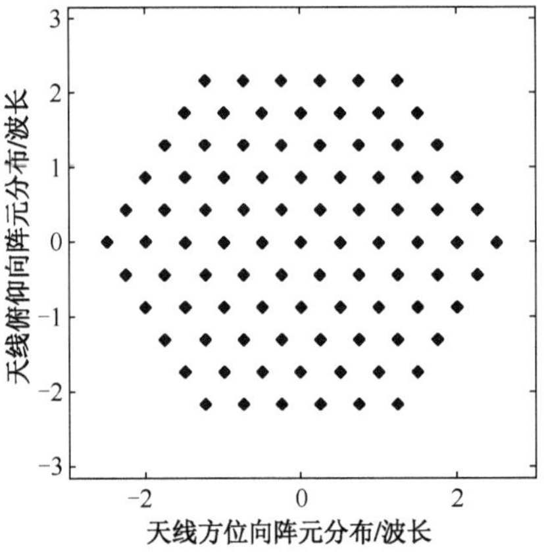

（a）91 阵元三角栅格六边形结构阵列

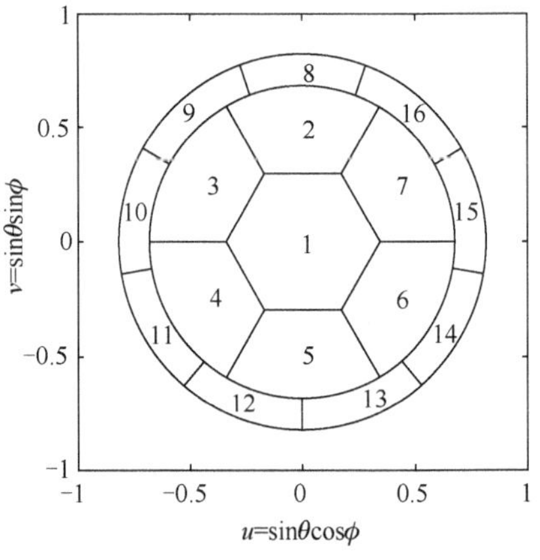

（b）对地同时多波束覆盖示意图

图 5.8　全球星星载天线阵列结构和赋形多波束覆盖示意图

由于卫星通信星地信道的开放性，同频段大功率地面干扰对通信卫星正常工作会产生较大的影响。如果能够在保证每个赋形波束主瓣形状和增益的同时，在有源干扰方向自适应地形成零陷，在空域进行干扰抑制，对提高低轨卫星通信系统的抗干扰能力具有重要意义。

本节基于 3.2 节 LCMV 准则和 3.3 节 GSC 实现框架，给出一种波束保形自适应波束形成（Adaptive Interference Nulling with Pattern Maintaining，AINPM）算法。该算法优化问题的数学描述为：在保持静态赋形波束主瓣区增益约束和权重系数向量二次约束的条件下最小化波束形成器输出的总功率。首先，定义主瓣协方差矩阵，选取其主特征向量构建主瓣增益约束。该线性约束的维数可以通过方向图保形需求或者需要对抗的干扰数量确定；其次，适当放松权重系数向量二次约束的要求，推导了闭式自适应最优权重系数向量，其形式与对角加载最优 LCMV 波束形成器的解类似。与其等价的 GSC 架构降秩自适应波束形成器结构也一并给出；最后，给出了一种通过简单的迭代方程估计对角加载量的方法，用于满足权重系数向量的二次约束。GSC 架构下的 AINPM 算法可以同时兼顾方向图主瓣保形性能以及计算量的降低。

5.8.1　问题模型

当任意一个赋形波束的静态权重向量 $\boldsymbol{w}_q$ 确定后，我们希望在保持赋形区天线增益的同时，自适应抑制旁瓣干扰。因此，主瓣保形自适应波束形成的问题方程可以描述为：通过静态波束权重向量 $\boldsymbol{w}_q$ 确定方向图覆盖区的增益要求，优化权重向量 $\boldsymbol{w}$ 使得自适应波束方向图输出总功率最小化，同时保持 $\boldsymbol{w}$ 的模平方二次约束得到满足。

$$\boldsymbol{w} = \underset{w}{\operatorname{argmin}}\ \boldsymbol{w}^{\mathrm{H}}\boldsymbol{R}_x\boldsymbol{w} \quad \text{s.t.} \begin{cases} \boldsymbol{C}^{\mathrm{H}}\boldsymbol{w} = \boldsymbol{f} \\ \boldsymbol{w}^{\mathrm{H}}\boldsymbol{w} \leqslant \boldsymbol{w}_q^{\mathrm{H}}\boldsymbol{w}_q = 1 \end{cases} \tag{5.121}$$

式中，$\boldsymbol{C}= (\boldsymbol{a}(\theta_1), \boldsymbol{a}(\theta_2),\cdots, \boldsymbol{a}(\theta_L))$为 $N\times L$ 维约束矩阵，均匀覆盖整个主瓣区域 Θ，$\boldsymbol{f}=\boldsymbol{C}^{\mathrm{H}}\boldsymbol{w}_q$ 为与约束矩阵 $\boldsymbol{C}$ 对应的 $L\times 1$ 维响应向量。

式（5.121）的第一个约束条件用于保证给定主瓣区域 Θ 的信号增益，而第二个约束用于确保自适应波束方向图的噪声增益不大于静态波束方向图的噪声增益。静态波束方向图的噪声增益一般归一化为 1，即 $\boldsymbol{w}_q^{\mathrm{H}}\boldsymbol{w}_q=1$。第二个约束非常重要，可以保证给定主瓣区域的天线增益与静态波束方向图的增益相同。还可以看到，式（5.121）第一个约束矩阵 $\boldsymbol{C}$ 的维数以及各个约束向量的选取很难确定，并且在主瓣区域 Θ 内的约束一致性很难保证。另外，上述问题为凸优化问题，一些高效的凸优化工具，比如 Matlab CVX 工具箱可用于该问题的求解，但是，这些优化工具不能提供闭式解，不适合实时快速计算。

5.8.2　算法原理

1．主瓣子空间约束

构建主瓣空间协方差矩阵为

$$\boldsymbol{R}_\Theta = \sum_{i=1}^{Q}\boldsymbol{a}(\theta_i)\boldsymbol{a}^{\mathrm{H}}(\theta_i) \quad (\theta_i \in \Theta) \tag{5.122}$$

其中，Q 个阵列导向矢量 $\boldsymbol{a}(\theta_i)$ $(i=1,2,\cdots,Q)$ 在主瓣区域内均匀选取，且 $Q\gg N$，保证 $\boldsymbol{R}_\Theta$ 为满秩矩阵。对式（5.122）进行特征值分解（Eigen Value Decomposition，EVD），可得

$$\boldsymbol{R}_\Theta = \sum_{i=1}^{N}\lambda_i\boldsymbol{u}_i\boldsymbol{u}_i^{\mathrm{H}} \quad (\lambda_1\geqslant\lambda_2\geqslant\cdots\lambda_N>0) \tag{5.123}$$

式中，λ_i 为 $\boldsymbol{R}_\Theta$ 的第 i 个特征值（特征值从大到小排列）；$\boldsymbol{u}_i$ 为对应的归一化特征向量。取 L 个主特征向量构成主瓣子空间 $\boldsymbol{U}_\Theta$，其余特征向量构成主瓣子空间正交补空间 $\boldsymbol{U}_\Theta^\perp$。

$$\boldsymbol{U}_\Theta=\left(\boldsymbol{u}_1,\boldsymbol{u}_2,\cdots,\boldsymbol{u}_L\right),\quad \boldsymbol{U}_\Theta^\perp=\left(\boldsymbol{u}_{L+1},\boldsymbol{u}_{L-2},\cdots,\boldsymbol{u}_N\right) \tag{5.124}$$

L 可以根据所选取的主特征值占所有特征值（信号总功率）的百分比超过一定门限 δ 来确定，如式（5.125）所示，也可以通过主瓣约束 MSE 低于一定门限 ς^2 来确定，如式（5.126）所示。

$$L=\underset{L}{\arg\min}\left(\frac{\sum_{i=1}^{L}\lambda_1}{\sum_{i=1}^{N}\lambda_i}\geqslant\delta\right)=\underset{L}{\operatorname{argmin}}\left(\frac{\sum_{i=1}^{L}\lambda_1}{\operatorname{Tr}\left(\boldsymbol{R}_\Theta\right)}\geqslant\delta\right) \tag{5.125}$$

$$\begin{aligned}L&=\underset{L}{\arg\min}\left(\frac{\sum_{i=1}^{Q}\left\|\boldsymbol{a}(\theta_i)-\boldsymbol{P}_\Theta\boldsymbol{a}(\theta_i)\right\|_2^2}{\sum_{i=1}^{Q}\left\|\boldsymbol{a}(\theta_i)\right\|_2^2}\leqslant\varsigma^2\right)\\&=\underset{L}{\arg\min}\left(\frac{\sum_{i=1}^{Q}\left\|\boldsymbol{P}_\Theta^\perp\boldsymbol{a}(\theta_i)\right\|_2^2}{\sum_{i=1}^{Q}\left\|\boldsymbol{a}(\theta_i)\right\|_2^2}\leqslant\varsigma^2\right)\quad(\theta_i\in\Theta)\end{aligned} \tag{5.126}$$

其中，$\boldsymbol{P}_\Theta$ 和 $\boldsymbol{P}_\Theta^\perp$ 分别为 $\boldsymbol{U}_\Theta$ 和 $\boldsymbol{U}_\Theta^\perp$ 的投影矩阵，定义为

$$\boldsymbol{P}_\Theta=\boldsymbol{U}_\Theta(\boldsymbol{U}_\Theta^{\rm H}\boldsymbol{U}_\Theta)^{-1}\boldsymbol{U}_\Theta^{\rm H}=\boldsymbol{U}_\Theta\boldsymbol{U}_\Theta^{\rm H},\ \boldsymbol{P}_\Theta^\perp=\boldsymbol{I}-\boldsymbol{P}_\Theta=\boldsymbol{I}-\boldsymbol{U}_\Theta\boldsymbol{U}_\Theta^{\rm H}=\boldsymbol{U}_\Theta^\perp\boldsymbol{U}_\Theta^{\perp\rm H} \tag{5.127}$$

考虑到主瓣区域所有导向矢量 $\boldsymbol{a}(\theta_i)$（$\theta_i\in\Theta$）张成的空间可以近似用主瓣子空间 $\boldsymbol{U}_\Theta$ 代替，即

$$\operatorname{span}\left(a\left(\theta_i\right):\theta_i\in\Theta\right)=\operatorname{span}\left(\boldsymbol{U}_\Theta,\boldsymbol{U}_\Theta^\perp\right)\approx\operatorname{span}\left(\boldsymbol{U}_\Theta\right)=\operatorname{span}\left(\boldsymbol{u}_i,\boldsymbol{u}_2,\cdots,\boldsymbol{u}_L\right) \tag{5.128}$$

因此，主瓣区域任意导向矢量可以表示为

$$\boldsymbol{a}(\theta_i)\approx k_1\boldsymbol{u}_1+k_2\boldsymbol{u}_2+,\cdots,+k_L\boldsymbol{u}_L=\boldsymbol{U}_\Theta\boldsymbol{k}\quad(\theta_i\in\Theta) \tag{5.129}$$

其中，k 为主瓣子空间 $\boldsymbol{U}_\Theta$ 基底下的一组坐标，维数为 $L\times1$。因此，主瓣保形的第一个约束等价于式（5.130），对应主瓣区域内的增益约束可以采用离线计算得到的主瓣子空间约束近似代替，在算法自适应处理过程中不需要改变。

$$\boldsymbol{k}^{\rm H}\boldsymbol{U}_\Theta^{\rm H}\boldsymbol{w}=\boldsymbol{k}^{\rm H}\boldsymbol{U}_\Theta^{\rm H}\boldsymbol{w}_q \tag{5.130}$$

2. 主瓣保形自适应波束形成算法

使用式（5.130）替换式（5.121）中优化问题的第一项约束，得到权重向量的优化公式为

$$\boldsymbol{w}_{\rm opt}=\underset{w}{\arg\min}\,\boldsymbol{w}^{\rm H}\boldsymbol{R}_x\boldsymbol{w}\quad \text{s.t.}\begin{cases}\boldsymbol{U}_\Theta^{\rm H}\boldsymbol{w}=\boldsymbol{U}_\Theta^{\rm H}\boldsymbol{w}_q\\\boldsymbol{w}^{\rm H}\boldsymbol{w}\leqslant\boldsymbol{w}_q^{\rm H}\boldsymbol{w}_q=1\end{cases} \tag{5.131}$$

式（5.131）的闭式解获取可以通过两步优化计算得到。首先，将上述问题的权重系数向量的模平方二次约束适当放松，通过引入一个可调对角加载因子得到闭式解表达式；然后，优化对角加载因子的值，实现二次约束的严格满足。

（1）二次约束松弛。将式（5.131）的二次约束适当放松为最小化权重系数向量的模平方，那么松弛后的优化问题的解可以写成

$$
\begin{aligned}
\boldsymbol{w}_{\text{opt}} &= \arg\min_{w} \left(\boldsymbol{w}^{\text{H}}\boldsymbol{R}_x\boldsymbol{w}+\gamma\boldsymbol{w}^{\text{H}}\boldsymbol{w}\right) \\
&= \arg\min_{w} \boldsymbol{w}^{\text{H}}(\boldsymbol{R}_x+\gamma\boldsymbol{I})\boldsymbol{w} \quad \text{s.t. } \boldsymbol{U}_{\Theta}^{\text{H}}\boldsymbol{w}=\boldsymbol{U}_{\Theta}^{\text{H}}\boldsymbol{w}_q
\end{aligned} \tag{5.132}
$$

式中，γ 为实常数。使用拉格朗日乘子法可以计算得到最优权重系数向量的闭式解。

$$
\boldsymbol{w}_{\text{opt}}(\gamma)=(\boldsymbol{R}_x+\gamma\boldsymbol{I})^{-1}\boldsymbol{U}_{\Theta}(\boldsymbol{U}_{\Theta}^{\text{H}}(\boldsymbol{R}_x+\gamma\boldsymbol{I})^{-1}\boldsymbol{U}_{\Theta})^{-1}\boldsymbol{U}_{\Theta}^{\text{H}}\boldsymbol{w}_q \tag{5.133}
$$

相当于增加了对角加载量 γ 至 $\boldsymbol{R}_x$。对角加载量 γ 可以看成用于均衡协方差矩阵 $\boldsymbol{R}_x$ 的最小特征值，等价于约束阵列天线输出的噪声增益。当 $\gamma=0$，式（5.133）为 LCMV 的标准形式；当 $\gamma\to\infty$，$\boldsymbol{w}_{\text{opt}}\to\boldsymbol{U}_{\Theta}\left(\boldsymbol{U}_{\Theta}^{\text{H}}\boldsymbol{U}_{\Theta}\right)^{-1}\boldsymbol{U}_{\Theta}^{\text{H}}\boldsymbol{w}_q=\boldsymbol{P}_{\Theta}\boldsymbol{w}_q$。

图 5.9 给出了 LCMV 波束形成器的等价 GSC 实现架构。在 GSC 架构中，最优权重系数向量由两部分组成：一部分限制在约束子空间内，另一部分在约束子空间的正交空间。最优权重系数可以表示为

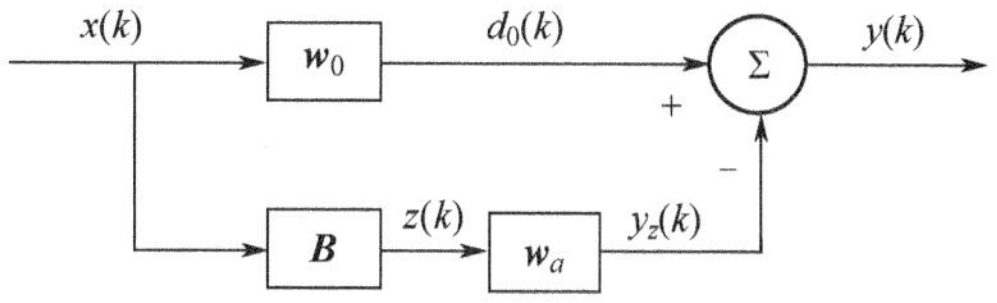

图 5.9　LCMV 波束形成器的等价 GSC 实现架构

$$
\boldsymbol{w}_{\text{opt}}=\boldsymbol{w}_0-\boldsymbol{B}^{\text{H}}\boldsymbol{w}_a \tag{5.134}
$$

固定上支路权重系数向量 $\boldsymbol{w}_0$ 确保满足线性约束 $\boldsymbol{C}^{\text{H}}\boldsymbol{w}_0=\boldsymbol{f}$。

$$
\boldsymbol{w}_0=\boldsymbol{C}\left(\boldsymbol{C}^{\text{H}}\boldsymbol{C}\right)^{-1}\boldsymbol{f} \tag{5.135}
$$

下支路阻塞矩阵 $\boldsymbol{B}$ 为$(N-L)\times N$ 维行满秩矩阵，与 $\boldsymbol{C}$ 正交，也就是说，$\boldsymbol{BC}=\boldsymbol{0}$。阻塞矩阵 $\boldsymbol{B}$ 需要保证 $\boldsymbol{BB}^{\text{H}}=\boldsymbol{I}$，这样噪声 $\boldsymbol{z}(k)$仍然是白噪声，且功率不变。下支路权重系数向量 $\boldsymbol{w}_a$ 为$(N-L)\times 1$ 维位于 $\boldsymbol{C}$ 的正交子空间的权重系数向量，用于自适应干扰抑制。最优权重系数系数向量 $\boldsymbol{w}_a$ 为

$$
\boldsymbol{w}_a=\boldsymbol{R}_z^{-1}\boldsymbol{r}_{zd_0} \tag{5.136}
$$

其中，$\boldsymbol{R}_z=\boldsymbol{BR}_x\boldsymbol{B}^{\text{H}}$ 为 $\boldsymbol{z}(k)$的协方差矩阵，维数$(N-L)\times(N-L)$，$\boldsymbol{r}_{zd_0}=\boldsymbol{BR}_x\boldsymbol{w}_0$ 为 $\boldsymbol{z}(k)$与上支路静态波束形成器输出 $d_0(k)$的互相关向量，维数$(N-L)\times 1$。

下支路采样协方差矩阵 $\boldsymbol{R}_z$ 和互相关向量 $\boldsymbol{r}_{zd_0}$ 可以直接通过 K 个采样快拍数据估计得到。

$$
\boldsymbol{R}=\frac{1}{K}\sum_{k=1}^{K}\boldsymbol{z}(k)z^{\text{H}}(k) \tag{5.137}
$$

$$
\boldsymbol{r}_{zd_0}=\frac{1}{K}\sum_{k=1}^{K}\boldsymbol{z}(k)d_0^*(k) \tag{5.138}
$$

在 GSC 架构下，约束矩阵 $\boldsymbol{C}$ 和阻塞矩阵 $\boldsymbol{B}$ 可以方便地确定，即 $\boldsymbol{C}=\boldsymbol{U}_{\Theta}$，$\boldsymbol{B}=\boldsymbol{U}_{\Theta}^{\text{H}}$。最优自适应权重系数向量，只是增加了对角加载量 γ 至 $\boldsymbol{R}_z$。此时，固定的上支路权重 $\boldsymbol{w}_0$ 和最优下支路权重 $\boldsymbol{w}_a$ 可以表示为

$$
\boldsymbol{w}_0=\boldsymbol{U}_{\Theta}(\boldsymbol{U}_{\Theta}^{\text{H}}\boldsymbol{U}_{\Theta})^{-1}\boldsymbol{U}_{\Theta}^{\text{H}}\boldsymbol{w}_q \tag{5.139}
$$

$$
\boldsymbol{w}_a(\gamma)=(\boldsymbol{R}_z+\gamma\boldsymbol{I})^{-1}\boldsymbol{r}_{zd_0} \tag{5.140}
$$

其中，$\boldsymbol{R}_z=\boldsymbol{U}_{\Theta}^{\perp\text{H}}\boldsymbol{R}_x\boldsymbol{U}_{\Theta}^{\perp}$，$\boldsymbol{r}_{zd_0}=\boldsymbol{U}_{\Theta}^{\perp\text{H}}\boldsymbol{R}_x\boldsymbol{w}_0$。因此，最优权重系数向量可以写成如下形式：

$$
\boldsymbol{w}_{\text{opt}}(\gamma)=\boldsymbol{w}_0-\boldsymbol{U}_{\Theta}^{\perp}\boldsymbol{w}_a(\gamma) \tag{5.141}
$$

当存在有限数量的旁瓣干扰时，$\boldsymbol{w}_a(\gamma)$ 向量的维数$(N-L)\times 1$ 的取值可以略大于干扰数量。也就是说，约束矩阵 $\boldsymbol{U}_{\Theta}$ 的维数 L 足够大，可以有效地减小主瓣保形误差。同时，由于 $\boldsymbol{w}_a(\gamma)$

的维度比较小，将有效地减少权重系数向量更新的运算量。当γ=0，式（5.141）为GSC的标准形式；当$\gamma \to \infty$，$\boldsymbol{w}_a \to 0$。

（2）二次约束逼近。式（5.141）最优权重系数向量需要满足式（5.131）的二次约束条件，可以通过快速估计对角加载量γ来实现。

$$\begin{aligned}\gamma_{\text{opt}} &= \left\{\gamma \mid \left\|\boldsymbol{w}_{\text{opt}}(\gamma)\right\|_2^2 \leqslant T_0^2 \left\|\boldsymbol{w}_q\right\|_2^2 = T_0^2\right\} \\ &= \left\{\gamma \mid \left\|\boldsymbol{w}_a(\gamma)\right\|_2^2 \leqslant T_0^2 - \left\|\boldsymbol{w}_0\right\|_2^2\right\}\end{aligned} \tag{5.142}$$

其中，T_0定义为允许的天线增益损失因子，一般取值略大于1。例如，当T_0=1.05时，允许的天线增益损失为L_s=−0.42dB。

当γ增加时，$\boldsymbol{w}_a(\gamma)$的模平方单调递增。为了验证这个特性，将$\boldsymbol{w}_a(\gamma)$的模平方写成如下形式：

$$\left\|\boldsymbol{w}_a(\gamma)\right\|_2^2 = \boldsymbol{w}_a^{\mathrm{H}}(\gamma)\boldsymbol{w}_a(\gamma) = \boldsymbol{r}_{zd_0}^{\mathrm{H}}(\boldsymbol{R}_z + \gamma\boldsymbol{I})^{-2}\boldsymbol{r}_{zd_0} \tag{5.143}$$

上式对γ取导，可以得到

$$\frac{\mathrm{d}\left\|\boldsymbol{w}_a(\gamma)\right\|_2^2}{\mathrm{d}\gamma} = -2\boldsymbol{r}_{zd_0}^{\mathrm{H}}\left(\boldsymbol{R}_z + \gamma\boldsymbol{I}\right)^{-3}\boldsymbol{r}_{zd_0} \tag{5.144}$$

当$\gamma \geqslant 0$时，对角加载协方差矩阵$(\boldsymbol{R}_z + \gamma\boldsymbol{I})$是正定的。因此，式（5.144）给出的$\boldsymbol{w}_a(\gamma)$模平方的导数为负值，也就是说权重系数向量的模随着$\gamma$单调递减。

接下来，我们将给出一种简单的迭代方法用于在GSC架构下精确估计对角加载量γ。定义标量因子 $d(\gamma)$，用于计算优化得到的权重系数向量$\boldsymbol{w}_{\text{opt}}(\gamma)$的模平方与允许的最大值之间的比值。

$$\begin{aligned}d(\gamma) &= \frac{\left\|\boldsymbol{w}_{\text{opt}}(\gamma)\right\|_2^2}{T_0^2} = \frac{\left\|\boldsymbol{w}_0\right\|_2^2}{T_0^2} + \frac{\left\|\boldsymbol{w}_a(\gamma)\right\|_2^2}{T_0^2} \\ &= c_1 + c_2\left\|\boldsymbol{w}_a(\gamma)\right\|_2^2 = c_1 + c_2\boldsymbol{r}_{zd_0}^{\mathrm{H}}(\boldsymbol{R}_z + \gamma I)^{-2}\boldsymbol{r}_{zd_0}\end{aligned} \tag{5.145}$$

式中，c_1和c_2为实常数。最优的对角加载量γ可以通过如下的迭代方程得到

$$\gamma_{i+1} = d^p(\gamma_i)(\gamma_i + 1) - 1 \tag{5.146}$$

式中，p 为正实数，可以用于调整迭代收敛速度。设置迭代的初始化值 γ_0=0。当临近两次迭代得到的对角加载量差异小于允许误差η时，迭代停止。

为了减少每次迭代更新的计算量，可以首先对$\boldsymbol{R}_z$矩阵进行EVD分解。

$$\boldsymbol{R}_z = \boldsymbol{V}\boldsymbol{D}\boldsymbol{V}^{\mathrm{H}} \tag{5.147}$$

其中，$\boldsymbol{D}$为对角矩阵，$\boldsymbol{V}\boldsymbol{V}^{\mathrm{H}}=\boldsymbol{I}$。那么

$$\left(\boldsymbol{R}_z + \gamma\boldsymbol{I}\right)^{-2} = \boldsymbol{V}(\boldsymbol{D} + \gamma\boldsymbol{I})^{-2}\boldsymbol{V}^{\mathrm{H}} \tag{5.148}$$

由于$\boldsymbol{V}$在式（5.148）的计算过程中不改变，因此迭代过程仅需要一次EVD分解。式（5.148）的计算量为$O((N-L)^2)$，其中，$(N-L)$为GSC架构下支路的自适应自由度。可以看到，由于$(N-L)$维数不大，因此每次迭代的计算量比直接求解明显降低。同时$\boldsymbol{R}_z$的EVD分解形式还能用于最终权重系数向量的计算，即

$$\begin{aligned}\boldsymbol{w}_a(\gamma_{\text{opt}}) &= (\boldsymbol{R}_z + \gamma_{\text{opt}}\boldsymbol{I})^{-1}\boldsymbol{r}_{zd_0} \\ &= \boldsymbol{V}(\boldsymbol{D} + \gamma_{\text{opt}}\boldsymbol{I})^{-1}\boldsymbol{V}^{\mathrm{H}}\boldsymbol{r}_{zd_0}\end{aligned} \tag{5.149}$$

3. 算法步骤

GSC 架构下的 AINPM 算法框架如图 5.10 所示，所有的模块均并行计算。虚线标注的模块用于周期性更新对角加载量 γ，$y(k)$ 为自适应数字波束形成器的输出。$\boldsymbol{w}_0$ 和 $\boldsymbol{U}_{\odot}^{\perp\mathrm{H}}$ 可以离线计算得到，整个自适应处理过程中不会改变，而 $\boldsymbol{w}_a(\gamma)$ 则需要周期性更新用于干扰抑制。

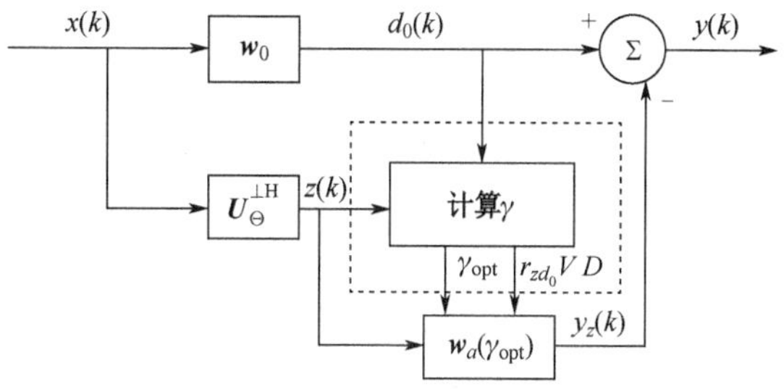

图 5.10　GSC 架构下的 AINPM 算法框架

本章所提出的 AINPM 算法的步骤总结如下。

（1）预处理步骤。

步骤 1：根据期望的主瓣覆盖区域 Θ，使用式（5.122）估计主瓣空间协方差矩阵 $\boldsymbol{R}_{\Theta}$。

步骤 2：使用式（5.123），对 $\boldsymbol{R}_{\Theta}$ 进行 EVD 分解，构建主瓣子空间 $\boldsymbol{U}_{\Theta}$ 及其正交补空间 $\boldsymbol{U}_{\Theta}^{\perp}$。

步骤 3：设置约束矩阵 $\boldsymbol{C}$ 和阻塞矩阵 $\boldsymbol{B}$，分别为 $\boldsymbol{C}=\boldsymbol{U}_{\Theta}$ 和 $\boldsymbol{B}=\boldsymbol{U}_{\Theta}^{\perp\mathrm{H}}$。

步骤 4：通过式（5.139）计算上支路固定权重系数向量 $\boldsymbol{w}_0$。

（2）自适应处理步骤。

步骤 1：设置初始化值 $\gamma_0=0$，因子 p 一般设置为 1，对角加载量的期望估计精度一般设置为 $\eta=1$ 即可满足要求。

步骤 2：使用式（5.137）和式（5.138），计算 $\boldsymbol{R}_z$ 和 $\boldsymbol{r}_{zd_0}$。

步骤 3：使用式（5.147），通过 EVD 分解计算 $\boldsymbol{D}$ 和 $\boldsymbol{V}$。

步骤 4：使用式（5.145）和（5.148），计算第 i 次迭代计算结果 $d(\gamma_i)$。

步骤 5：使用式（5.146），计算第（i+1）次迭代计算得到的对角加载量 γ_{i+1}。若迭代停止条件 $\gamma_{i+1}-\gamma_i<\eta$ 得到满足，则跳转到步骤 6，否则返回步骤 4。

步骤 6：使用式（5.149）计算 $\boldsymbol{w}_a\left(\gamma_{\mathrm{opt}}\right)$。

4. 算法性能仿真

针对一维均匀线性阵列和图 5.8（a）所示的 91 阵元三角栅格六边形结构阵列，仿真验证 AINPM 算法的性能。仿真所采用的噪声在空间和时间上均满足复高斯白噪声条件，其协方差矩阵为 $\sigma_n^2\boldsymbol{I}$。当存在多个远场窄带干扰或信号的时候，互不相关。且后续性能仿真均采用 300 蒙特卡罗统计结果。

（1）均匀线性阵列性能仿真。仿真采用的线性阵列为 32 阵元，阵元间距为半波长的均匀线阵，单元天线为全向天线。期望的静态方向图主瓣区满足余割平方方向图（Cosecant Squared Pattern，CSP）特性。采用表 5.1 给出模值归一化后的静态权重系数向量得到的静态 CSP 方向图如图 5.11 所示。波束的赋形区域为−5°～35°。旁瓣约为−30dB，主瓣区抖动小于 0.2dB。

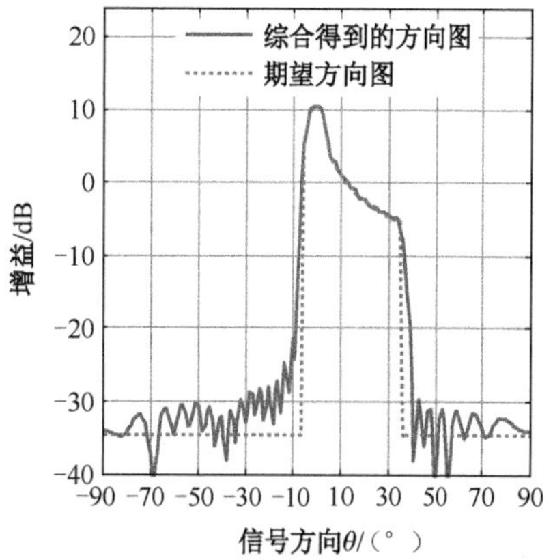

图 5.11　综合得到的静态 CSP 方向图

表 5.1 图 5.11 对应的模值归一化后的 CSP 静态权重系数向量

单元编号	权值/(×10^{-2})	单元编号	权值/(×10^{-2})	单元编号	权值/(×10^{-2})	单元编号	权值/(×10^{-2})
1	−2.9787+0.5497i	9	2.1076+2.1987i	17	12.2428−17.2773i	25	11.3774−21.9680i
2	−2.6588+1.4511i	10	4.3032+0.2582i	18	12.1952−17.7337i	26	7.2648−22.0977i
3	−2.6440+1.4778i	11	6.4826-0.2887i	19	9.2358−20.8079i	27	14.2683−25.8859i
4	−2.2257+2.0545i	12	7.1309−2.0738i	20	9.8795−24.9058i	28	26.5026−14.6662i
5	−1.9384+2.6422i	13	8.5529−5.5761i	21	11.1209−24.5540i	29	23.1154+6.0509i
6	−1.4402+2.6647i	14	11.1370−7.7529i	22	7.8132−23.6495i	30	5.6223+13.8460i
7	−0.0606+3.0284i	15	10.9018−9.4507i	23	6.2452−27.6771i	31	−4.7813+6.0421i
8	1.2916+2.7398i	16	10.5259−13.6818i	24	10.8151−27.9576i	32	−2.9922-0.4709i

① 主瓣约束性能分析。对本章提出的主瓣子空间约束（Mainlobe Space Constraint，MSC）方法与导向矢量均匀约束（Uniform Constraint，UC）方法的主瓣约束性能进行仿真。采用式（5.126）定义的主瓣约束 MSE 用于评价估计误差。

图 5.12 给出了 MSC 和 UC 两种方法在不同约束维度下的主瓣约束均方误差比较。可以看出，MSC 方法比 UC 方法的主瓣约束 MSE 小。当 L=14 时，MSC 方法的主瓣约束 MSE 优于−50dB，比 UC 方法低 15dB。实际采用的约束维数 L 可以通过 GSC 需要的下支路自适应维数来确定。一般来说，下支路较少的自由度就可以抑制有限数量的干扰。因此，主瓣保形精度可以很好地保证。后续仿真不特殊说明，则选择 L=22 作为仿真条件。

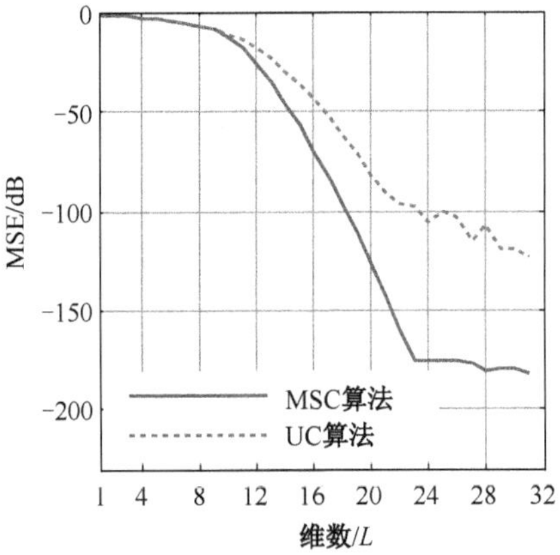

图 5.12 主瓣约束均方误差比较

② 影响对角加载量的因素分析。对角加载量 γ 与干扰方向的关系由图 5.13 给出，根据不同输入干噪比（Interference to Noise Ratio，INR）、不同输入噪声功率 σ_n^2、不同采样快拍 K 情况下，对比了对角加载量 γ 与干扰角度的关系。

从图 5.13 可以看出，仅旁瓣区域存在干扰时，不管输入 INR、σ_n^2 和 K 如何变化，对角加载量 γ 的影响都很小，γ 趋向于 0。从 GSC 架构来看，这是因为阻塞矩阵 $\boldsymbol{B}=\boldsymbol{U}_\Theta^{\perp\mathrm{H}}$ 对旁瓣干扰的影响很小，干扰可以顺畅地通过上支路和下支路。因此，干扰对消需要消耗的下支路权重系数向量 $\boldsymbol{w}_a(\gamma)$ 的自适应自由度很少。对消后的波束形成输出的主要分量是正比于最优权重系数向量 $\boldsymbol{w}_{\mathrm{opt}}(\gamma)=\boldsymbol{w}_0-\boldsymbol{U}_\Theta^{\perp}\boldsymbol{w}_a(\gamma)$ 模平方成正比的噪声分量，因此，最优化 $\boldsymbol{w}_a(\gamma)$ 等价于使用全部剩余自由度，最小化 $\boldsymbol{w}_{\mathrm{opt}}(\gamma)$ 的模平方。所以，$\boldsymbol{w}_{\mathrm{opt}}(\gamma)$ 的模平方二次约束一般都可以直接满

足，此时不需要对角加载。

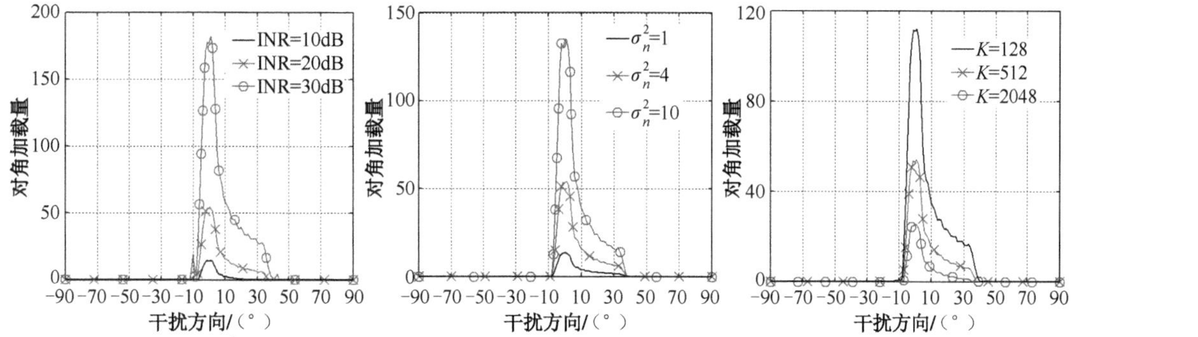

（a）不同 INR (σ_n^2=4, K=512)　（b）不同 σ_n^2 (INR=20dB, K=512)　（c）不同 K (INR=20dB, σ_n^2=4)

图 5.13　对角加载量 γ 与干扰方向的关系

当主瓣区域存在强干扰时，需要调整对角加载量 γ 确保模平方二次约束得到满足。同样，从 GSC 架构来看，虽然下支路可以阻塞大部分的主瓣干扰，但由于阻塞矩阵 $\boldsymbol{B}$ 是由主瓣协方差矩阵的特征向量构建而成的，仍然有一小部分主瓣干扰通过，当这部分干扰大于输入噪声功率时，此时为了不对消上支路有用信号，就需要调整下支路的自适应权重系数向量 $\boldsymbol{w}_a(\gamma)=(\boldsymbol{R}_z+\gamma\boldsymbol{I})^{-1}\boldsymbol{r}_{zd_0}$ 中的 γ。从 $\boldsymbol{w}_a(\gamma)$ 的表达式可以看到 γ 的加入，相当于为下支路注入虚拟噪声，降低了下支路“漏过”的主瓣干扰的 INR，从而降低了上下支路有用信号的对消。对角加载量的选取与主瓣区域输入干扰功率、输入噪声功率以及该主瓣干扰角度处的天线增益有关。从图 5.13（a）可以看到，输入主瓣干扰功率增大，γ 增大。还可以看到，γ 与该主瓣干扰角度处的阵列天线增益直接相关，这是由于当上支路静态方向图增益变大时，计算下支路 $\boldsymbol{w}_a(\gamma)$ 的相关系数 $\boldsymbol{r}_{zd_0}$ 分量也相应增大，必须通过提高 γ 才能“抑制”上下支路有用信号的对消。从图 5.13（b）可以看出，随着阵元噪声功率 σ_n^2 的增加，γ 进一步提高，这是因为要使得下支路“漏过”的主瓣干扰达到同样的输出 INR，必须注入更大的虚拟噪声，则 γ 必须提高。同时，从图 5.13（c）可以看到，下支路降维后的协方差矩阵 $\boldsymbol{R}_z$ 的估计精度直接影响对角加载量 γ 的大小，估计精度越高（快拍数越大），γ 越小。此时，对角加载的目的主要是提高 $\boldsymbol{R}_z$ 噪声空间的稳定性，这与稳健自适应数字波束形成对角加载的思想相同。

③ 对角加载量估计方法性能分析。给出式（5.146）的对角加载量 γ 迭代估计方法的性能，并与 1-D 搜索方法和二阶多项式求解方法比较。表 5.2 给出了 3 种方法在给定输入 INR、σ_n^2 和 K 的条件下，需要的迭代次数、计算时间和估计误差。仿真条件为仅存在一个主瓣干扰位于 θ=0°，允许的对角加载量估计误差为 η=1。仿真优化平台 CPU 为 2.53GHz 主频的 Intel Core-i3 M380 处理器，内存 2GB。可以看到，所提出的迭代估计方法和 1-D 搜索方法都能达到给定的 η 误差条件。但是本节算法迭代次数和计算时间的稳定性都比 1-D 搜索方法好，这是因为 1-D 搜索的迭代次数直接取决于实际的对角加载量以及搜索步进。同时，本节算法比闭式的二次多项式求解方法精度高，因为二次多项式求解法利用了一阶泰勒展开近似，仅在对角加载量 γ 非常小的时候有效，如 γ<3。同时，考虑到本节算法矩阵 $\boldsymbol{R}_z$ 的 EVD 分解还可以应用于式（5.149）计算最终的优化权重系数向量，估计对角加载量 γ 附加的运算量仅为 $O(P(N-L)^2)$，其中，P 为迭代次数，$(N-L)$为 GSC 下支路自适应自由度。由于$(N-L)$维数比较小，因此迭代算法的运算量较低。我们还可以在每次迭代过程中优化 P 的取值提高收敛速度。

表 5.2 对角加载量估计方法性能比较

序号	仿真条件				AINPM 算法			1D 搜索方法			二阶多项式求解方法		
	INR/dB	σ_n^2	K	优化的 γ	迭代次数	时间/ms	误差	迭代次数	时间/ms	误差	迭代次数	时间/ms	误差
1	0	1	512	0.51	3	0.675	0.27	1	0.290	0.49	1	0.084	0.20
2	0	4	512	1.49	8	2.127	0.98	2	0.572	0.51	1	0.085	0.75
3	10	4	512	13.49	20	4.367	0.50	14	3.787	0.51	1	0.077	10.99
4	20	4	2048	24.55	21	4.471	0.45	25	5.251	0.45	1	0.086	21.60
5	20	4	512	52.53	23	4.918	0.42	53	9.570	0.47	1	0.082	49.18
6	20	4	128	109.51	21	4.424	0.41	110	12.615	0.49	1	0.079	107.39
7	20	10	512	131.51	22	4.691	0.43	132	14.624	0.49	1	0.084	123.24
8	30	4	512	175.49	28	5.569	0.39	176	20.691	0.51	1	0.086	172.14
9	30	6	512	265.49	26	5.230	0.41	266	25.347	0.51	1	0.088	260.97
10	30	8	512	356.49	30	6.186	0.41	357	34.765	0.51	1	0.093	350.35
11	30	10	512	441.48	32	6.498	0.41	442	43.268	0.52	1	0.089	433.24

④ 干扰抑制性能分析。图 5.14 给出了存在一个旁瓣干扰情况下 AINPM 算法干扰抑制性能的仿真结果。图中反映了在 θ=−50° 处存在一个旁瓣干扰时，不同采样快拍下输入 INR 和输出 INR 的关系。可以看到，在一定的协方差矩阵估计精度的前提下（采样快拍 K 固定），随着输入 INR 的增大，输出 INR 是基本不变的。也就是说，旁瓣干扰信号越强干扰抑制能力越强。这个特性符合自适应波束形成算法的特点。另外，为了提高算法的自适应抗干扰性能，必须提高协方差矩阵估计的精度。

图 5.15 给出了存在主瓣信号（或干扰）情况下 AINPM 算法旁瓣干扰抑制性能恶化的仿真结果。主瓣干扰位于 θ=0°，旁瓣干扰位于 θ=−50°，采样快拍数 K=512。旁瓣输入 INR 分别为 10dB、20dB 和 30dB。从图 5.13（b）可以看出，当主瓣输入 SNR 比较小时，也就是 GSC 下支路“泄漏”的信号功率小于噪声电平时，旁瓣输出 INR 均能接近图 5.14 给出的最优值（×线）。当主瓣输入 SNR 继续增大，对角加载量会逐渐增大，等效于往 $\boldsymbol{R}_z$ 注入虚拟噪声。因此，旁瓣干扰抑制能力逐渐下降，即输出 INR 随着输入 SNR 同比例线性增大。当主瓣输入 SNR 非常大时，比如图 5.15 输入 INR=10dB 的曲线在 SNR=60dB 后的特征，旁瓣干扰抑制性能“不再恶化”。这是因为当 SNR 增大到 60dB，GSC 的下支路对角加载量 γ 已经达到旁瓣干扰信号的功率，此时方向图不会在旁瓣干扰的位置产生明显的零陷。 进一步提高对角加载量，旁瓣干扰抑制能力也仅体现为方向图的旁瓣对干扰的抑制能力。

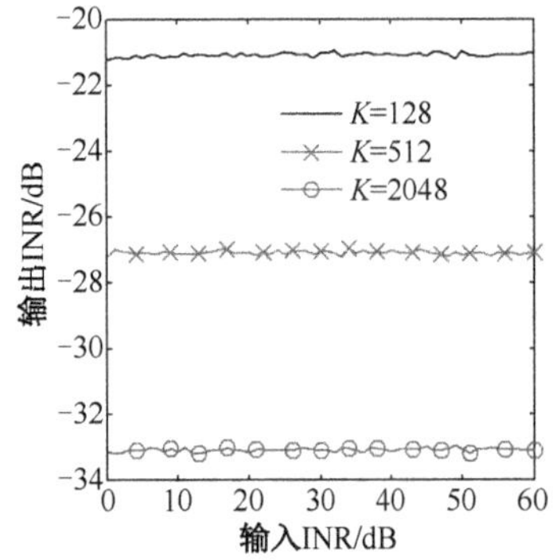

图 5.14 存在一个旁瓣干扰情况下的 AINPM 算法干扰抑制性能的仿真结果

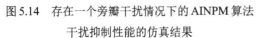

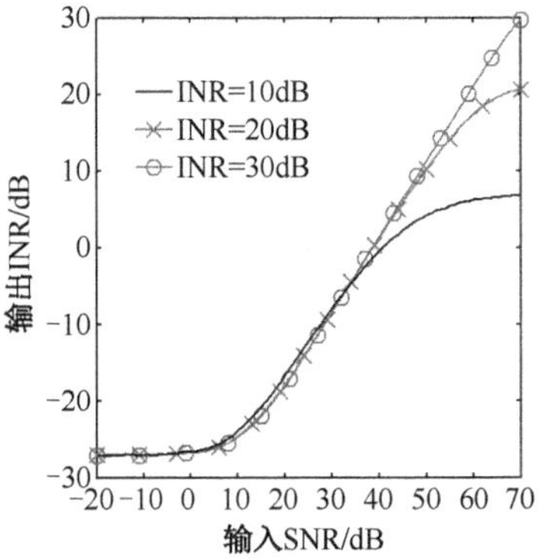

图 5.15 存在主瓣信号（干扰）情况下 AINPM 算法旁瓣干扰抑制性能恶化的仿真结果

由于卫星通信系统正常工作情况下，主瓣区域接收到的有用信号的输入 SNR 都小于 0dB。从图 5.15 可以看到，主瓣内有用信号几乎不会对旁瓣区域的抗干扰性能产生任何影响。图 5.16 为一个主瓣干扰和两个旁瓣干扰存在情况下的自适应 CSP 方向图。此时，K=2048。可以看到，AINPM 算法在有效的保持主瓣区域增益的同时，在干扰位置产生了−61dB 和−65dB 的零陷。但是，方向图的旁瓣电平与静态 CSP 方向图相比明显抬高。

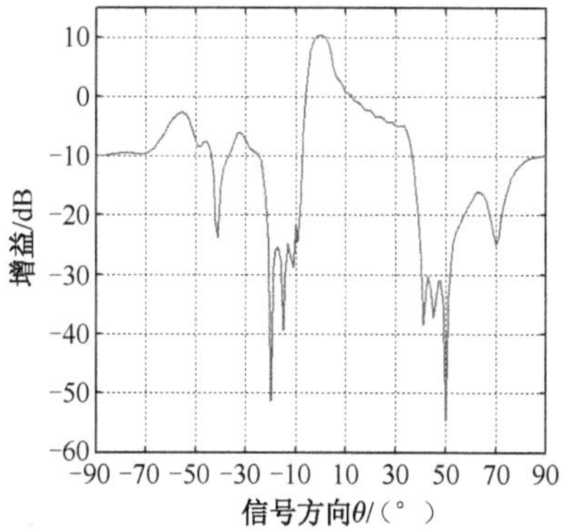

图 5.16　一个主瓣干扰和两个旁瓣干扰存在情况下的自适应 CSP 方向图

⑤ 主瓣保形性能分析。表 5.3 给出了 AINPM 算法在各种参数条件下的主瓣保形性能。表中给出的主瓣保形 MSE 的定义为自适应方向图和静态方向图主瓣区域增益的 MSE。假设主瓣和旁瓣干扰分别位于 θ_s=0° 和 θ_s=−50°，其他默认参数为：σ_n^2=4，输入旁瓣 INR=20dB，输入主瓣 SNR=20dB，K=512，L=22 以及允许的主瓣增益损失因子 T_0=1.05。表 5.3 的每一列给出的是在其他参数为默认值情况下该参数与主瓣保形 MSE 之间的关系。

从表 5.3 可以看到，主瓣保形 MSE 与协方差矩阵 $\boldsymbol{R}_z$ 特性无关，即与 σ_n^2、输入 SNR/INR 和 K 无关，而仅与主瓣子空间约束维度 L 和允许的天线增益损失因子 T_0 有关。L 一般根据式（5.126）定义的主瓣约束 MSE 满足实际需要来确定，比如，主瓣约束 MSE 小于−50dB。当 L 确定后，T_0 的选择用于平衡主瓣保形性能和干扰抑制的恶化程度，此时与静态方向图相比阵列天线增益将下降($20\log T_0$)dB。

表 5.3　AINPM 算法在各种参数条件下的主瓣保形性能

L	MSE(dB)	T_0	MSE(dB)	K	MSE(dB)	σ_n^2	MSE(dB)
28	0.423	1.01	0.086	2148	0.423	1	0.422
22	0.423	1.05	0.423	1024	0.423	4	0.423
18	0.423	1.1	0.826	512	0.423	10	0.423
14	0.487	1.2	1.465	INR(dB)	MSE(dB)	SNR(dB)	MSE(dB)
6	0.696	2	6.004	10	0.423	10	0.423
4	2.225	2.5	7.934	20	0.423	20	0.423
2	4.257	3	9.501	30	0.423	30	0.423

（2）二维面阵性能仿真。将 AINPM 算法推广到二维面阵，以图 5.8（a）所示的 91 阵元三角栅格六边形结构阵列为例进行仿真验证，选择图 5.8（b）对地同时多波束覆盖示意图中的第 1、2 和 8 号波束作为仿真波束。表 5.4 给出了单个旁瓣干扰、两个旁瓣干扰，或者一个主瓣信号和一个旁瓣干扰同时存在情况下，AINPM 算法针对波束编号为 1、2、8 的 3 个波束

在主瓣保形、旁瓣电平和抗干扰零陷等方面的优化效果。旁瓣区域干扰位置随机分布，主瓣信号均位于波束中心位置。仿真的其他参数为：σ_n^2=4，K=512，L=81 以及 T_0=1.05。

表 5.4　AINPM 算法针对波束编号为 1、2、8 的 3 个波束的优化效果

波束编号	仿真条件	对角加载量 γ	零陷深度（dB）	主瓣保形 MSE（dB）	旁瓣电平（dB）
1	单个旁瓣干扰 INR=20dB	0	−66.1305	0.0745	−17.6630
	单个旁瓣干扰 INR=30dB	0	−75.3385	0.0892	−17.6785
	两个旁瓣干扰 INR1=20dB，INR2=30dB	0	−63.4736, −75.7366	0.0836	−17.6745
	一个旁瓣干扰和一个主瓣信号 INR=20dB，SNR=10dB	3.3520	−60.7535	0.4210	−14.4426
	一个旁瓣干扰和一个主瓣信号 INR=20dB，SNR=20dB	20.7605	−55.1221	0.4289	−14.5023
2	单个旁瓣干扰 INR=20dB	0	−69.2110	0.0784	−19.1571
	单个旁瓣干扰 INR=30dB	0	−79.9464	0.0794	−19.2153
	两个旁瓣干扰 INR1=20dB，INR2=30dB	0	−68.9237, −79.8389	0.0765	−19.2680
	一个旁瓣干扰和一个主瓣信号 INR=20dB，SNR=10dB	4.9550	−68.3683	0.4214	−12.1418
	一个旁瓣干扰和一个主瓣信号 INR=20dB，SNR=20dB	23.1940	−63.2355	0.4229	−12.2093
8	单个旁瓣干扰 INR=20dB	0	−72.4356	0.0990	−16.0531
	单个旁瓣干扰 INR=30dB	0	−80.4740	0.1007	−16.0499
	两个旁瓣干扰 INR1=20dB，INR2=30dB	0	−70.3734, −81.9270	0.0726	−16.0553
	一个旁瓣干扰和一个主瓣信号 INR=20dB，SNR=10dB	7.7910	−69.0492	0.4220	−14.7693
	一个旁瓣干扰和一个主瓣信号 INR=20dB，SNR=20dB	33.9895	−63.2372	0.4233	−14.6980

同样可以看到对角加载量 γ 对旁瓣干扰不敏感，而对主瓣信号敏感。方向图的自适应干扰零陷生成正确，而零陷深度与输入 INR 和 γ 有关。输入 INR 越大，干扰零陷越深；对角加载量 γ 越大，零陷深度恶化越严重。当 γ>0 时，主瓣保形 MSE 接近 0.424 dB (20log T_0)；当 γ=0 时，主瓣保形 MSE 小于 0.424dB。同时，旁瓣电平主要取决于主瓣保形 MSE，这是因为随着主瓣增益损失的增加，更多的能量进入旁瓣区域，旁瓣电平将会相应升高。

在同时存在主瓣信号和旁瓣干扰情况下 1 号、2 号和 8 号波束的自适应方向图如图 5.17～图 5.19 所示。图 5.17（a）和图 5.17（b）、图 5.18（a）和图 5.18（b），以及图 5.19（a）和图 5.19（b）为 UV 空间内自适应波束方向图的侧视图和顶视图。图 5.17（c）、图 5.18（c）和图 5.19（c）给出了 3 个方向图主瓣区域和旁瓣区域的增益等高线图，以及信号和干扰的位置（标注为×）。

每个自适应波束的主瓣区均高性能的逼近静态方向图主瓣区，主瓣保形性能在允许的增益损失 0.424dB(20lgT_0)范围内。旁瓣干扰位置零陷明显，其深度分别为表 5.4 给出的−60.7535dB、−68.3683dB 和−69.0492dB。

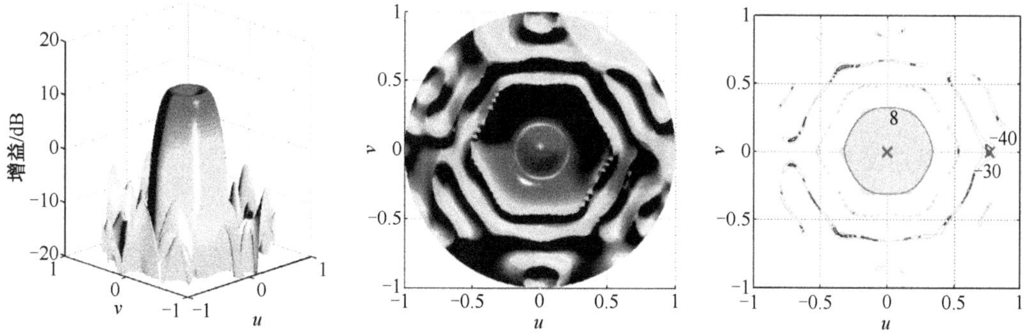

（a）侧视图　（b）顶视图　（c）增益等高线图

图 5.17　在同时存在主瓣信号和旁瓣干扰情况下 1 号波束的自适应方向图

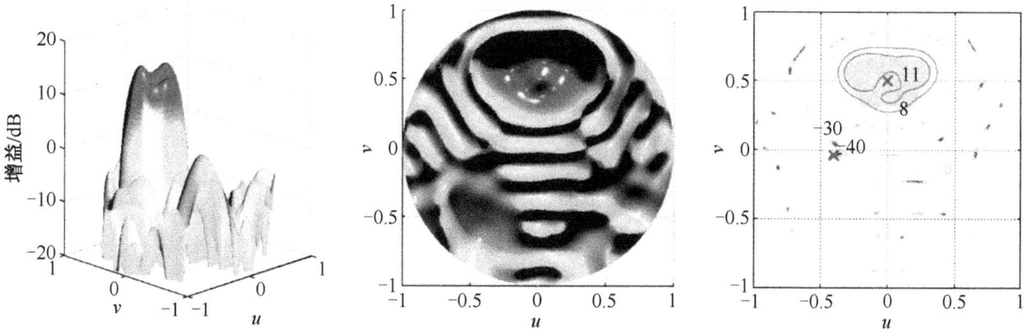

（a）侧视图　（b）顶视图　（c）增益等高线图

图 5.18　在同时存在主瓣信号和旁瓣干扰情况下 2 号波束的自适应方向图

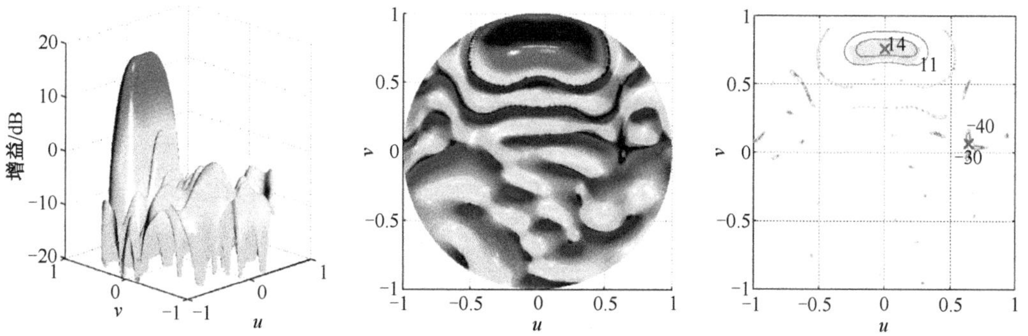

（a）侧视图　（b）顶视图　（c）增益等高线图

图 5.19　在同时存在主瓣信号和旁瓣干扰情况下 8 号波束的自适应方向图

5.9　小结

本章针对无线通信中的盲波束形成技术，讨论了几种基于恒模特性的盲自适应波束形成技术，给出了这些技术的详细设计、流程及性能分析，并给出了相关算法之间的相互关系，便于读者对盲波束形成，特别是基于恒模特性的盲波束形成的基本原理、实现方法和相互关系有一个全面深入的了解。最后介绍了星载智能天线的方向图综合与波束形成算法。

思考题

5-1 请尝试总结基于恒模特性的盲波束形成算法的优劣。

5-2 随机梯度的恒模盲波束算法与阵列结构是否有关？

5-3 是否可以使用其他最小二乘算法，如 RLS-CMA（递归最小二乘）、QR-RLS（基于 QR 分解的递归最小二乘），来实现恒模盲波束形成？如果可以，请任选一种最小二乘算法，并给出具体的算法设计。

5-4 请总结最小二乘的恒模盲波束形成和随机梯度盲波束形成的区别与联系。

参考文献

[1] Metzen P L. Globalstar satellite phased array antennas[C]. IEEE International Conference o Phased Array Systems and Technology, 2000:207-210.

[2] Bucci O M, Elia GD, Romito G. Power synthesis of conformal arrays by a generalized projection method[J]. Proc. Inst. Elect. Eng., Microw. Antennas Propag., 1995, 142 (6):467-471.

[3] Roberto Vescovo. Consistency of Constraints on Nulls and on Dynamic Range Ratio in Pattern Synthesis for Antenna Arrays[J]. IEEE Trans. Antennas Propag., 2007, 55(10):2662-2670.

[4] Keizer W P M N. Fast low-sidelobe synthesis for large planar array antennas utilizing successive fast fourier transforms of the array factor[J]. IEEE Trans. Antennas Propag.,2007, 55(3):715-722.

[5] Ma X, Lu L, Sheng W, et al. Adaptive interference nulling with pattern maintaining under mainlobe subspace and quadratic constraints[J]. IET Microwaves, Antennas & Propagation, 2018, 12(1): 40-48.

[6] Bucci O M, Elia GD, Romito G. Power synthesis of conformal arrays by a generalized projection method[J]. Proc. Inst. Elect. Eng., Microw. Antennas Propag., 1995, 142 (6):467-471.

[7] Frost O L I. An algorithm for linearly constrained adaptive array processing[J]. Proc. IEEE, 1972,60:926-935.

[8] Vorobyov S A. Principles of minimum variance robust adaptive beamforming design[J]. Signal Process., 2013, 93(12):3264-3277.

[9] Wenlong Liu and Shuxue Ding. An Efficient Method to Determine the Diagonal Loading Factor Using the Constant Modulus Feature[J]. IEEE Trans. Signal Processing, 2008, 56(12):6102-6106.

[10] Tian Z, Bell K L, Van Trees H L. A recursive least squares implementation for LCMP beamforming under quadratic constraint[J]. IEEE Trans. Signal Processing., 2001,49:1138-1145.

[11] Elnashar A, Elnoubi S, Elmikati H. A robust quadratically constrained adaptive blind multiuser receiver for DS/CDMA systems[J]. Proc. 8th ISSSTA, Sydney, Australia, 2004, pp. 164-168.

[12] Ayman Elnashar, Said M Elnoubi, Hamdi A. El-Mikati. Further Study on Robust Adaptive Beamforming With Optimum Diagonal Loading[J]. IEEE Trans. Antennas Propagat., 2006,54(12):3647-3658.

第 6 章　无线通信中的智能天线系统

6.1　引言

随着硬件设计、信号处理技术的迅猛发展，移动通信系统的发展也在不断地进行更新和迭代，数字波束形成也更广泛地应用于移动通信系统之中。而随着技术更新，应用场景的变化，数字波束形成技术也随之快速发展，针对不同的系统应用，波束形成的技术衍生出不同的设计。在本章中，针对不同的无线通信系统：SCDMA 无线本地环路中的智能天线、ArrayCom 公司的 IntelliCell 智能天线技术、5G 通信中的智能天线系统以及 LuMaMi28 毫米波超大规模 MIMO 通信系统进行了详细的分析。最后介绍低轨卫星通信智能天线系统架构以及星载智能天线同时多波束形成和自适应波束形成性能的实验验证。

6.2　移动通信与数字波束形成

1982 年推出的第一代移动通信系统主要满足了当时基于模拟信号传输的语音业务需求，开启了摩托罗拉移动电话的时代巅峰。但由于其存在带宽有限、无法提供数字业务、抗干扰能力差等技术上的不足，以及在全球各个国家制式标准不统一的背景限制情况下，欧洲各国组建的欧洲电信标准组织（European Telecommunications Standards Institute，ETSI）从 1985 年起着手制定的全球移动通信系统（Global System for Mobile Communications，GSM）标准以及随后登上舞台的高通 IS-95 使得以数字技术为主体的第二代移动通信系统成功地演进和进一步地发展，瑞典的爱立信和芬兰的诺基亚迎来了飞速发展的黄金时期。之后为了支持更高数据需求的业务，第三代移动通信系统采用更高的频谱及更大的带宽，主要针对多媒体通信提供高速数据分组交换业务，克服了多径、时延扩展、多址干扰、远近效应、体制问题等技术难题，满足个人通信要求。接下来，随着移动通信终端和移动数据业务量的爆发式增长，具有更快传输速度、更高系统吞吐量、更低误码率等优点的第四代移动通信系统逐渐登上历史舞台，宣告信息时代的正式到来。

从移动通信系统的发展史来看，每次发展演进都是针对当时最为迫切的通信需求。如今，最为迫切的通信需求是移动互联网和广域物联网的实现，以此来满足更多对时延有极致要求的应用，可以最大 10Gbps 的传输速率进行通信。在 2014 年 2 月，思科发布的年度可视网络指数报告和预测报告就明确预测了接下来 10 年的无线网络处理的数据量将巨幅增长。无处不在的物联网设备也会产生异常庞大的数据洪流。今天，数据速率的爆炸式增长无疑是革新第五代移动通信系统的主要驱动力，5G 便顺应时代的发展成为新的通信主力军。

6.3　SCDMA 无线本地环路中的智能天线系统

有线电话是通过电话线将载有语音信息的电信号传输给交换中心的。交换中心需对应包含一个接口电路，该电路需完成一些功能：给电话机供电、识别双音多频信号转换为对应电话号码、振铃、识别用户待机、挂机状态等，该接口电路称为有线本地环路。有线本地环路尽管可以采用 ADSL 或 CATV 网，其带宽也受到一定的限制。光纤到户（Fiber To The Home，FTTH）的发展在一些商业模式运作好的国家，用户数约占总人数的 10%。其主要原因在于网络接入受到多种因素的影响，如地理环境、已有网络资源、网络建设和维护的投资以及用户对资费的承受能力等。

无线本地环路（Wireless Local Loop，WLL）是广泛应用的一种无线接入技术，是一种利用无线电技术向固定电信用户提供电信业务的无线接入技术。因为它用无线线路部分地或全部地代替了原先的有线用户环路（用户线路），所以称为“无线本地环路”或“无线用户环路”。无线本地环路是通过无线信号取代电缆线，连接用户和公共交换电话网络（PSTN）的一种技术。WLL 系统包括无线接入系统、专用固定无线接入以及固定蜂窝系统。在某些情况下，WLL 又称为环内无线接入或固定无线接入。WLL 的带宽使用率高于电缆环路。对于不具备线路架构条件的地方，如对某些偏远地区或发展中国家而言，WLL 提供了一种既实用又经济的最后一公里或最初一公里的解决方案。

6.3.1　无线本地环路及其智能天线系统的组成

无线本地环路的组成示意图如图 6.1 所示，无线本地环路含基站和基站控制器，其作用和地位与目前无线通信的作用相近；含有基站控制器，可以同市话交换机互联，将无线设备接入公共电信网中；接口信令与目前无线通信类似。移动台含手持机、单用户固定台以及多用户固定台等，可在基站覆盖范围内漫游通信，配置较为灵活，价格较为低廉。其中基站采用天线系统，是智能天线系统的典型案例。下面将以无线本地环路基站的智能天线系统为例，来介绍智能天线系统。

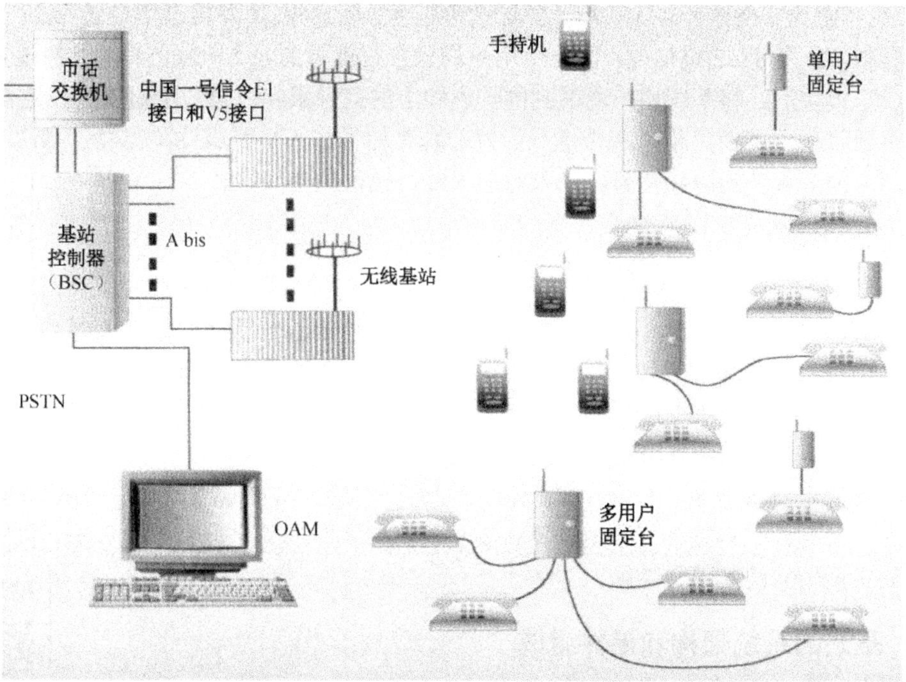

图 6.1　无线本地环路的组成示意图

无线本地环路基站中的智能天线系统组成如图 6.2 所示，该智能天线系统有 8 个天线，每个天线后接一个 T/R 射频收发组件，可进行发射或接收。发射时，将基带信号进行上变频、功率放大等处理，变为射频信号辐射到传播空间中；接收时，将射频信号进行下变频、滤波，变为基带信号。T/R 组件后为 AD/DA，AD/DA 后分为发射电路和接收电路。

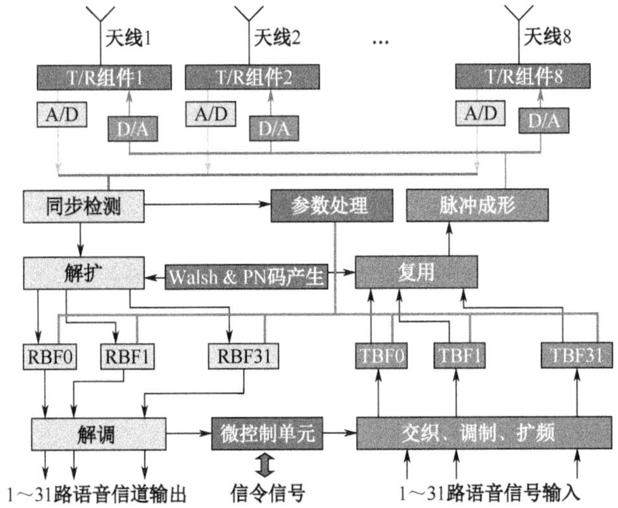

图 6.2　无线本地环路基站中的智能天线系统组成

1．发射电路

无线本地环路基站中的智能天线系统可发射 31 路语音信号和 1 路信令信号，即 32 个码道，可同时与 31 个用户通信。32 路语音信号输入后，需经过交织、调制和扩频。交织是指将 32 个用户置于不同的码道上，用于克服衰落信号。随后将 32 路语音信号送入 32 个发射波束形成器中，获得 8×32 路信号，即每个用户均包含有辐射到 8 个天线的信号，经过复用模块和脉冲成形模块后，将不同用户辐射到同一天线上的信号求和，再送给对应天线连接的 D/A 模块，将数字信号变换为模拟基带信号。发射基带信号送入发射组件，需经过多次上变频、滤波、功率放大等变为射频信号，送入对应天线，辐射到空间中。

2．接收电路

8 个天线，每个天线均接收 32 个不同方向辐射的射频信号，经过接收组件，经过低噪声方法、混频、滤波等，得到 8 路射频基带信号，射频基带信号经过 A/D 变换得到 8 路数字基带信号（注意，每路基带信号均包含 32 个不同码道的数据）。数字基带信号经过同步检测，与本地伪码进行判决，再经过解扩，即可获得 8×32 路。将同一用户的 8 个天线接收信号进行接收波束形成，即可获得 32 路接收数据，再经过解调过程，获得 32 路语音信号。

该系统的主要特点为，含 8 个天线单元，32 个码道，TDD 双工模式，采用同步 CDMA 的多址方式，硬件采样软件无线电的系统架构，运用实时的数字波束形成算法，同时，上下行链路均采用数字波束形成结构。

6.3.2　基站的系统架构和硬件组成

智能天线基站基本架构如图 6.3 所示。其中包括 8 个天线组成的天线阵，每个天线均含有一个防雷滤波器，以避免雷电损伤；天线到信号处理装置间由低损耗射频电缆进行传输；电缆连接 4 块射频电路（RF Circuit，RFC）模块，即每块 RFC 模块需接 2 根射频电缆；4 块 RFC 模块通过总线，同 1 块基带处理电路（Base Band Circuit，BBC）互联，BBC 主要对发射或接收的基带信号进行处理。定时和频率单元（Timer and Frequency Unit，TFU）产生整个系统所需的定时、上/下变频的频率信号等。语音编解码电路（Voice Coder and de-coder Card，VCC）用于 32 路语音信号的编码和解码工作。控制和接口单元（Control and Interface Unit，CIU）用于完成信令的处理，完成与公共电信网的互联、串口互联以及供电电路互联等。该系统机箱由上述 8 块电路板卡加天线和射频线缆构成。

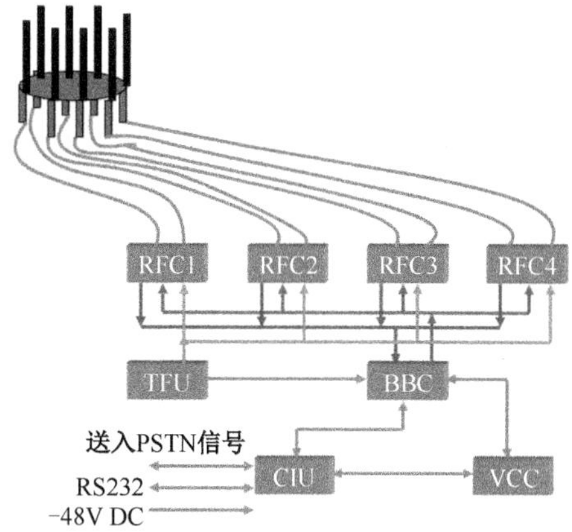

图 6.3　智能天线基站基本架构

1. 天线阵

天线阵如图 6.4 所示，其由 8 个杆状全向的天线单元组成，俯仰方向波束宽度较宽，因此仅在方位方向实现数字多波束。阵元间距约为发射信号波长的一半，约为 80mm，每个天线增益约为 8dBi。每个天线均还有 1 个防雷滤波器，图 6.5 所示为防雷滤波器频响特性，系统工作频段为 1.77～1.82GHz，因此防雷滤波器在系统工作频段间无衰减，1.72GHz 以下和 2GHz 的衰减在 40dB 以上，特别是在雷电所在的低频区域，该滤波器的衰减能达到 60dB 以上，达到很好的抗雷电能力。低损耗传输线缆的阻抗为 50Ω，长度为 20～40m，线路损耗为 3～4dB。

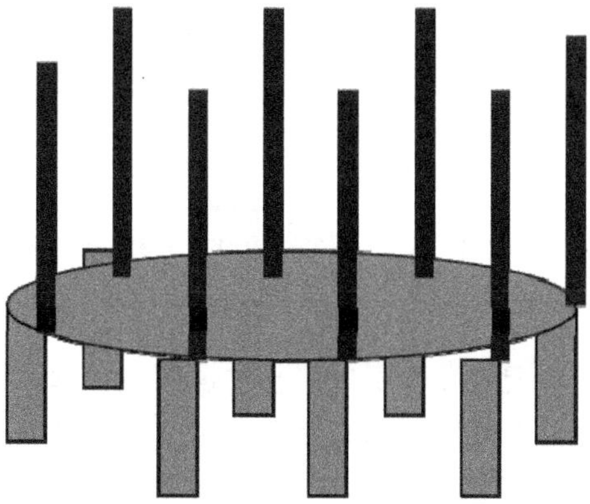

图 6.4　天线阵

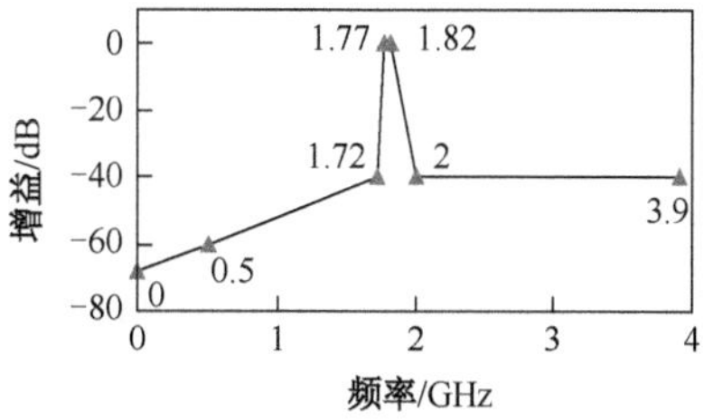

图 6.5　防雷滤波器频响特性

2. RF 电路（RFC）模块

该智能天线基站系统含有 4 块 RF 电路模块，其中一块 RF 电路模块如图 6.6 所示，每块连接 2 路天线，模块 A 连接天线 A，模块 B 连接天线 B。在数据发射时，将数字基带信号通过 D/A 转换为模拟基带信号，并传输给发射模块，转换为射频信号发送给天线；在数据接收时，将天线接收到的射频信号传输给接收模块，转换为模拟基带信号，再由 A/D 转换为数字基带信号。将专用集成电路（Application Specific Integrated Circuit，ASIC）芯片作为该电路板的射频电路数据总线和控制总线接口。

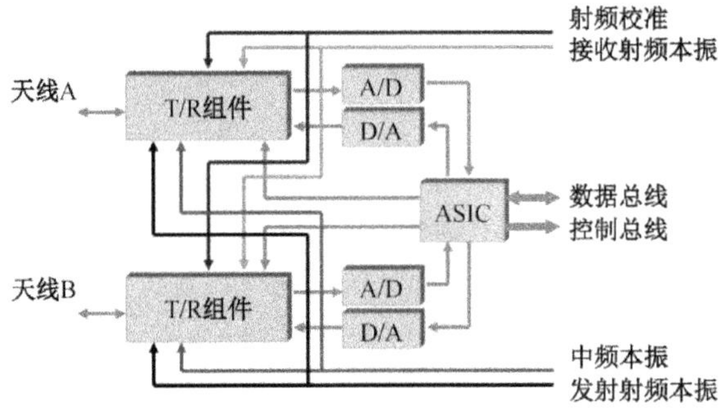

图 6.6 RF 电路模块

（1）R/T 模块。R/T 模块示意图如图 6.7 所示，R/T 模块含有 1 个发射通道和 1 个接收通道。发射通道数据为模拟基带信号，需经过低通滤波器，滤除 D/A 变换后的台阶信号和通带范围以外的信号。滤波后的信号需经过第一级混频，变为 100MHz 左右的中频信号，经过功率控制实现中频滤波和中频功率放大；需要再进行一次混频，即频率搬移到射频 1.77～1.82GHz，通过射频滤波和高功率放大后，馈入收/发开关，通过射频滤波器以后，将信号馈入天线，辐射到空间上。

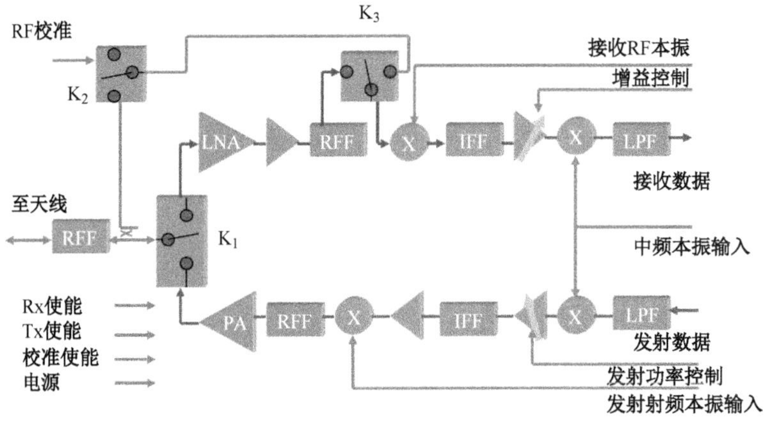

图 6.7 R/T 模块示意图

同理，接收过程可以描述为，空间辐射数据通过天线接收下来，通过收/发切换开关送入接收支路的低噪声放大器、滤波器、第一级混频，将射频信号混频至高/中频，送入中频滤波器；高/中频信号送入第二级混频和低通滤波器得到模拟基带信号。

（2）通道系数校准。如果要进行数字波束形成，需保证 8 个接收通道保持幅度和相位的一致性，若存在通道间的不一致性，需测量出每个通道的幅度和相位，通过通道不一致性校准，达到通道间幅度和相位一致。

进行接收通带通道校准时，关闭发射机。如图 6.7 所示，将通道校准信号，通过开关 K_2 送入开关 K_1，开关 K_1 再连接接收支路（开关 K_3 连接射频滤波器和第一级混频器），即将校准信号馈入接收通道，经过 A/D 变换后，记录接收到的数字 8 通道基带数据的幅度和相位信息，记录了射频接收通道的不一致性，即可计算接收通道不一致性系数进行校准。

进行发射通道校准时，首先仍需关闭发射机开关 K_2 和 K_3，将校准信号馈入接收下变频器，再次记录数字 8 通道基带数据的幅度和相位信息，记录了不含低噪声放大器的射频接收通道的不一致性；打开发射机，开关 K_3 仍连接开关 K_2 和下变频器，开关 K_2 连接射频滤波器和开关 K_3，使得发射信号可馈入接收通道的第一混频器进入接收通道，再次记录数字 8 通道基带数据的幅度和相位信息（注意，不将发射信号直接馈入接收通道的低噪声放大器，是避免功率过大导致饱和失真，无法进行通道校准），包含了发射通道和接收通道不含低噪声放大器的不一致性，去除不含低噪声放大器的射频接收通道的不一致性，即可获得发射通道的不一致性，计算出通道校准系数。

3. 基带电路

基带处理电路示意图如图 6.8 所示。基带处理电路中两个 DSP 芯片连接 4 块射频电路，即每个 DSP 芯片连接 2 块射频电路，即 DSP1 和 DSP2 分别连接 4 个收/发通道；DSP1 和 DSP2 的主要任务是接收/发射基带数据信号、权重处理、通信预处理。DSP3 和 DSP4 主要进行自适应权重计算和通信信号处理。微控制单元（Micro Controller Unit，MCU）为总控单元，实现协调和控制功能。

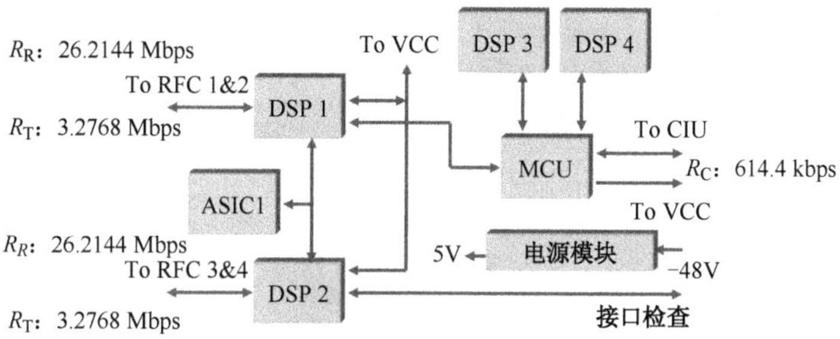

图 6.8　基带处理电路示意图

基带处理电路主要有 3 种接口：DSP1 和 DSP2 与射频电路板的收/发基带数据接口、MCU 与语音编解码板接口以及其他相关业务数据等。

接收时隙的数据率为

$$\begin{aligned} R_R &= \text{接收通道数} \times (\text{采样点数} / \text{码片}) \times \text{本地伪码码片速率} \\ &= 4 \times 8 \times 819.2\text{kbps} \\ &= 26.2144\text{Mbps} \end{aligned} \tag{6.1}$$

为了解扩准确，接收通道的每个码片需要 8 个采样点。发射时隙的数据率为

$$\begin{aligned} R_T &= \text{发射通道数} \times (\text{采样点数} / \text{码片}) \times \text{本地伪码码片速率} \\ &= 4 \times 1 \times 819.2\text{kbps} \\ &= 3.2768\text{Mbps} \end{aligned} \tag{6.2}$$

由于发射通道无须解扩，因此每个码片的采样点数为 1 即可。业务数据即语音编解码板的数据率为

$$\begin{aligned} R_C &= \text{服务码道数量} \times \text{每个码道速率} \times 2 \\ &= 32 \times 9.6\text{kbps} \times 2 \\ &= 614.4\text{kbps} \end{aligned} \tag{6.3}$$

业务数据拥有 32 个通道，每个通道的数据率为 9.6kbps，收/发通信，因此总的业务数据率为式（6.3）。

（1）上行链路的基带处理。对于基站来说，接收数据对应上行链路的基带处理。图 6.9 所示为上行链路处理示意图。上行链路接收射频处理电路板的 8 路数据，数据率为计算得到的 26.2144Mbps。需经过同步、解扩，即可获得 32 个码道的数据（8×32×2 路 I/Q 数据）。每个用户数据进行自适应波束形成，使得智能天线系统的波束指向对准该用户，得到接收波束形成数据。32 个通道即得到了 32 个波束形成结果，每个波束形成结果只有 I/Q 两路。波束形成后的数据需经过解调、去交织，即得到语音的编码信号，其中第 0 路是信令信号，需单独接收，送入 CPU 中。CPU 产生 32 码道的 PN 码和 Walsh 码以及同步所需的延时控制。

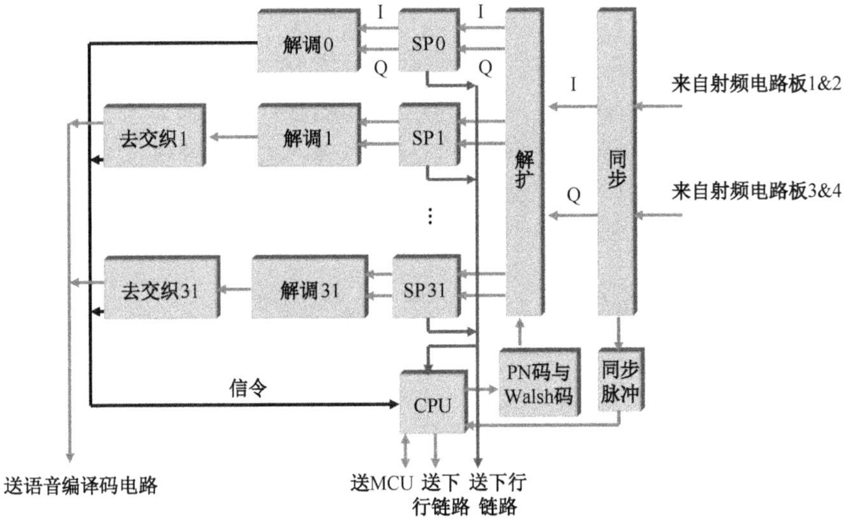

图 6.9　上行链路处理示意图

（2）下行链路的基带处理。对于基站来说，发射数据对应下行链路的基带处理。图 6.10 所示为下行链路处理示意图。1 个信令信号和 31 个业务信道。数字业务信号需进行交织、DQPSK 调制，调制后变为 I/Q 数据；扩频后送入 32 个 DBF 模块，获得 8×32×2 路 I/Q 数据，32 个发射波束形成送给同一个天线的数据求和，获得 8×2 路 I/Q 数据。随后数据送入发射脉冲成形滤波器中，送给射频电路，馈送给天线。

（3）基带处理板上软件无线电完成的主要功能。实现了智能天线，包括来波方向估计、权重系数向量计算和波束形成。接收数据时，该系统利用基于 DOA 的自适应波束形成，即先估计用户角度，再利用相关自适应准则计算接收权重系数向量。由于该系统采用时分双工模式，因此发射权重系数向量利用接收权重系数向量即可。实现了同步信号的检测、建立和保持；DQPSK 解调过程中的载波恢复、频率校准和跟踪。每个扩频码通道中的功率估计和功率控制，利用接收到的信号功率估计，以实现近距离用户通信功率可适当降低，远距离用户通信功率可适当升高。

实现了接收通道中的电平检测和增益控制，扩频调制与解调，包括 Walsh 码和 PN 码的产生，语音信号的编码与译码；专用信号的产生与检测，如双音多频（Dual Tone Multi Frequency，DTMF），以及可以实现信道编码（纠错编码）。

还实现了交织与去交织，发射信号的脉冲成形滤波（数字滤波器），物理层处理和 SWAP 信令链路层接口，接收信令的纠错，发射信道的数字预失真以及发射和接收通道的一致性校准。

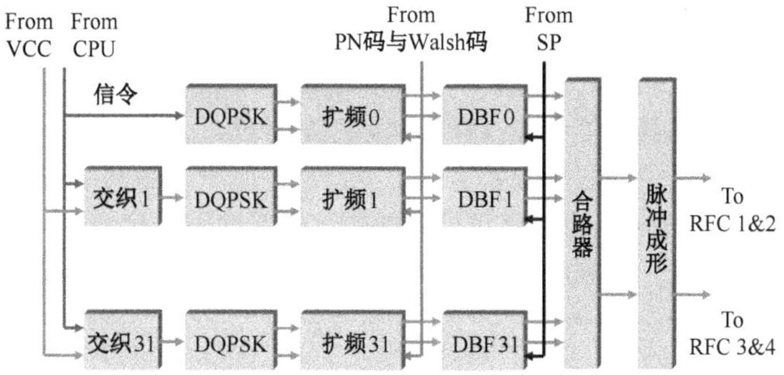

图 6.10　下行链路处理示意图

上述软件无线电处理流程均在基带处理板上完成。

4. 智能天线系统的性能

因为使用了智能天线系统，对单个用户采用窄波束，与原有全向天线相比，天线增益提高了 9dB，等效的通信距离提高了 50%。在多径信号存在时，可以使用主波束对准期望用户，因此性能得到了进一步提升。多址干扰一般在旁瓣区域，因此多址干扰最大下降了 9dB；该系统利用同步信号，与非同步的系统相比，多址干扰下降 15～20dB。通过 DOA 可估计得到用户的方位信息，通过同步的建立可估计用户的距离信息，因而可以利用角度信息和距离信息，实现对用户的精确定位。由于利用了智能天线的窄波束，单通道信号可采用更低的发射功率，功放的高线性度更容易实现，不易出现过饱和状态。

6.4　3G 通信中的智能天线系统

本节以 IntelliCell 为例，介绍用于 3G 移动通信的智能天线系统。IntelliCell 是一项强大的、灵活的、自适应的天线技术，可大幅度地改良无线语音和数据通信系统性能。IntelliCell 自适应智能天线（空间传输）技术可以嵌入到无线基站内部的基带处理部分以及终端设备内，从而使信号接收和发送性能得到极大改善。

6.4.1　技术原理

IntelliCell 技术被喻为完全自适应的智能天线解决方案，它利用软件和标准阵列天线连续实时地优化每个无线用户信道，从而实现优化发射、减少干扰和降低对频谱的需求，实现在所有空中接口上极大地提高无线语音与数据网络的容量、覆盖单位和传输质量的目的。

1. 接收信号

当天线接收期望信号时，含有 IntelliCell 智能天线系统的基站就开始进行监测与分辨无线环境，并利用该信息来分离所需信号和干扰噪声。利用自适应波束形成器，实现增强期望信号、抑制干扰和噪声的目的。抑制干扰和噪声、增强期望信号，可扩大基站的接收范围，即可有效减少基站数据，降低建立和运营基站网络的费用。增强信号强度和提高信号质量示意图如图 6.11 所示。

2. 发射信号

由于无法得知用户设备的所在地，一般的无线系统都是通过基站或小区全向发射能量，从而产生一些射频干扰到其他信号接收设备上。装备 IntelliCell 的基站却可以使用接收过程中所获得的信息，定向或集中信息资源到所需用户，从而减少周围网络的射频干扰。图 6.12 所示为 IntelliCell 基站发射信号。通过将信号智能接收和定向发射相结合，可以在网络中建立起比较合适的频率复用模式，达到降低成本和功能提升的目的。

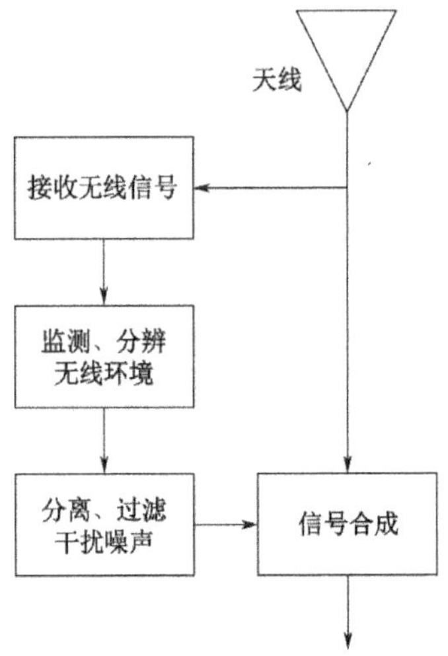

图 6.11 增强信号强度和提高信号质量示意图

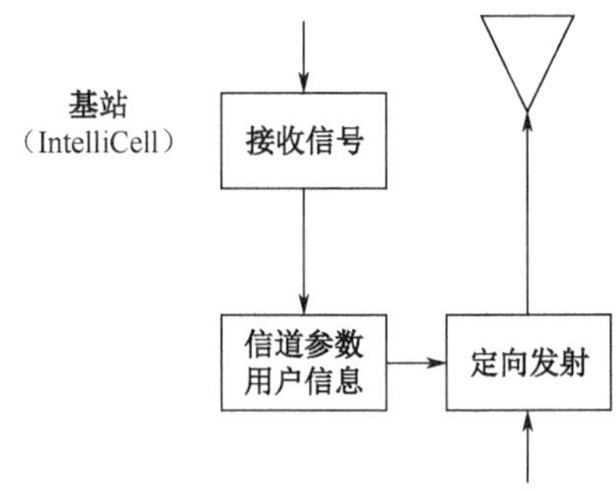

图 6.12 IntelliCell 基站发射信号

3. 空间信道

将 IntelliCell 技术的接收及发射的功能整合到网络中，基站和用户设备之间的通信便可以在空间信道中进行。空间信道让多个用户在同一时间、同一区域及同一个传统的通信信道中互相交流（包括频率、时间和编码）。这将显著地增加网络的容量，减少所需频段数量。频率复用的最终形式是在每个区域重复使用信道的能力（包括频率、时间和编码）。空间信道功能突破了技术障碍，使每个传统信道在各无线区域能被使用多次。当信道数的成倍增加和独立的复用可以在基站内实现时，空分多址（Space Division Multiple Access，SDMA）的概念随之产生。在基站中，SDMA 不断调整无线环境，为每位用户提供优质的上行链路和下行链路信号。

在网络中，这种先进的基站性能可以用来增加基站覆盖范围，从而降低网络成本，提高系统容量，最终达到提高频率利用的目的。IntelliCell 技术的核心部分是软件和简单的天线组件。由于天线在阵列中是彼此分开的，每个天线发射距离和角度均不相同。同时，距离和角度不同是根据用户所在的复杂的无线传输环境（如建筑物、树木、空旷场地等）而调整的，基站随时适应用户的空间电磁环境特性，可通过智能天线技术，随时保持最佳的通信连接。

4. 智能天线技术在 3G 系统中的实现原理

传统系统的天线在发射无线射频信号时具有全向性（天线在整个小区均发射信号），这样大多数发射能量被浪费，而且对其他用户造成干扰。WCDMA 和 CDMA2000 是自干扰系统，用户数量越大，用户间的干扰（主要是多重接入干扰）就越大，这种用户之间的干扰严重影响系统性能和系统容量。同时，信号的广泛发射也会带来多径衰落和由时延扩展引起的符号间串扰，从而加剧多径衰落的负面影响。

智能天线技术利用软件和标准阵列天线，连续地实时优化每个无线用户的信道，从而能够实现优化发射波束、减少干扰信号功率以及降低对频谱的需求，实现在所有空中接口上极大地提高无线语音与数据网络的容量、覆盖范围和传输质量的目的。装备有 IntelliCell 自适应智能天线技术的基站能够把大部分发射能量集中给目标用户，通过零陷抑制实现抗干扰的目的，减少多径衰落的影响，提高信号增益。基于智能天线的 3G 系统具备抑制衰落、对任意位置用户均可拥有最大处理增益、可同时处理上下行数据、支持广播控制信道等能力。智能天线系统还可实现主动干扰抑制，通过自适应波束赋形，在使主波束对准目标用户的情况下，使零陷和旁瓣尽可能对准干扰源，这样就有效地降低了干扰信号的能量。智能天线基站和传统基站的区别如图 6.13 所示。

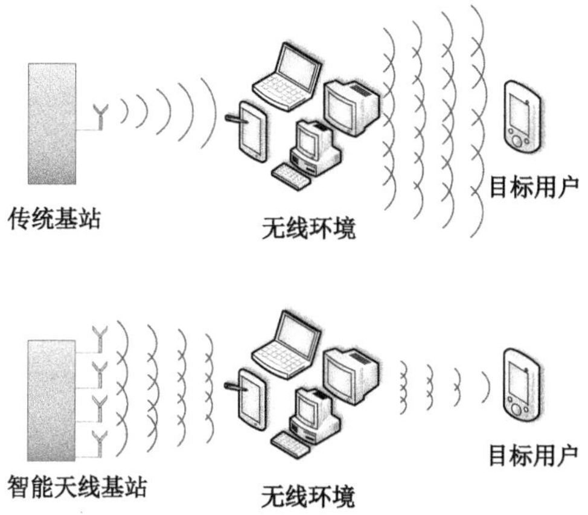

图 6.13　智能天线基站和传统基站的区别

5．智能天线系统结构

采用自适应智能天线后，射频部分需要增加多路通道。一般是一个阵列单元对应一个射频调制解调和功放通道。当然，在 WCDMA 中功放可以采用合并式多路功放，这样可以降低系统硬件的复杂度和成本。射频部分需要考虑的问题是通道一致性、校准和互耦。采用 IntelliCell 自适应天线阵列的基站结构如图 6.14 所示。

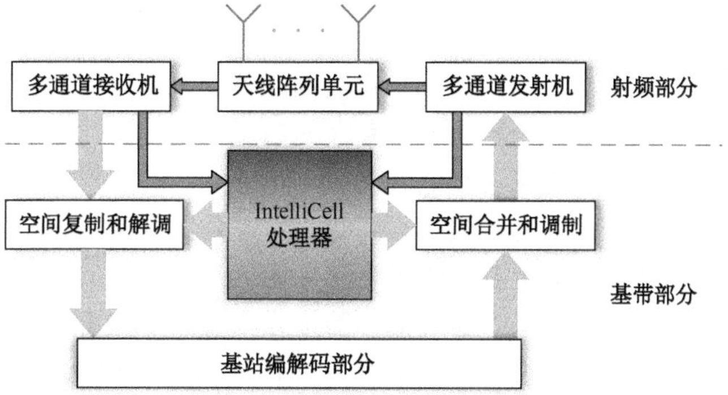

图 6.14　采用 IntelliCell 自适应天线阵列的基站结构

虽然天线阵列是射频前端的重要设备，但自适应天线阵列技术最核心的部分还是基带处理部分。基带处理部分采用复杂的自适应算法来实现上下行波束形成。智能天线系统通过自适应处理算法，计算得到最佳权重，在幅度、相位和波达角等多项指标上进行每秒数百次的调整，从而完成上、下行处理和波束形成。在 WCDMA 和 CDMA2000 基站系统中，IntelliCell 智能天线系统可以从系统原有的信道估计模块中获得特征数据，同时从 Rake 接收机的输出端采样信号，利用自适应数字波束形成算法处理，计算得到一组根据无线环境随时变化的幅度和相位加权参数，传输给波束形成处理单元，获得自适应数字波束形成输出结果。

6.4.2 技术优点

（1）扩大了系统覆盖范围。天线阵列的覆盖范围远远大于任何单个天线，采用 SDMA 后就可使系统中小区数量大大减少。

（2）大幅度降低来自其他系统和其他用户的干扰。

（3）系统容量大幅提升。一方面，由于来自其他小区同信道信号的干扰大幅降低，蜂窝网中的信道复用模式就可更加高效，从而增加系统容量；另一方面，每个小区可以在同一条业务信道上创建独立的空间信道，实现小区内的复用。

（4）上行处理增益，“上行权重”对期望信号进行相位一致性合成，对噪声和干扰无一致性合成增益。

（5）上行干扰抑制，“上行权重”在确保期望信号增益的情况下，对其他信号进行零陷抑制。

（6）下行处理增益，“下行权重”可实现有用信号的定向发射。

（7）下行干扰抑制，“下行权重”可实现对干扰信号的零陷抑制。

（8）可产生分集增益。

6.4.3 技术应用

IntelliCell 自适应智能天线（空间传输）技术可以嵌入到无线基站内部的基带处理部分以及终端设备内，从而使信号接收和发送得到极大改善。总的来说，IntelliCell 处理方式最突出的优点就是空间信道，即同一覆盖区域内的同一传统信道在空间上重复使用。对于运营商来讲，这就意味着建立少量基站，产生更高频谱使用率和收益率。最终用户能得到的则是掉话率降低、足够快的数据传输速度和更佳的服务质量。

IntelliCell 智能天线技术已在 PHS 无线本地环路系统中获得成功应用。在 TDD 系统中，上下行信道特征一致，可以使上下行信道参数共用。IntelliCell 智能天线技术可用在 WCDMA、CDMA2000 中。由于在同一时刻有多个用户同时接入网络，因此下行波束赋形要同时产生多个波束，分别指向不同的用户。为避免各波束之间的重相及干扰，则要求各波束在成形时所产生的旁瓣不宜复杂，否则很难保证其他波束的零陷性能，造成对网络性能的整体影响。因此天线阵元间距不宜过大，一般为半波长。同时，考虑到上行接收方向的分集增益，线性阵的各阵元分成两组，每组由间隔半波长的多个阵元组成，两组间的间距为 10 倍波长左右。这样既可以保证波束的方向性，又不影响上行的分集增益。综合考虑射频信道对系统性能的影响以及射频信道数目的增加对基站成本的增加，由 4～8 个天线阵元组成的天线阵在 WCDMA 和 CDMA2000 系统中可获得最高的效能，系统总增益可以达 6～9dB。

与其他智能天线技术一样，IntelliCell 智能天线技术采用了基带处理技术，使得输出功率的使用效率大大提高，这样在同样的条件下，系统对各信道的线性功放的输出功率要求降低，与传统的基站系统相比，大功率的线性功放可以被多个小功率的线性功放所替代，这在一定意义上也降低了系统的成本，提高了可靠性。

与 TDD 系统不同，FDD 系统由于存在上下行链路间的频差，因此对 FDD 系统来说，如何根据上行链路的信息来估测下行链路，从而进行下行链路的波束赋形是智能天线技术能否运用到 FDD 系统的关键。随着智能天线技术的不断发展，应用于 FDD 系统的各种算法及解决方案也应运而生，如采用 DOA 检测和波束综合方法、在上行链路中采用部分自适应算法、在下行链路中采用固定波束等方法。经过对 WCDMA 和 CDMA2000 的仿真测试与现场测试，测试结果表明，IntelliCell 智能天线技术在 FDD 系统中能达到其在 TDD 系统中一样令人满意的性能。

IntelliCell 智能天线技术在 FDD 系统中同样可以实现功率控制，也可进行全向波束和定向波束的切换。对于 WCDMA 和 CDMA2000 系统，引入智能天线技术后，系统容量增加对下行码资源提出更高的要求，且 3G 的业务对下行通信量有很大的需求，因此码资源容易成为容量提高的瓶颈。而对于上行，码资源丰富，不存在该问题。在 WCDMA 系统中，3GPP 协议为每个小区提供了 15 个辅助扰码，加上基本扰码相当于有 16 个 OVSF 码树可以利用，因而在下行采用自适应波束切换的智能天线解决方案时，码资源将不成问题。对于 CDMA2000，系统 8～16 个辅助扰码也使智能天线的应用成为可能。

6.5　5G 通信中的智能天线系统

6.5.1　5G 通信技术简介

1. 5G 移动通信的技术特点

5G 移动通信拥有超宽带宽，其理论下行速率为 10Gbps。其拥有超密集异构网络，5G 需要做到每平方千米支持 100 万个设备，这个网络必须非常密集，需要大量的小基站来进行支撑。在同样一个网络中，不同的终端需要不同的速率、功耗，也会使用不同的频率，对于服务质量的要求也不同。在这样的情况下，网络很容易形成相互之间的干扰。5G 网络需要采用一系列措施来保障系统性能：不同业务在网络中的实现、各种节点间的协调方案、网络的选择以及节能配置方法等。

5G 网络为自组织网络，可实现易部署、易维护的轻量化接入网拓扑。5G 网络为内容分发网络，内容分发网络主要对上层架构进行调整，用以优化网络综合性能，能够实现服务器负载的有效控制与优化。从技术核心角度来看，其可分为网络部署模式、内容路由、内容管理。

5G 网络可实现基于蜂窝系统的近距离数据直接传输，即 D2D 通信，不需要通过基站转发，而相关的控制信令，如会话的建立、维持、无线资源分配以及计费、鉴权、识别、移动性管理等仍由蜂窝网络负责。

5G 网络为智能化、交互式机器与机器之间的通信——M2M 通信。5G 的通信不仅是人与人的通信，还引入物联网、工业自动化、无人驾驶等业务，通信从人与人之间通信，开始转向人与物的通信，直至机器与机器之间的通信。

5G 网络取代 IP 的以信息为中心的网络架构，可实现移动云计算，可通过软件定义无线网络适应 LTE、WLAN 等多种异构网络。5G 网络拥有情景感知技术——主动、智能、及时向用户推送所需信息。

2. 超密集异构网络

5G 网络正朝着网络多元化、宽带化、综合化、智能化的方向发展。超密集异构网络示意图如图 6.15 所示。

（1）异构：随着各种智能终端的普及，面向 2020 年及以后，移动数据流量将呈现爆炸式增长。在 5G 网络中，减小小区半径，增加低功率节点数量，是保证 5G 网络支持 1000 倍流量增长的核心技术之一。因此，超密集异构网络成为 5G 网络提高数据流量的关键技术。

（2）超密集：无线网络将部署超过现有站点 10 倍的各种无线节点，在宏站覆盖区内，站点间距离将保持 10m 以内，并且支持在每 $1km^2$ 范围内为 25000 个用户提供服务。同时可能出现活跃用户数和站点数的比例达到 1∶1 的现象，即用户与服务节点一一对应。

（3）节点间的协作通信、网络的动态部署将是网络的关键技术。

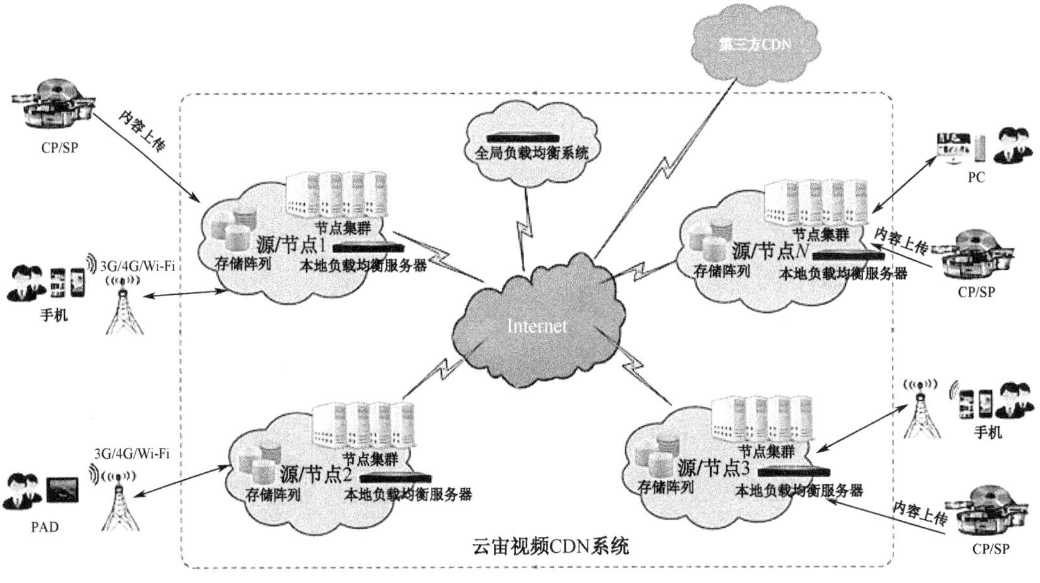

图 6.15 超密集异构网络示意图

3. 自组织网络智能化

传统移动通信网络中，主要依靠人工方式完成网络部署及运维，既耗费大量人力资源又增加运行成本，而且网络优化也不理想。在 5G 网络中，将面临网络的部署、运营及维护的挑战，这主要是由于网络存在各种无线接入技术，且网络节点覆盖能力各不相同，它们之间的关系错综复杂。因此，自组织网络（Self-Organizing Network，SON）的智能化将成为 5G 网络必不可少的一项关键技术，可实现网络部署阶段的自规划和自配，网络维护阶段的自优化和自愈合。

4. 物联网的通信支撑——M2M 通信

M2M（Machine to Machine，M2M），即物与物的通信，是物联网的关键支撑通信网络，物联网技术在智能交通、智能电网、安全监测、城市信息化、环境监测等领域具有广泛的应用前景。所以，物联网应用将是 5G 通信的主要特征之一。

5. 超大规模多输入多输出天线

超大规模多输入多输出（Massive Multiple-Input Multiple-Output，Massive MIMO）技术是 5G 中提高系统容量和频谱利用率的关键技术。图 6.16 所示为 Massive MIMO 示意图。天线数方面，传统的 TDD 网络的天线是 2 天线、4 天线或 8 天线，而 Massive MIMO 的天线数达到 64/128/256 个。从信号覆盖的维度上来看，传统的 MIMO 是 2D-MIMO，信号在做覆盖时，只能在水平方向移动，垂直方向是不动的，而 Massive MIMO 是水平+垂直维度空间覆盖，所以 Massive MIMO 也称为 3D-MIMO。

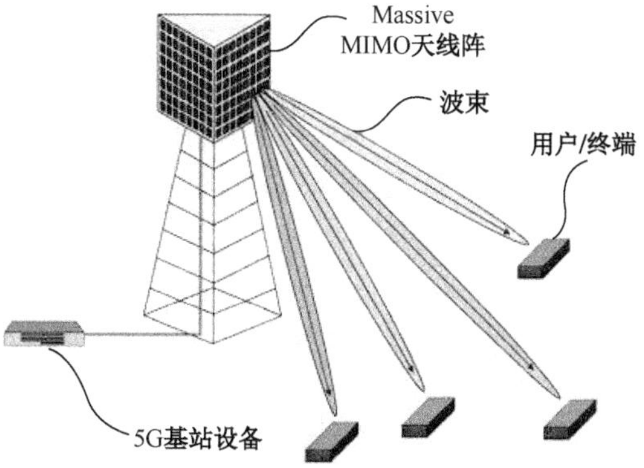

图 6.16　Massive MIMO 示意图

（1）高复用增益和分集增益。大规模 MIMO 系统的空间分辨率与现有 MIMO 系统相比显著提高，它能深度挖掘空间维度资源，使得基站覆盖范围内的多个用户在同一时频资源上利用大规模 MIMO 提供的空间自由度与基站同时进行通信，提升频谱资源在多个用户之间的复用能力，从而在不需要增加基站密度和带宽的条件下大幅度提高频谱效率。

（2）高能量效率。大规模 MIMO 系统可形成更窄的波束，集中辐射于更小的空间区域内，从而使基站与用户之间的射频传输链路上的能量效率更高，减少基站发射功率损耗，是构建未来高能效绿色宽带无线通信系统的重要技术。

（3）高空间分辨率。大规模 MIMO 系统具有更好的鲁棒性能。由于天线数目远大于用户数目，系统具有很高的空间自由度，以及很强的抗干扰能力。当基站天线数目趋于无穷时，加性高斯白噪声和瑞利衰落等负面影响都可以忽略不计。

6.5.2 毫米波超大规模 MIMO 系统组成

本节以瑞典隆德大学团队研制的实时 28GHz 超大规模多输入多输出测试平台为例，介绍用于 5G 通信系统的毫米波超大规模 MIMO 系统。该系统拥有 16 个全数字波束形成架构的收发通道，且拥有不同的预编码算法，并可同时支持多个用户设备的空间复用。用户设备配备了一个可波束切换的天线阵列，用于实时天线选择，可以从 4

个预先设定的波束中选择接收信号幅度最大的那个波束。为了验证波束切换智能天线系统，隆德大学研究团队设计了两种用户设备天线，两种天线拥有不同的天线增益和波束宽度。

毫米波超大规模 MIMO 系统组成框图如图 6.17 所示，包含数字子系统和模拟子系统两个部分。基站的数字子系统拥有全数字处理架构，具有 16 个发射/接收通道的中频和基带处理电路，模拟子系统支持毫米波波段。用户设备采用混合波束形成架构，天线数目大于收/发通道数。表 6.1 给出了毫米波超大规模 MIMO 系统参数。

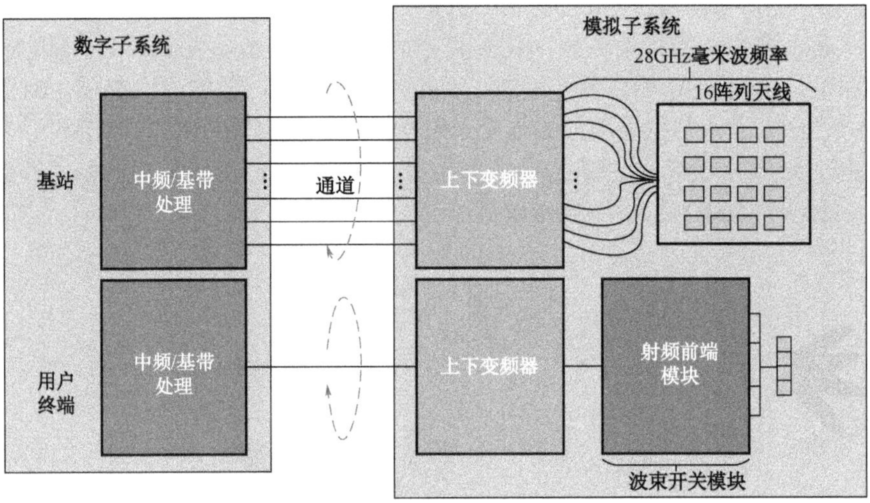

图 6.17　毫米波超大规模 MIMO 系统组成框图

表 6.1　毫米波超大规模 MIMO 系统参数

参数名称	参数值
载波频率	27.95 GHz
中频频率	2.45 GHz
采样频率	30.72 MHz
信号带宽	20 MHz
FFT 点数	2048
阵列天线形式	16 单元（基站）/4 单元（用户）
T/R 通道数	16（基站）/1（用户）
最大用户数目	12
频率转换器的功率增益	9 dB（Tx）/7dB（Rx）
前端模块功率增益	14 dB（Tx）/12dB（Rx）
基站单元天线最大增益	5 dBi
用户 1 和用户 2 单元天线最大增益	7.5 dBi（八木）/10.0 dBi（贴片）
每个 Tx 链路功率增益	22 dB（线性区）
每个 Tx 链路功放的 1 dB 压缩点	18 dBm
帧时间	10ms
波束持续时间	10ms（4 端口需 40ms）
波束切换保护时间	71.9 μs

数字子系统用于中频和基带处理。对于基站和用户，中央控制单元分别含有一个嵌入式控制器（NI PXIe-8135）或者一个笔记本电脑。上述控制单元在标准 Windows 上运行用于配

置和控制智能天线系统。Lab VIEW 同时提供主机和 FPGA 编程。基站和用户的中央控制单元分别配置有 8 个和 1 个软件无线电电路（NI USRP-294xR/295xR）。每个软件无线电电路含有 2 个发射/接收通道和 1 片 Kintex-7 FPGA 芯片。软件无线电电路在射频发射/接收处理的基础上进行通信信号处理，包括正交频分复用处理和互易校准等。在基站的中央控制单元中，协同处理 FPGA 模块（FlexRIO 7976R）用于数字波束形成处理。为了实现 16 路发射/接收通道的同步，还设计有一个参考信号源和参考时钟分配网络。

基站和用户的模拟子系统采用了相同的基本单元电路：上/下变频器（Frequency Converters，FRECON）和一个通用的本振电路，用于中频和 28 GHz 射频间的上/下变频。基站有一个功率分配网络，用于将本振信号放大和馈电至各个通道的上/下变频器。每个用户终端有一个射频前端模块（Front-End Module，FEM）用于波束指向控制。为了使得智能天线系统具备可重构和可扩展性，对上/下变频器和前端模块印制板电路图进行了通用的模块化设计。每个上/下变频器连接两个发射/接收通道，每个射频前端模块对应一个发射/接收通道。因此，一个基本模块包括一个软件无线电电路、一个上/下变频器，对应于基站设备中的两个发射/接收通道，或者两个单发射/接收通道的用户设备。上/下变频器和射频前端模块都含有单刀双掷开关，用于时分双工，同时前端模块额外拥有一个单刀四掷开关用于模拟域的天线波束切换。

上/下变频器包含如下电路：上/下变频的混频器、低通滤波器、驱动放大器、低噪声放大器。为了获得较好的输出信噪比，射频前端模块包含一个功率放大器、一个低噪声放大器和一个低通滤波器。基站配置有 8 个上/下变频器，对应 16 个发射/接收通道和 16 个天线单元。每个射频前端模块在用户终端中与一个 4 单元阵列天线相连。该系统针对不同类型的用户终端设计了八木天线和贴片天线两种天线，它们的性能相应地也有所不同。

数字子系统通过控制软件无线电路板上的一个 15 针通用输入输出接口总线来控制模拟子系统，包括时分双工切换或天线波束切换等，通用输入输出控制信号是 3.3V 的直流控制信号。图 6.18 给出了包含基站和用户终端的毫米波超大规模 MIMO 系统结构示意图。

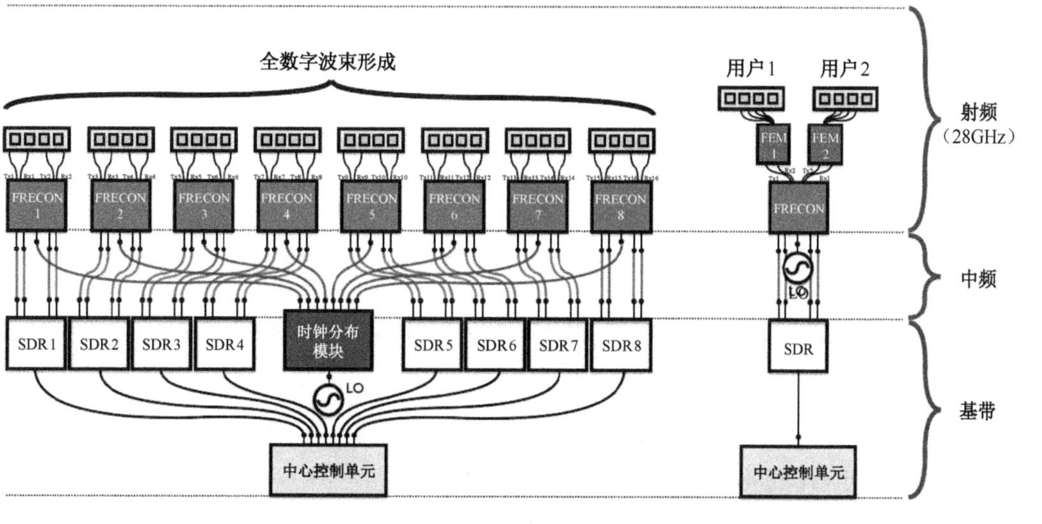

图 6.18　包含基站和用户终端的毫米波超大规模 MIMO 系统结构示意图

6.5.3　毫米波超大规模 MIMO 系统数字子系统的设计与实现

毫米波超大规模 MIMO 系统中的数字子系统包括以下功能。

（1）帧结构和基带处理功能，如 OFDM 处理，时间/频率同步和预编码/均衡器等。

（2）由于用户终端在模拟子系统中具有波束切换的能力，为此，设计了一种天线波束选择算法，并在数字分系统中实现。

（3）时分双工和波束切换的控制信号需要从数字子系统发送到模拟子系统。因此，对模拟子系统的控制功能必须在数字子系统中实现。

天线波束选择的基本思路为：每个用户终端在接收模式下进行常规的波束切换扫描。下行信道的估计模块计算每个天线波束对应的接收信号的大小。根据计算结果，用户终端选择信道接收信号最强的一个天线。为确保实时性，天线选择算法应保证波束切换扫描及其信道接收信号幅值计算同步，并及时更新所选波束。该算法是在嵌入式 FPGA 上设计的，集成了各终端的基带功能。

有两个控制信号从数字子系统传输到模拟子系统。一个是 1 比特的时分双工控制信号，另一个是 2 比特的天线选择控制信号。这些控制信号及其计算单元在嵌入式 FPGA 上实现。图 6.19 给出了模拟子系统的控制单元框图。帧控制单元包括主采样计数器，并在 TDD 控制、DL 通路求模运算、波束扫描控制 3 个单元的同步中起作用。每个控制信号都通过 2 选 1 多路复用器写入专用寄存器，通过 AUX I/O 连接。

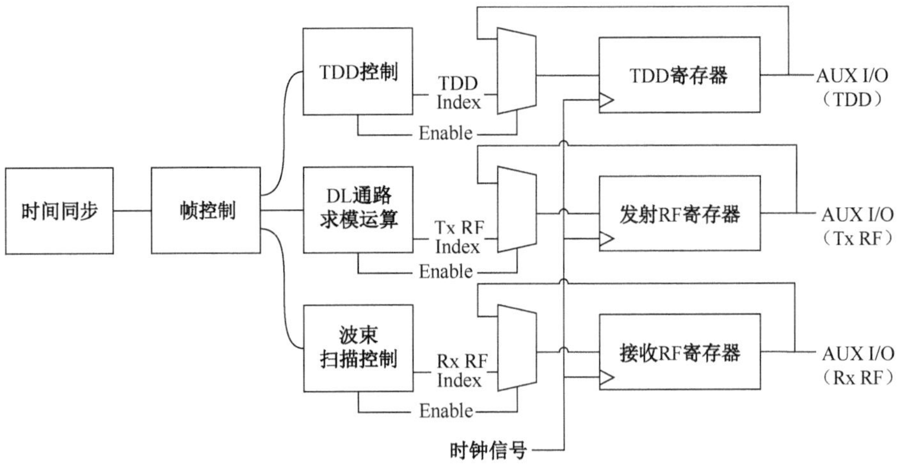

图 6.19　模拟子系统的控制单元框图

上/下变频器和射频前端模块都有一个接口，分别与 GPIO 口相连。上/下变频器中的接口仅用于接收时分双工控制信号，射频前端模块中的接口用于时分双工的切换和天线选择。

6.5.4　毫米波超大规模 MIMO 系统模拟子系统的设计与实现

RF 干扰抑制是每个发射/接收链路拥有足够输出功率的关键。此外，波束可切换性是模拟分系统的关键设计特性之一。对于频率转换器的设计，重点放在了系统结构设计，以及采用分量选择来降低 PA 的非线性。

由一个上/下变频器和两个射频前端模块组成的一个用户框图如图 6.20 所示。上/下变频器包含相同的 8 个驱动放大器（HMC383LC4），但具有不同的放大增益。在一个本振输入端口和混合器之间有 4 个驱动放大器用于放大 25.5GHz 本振信号，其他 4 个驱动放大器用于放大 28GHz 的发射毫米波信号。混频器（HMC1063LP3E）用于中频和 28GHz 频段之间的上/下变频，其中需要超过 10dBm 的本振信号功率来驱动它。这就是为什么每个混频器需要对本振信号进行驱动放大。混频器的转换增益在 10dB 左右。为了补偿这种功率损失并实现高输出功率，发射通道配备了两个连续的驱动放大器。另外，每个接收通道包含一个低噪声放大器（HMC1040LP3CE）。在上/下变频器前端，用于时分双工的单刀双掷开关型号为 ADRF5020。在接收通道混频和中频输入之间，有一个 2.45GHz 带宽的低通滤波器（AFEA2G45）。

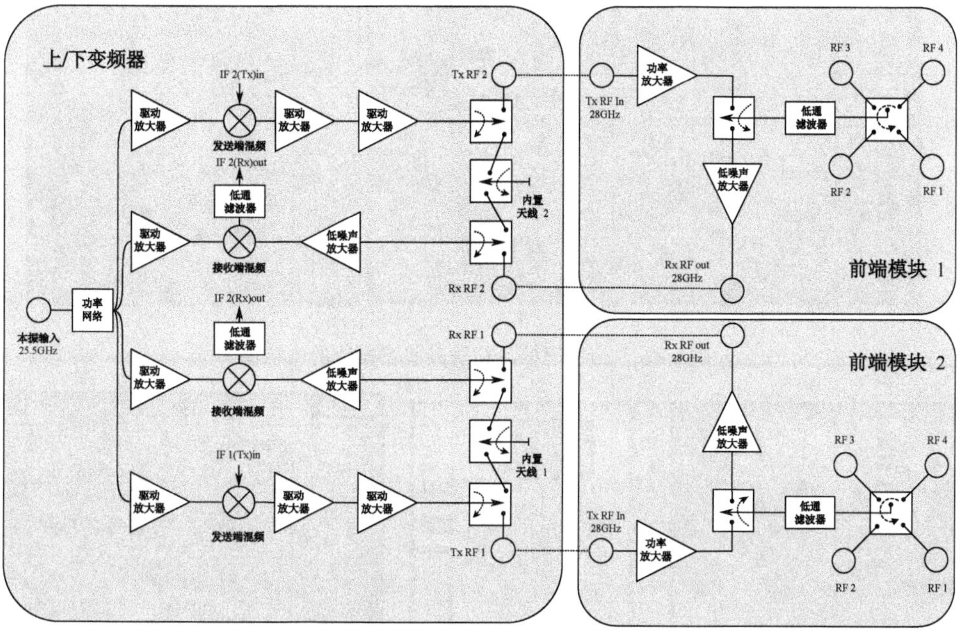

图 6.20　由一个上/下变频器和两个射频前端模块组成的一个用户框图

采用射频前端模块是为了支持远距离通信和波束切换的测试。一个射频前端模块包含一个功率放大器（MAAP-011246）和一个低噪声放大器，它们有很高的功率增益。单刀四掷开关（SP4T）与 4 个天线单元对应的射频端口相连，通过数字子系统的控制信号进行天线切换或选择。开关隔离在时分双工的波束切换过程中是非常重要的。单刀双掷和单刀四掷开关采用索尼的 SOI 工艺进行设计，在 28GHz 频段，分别实现了 1.5 dB 和 1.6 dB 的插损以及 30 dB 和 26 dB 的隔离度。

上/下变频器中的发射通道和接收通道增益分别约为 9dB 和 7dB。对于射频前端模块，发射通道和接收通道增益分别约为 14dB 和 12dB。在线性区，发射通道的总增益约为 22dB。最大发射/接收通道增益出现在 27.95GHz 频率处。上/下变频器和射频前端模块的功耗分别为 6.3W 和 7W。上/下变频器和射频前端模块的实物图如图 6.21 所示。

6.5.5　毫米波超大规模 MIMO 系统的实验测试

基于该毫米波超大规模 MIMO 系统平台，研究团队给出了其对固定和移动设备用户终端在不同场景下的测试结果，给出了基于通道测量数据选择天线所获得的性能提升效果，并通过实时测量结果分析了系统性能。实验中采用了一个基站和两个用户终端，基站拥有 16 个发射/接收通道，每个用户终端配有一个 4 天线阵列和 1 个发射/接收通道。所有的测量活动都在隆德大学的 E-huset 大楼进行。图 6.22 为实验现场图。

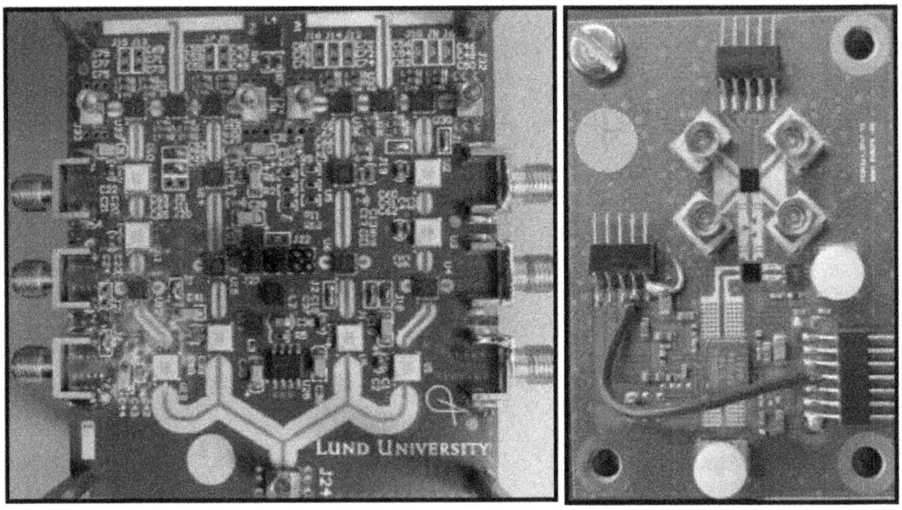

图 6.21 上/下变频器和射频前端模块的实物图

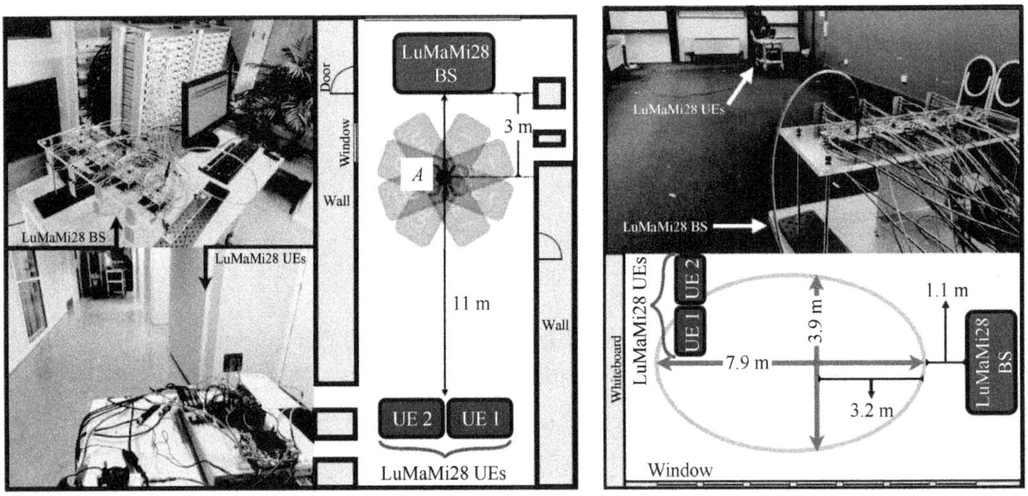

（a）静态环境测试　　（b）动态环境测试

图 6.22 实验现场图

研究人员选择了一个长长的走廊和一个大型的演讲厅，用于静态和动态实验。在静态环境下，在走廊里基站和用户终端之间的距离为 3～11m。在动态环境下，研究人员在演讲厅进行了 3 种不同路线的移动测试。基站在一个固定的位（图 6.22 的白板所示）。相对基站，两个终端分别在一个椭圆形路线、一个 7.9m 的垂直路线和一个 3.9m 的水平路线上移动。两个终端被放在一个移动的推车上。该车在每条路线上以约 3km/h 的行人速度行驶。在所有的测量场景中，两个终端的发射功率是固定的。图 6.23 显示了上行链路发射通道在射频前端发射端的功率谱。

研究人员使用接收信号功率来评估路径损耗和上行链路通道捕获增益，移动测试了上行链路的流量和流量增益。实时记录了每个用户终端的吞吐量。吞吐量增益计算为有天线选择和没有天线选择的上行链路吞吐量测量值的比值。用户终端 1 和用户终端 2 分别安装八木天线和贴片天线，八木天线如图 6.24 所示，贴片天线如图 6.25 所示。所有的测试都是采用上述配置。在上行链路流量测量期间，两个位于同一位置的用户终端移动到一起，以尽可能为两个用户提供相同的移动环境。系统中基站为全数字波束形成平台，在测量活动中，使用最大比合并（Maximum Ratio Combining，MRC）和迫零（Zero Forcing，ZF）均衡器解码来自两个终端的上行链路信号。

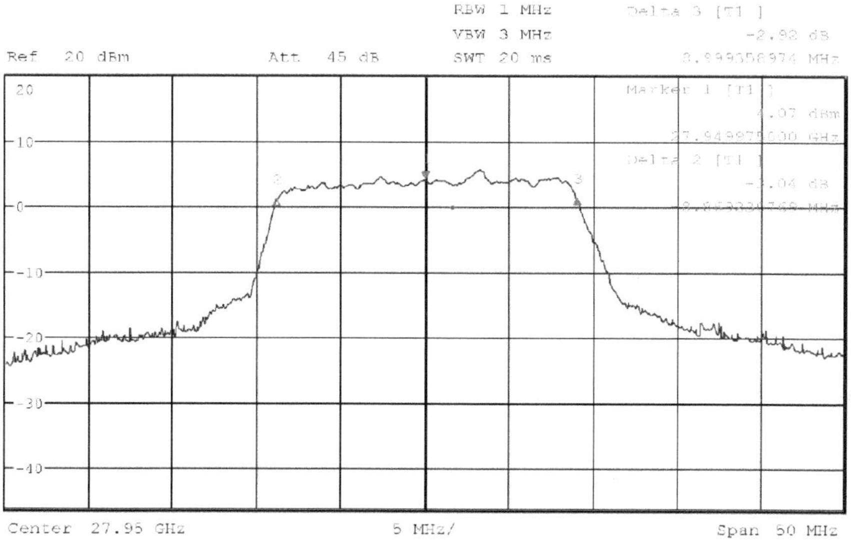

图 6.23　上行链路发射通道在射频前端发射端的功率谱

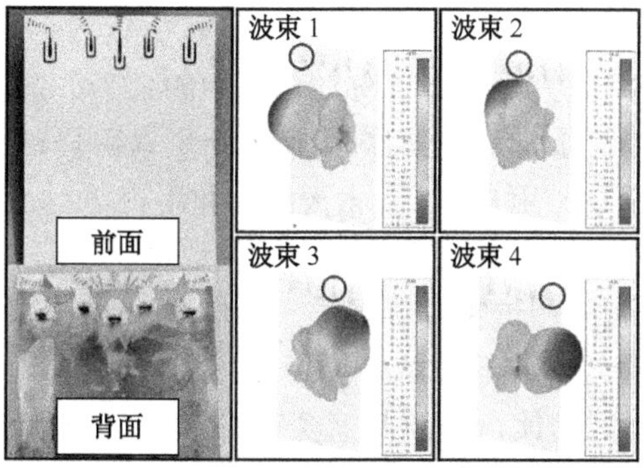

图 6.24　八木天线

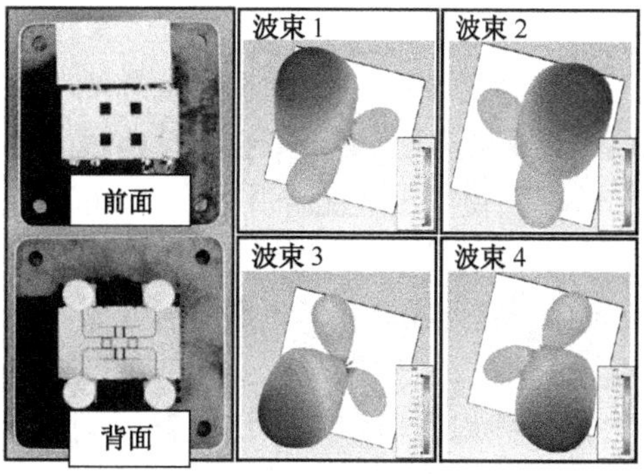

图 6.25　贴片天线

为了测试系统天线选择的实际流量增益，并研究不同的用户天线形式带来什么影响，如图 6.22（a）所示进行静态环境中用户天线旋转实验。在图中 *A* 点进行旋转测试。*A* 点离系统中设置的基站的距离为 3m，设 *A* 点到基站的角度为 0°。测试期间，两个用户终端均固定在可移动手推车上，由−90° 到 90° 旋转，同时记录每个用户的实时上行链路流量。进行 4 个连续实验，分别对有/无天线选择和不同的均衡器进行实验，包括最大比合并均衡器（MRC）和迫零（ZF）均衡器。

图 6.26 描绘了在固定点旋转−90° 至 90° 的用户终端吞吐量累积分布函数（CDF）。对于最大比合并均衡器，用户终端 1 通过天线选择得到的吞吐量增益中值高于用户终端 2，八木

天线的中值为 2.28×，贴片天线的中值为 1.12×，如图 6.26（a）所示。然而，无论是否有天线选择，用户 2 的上行吞吐量都高于用户 1。在有天线选择和没有天线选择情况下，用户 2 的中位数吞吐量分别为 3.89 Mbps 和 3.48Mbps；而用户 1 在有和没有天线选择的情况下分别只能达到 0.66Mbps 和 0.29Mbps。可以看出，两个终端的上行链路信号相互干扰，但用户 1 受到比用户 2 更大的用户间干扰（Inter-User Interference，IUI）的影响，因为用户 2 有更高的发射天线增益。对于迫零均衡器，用户 1 和用户 2 的 CDF 曲线几乎相同，如图 6.26（b）所示。通过天线选择，用户 1 比用户 2 获得略高的吞吐量增益中值，即用户 1 为 1.26×，用户 2 为 1.21×。这个结果表明，在采用迫零均衡器消除用户间干扰的情况下，八木天线波束宽度较大，有利于在旋转环境下定点天线的选择，它转化为比使用贴片天线阵列更高的吞吐量增益。

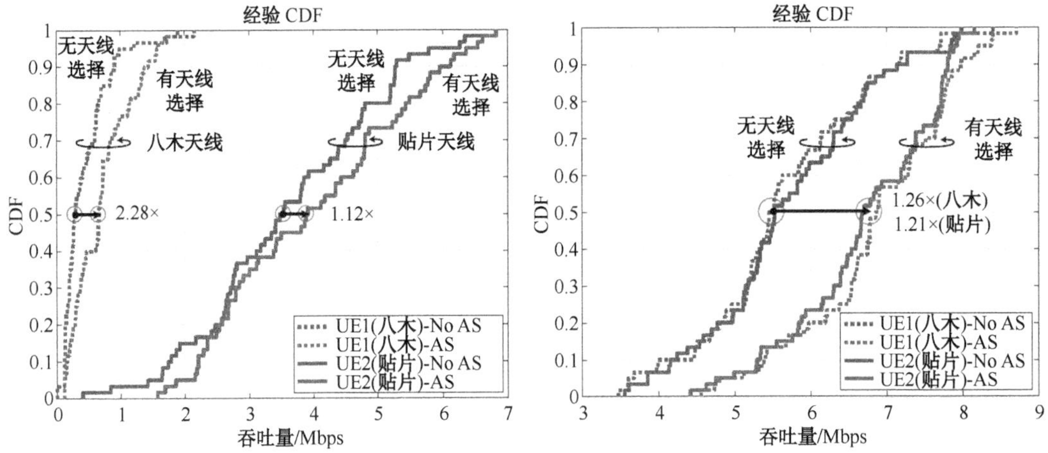

（a）MRC　　　　（b）ZF

图 6.26　在固定点旋转-90° 至 90° 的用户终端吞吐量累积分布函数（CDF）

为了评估 MIMO 系统在移动环境中的性能，研究人员考虑了移动环境中的水平、垂直和圆圈路线。图 6.27 展示了在水平路线上移动（大约 3km/h）的用户终端吞吐量累积分布函数（CDF）。在使用最大比合并均衡器和阵元选择情况下，用户 1（八木天线）和用户 2（贴片天线）实现吞吐量增益中值分别为 3.32×和 1.12×。然而，用户 2 比用户 1 有 4×（有天线选择）和 6.54×（无天线选择）更高的吞吐量增益中值。当采用迫零均衡器时，用户 1 和用户 2 之间的差异很小。对于用户 1 和用户 2，通过天线选择的吞吐量增益中值为 1.13×和 1.15×。对于最大比合并均衡器和迫零均衡器，同用户旋转测试相比，用户拥有类似的趋势。与旋转测试相比，本次机动性测试的吞吐量普遍较差，原因是受到较大的路径损耗和机动性环境的影响。

图 6.28 展示了在垂直路线上移动（大约 3km/h）的用户终端吞吐量累积分布函数（CDF）。采用最大比合并均衡器，通过天线选择，用户 1（八木天线）和用户 2（贴片天线）的吞吐量增益中值为边缘值，如图 6.28（a）所示。可以看出，当移动到基站方向或相反方向时，天线的选择通常不是很有利。一个有趣的现象是，有/无天线选择的用户 1 峰值吞吐量之间有一个差距，即分别为 6.4Mbps 和 4.43Mbps，这是 1.14×的差异。峰值吞吐量的差异可能与贴片用户天线波束宽度较窄而增益较高有关。它可以为天线选择提供空间，因为 MIMO 系统基站与用户的距离很近。在采用迫零均衡器时，两个终端之间的吞吐量曲线几乎相同。有天线选择与无天线选择之间无显著差异。由于使用迫零均衡器，干扰被消除，使得每个上行链路吞吐

量提高。值得注意的是，天线的选择使采用迫零均衡器的两个终端的最低吞吐量得到了改善，即 1.63×（用户 1）和 1.83×（用户 2），如图 6.28（b）所示。结果表明，在噪声有限的情况下，通过天线选择可以获得吞吐量增益，而性能不受迫零均衡器的影响。

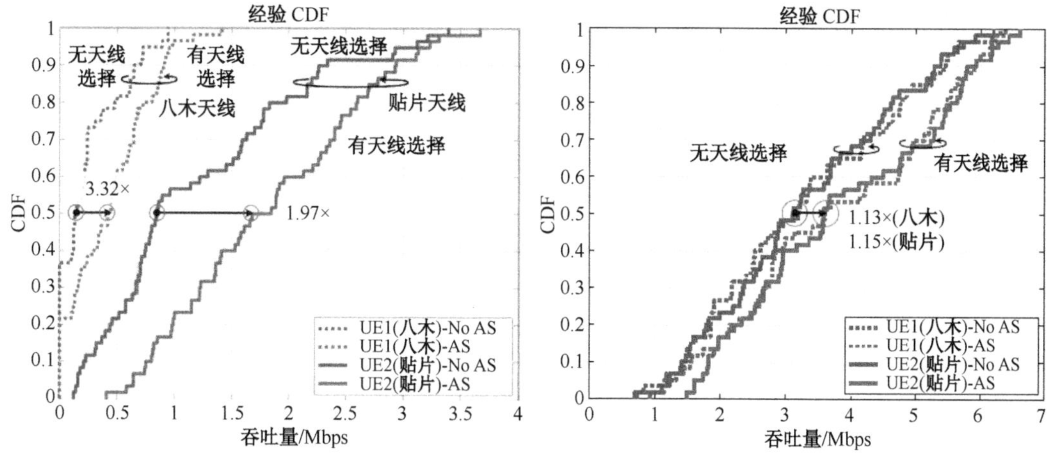

（a）MRC　　（b）ZF

图 6.27　在水平路线上移动（大约 3km/h）的用户终端吞吐量累积分布函数（CDF）

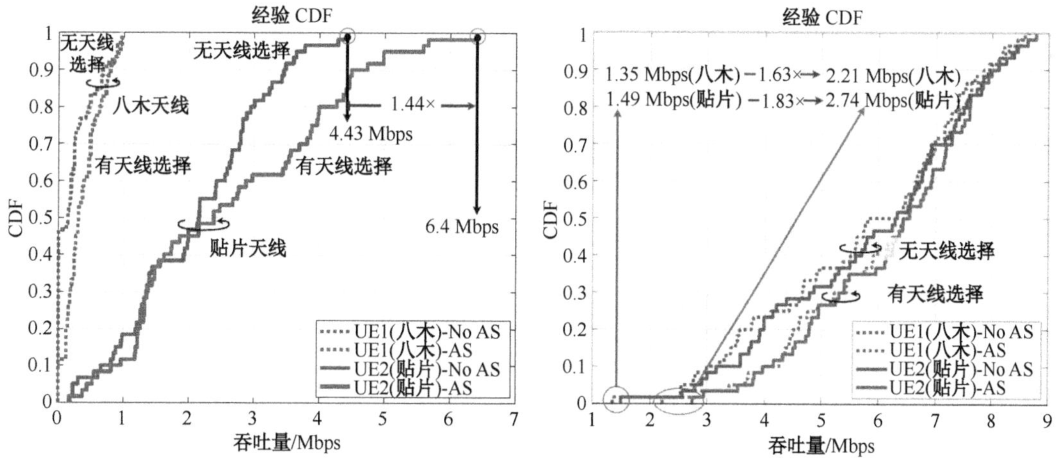

（a）MRC　　（b）ZF

图 6.28　在垂直路线上移动（大约 3km/h）的用户终端吞吐量累积分布函数（CDF）

图 6.29 展示了在圆形线上移动（大约 3km/h）的用户终端吞吐量累积分布函数（CDF）。在采用最大比合并均衡器时，用户 2（采用贴片天线）通过天线选择获得的吞吐量增益中值为 1.66×，而用户 1（采用八木天线）的吞吐量增益中值相对较小。在采用迫零均衡器时，与之前的实验一样，两个终端的吞吐量之间没有显著差异。此外，通过使用天线的选择，两个终端实现了相同的吞吐量增益中值（1.63×）。与之前的实验相比，在最大比合并均衡器和迫零均衡器中，两个终端的吞吐量值落在更大的范围内了。

本节介绍的毫米波超大规模 MIMO 系统被设计为一个灵活的实验台，因为它是由基于 FPGA 的软件无线电电路和可扩展模拟模块组合实现的。开发更大规模的 MIMO 系统和新的基带算法是后续研究的重要内容。

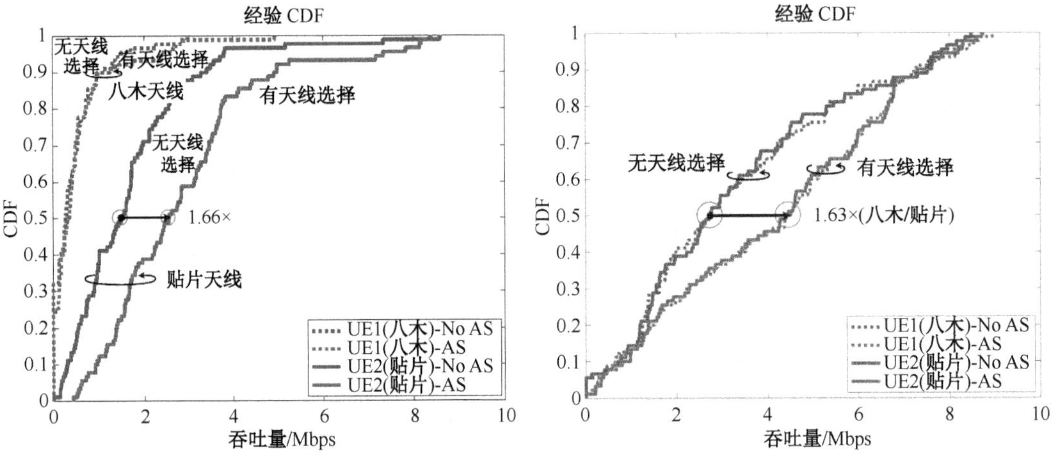

（a）MRC （b）ZF

图 6.29 在圆形路线上移动（大约 3km/h）的用户终端吞吐量累积分布函数（CDF）

6.6 低轨卫星通信载荷智能天线系统

6.6.1 低轨卫星智能天线覆盖范围分析

LEO 通信卫星轨道高度一般为 750～1800km。对地通信载荷智能天线的安装位置正对地球，卫星与地球的几何关系如图 6.30（a）所示，假设卫星高度为 h，地球半径为 R_e。天线阵列坐标系如图 6.30（b）所示，天线单元位于极坐标系的 xOy 平面内，z 轴方向指向地球球心，θ 为信号来波方向与 z 轴夹角，范围为 0°～90°，来波方向在 xOy 平面的投影与 x 轴夹角为 φ，范围为 0°～360°。

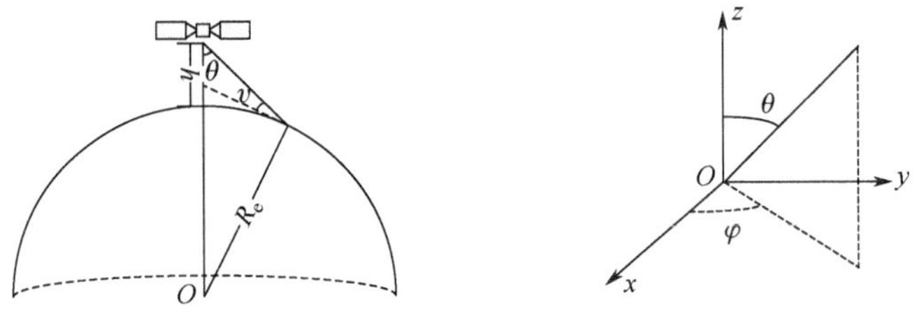

（a）卫星与地球的几何关系 （b）天线阵列坐标系

图 6.30 卫星与地球的几何关系与天线阵列坐标系

当地面用户的最低仰角 υ=25°，地球半径 R_e = 6371.4 km，轨道高度 h=750 km 时，根据式（6.4）可以求得卫星的星下视角 θ_{max} 约为 55°，故多波束智能天线需要在−55°～55° 的星下视角内都能满足期望的增益覆盖要求。

$$\theta_{\max} = \arcsin\left(\frac{R_e}{R_e + h} \cdot \cos \upsilon\right) \tag{6.4}$$

LEO 通信卫星星下视角大，偏离星下点方向的传输损耗比星下点方向传输损耗大。这个传输损耗差的大小与轨道高度、信号频率和偏离角度等有关。在 750km 轨道高度下，以 0° 为归一化基准的等通量天线增益覆盖需求曲线如图 6.31 所示。可以看到，θ 越大，传输损耗越大，故所需的天线增益越大，星下视角 55° 处的增益需求比 0° 处的增益需求高出 6.15 dB。

图 6.31 给出的等通量增益天线覆盖需求对阵列天线方向图综合提出了很高的要求，考虑到阵列天线方向图可以近似为阵因子与单元天线方向图的乘积。一方面，可以从单元天线优化角度实现阵列天线方向图增益的等通量优化，如单元天线设计成马鞍形方向图结构。但是实现过程中受到阵元间互耦的影响，每个单元天线方向图控制比较复杂；另一方面，可以从阵列单元幅度和相位权值系数优化角度开展方向图等通量赋形。另外，采用多波束赋形技术实现等通量覆盖则可以有效兼顾较高增益和等通量要求。

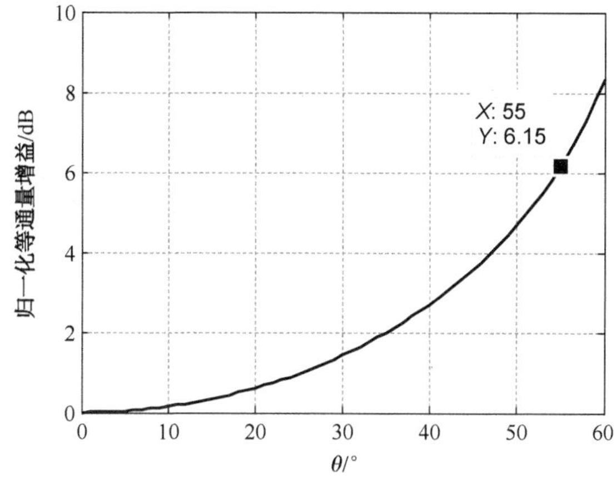

图 6.31　以 0° 为归一化基准的等通量天线增益覆盖需求曲线

6.6.2　阵列天线结构与多波束覆盖需求

Peterson 证明对于平面圆形区域内的带限信号，六边形采样是最优采样策略。因此，不管是 LEO 卫星普遍采用的直接辐射阵列还是 GEO 卫星采用的反射面阵列天线馈源，一般均采用六边形阵列结构。三角栅格六边形阵列结构示意图如图 6.32 所示。令 n 为六边形的圈数（中心点算第一圈），则阵列的单元总数为

$$N = 1 + \sum_{i=1}^{n}(6i-6) = 3n^2 - 3n + 1 \qquad (6.5)$$

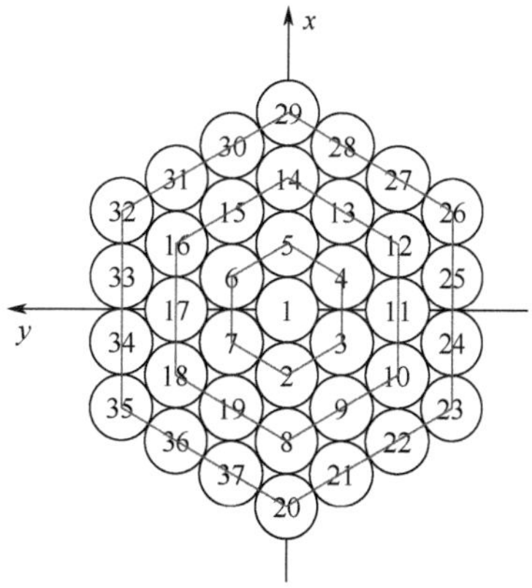

图 6.32　三角栅格六边形阵列结构示意图

下面以 19 阵元三角栅格六边形阵列天线为例进行相关星载智能天线演示系统构建。19 阵元三角栅格六边形阵列结构示意图如图 6.33（a）所示，单元天线采用右旋圆极化微带切角贴片单元，阵元间距 d=0.6λ_0。中心 1 号阵元的三维方向图如图 6.33（b）所示，其法线方向增益为 6.8 dBi。表 6.2 给出了该阵列 3 个典型阵元，在 E 面和 H 面方向的增益及 3 dB 波束宽度。

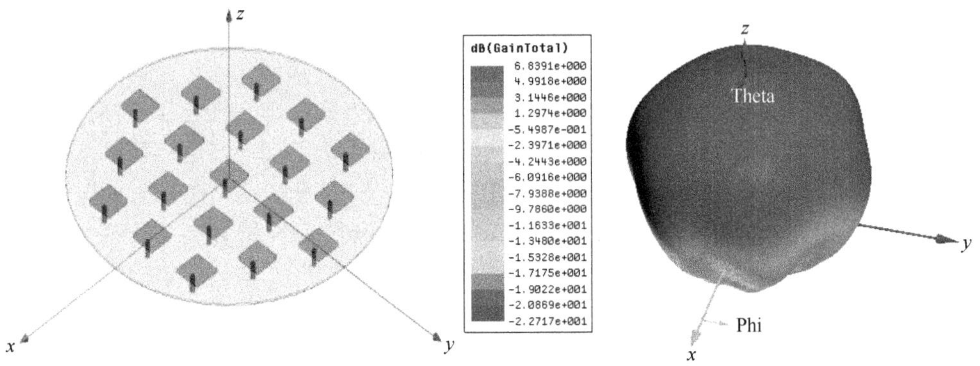

（a）19 阵元三角栅格六边形阵列结构示意图　　（b）中心 1 号阵元的三维方向图

图 6.33　19 阵元三角栅格六边形阵列结构示意图和中心 1 号阵元的三维方向图

表 6.2　六边形阵列 1、2、8 号阵元 E 面和 H 面方向的增益及 3dB 波束宽度

阵元号	轴向增益/dBi	方向	3 dB 波束宽度/°
1 号中心阵元	6.8	E 面	99
		H 面	108.5
2 号第二层阵元	5.8	E 面	108.2
		H 面	103
8 号边缘阵元	6.6	E 面	91.5
		H 面	94.5

针对 LEO 卫星通信的需要，所设计阵列天线对地赋形波束覆盖采用两层波束结构，中心波束覆盖俯仰 0°～35°，边缘 12 个波束各自覆盖俯仰 35°～55°，方位 30° 范围。19 阵元三角栅格六边形阵列同时赋形波束覆盖示意图如图 6.34 所示。要求俯仰角 55° 处增益优于 11 dBi，其他低俯仰角增益要求按照图 6.31 等通量天线增益覆盖需求曲线相应降低。根据图 6.31 等通量天线增益覆盖需求曲线，俯仰角 35° 增益应优于 6.8dBi，俯仰角 0° 增益应优于 4.8dBi。后续将以 1 号和 2 号阵元捕获波束赋形为例进行优化仿真。

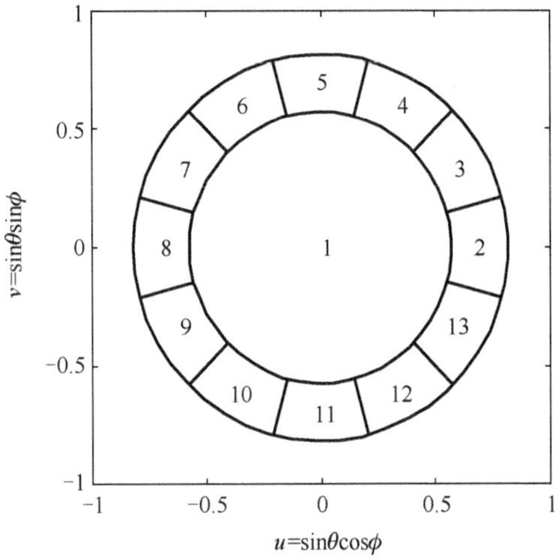

图 6.34　19 阵元三角栅格六边形阵列同时赋形波束覆盖示意图

6.6.3　智能天线系统及其测试环境构建

1. 智能天线系统组成

本节所构建的 19 阵元三角栅格六边形结构智能天线系统，主要由阵列天线、通道接收机阵列和频综、中频采样和智能天线处理器以及智能天线性能自动测试与控制软件等模块组成。构建的智能天线系统组成框图如图 6.35 所示。智能天线系统组成及其总控测试软件界面如图 6.36 所示。

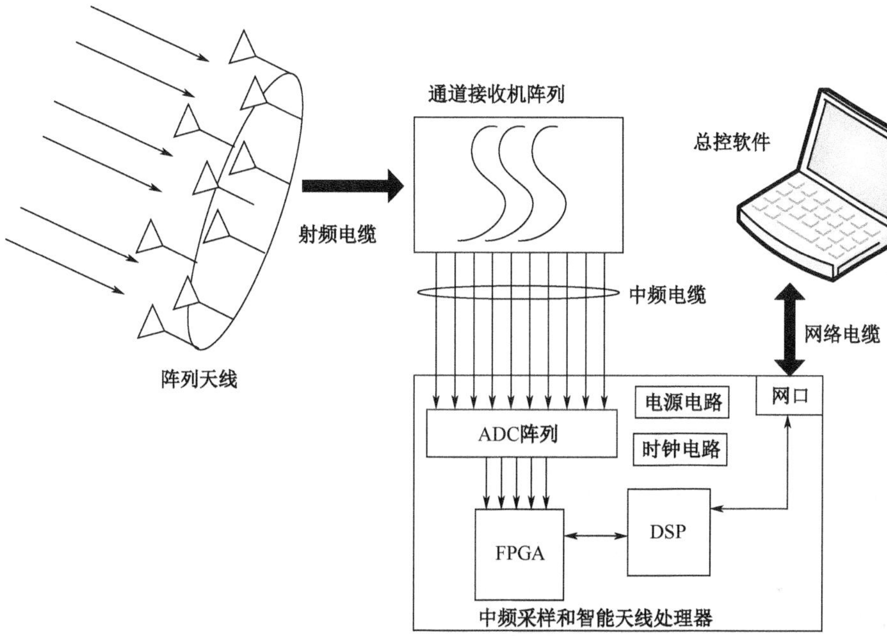

图 6.35　构建的智能天线系统组成框图

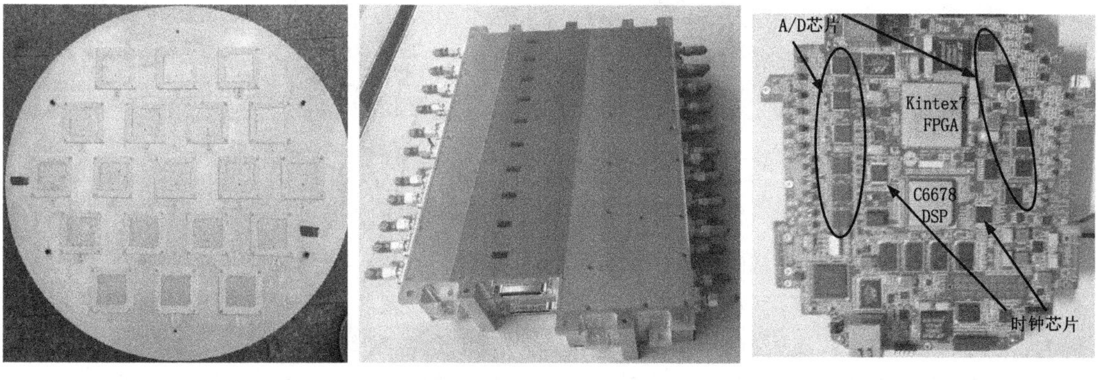

（a）阵列天线　（b）通道接收机阵列和频综　（c）中频采样与智能天线处理器

图 6.36　智能天线系统组成及其总控测试软件界面

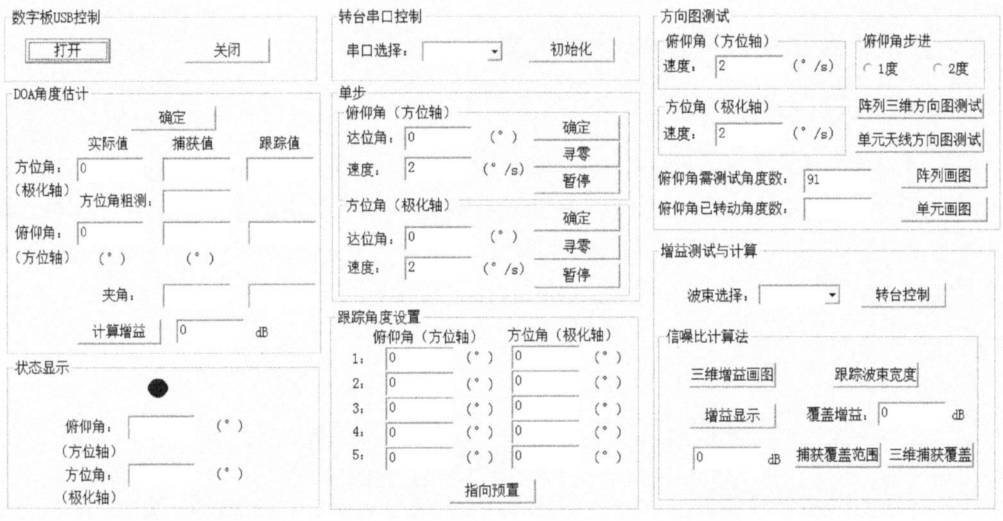

（d）智能天线性能自动测试与控制软件

图 6.36 智能天线系统组成及其总控测试软件界面（续）

2. 智能天线性能测试环境构建

图 6.37 所示为基于紧缩场微波暗室的智能天线系统的实测环境示意图。相关设备包括转台、转台控制器、信号发生器、发射天线与反射面天线、频谱仪、被测智能天线系统等。

图 6.37 基于紧缩场微波暗室的智能天线系统的实测环境示意图

信号发生器根据测试要求产生给定功率的测试信号，经圆极化发射天线辐射，电磁波需要经过紧缩场微波暗室反射面天线后模拟产生远场的平面波；被测智能天线系统的阵列天线接收反射面的来波，通道接收机完成射频信号的放大、滤波、下变频等相应的处理得到中频信号，供中频采样与智能天线处理器完成信号采集和多波束形成等功能；智能天线性能自动测试与控制软件和转台控制器位于紧缩场微波暗室外部的控制室，自动测试和控制软件通过对三轴转台和中频采样与智能天线处理器的联动控制来完成系统相关指标和性能的测试，同时能记录并直观地给出测试结果。

3．智能天线方向图性能测试方法

图 6.34 所示的 13 个同时等通量赋形波束的三维方向图性能测试过程中反射面天线模拟的远场测试信号是固定的，通过控制阵列天线转动来实现三维方向图的测试，且 13 个赋形数字波束可以同时测试。智能天线性能自动测试与控制软件控制转台以一定的速度在俯仰和方位方向匀速旋转（2°/s），记录转台以 0.5s 为间隔发回的角度数据，并同步控制中频采样和智能天线处理器获取相应时刻所有捕获和跟踪波束的输出结果。待测试遍历所有角度之后，根据记录结果绘制出各个波束的三维方向图。图 6.38 所示为三维方向图测试过程示意图。

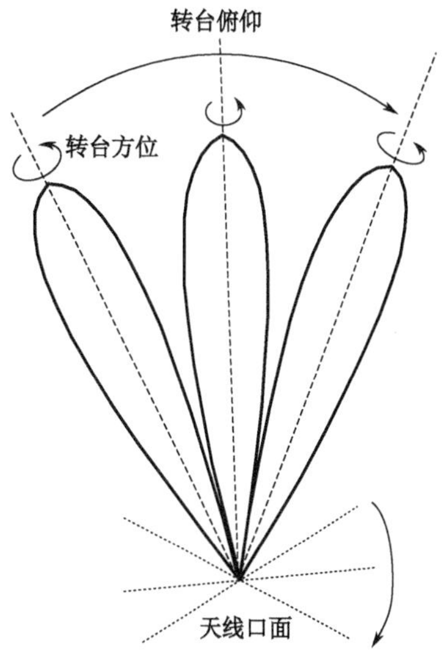

图 6.38　三维方向图测试过程示意图

传统天线的增益标定可以利用矢量网络分析仪、频谱仪等设备通过与标准增益天线比较直接获得。对于数字波束形成天线而言，输出的是数字信号，不能直接通过测量射频功率来获得增益。按照上述三维方向图测试方法，能够测得各个波束归一化的功率方向图，但要得到实际标定了增益的功率方向图，则需要对每个波束分别进行增益标定。

可以采用与单元天线增益的比较来确定波束增益，相关公式为

$$\frac{G_A}{G_E}=\frac{\mathrm{SNR}_A}{\mathrm{SNR}_E} \tag{6.6}$$

式中，SNR_E 和 SNR_A 分别表示单个阵元接收基带数据和波束形成后的基带数据的信噪比。可以通过采集的通道基带数据和波束形成后数据分别计算 SNR_E 和 SNR_A，当参考单元天线在测试角度的增益 G_E 已知时，就能直接获得该角度波束增益 G_A 用于增益标定。

6.6.4　卫星通信智能天线方向图性能测试

1．同时静态赋形多波束方向图性能测试

首先，进行图 6.34 所示的 13 个赋形波束静态方向图性能的测试。图 6.39 和图 6.40 分别给出了边缘 2 号波束和中心 1 号波束静态方向图实测与仿真结果。可以看到，实测静态方向图与仿真结果主瓣区域和近旁瓣一致性高，远旁瓣区域有所偏差。2 号波束俯仰角 55°处最低增益约为 11.6dBi（仿真结果：11.7dBi），旁瓣电平约为−10.7dB（仿真结果：−11.2dB）。中心 1 号波束在主瓣区域与仿真结果的均方误差约为 0.3dB，俯仰 0°附近增益约为 7.8dBi，俯仰 20°附近增益约为 12.2dBi，具有等通量设计特性，旁瓣电平约为−18.3dB（仿真结果：−21.6dB）。

接着，图 6.41 和图 6.42 分别给出了所有 13 个赋形波束合成方向图实测和仿真结果。可以看到，实测和仿真方向图主瓣形状基本吻合，满足整个空域范围等通量设计要求。在俯仰角 55°处的最小增益为 11.37dBi（仿真结果为 12.48dBi）。增益差异主要是由仿真和实际加工的单元天线的增益差异引起的。另外，由于所设计的单元天线波束宽度不够宽，俯仰方向靠近 55°处的增益下降明显，更优的等通量优化效果还需要进一步优化扩展单元天线的波束宽度。

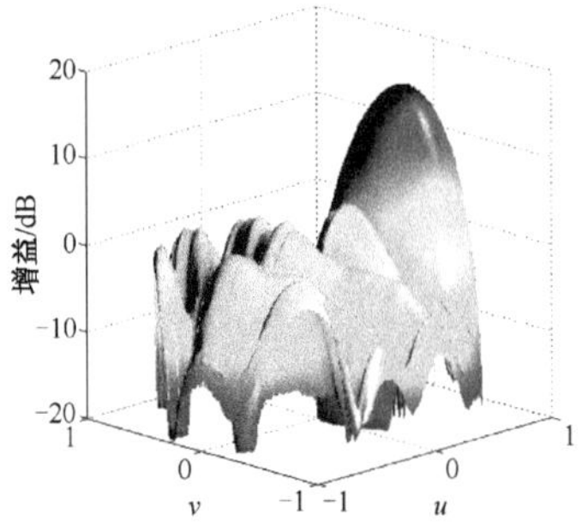

（a）侧视图（实测）

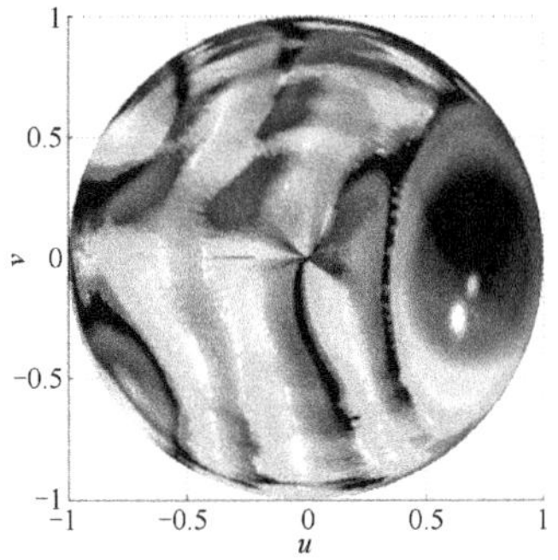

（b）俯视图（实测）

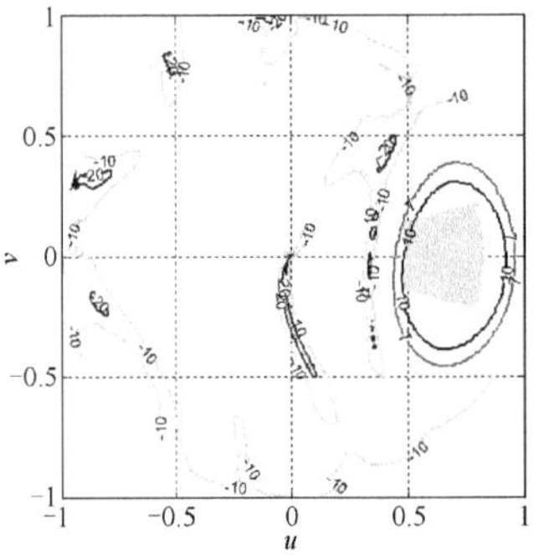

（c）增益等高线图（实测）

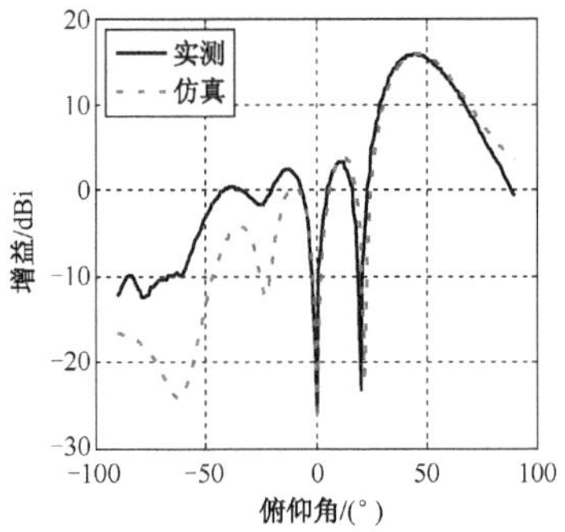

（d）方位角 0° 处二维切图（实测与仿真）

图 6.39　优化得到的边缘 2 号波束静态方向图实测与仿真结果

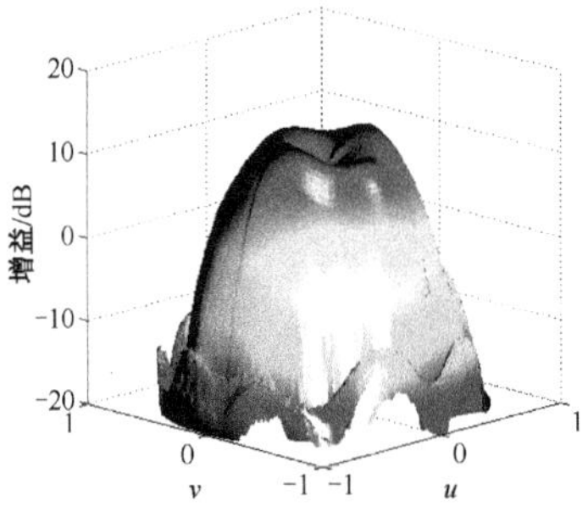

（a）侧视图（实测）

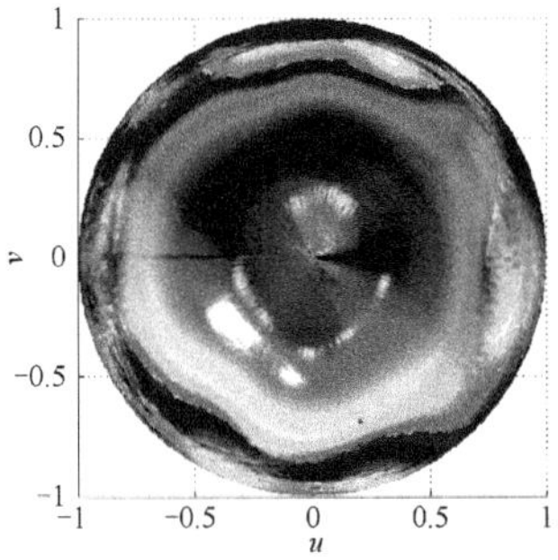

（b）俯视图（实测）

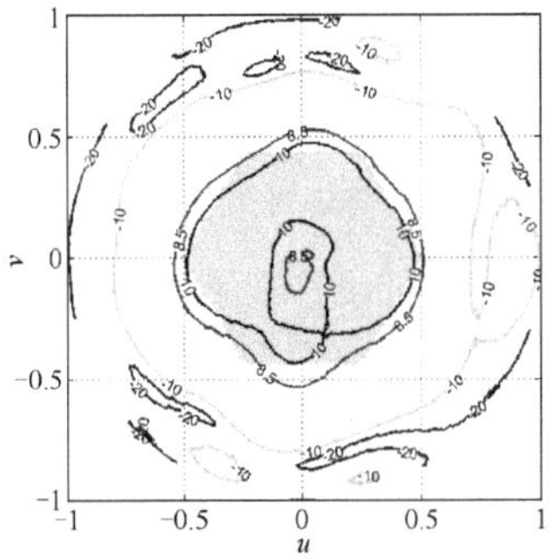

（c）增益等高线图（实测）

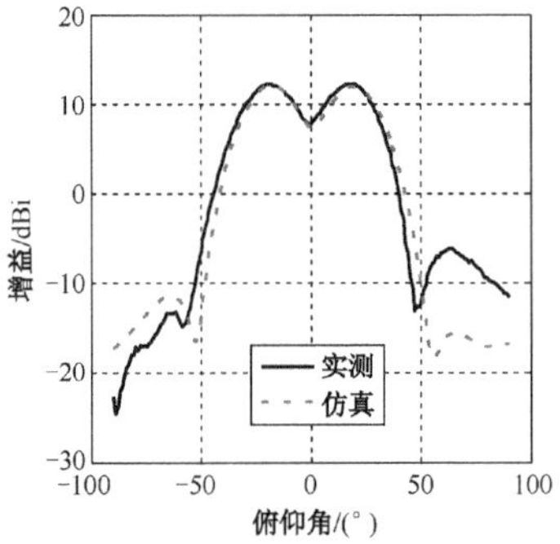

（d）方位角 0° 处二维切图（实测与仿真）

图 6.40　优化得到的中心 1 号波束静态方向图实测与仿真结果

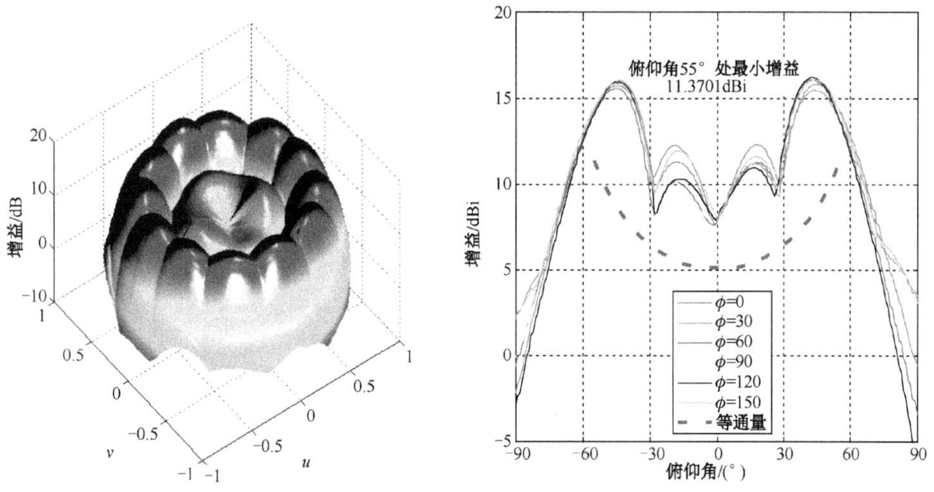

（a）三维方向图　（b）俯仰方向的二维方向图切图

图 6.41　优化得到的 13 个赋形波束合成方向图实测结果

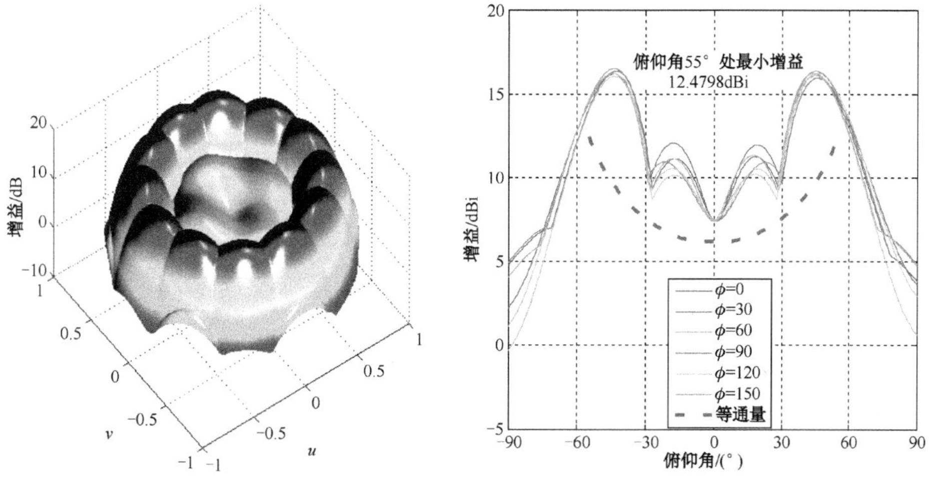

（a）三维方向图　（b）俯仰方向的二维方向图切图

图 6.42　优化得到的 13 个赋形波束合成方向图仿真结果

2. 主瓣保形自适应波束形成算法性能测试

下面主要开展 5.8 节 AINPM 算法的主瓣保形下自适应干扰抑制性能的测试和验证。实测场景为存在一个 INR 不同，位于不同角度（旁瓣或主瓣）的干扰的情况。测试内容主要包括 AINPM 算法在不同条件下的主瓣保形性能、零陷深度和旁瓣电平，并将测试结果与仿真结果进行比较。

选取的测试波束同样为图 6.34 给出的边缘 2 号波束和中心 1 号波束。表 6.3 给出了存在单个旁瓣干扰或者主瓣信号存在情况下，AINPM 算法针对两种赋形波束的主瓣保形、抗干扰零陷和旁瓣电平等性能实测与仿真结果对比情况。测试 2 号波束时设置的干扰位置和测试完，1 号波束时设置的干扰位置分别如图 6.43（a）、（b）所示。图中“×”表示旁瓣区域干扰，“○”表示主瓣区域干扰（信号）。实测和仿真选取的参数均为：噪声功率 $\sigma_n^2=4$，协方差矩阵估计快拍数 $K=512$，保形约束维数 $L=12$ 以及允许的天线增益损失因子 $T_0=1.05$。

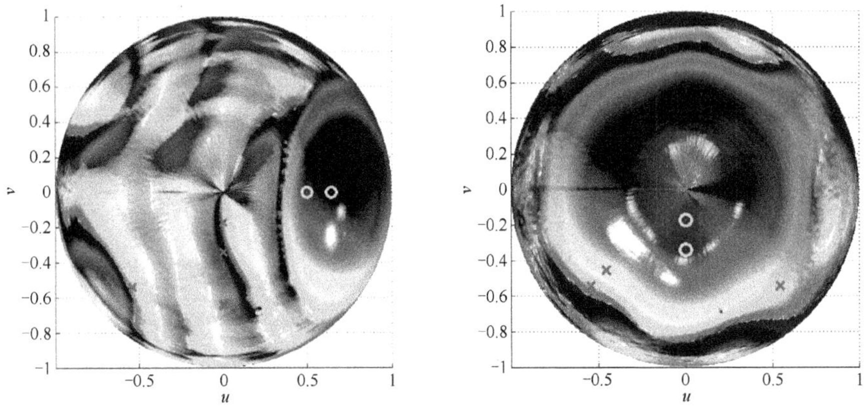

（a）测试 2 号波束时设置的干扰位置　　（b）测试 1 号波束时设置的干扰位置

图 6.43　实验测试设置的旁瓣干扰和主瓣信号的分布

表 6.3　AINPM 算法针对两种赋形波束的性能实测和仿真结果比较

方向图编号	仿真条件		对角加载量 γ（实测/仿真）	零陷深度/dB（实测/仿真）	主瓣保形 MSE/dB（实测/仿真）	旁瓣电平/dB（实测/仿真）
	INR/dB	角度/（°）				
2	23	（10，270）	0/0	-58.6/-67.4	0.343/0.439	-9.3/-12.3
	23	（20，270）	0/0	-55.2/-71.9	0.345/0.440	-10.4/-10.3
	23	（40，270）	0/0	-58.0/-64.7	0.344/0.438	-10.1/-11.1
	23	（50，225）	0/0	-58.9/-73.5	0.344/0.440	-9.9/-11.8
	23	（30，0）	2370/2242	无/无	0.340/0.438	-9.7/-9.8
	23	（40，0）	4342/2697	无/无	0.337/0.437	-7.7/-10.8
	13	（10，270）	0/0	-48.7/-62.8	0.342/0.437	-10.7/-11.8
	13	（20，270）	0/0	-47.6/-64.4	0.344/0.439	-10.9/-9.8
	13	（40，270）	0/0	-45.7/-51.7	0.342/0.439	-9.4/-11.6
	13	（50，225）	0/0	-46.3/-57.6	0.342/0.439	-9.1/-12.2
	13	（30，0）	210/225	无/无	0.349/0.438	-10.8/-9.7
	13	（40，0）	431/270	无/无	0.349/0.437	-10.3/-10.6
1	23	（40，225）	170/1609	-34.9/-23.1	0.004/0.004	-7.7/-6.2
	23	（50，315）	0/0	-59.1/-70.3	0.004/0.003	-8.0/-7.9
	23	（50，225）	0/0	-64.8/-63.6	0.004/0.003	-7.4/-8.5
	23	（50，0）	0/0	-58.7/-59.4	0.004/0.003	-7.6/-8.6
	23	（10，270）	1780/1904	无/无	0.005/0.004	-7.2/-6.4
	23	（20，270）	2877/3938	无/无	0.005/0.004	-7.2/-7.2
	13	（40，225）	22/153	-24.5/-23.1	0.004/0.003	-7.9/-6.2
	13	（50，315）	0/0	-48.3/-53.0	0.003/0.003	-8.3/-9.6
	13	（50，225）	0/0	-42.5/-47.2	0.004/0.003	-8.3-9.0
	13	（50，0）	0/0	-46.9/-53.4	0.004/0.004	-7.7/-9.4
	13	（10，270）	394/189	无/无	0.004/0.004	-7.2/-6.3
	13	（20，270）	545/393	无/无	0.005/0.004	-8.6/-7.2

从表 6.3 给出的实际测试结果可以看到，两种波束的自适应方向图在各种实测条件下均具有良好的主瓣保形性能。另外，当干扰出现在旁瓣位置，干扰位置自适应生成零陷抑制干扰，干扰信号越强则自适应方向图的零陷深度越深，实测结果与仿真结果基本吻合，此时对角加载量均为 0。当主瓣出现强信号时，方向图自适应保形效果良好，不会在信号位置生成零陷，此时对角加载量会随着主瓣信号功率的增大而增大，实测结果与仿真结果基本吻合。

当干扰存在于主瓣和旁瓣之间的过渡区时，如中心 1 号波束（40°, 225°）位置，零陷深度不深，这是 AINPM 算法为了确保主瓣区域保形性能而自适应调整的结果，与仿真结果吻合度比较高。还可以看到自适应方向图的旁瓣电平性能有一定的恶化，均无法达到静态方向图 −10.7dB 以上的水平，主要还是由于 AINPM 算法对旁瓣电平没有专门控制造成的。由于实际测试每个位置均只进行了 1 次实验，未进行大量的蒙特卡罗统计，部分测试结果与仿真结果之间存在一定的误差。

图 6.44 和图 6.45 分别给出了存在一个 INR=23dB 旁瓣干扰情况下边缘 2 号波束和中心 1 号波束自适应方向图实测结果，包括俯视图、增益等高线图以及干扰俯仰方向二维截图（干扰位置用“*”标注）。可以看到，两种自适应波束的主瓣区域均高效地逼近静态方向图，主瓣保形性能在允许的增益损失 0.424dB($20\log T_0$)范围内。旁瓣干扰位置零陷明显，其零陷深度分别可以达到表 6.3 给出的（−58.0dB, −64.7dB），明显区别于静态方向图测试得到的该位置的增益，零陷深度基本达到与仿真结果类似的效果。

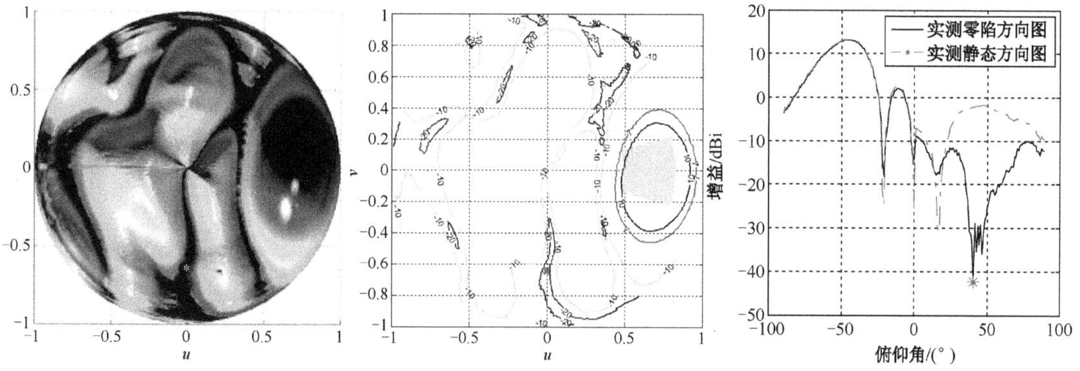

（a）俯视图　（b）增益等高线图　（c）干扰俯仰方向二维切图

图 6.44　存在一个 INR=23dB 旁瓣干扰情况下边缘 2 号波束自适应方向图实测结果

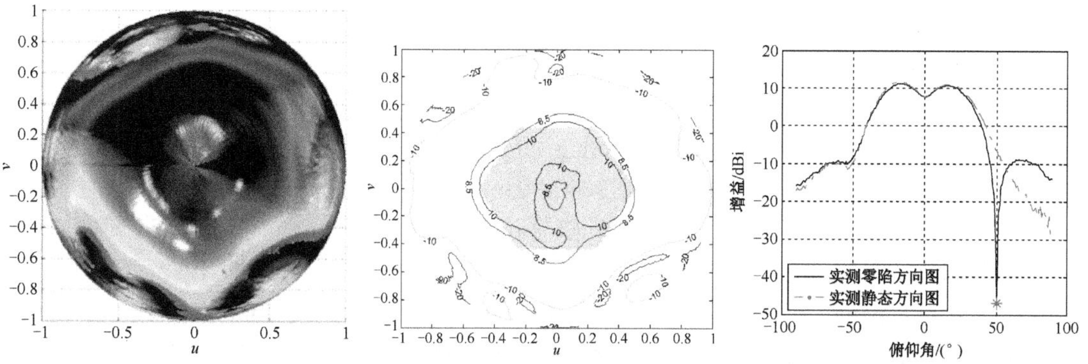

（a）俯视图　（b）增益等高线图　（c）干扰俯仰方向二维切图

图 6.45　存在一个 INR=23dB 旁瓣干扰情况下中心 1 号波束自适应方向图实测结果

6.7　小结

本章针对实际移动通信应用中的数字波束形成进行了基本的介绍，分别讨论了 SCDMA 无线本地环路中的智能天线和 ArrayCom 公司的 IntelliCell 智能天线技术，并进一步对 5G 移动通信和星载通信中一种具有代表性的通信系统进行了详细的分析，让读者对不同应用环境下的移动通信系统有一个全面、具体的了解。对 LEO 通信卫星智能天线需求进行了分析，对系统架构给出了详细介绍。最后，结合实际测试环境和测试设备，以 5.8 节所介绍的算法为测试对象，详细介绍了暗室测试方法、测试步骤以及给出了最终的测试结果，使读者对智能天线系统的测试有了直观的理解。

思考题

6-1 请总结 TDMA 和 CDMA 中自适应处理的异同，并分析其原因。

6-2 查阅资料，选取现在移动通信系统中最新的波束形成技术，介绍其工作流程。

6-3 查阅资料，阐述采样软件无线电技术的智能天线系统相比于传统方法，有什么好处。

6-4 随着各种应用对频谱资源的消耗，对 5G 移动通信来说，无论是用户、基站还是中继通信节点，都需要提高对频谱的利用效率。针对这个问题，请从波束形成技术出发，查阅资料，探讨一下如何通过波束形成和智能天线技术提高频谱资源的利用效率。

6-5 查阅资料，分析一下在卫星智能天线系统中，单粒子反转会带来哪些危害。

参考文献

[1] Andrews J G, Buzzi S, Choi W, et al. What will 5G be?[J]. IEEE Journal on selected areas in communications, 2014, 32(6): 1065-1082.

[2] Chung, MinKeun, et al. LuMaMi28: Real-time millimeter-wave massive MIMO systems with antenna selection. arXiv preprint arXiv:2109.03273 (2021).

[3] Ying, Zhinong, et al. Antenna Designs for a Milimeter Wave Massive MIMO Testbed with Hybrid Beamforming. 2021 IEEE International Symposium on Antennas and Propagation and USNC-URSI Radio Science Meeting (APS/URSI). IEEE, 2021.

[4] Chung, Minkeun, Liang Liu, and Ove Edfors. Phase-noise compensation for OFDM systems exploiting coherence bandwidth: Modeling, algorithms, and analysis. IEEE Transactions on Wireless Communications 21.5 (2021): 3040-3056.

[5] Fang, Tianhao, et al. A Multi-Beam XL-MIMO Testbed Based on Hybrid CPU-FPGA Architecture. Electronics 12.2 (2023): 380.

[6] Petersen D P, Middleton D. Sampling and reconstruction of wave-number-limited functions in N-dimensional euclidean spaces[J]. Information & Control, 1962, 5(62):279-323.

[7] Metzen, P. L. Globalstar satellite phased array antennas[C],IEEE International Conference o Phased Array Systems and Technology, 2000:207-210.

第 7 章　雷达中的数字阵列天线系统

7.1　引言

在复杂电磁环境中，雷达系统对目标的检测和跟踪会受到噪声、杂波、敌方有源/无源干扰的影响。装备数字阵列天线的雷达可采用电子扫描的方式对空间进行波束扫描，获得目标的参数估计，并针对特定目标基于数字波束形成（Digital Beam Forming，DBF）技术产生自适应和差波束抑制干扰并进行精确单脉冲角度跟踪。相比传统的相控阵雷达，装备数字阵列天线的雷达系统具有以下 7 个方面的优势。

（1）高孔径功率积。采用高功率的高电子迁移率晶体管（HEMT）发射机，功率孔径积高。

（2）灵活的波束资源调度策略。通过 DBF 技术完成波束形成的时间极短，可实现波束捷变。数字阵列雷达可工作于泛探测模式，即发射宽波束，采取多波束接收，实现广域覆盖；也可对单个目标实现凝视，实现高精度跟踪。

（3）低损耗、低副瓣。相控阵天线使用的移相器、衰减器位数通常受限。波束指向精度、副瓣电平会受到移相器与衰减器的精度和量化误差影响。数字阵列天线中幅相加权在数字域进行，具有较高的幅相控制精度，且数字化接收机和发射机使得阵列误差可被精确校准，易于实现超低副瓣，因此能够获得更好的方向图性能。此外，采用的数字化接收机使得雷达接收机灵敏度更高，对小目标检测能力更强。

（4）具备灵活多功能以及同时多目标精确跟踪能力。数字阵列天线系统可在数字域同时形成多个独立控制的波束，并具有软件化的、灵活的波形产生和控制能力、数字化接收机以及软件化的信号处理能力。其可以同时形成多组独立波束用于多目标的精确跟踪，跟踪和扫描相独立，并可灵活用于探测、合成孔径雷达（SAR）/逆合成孔径雷达（ISAR）成像、电子战（EW）、通信、飞行航线的引导、对导弹的制导等功能的集成和一体化实现。

（5）低截获。数字阵列雷达可灵活设计和采用低截获发射波形。装备数字阵列天线的雷达和通信设备更容易实现低副瓣/超低副瓣发射波束，降低被截获的概率。

（6）对复杂电磁环境适应性强。高功率孔径积可以缩短雷达相干处理间隔，实现快速频率捷变和波形捷变，降低被敌方 EW 截获并干扰的概率。数字阵列天线采用自适应波束形成技术和自适应信号检测技术对抗干扰。同时，低副瓣发射和接收波束，降低了雷达信号处理中杂波的影响。

（7）可扩展、可升级。采用数字化的波形产生及信号处理技术、软件化的功能控制和资源管理，便于软件升级和功能扩展。

数字阵列天线所具有的优势，在现代战场中具有极高的战术意义。其囊括的各项技术，也引领着相控阵系统的发展方向，如今已经成为世界各国共同关注的课题。

本章将从数字阵列雷达的系统组成及工作原理、雷达系统中的数字波束形成架构、数字阵列天线通道校准技术、典型的数字波束形成雷达、采用自适应数字波束形成技术的雷达系统及其发展趋势 5 个部分对雷达中的数字阵列天线系统进行阐述。

7.2 数字阵列雷达的系统组成及工作原理

图 7.1 给出了数字阵列雷达系统实现框图，主要由以下 6 个部分组成：天线阵列、频综源与校准模块、数字 T/R 组合模块、DBF 处理器、雷达信号处理器和数据处理系统。

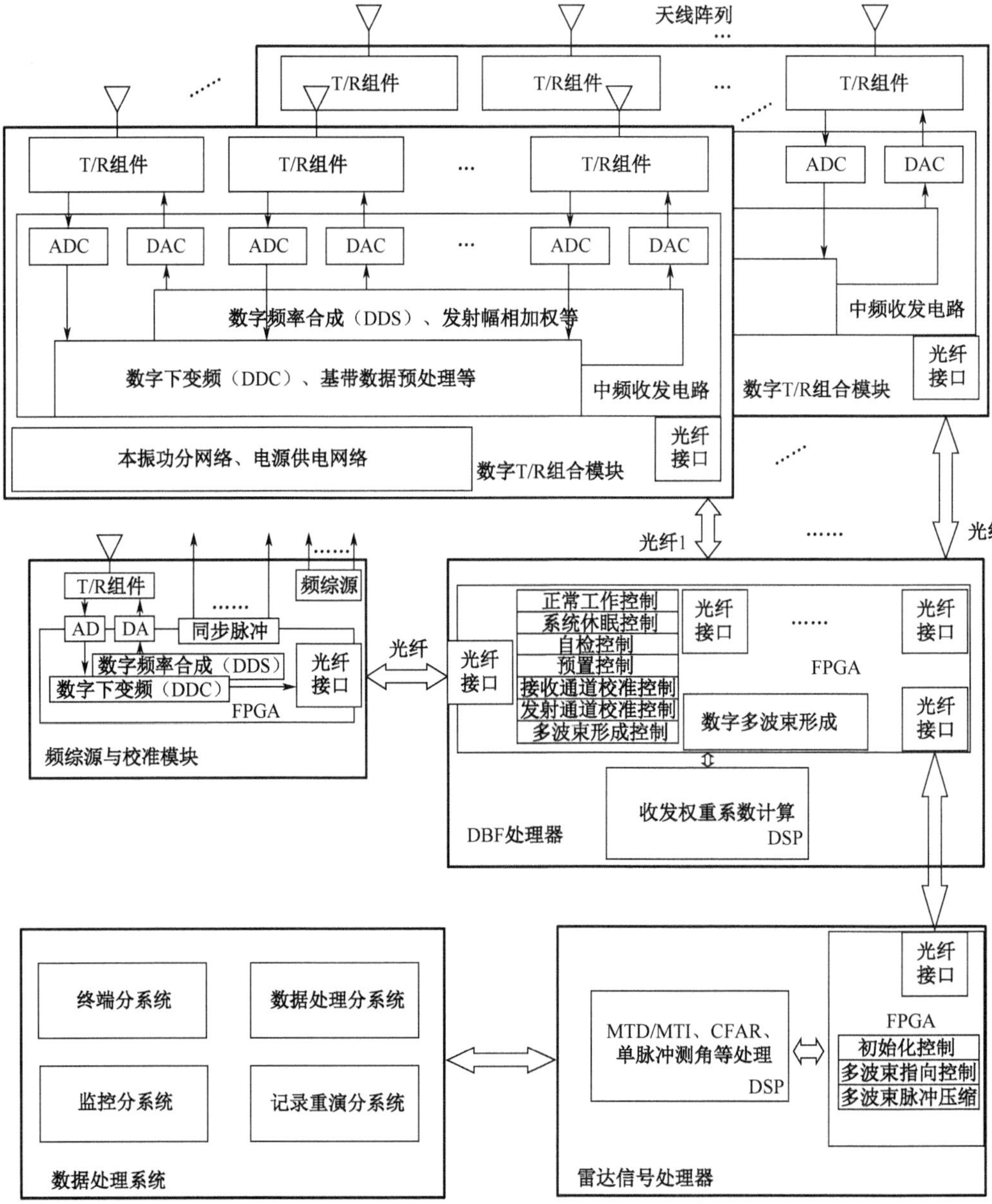

图 7.1 数字阵列雷达系统实现框图

数字阵列雷达的基本工作原理是：当处于发射模式时，DBF 处理器给出发射波束扫描需要的幅度与相位，送至数字 T/R 组合模块中的变频处理电路；然后变频处理电路在数字域对不同发射通道的发射波形预置相位和幅度，通过 D/A 变换产生发射的模拟中频信号，经上变频及放大后，将发射的射频信号送至 T/R 组件阵列；最后 T/R 组件阵列将射频信号进行放大后由天线阵列发出并在空间合成。当处于接收模式时，每个阵元接收到信号经 T/R 组件放大、滤波后送至变频处理电路；变频处理电路对射频接收信号进行混频、滤波、放大后得到中频信号，接收中频信号经 A/D 采样、数字下变频、数字滤波，将每个阵元的 I/Q 两路基带信号送至 DBF 处理器进行数字波束形成得到波束的基带信号。雷达系统中波束信号经常规雷达信号处理、数据处理后，形成目标航迹。

下面将对这几个部分的原理和功能进行阐述。

1．天线阵列

雷达系统中的微带天线阵列是收发共用的，主要作用是将发射模块产生的波导场转换为空间辐射场，在电波传输的过程中完成从“波导”或“传输线”到“空间”的转换；然后接收目标反射的空间回波，将回波能量转换成波导场，完成电磁波从“空间”再到“波导”或“传输线”的环节，并馈送给雷达接收模块。图 7.2 给出了一个典型的微带天线阵列实物图，微带天线阵列由 1600 个天线阵元组成，微带天线单元采用非辐射边馈电，能够获得更简单的馈电网络。整个微带天线阵列工作在 X 波段。

图 7.2 典型的微带天线阵列实物图

2．频综源与校准模块

频综源也称为频率合成器，它以一个高质量的振荡器作为频率基准，经不同的方法综合形成雷达系统所需的各种时钟频率。频率合成方式一般分为直接模拟频率源、锁相式频率源和直接数字式频率源 3 种，也可以综合使用上述 3 种方式产生雷达系统中所使用的各种频率时钟信号。当前数字阵列雷达对低、慢、小目标的探测需要在较强的地、物和气象杂波中提取微弱的目标多普勒频移回波信号，其检测性能将会受到频综源相位噪声的限制（杂波下可见度）。因此，数字阵列雷达频综源通常需要低相位噪声、快速变频、低杂散和抗振动等能力。

校准通道是完成数字阵列雷达内、外校准的辅助功能通道。在进行发射校准时，完成对校准信号的幅度、相位信息进行提取的功能；在接收校准时，完成校准信号的产生功能。同时，校准通道还可以产生用于雷达系统测试用的模拟目标信号和机内自检信号等，方便雷达的测试和检修。

频综源与校准模块实物图如图 7.3 所示。整个模块由电源板、本振模块、数字板、T/R 组件、功分网络构成。电源板负责给整个模块供电，本振模块产生雷达工作时所需的射频混频信号和系统工作时钟信号。数字板、T/R 组件、功分网络共同构成通道校准回路，通过校准网络接入雷达系统实现收/发通道校准工作。

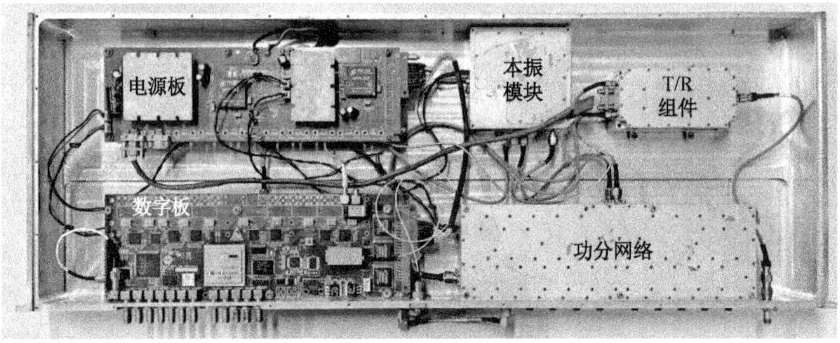

图 7.3 频综源与校准模块实物图

3. 数字 T/R 组合模块

数字 T/R 组合模块和前端的微带天线阵列的阵元相连，之后通过光纤与 DBF 处理器相连。数字 T/R 组合模块集成了 T/R 组件、本振功分网络、电源分配网络和软件无线电电路。数字 T/R 组合模块实物图如图 7.4 所示，其主要功能为：完成雷达微弱回波信号的低噪声放大、滤波、下变频、数字化和数据传输；接收雷达系统指令，产生复杂波形信号，经上变频、滤波和功率放大，实现雷达发射信号的数字移相。数字 T/R 组合模块主要由功率放大器、限幅低噪声放大器、上/下变频器、ADC、DDS、光电转换以及滤波器、环形器等组成。

图 7.4 数字 T/R 组合模块实物图

图 7.5 给出了典型的 T/R 组件示意图。接收通道主要包括环形器、限幅器、低噪声放大器（LNA）、滤波器、混频器、开关、移相器和衰减器等。天线接收的射频信号经环形器馈入限幅器，对低噪声放大器的输入进行保护。信号经低噪声放大器放大后，通过数控的衰减器和移相器对各个接收通道的幅度和相位不一致进行补偿。最后，射频信号经两级混频（下变频）和滤波后变为特定带宽的中频模拟信号。发射通道主要包括功分网络、开关、移相器、驱动放大器、大功率放大器、滤波器和混频器等。中频发射信号首先经功分网络馈入各个发射通道，之后经过滤波、两级混频（上变频）变为射频发射信号。射频发射信号由移相器对各个发射通道的相位不一致进行补偿，最后经驱动放大器、大功率放大器放大后由天线发射。天线发射信号在空间合成波束。收/发通道由射频开关和中频开关进行切换。

一个典型的八通道数字中频发射/接收机示意图如图 7.6 所示。在接收状态下，T/R 组件输出的多通道模拟中频信号经多通道 A/D 采样，对模拟回波信号进行采样和量化分层，变换成特定字长和特定数据率的数字信号。采样后的数字信号在专用数字下变频（DDC）芯片或在 FPGA 中进行通道校准并借助于数控振荡器（NCO）完成雷达信号的射频或中频数字解调功能，解调出数字基带信号。同时为了与后续的信号处理器进行匹配，往往需要对高数据率的数字基带信号进行抽取和数字匹配滤波。对数字下变频、数字滤波后输出的数字基带信号进行存储，送至 DBF 处理器进行波束形成处理。

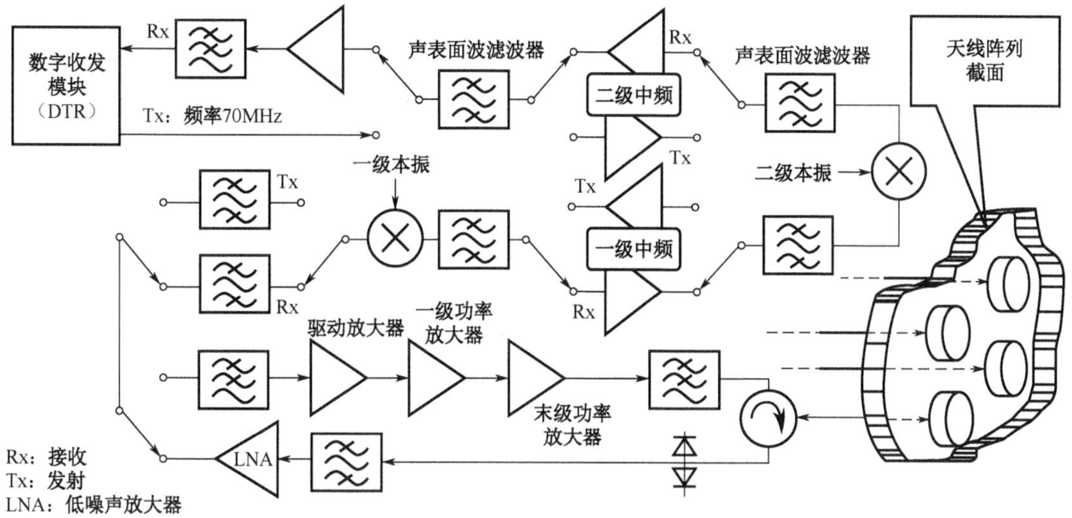

图 7.5　典型的 T/R 组件示意图

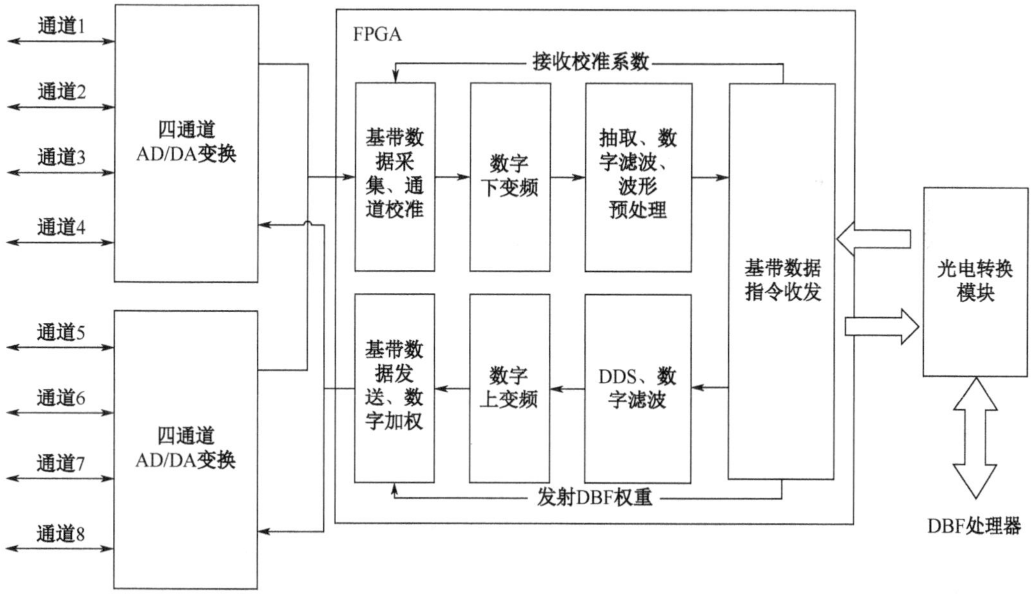

图 7.6　一个典型的八通道数字中频发射/接收机示意图

在发射状态下，由 DDS 模块直接产生雷达所需的波形信号，频率、带宽、调制形式、脉冲宽度和初始相位等信号特征均可由外部参数控制。DDS 输出的波形信号首先要经过数字滤波，完成发射信号的提纯处理，滤除系统不需要的频谱成分。然后经过数字上变频和数字 DBF 加权后的数字中频信号经数模变换得到模拟中频信号，送至 T/R 组件。图 7.7 为数字中频发射/接收机实物图。

图 7.7 数字中频发射/接收机实物图

4. DBF 处理器

DBF 处理器通常根据波束指向角度信息计算对应于各个接收、发射通道的幅相权重系数。在接收端，DBF 处理器利用各通道基带数据计算接收自适应权重，将各波束权重与数字中频接收机回传的各通道基带数据相乘并合成，完成数字多波束形成；在发射端，将权重的幅度相位信息送至数字中频发射机模块，对各个发射通道的数字信号进行加权以调整发射波束指向。DBF 处理器和数字中频发射/接收机模块间的高速数据通信可通过光纤实现。

此外，DBF 处理器处于受控状态，能够在信号处理器的指令控制下做出相应的响应，包括工作、休眠、自检、预置、接收通道校准、发送通道校准等。

典型的 DBF 处理器的硬件电路由 DSP、FPGA、RAM、光纤模块和接口电路等组成。光纤模块负责将数字中频接收机发送的光纤数据转换成电信号，通过 MGT 接口发送给 FPGA。FPGA 负责数字基带数据的接收并将数据存储在 RAM 中，将用于计算自适应波束权重的数据通过 SIRO 接口发送给 DSP，DSP 计算接收/发射波束权重后通过 SIRO 接口发送回 FPGA，并通过 EMIF 接口对 FPGA 进行控制。在 FPGA 中，DSP 计算的自适应权重对数字基带数据进行幅相加权，最终通过外部接口发送给雷达信号处理器。典型的 DBF 处理器实现框图如图 7.8 所示。

5. 雷达信号处理器

雷达信号处理器的功能是对 DBF 处理器返回的多波束数据进行存储和处理，实现的功能包括多波束脉冲压缩、动目标检测（MTD）/动目标指示（MTI）、恒虚警检测（CFAR）、单脉冲测角等，形成目标点迹。

6. 数据处理系统

数据处理系统包括数据处理分系统、终端分系统、监控分系统、记录重演分系统。数据处理分系统对雷达信号处理器输出的目标点迹进行多目标跟踪，形成目标航迹，并最终形成情报；终端分系统主要完成人机界面、任务管理；监控分系统主要完成全机时序、机内测试（BIT）监控、频率管理；记录重演分系统主要完成波束信息存储、离线处理分析。

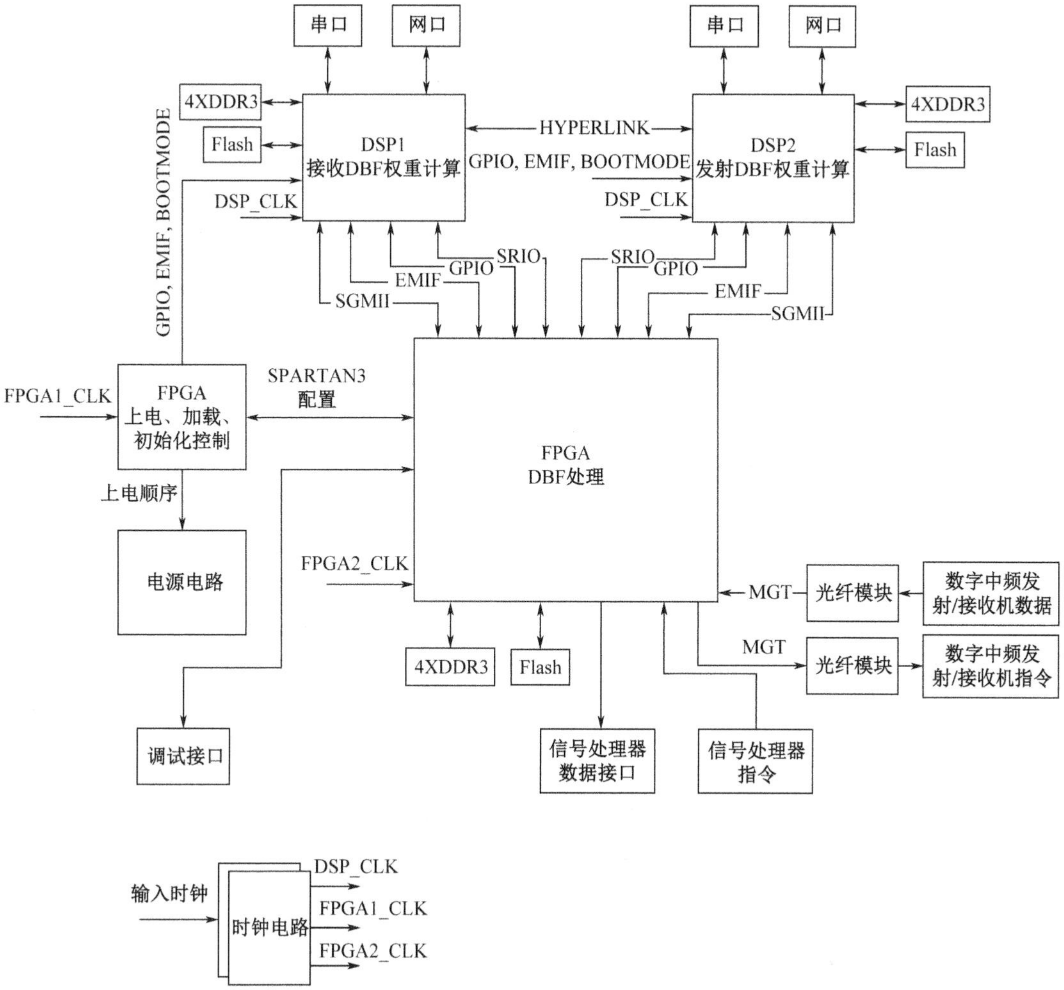

图 7.8　典型的 DBF 处理器实现框图

7.3　雷达系统中的数字波束形成架构

数字阵列雷达采用数字波束形成技术实现波束的空间扫描，具有灵活的波束资源调度、低损耗、低副瓣和同时多目标跟踪等优势。本节首先阐述全阵列接收和发射数字波束形成的理论架构，然后针对全阵列数字波束形成的基带数据传输带宽要求高的瓶颈问题，对级联型数字波束形成架构进行阐述。

7.3.1　全阵列收/发数字波束形成理论架构

本节首先对数字阵列雷达全阵列接收和发射数字波束形成理论架构进行阐述。

数字阵列雷达接收数字多波束形成处理框图如图 7.9 所示。接收 DBF 主要包括 3 个方面的处理：一是与阵面上每个天线单元相对应通道接收机、软件无线电处理电路将天线单元接收到的射频信号放大、滤波、下变频至中频、ADC 变换、数字下变频、滤波等处理，得到接收数字基带信号；二是接收多波束权重系数计算模块根据整个阵面各天线的接收信号，采用自适应 DBF 算法，计算各个接收波束的权重系数；三是各个波束的权重处理模块按照该波束的权重系数向量，对天线阵面的各个接收通道的输出数字基带信号进行对应的加权、累加处理，得到阵列天线该波束的输出。

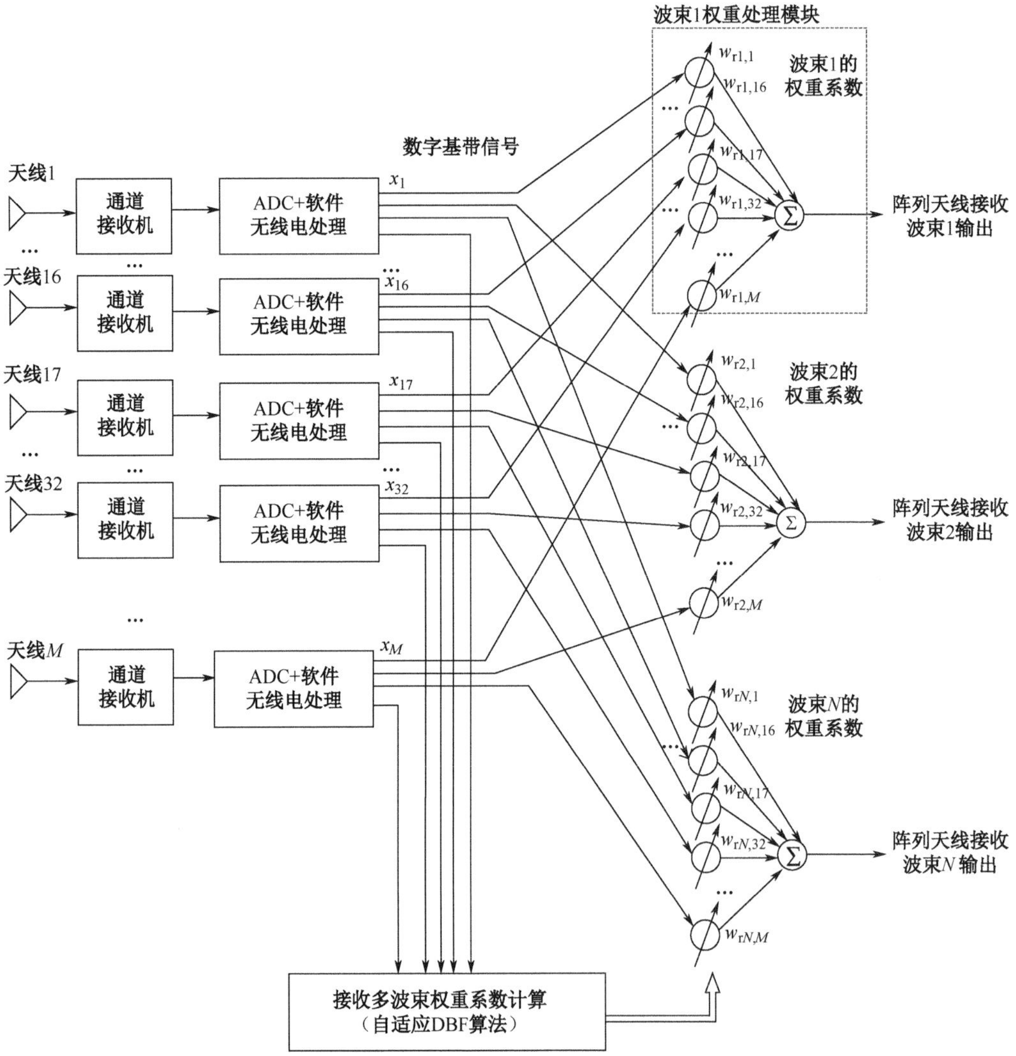

图 7.9 数字阵列雷达接收数字多波束形成处理框图

数字阵列雷达发射数字多波束形成处理框图如图 7.10 所示。它主要包括 3 个方面的处理：一是发射多波束权重系数计算模块根据系统波束指向要求和接收自适应波束形成的信息，计算各个发射波束的权重系数；二是各个波束的权重处理模块按照该波束的权重系数向量，对发射波束波形的数字基带信号进行对应的加权处理，然后阵面上每个阵元相对应的数字累加器对各个发射波束对应阵元的数字基带信号进行信号矢量合成，得到与该阵元相对应的待发射的数字基带信号；三是每个阵元的待发射数字基带信号经软件无线电处理电路、通道发射机对信号进行数字上变频、滤波、DAC 变换、射频上变频、滤波、功率放大等处理，再通过天线发射出去，各个天线单元的辐射信号在空间合成，形成多个发射波束。

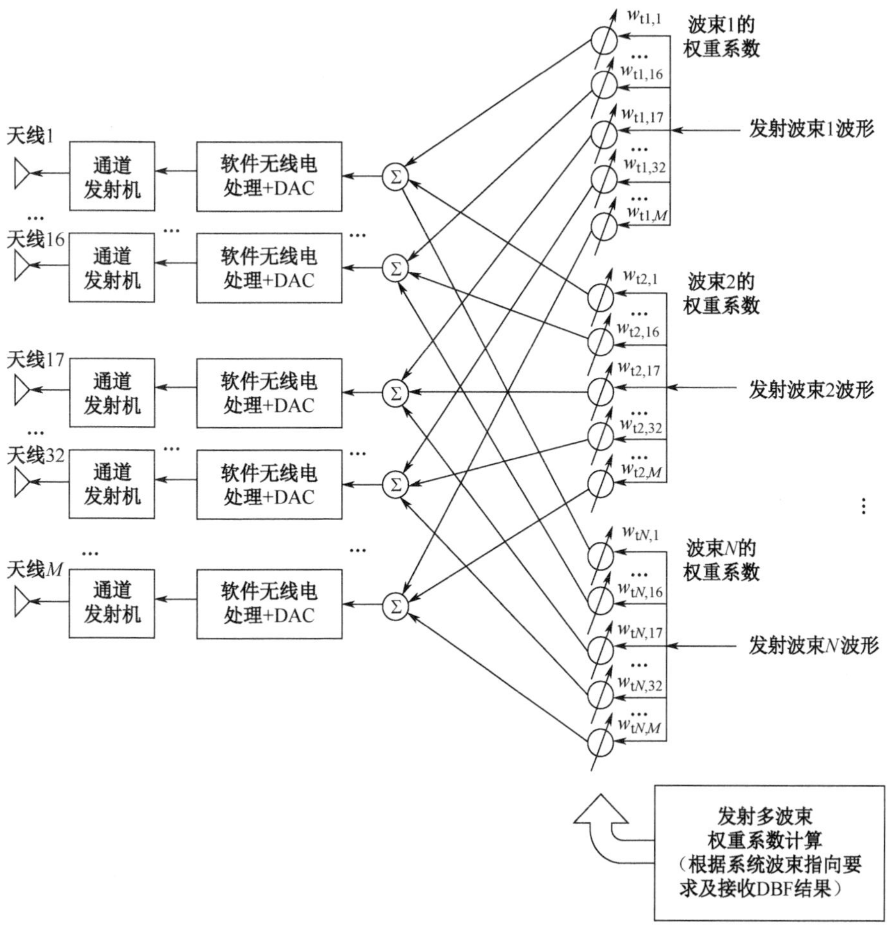

图 7.10 数字阵列雷达发射数字多波束形成处理框图

7.3.2 级联型的数字波束形成架构

在数字阵列雷达系统中，收/发多波束形成通常采用级联型的数字波束形成架构以降低数据传输的带宽要求。

整个数字阵列天线阵的发射/接收多波束可以通过将整个天线阵面划分成若干个子阵，由子阵内的一级 DBF 处理和子阵间的二级 DBF 处理来实现。子阵间的联合 DBF 处理通常由整机全阵 DBF 处理器完成。传统上，整机全阵 DBF 处理器是同时与各子阵的输入、输出进行互联的，这种结构称为两级级联型波束形成架构。基于子阵的两级级联型接收多波束 DBF 处理框图如图 7.11 所示。每个子阵的接收部分包含天线单元、多通道的 T/R 组件、通道发射/接收机、ADC/DAC 以及 DBF 处理器。

各个波束的权重处理分成子阵级和整机全阵级两级完成，其中子阵级 DBF 处理按波束分别完成对本子阵天线单元数字基带信号的加权、累加处理，得到各个接收波束的本子阵的输出；然后通过 SerDes 高速通信接口发送给整机全阵级 DBF 处理器。整机全阵级的 DBF 处理器再按波束分别完成对各子阵波束输出的累加处理，得到各个接收波束的输出。

整机全阵级 DBF 处理板采用 CPU+FPGA 架构，一方面采集各个子阵发来的天线阵面各个接收通道数字基带信号的若干快拍信号，采用自适应 DBF 算法，计算各个接收波束的权重系数，实现对多目标的快速搜索和抗干扰；另一方面接收各个子阵输出的波束数据，计算得到全阵各个接收波束的输出信号，送雷达信号处理器进行处理。

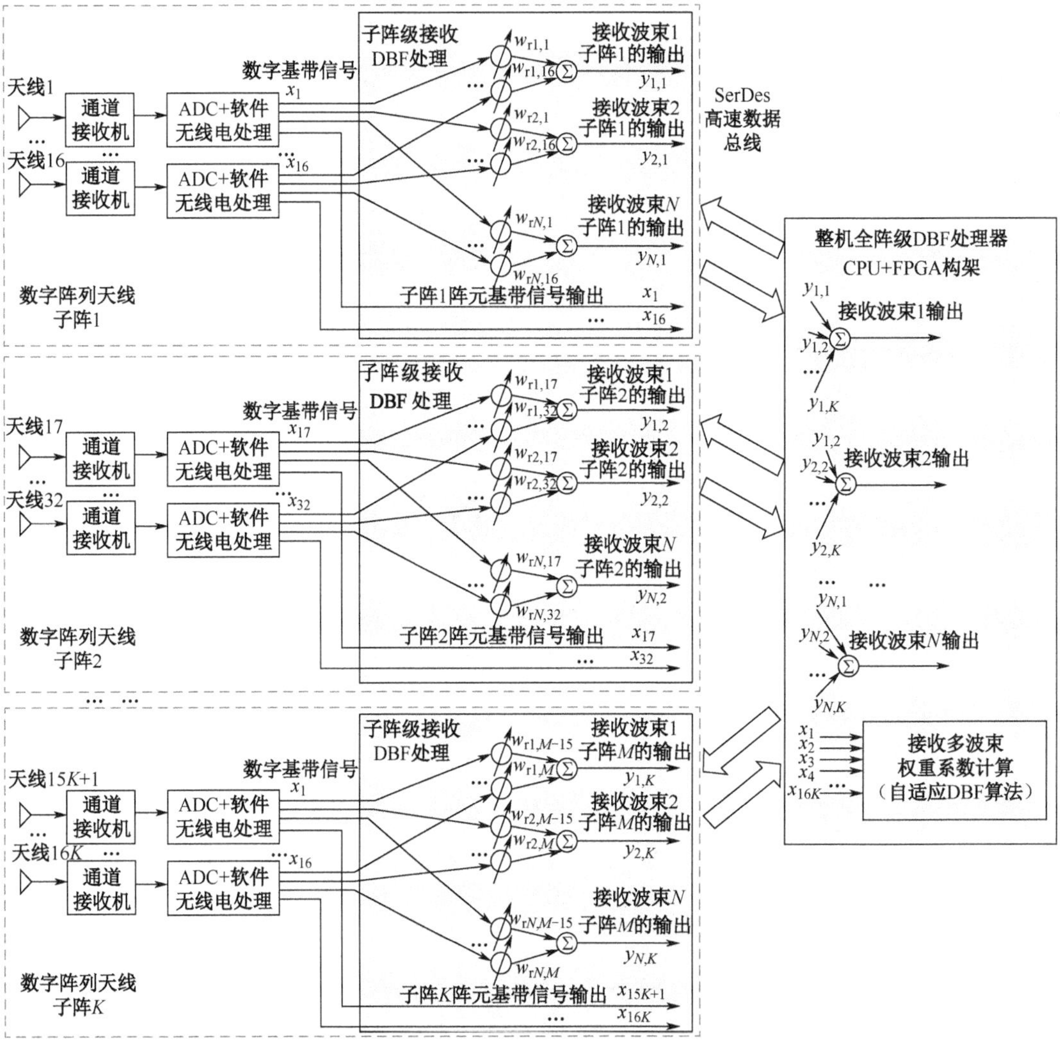

图 7.11 基于子阵的两级级联型接收多波束 DBF 处理框图

基于子阵的两级级联型发射多波束 DBF 处理框图如图 7.12 所示。整机全阵级 DBF 处理器根据系统波束指向要求和接收 DBF 处理的结果计算各个发射波束的权重系数，然后将这些权重系数连同各个波束发射波形的数字基带信号，通过 SerDes 高速通信接口发送给每个子阵。

每个子阵的天线单元与接收部分共用，通道发射机和接收部分的通道接收机集成在同一个 T/R 组件中，子阵发射部分的 DBF 处理功能也与接收部分一起集成在一个 DBF 处理器中。

子阵的发射 DBF 电路抽取整机全阵 DBF 处理器发来的各个发射波束权重系数向量中与该子阵某一阵元对应的权重系数，分别将权重系数乘以对应发射波束的数字基带信号，然后将与该阵元对应的所有加权后的数字基带信号进行信号矢量合成，得到与该阵元相对应的待发射的数字基带信号，依次类推，计算子阵上所有阵元的待发射数字基带信号。这些待发射数字基带信号再经软件无线电处理电路、通道发射机对信号进行数字上变频、滤波、DAC 变换、射频上变频、滤波、功率放大等处理后，通过天线发射出去。

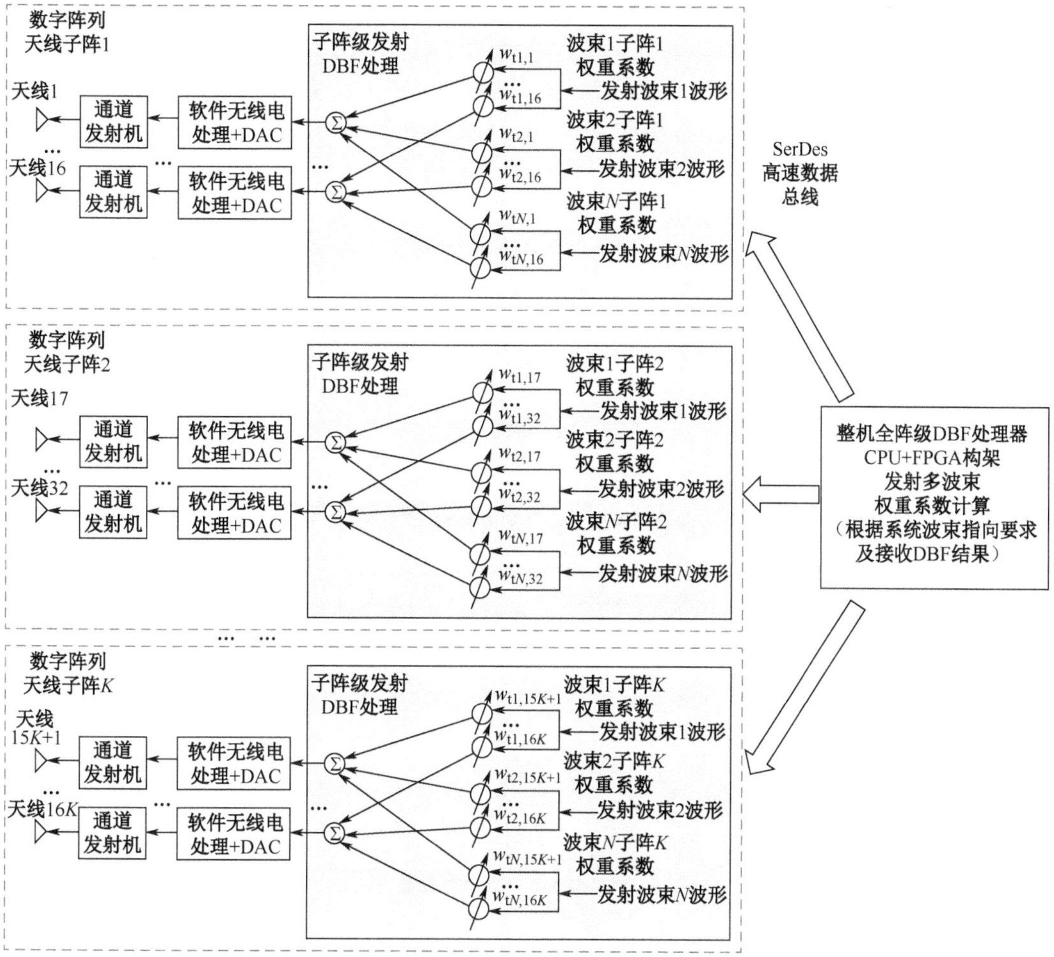

图 7.12　基于子阵的两级级联型发射多波束 DBF 处理框图

7.4　数字阵列天线通道校准技术

数字阵列天线中多通道采样数据快拍的幅度和相位一致性对 DBF 系统的性能有重要影响。通道幅相不一致会引起数字阵列天线波束指向误差和方向图副瓣的抬升。多通道采样数据的幅相一致性的影响因素主要包括：天线阵列的幅相不一致、T/R 组件幅相不一致、接收/发射机通道幅相不一致、ADC/DAC 的时间不一致以及校准信号的功分网络不一致等。为补偿上述幅相不一致性，通常需要在波束形成器开始正常工作前进行全阵列的收/发通道幅相校准。

数字阵列天线的通道校准可分为出厂校准和开机自校准两步。出厂校准通常在微波暗室中进行，DBF 处理器利用远场校准信号计算数字阵列天线幅度和相位不一致系数，生成一组校准补偿数据，记录在数字阵列天线的 DBF 电路中。开机自校准则是在数字阵列天线开机自检状态下，由频综源产生自校准射频信号，通过功分网络和耦合器馈入数字阵列天线 T/R 组件前端，DBF 处理器利用自校准信号计算数字阵列天线幅度和相位不一致系数，与出厂校准系数结合，对数字阵列天线的通道幅相不一致性进行补偿。

图 7.13 为数字阵列天线接收通道校准方法的典型实现框图。将天线阵列的幅相不一致表示为 A，T/R 组件和发射/接收机的幅相不一致表示为 C，ADC/DAC 的幅相不一致表示为 D，自校准信号的功分网络幅相不一致表示为 B，则数字阵列天线实际正常工作过程中，多通道采样信号的幅相不一致由 A+C+D 组成。其中，天线阵列的幅相不一致（A）和自校准信号的功分网络幅相不一致（B）可认为在数字阵列天线系统出厂后为固定值，T/R 组件、发射/接收机的幅相不一致以及 ADC/DAC 的幅相不一致（C+D）在数字阵列每次开机工作后具有随机变化的初值，并在数字阵列天线工作过程中呈现短时间内平稳的特性。所以，数字阵列天线校准的目的是在每次开机后补偿 A+C+D 对系统性能的影响。

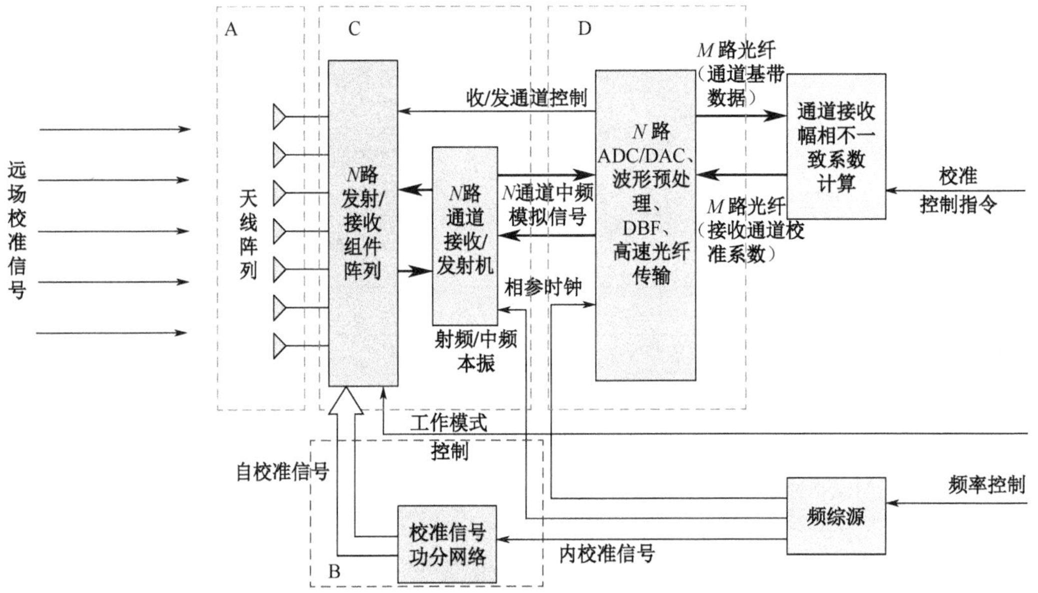

图 7.13 数字阵列天线接收通道校准方法的典型实现框图

然而，数字阵列天线工作中难以实现远场校准，远场校准通常在出厂测试中进行，且 T/R 组件、发射/接收机的幅相不一致以及 ADC/DAC 的幅相不一致（C+D）是难以直接获得的，故而需采用出厂校准与开机自校准结合的两级校准方法。

在数字阵列天线出厂校准阶段：

步骤 1：将数字阵列天线开机，数字阵列天线采集远场校准源辐射信号，DBF 处理器利用数字阵列天线各通道采集基带信号，计算各通道的幅度相位不一致系数 A+C+D。

步骤 2：关闭远场校准源，将数字阵列天线切换为自校准状态，即由频综源产生自校准射频信号，经功分网络和耦合器馈入 T/R 组件前端。

步骤 3：DBF 处理器利用数字阵列天线各通道采集基带信号，计算各通道的幅度相位不一致系数 B+C+D。

步骤 4：DBF 处理器将内外校准的幅相不一致系数相减，即 A+C+D−B+C+D=A−B。将 A−B 存储在 DBF 处理器中作为出厂校准系数。

在数字阵列天线开机自校准阶段：

步骤 1：将数字阵列天线开机，然后将数字阵列天线切换为自校准状态，即由频综源产生自校准射频信号，经功分网络和耦合器馈入 T/R 组件前端。

步骤 2：DBF 处理器利用数字阵列天线各通道采集基带信号，计算各通道的幅度相位不一致系数 $B+C_1+D_1$。

步骤 3：DBF 处理器将 $B+C_1+D_1$ 与存储的出厂校准系数 $A-B$ 相加，得到 $B+C_1+D_1+A-B=A+C_1+D_1$，将 $-(A+C_1+D_1)$ 作为自校准系数，配置给数字波束形成电路，对通道幅相不一致性进行补偿。

下面对通道校准过程进行验证，以天线阵列中 8 个通道为例，校准前后各通道相位信息如表 7.1 所示。

表 7.1　校准前后各通道相位信息

采样通道号	校准前相位/（°）	校准后相位/（°）
1（基准）	105.56	105.77
2	97.00	105.48
3	82.04	106.03
4	161.01	105.69
5	172.21	106.26
6	171.31	106.21
7	−112.22	106.29
8	151.78	105.94

校准后的八通道基带信号 I 路波形图如图 7.14 所示。

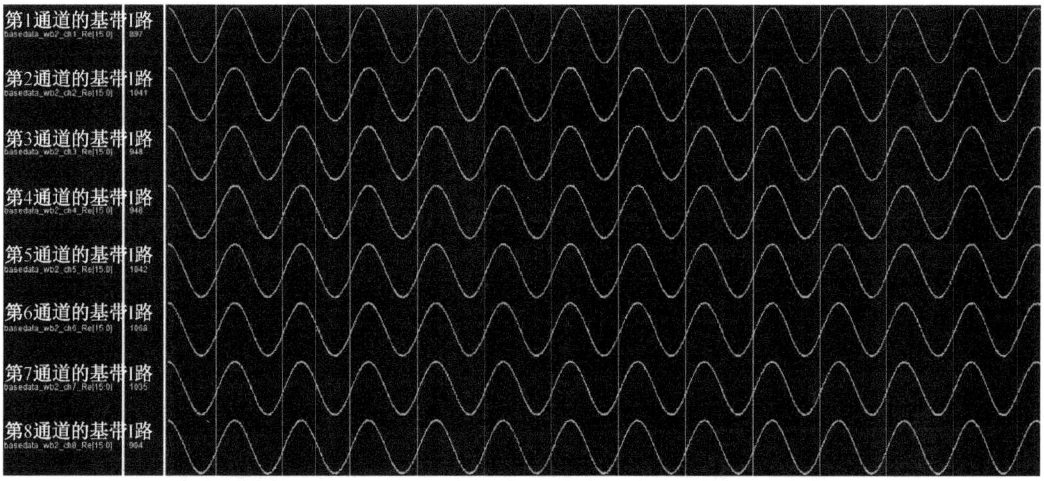

图 7.14　校准后的八通道基带信号 I 路波形图

可以发现，校准前通道相位一致性较差，校准后通道的相位差在 1° 以内。

7.5　典型的数字波束形成雷达

近年来，国内外研究机构和企业对数字波束形成雷达进行了广泛且深入的研究，多数型号已经进入装备，本节将对国外数字波束形成雷达的研究进行介绍。

1995 年，英国的 Roke Manor 研究中心提出了数字 T/R 概念，并深入研究了基于 DDS 的相控阵全数字 T/R 组件。

洛克希德 • 马丁公司研制的可扩展 S 波段固态雷达工程样机如图 7.15 所示，采用了有源电子扫描的数字阵列天线，其收/发均采用二维 DBF 技术。2008 年通过实验演示了 DBF 技术，并验证了其良好的目标检测与跟踪能力。

美国的 AIL 公司受空军项目资助，研究了基于 DDS 的数字阵列天线；美国应用雷达（Applied Radar）公司目前在为美国空军研究实验室研制可同时用于通信与雷达中的 X 波段数字发射组件，以及可应用在导弹防御下的宽带数字阵列雷达。

欧洲先进雷达技术集团研制的 COBAR 炮位侦校雷达如图 7.16 所示。该雷达采用了 3000 个 C～X 波段天线单元和 T/R 组件，收/发波束都应用了 DBF 技术，可同时跟踪数十组目标，已于 2002 年交付使用。

图 7.15 洛克希德·马丁公司研制的可扩展 S 波段固态雷达工程样机

图 7.16 欧洲先进雷达技术集团研制的 COBRA 炮位侦校雷达

美国雷神公司研制的 AN/TPQ-47 炮位侦校雷达如图 7.17 所示，采用了收/发全 DBF 技术和分布式天线收/发组件技术，可同时跟踪 10 组目标。该雷达已于 2003—2008 年交付使用。

图 7.17 美国雷神公司研制的 AN/TPQ-47 炮位侦校雷达

美国雷神公司为战区高空区域防御（THAAD）系统研制的 AN/TPY-2 雷达工作在 X 波段。其有源相控阵天线由 25344 个固态收发模块组成，包含 72 个天线子阵。每个子阵由 11 个收发单元组合、一个子阵模块和一个交流/直流变换器构成。每个收发单元组合包含 32 个有源收发模块和天线辐射单元、8 个直流/直流变换器、4 个收发单元组合控制器 ASCI 和 RAM。AN/TPY-2 雷达的数字波束形成通过分布式的阵列处理器系统实现。分布式的阵列处理器系统与雷达控制系统之间通过光纤接口连接。波束形成器分为全阵波束形成器、子阵波束形成器和收发单元组合波束形成器。雷神公司研制的 AN/TPY-2 雷达架构如图 7.18 所示，AN/TPY-2 雷达的分布式阵列波束形成架构如图 7.19 所示。

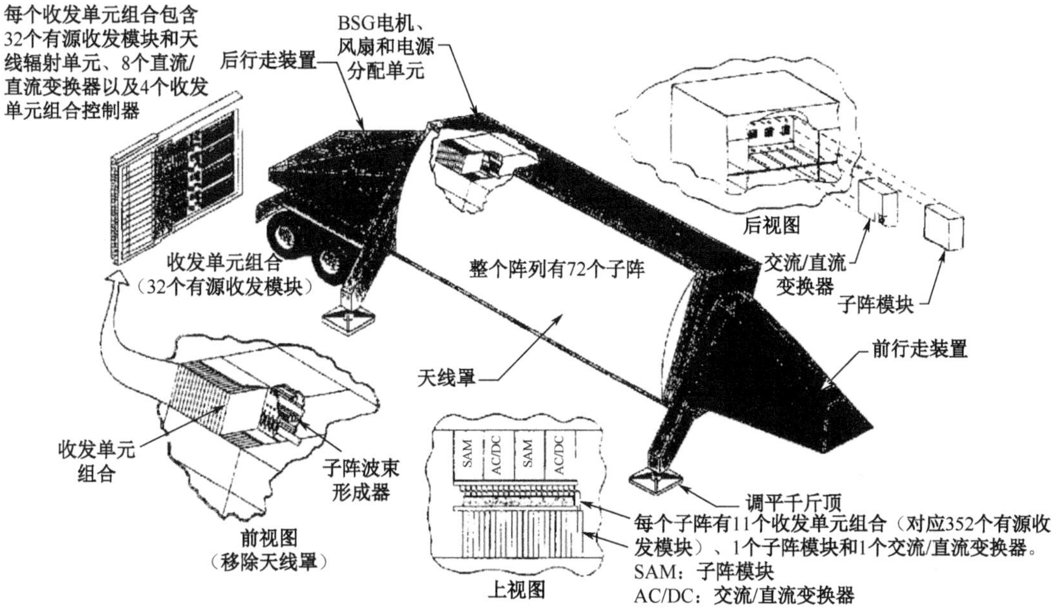

图 7.18　雷神公司研制的 AN/TPY-2 雷达架构

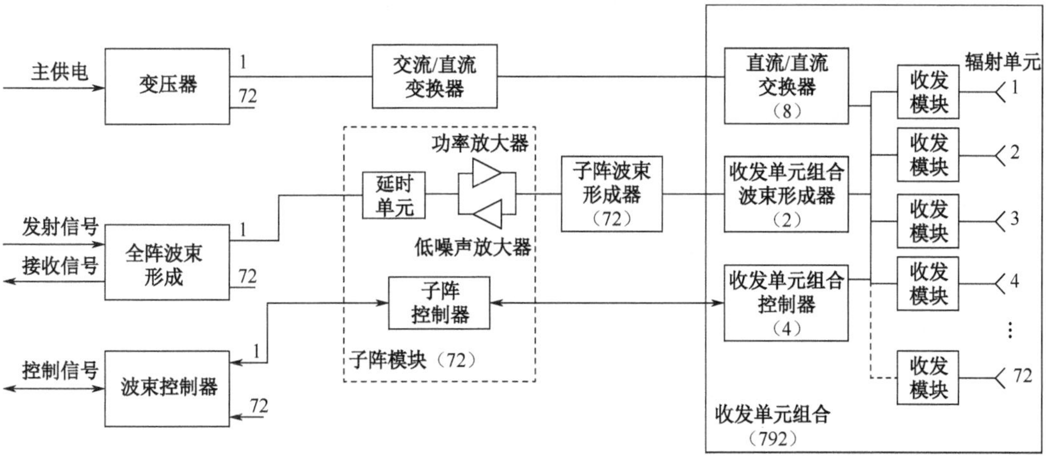

图 7.19　AN/TPY-2 雷达的分布式阵列波束形成架构

除雷达外，导引头也是数字波束形成技术的重要应用领域。1987 年，美国开展的 LEAP 项目中，研发了毫米波平面相控阵雷达导引头，1993 年在马丁·玛丽埃塔公司的配合下完成了最终的设计工作。该项目要求将拦截弹的重量限制在 17kg 以内，并且能够拦截高度为 10～25km 的目标。图 7.20 为 LEAP 的相控阵导引头内部装配示意图，其工作频段为 94GHz，天线阵面共有 2208

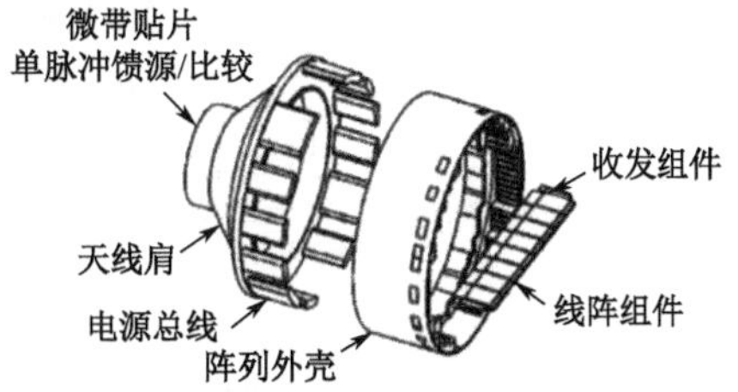

图 7.20　LEAP 的相控阵导引头内部装配示意图

个阵元，口径为127mm。

20 世纪 90 年代，美国空军的双射程空空导弹计划中采用了电扫描技术的共形天线阵列雷达导引头，其波束覆盖范围大大超过了普通相控阵雷达导引头的视场角，可捕获跟踪大范围机动的目标。

2003—2008 年，美国陆军航空与导弹研发工程中心为提高相控阵雷达导引头跟踪目标的稳定性，研究了其中亟待关注与解决的问题：一是阵面波束指向与导弹弹体运动的隔离度问题；二是天线整流罩的折射率误差对视线角速率提取值的影响。

2005 年，美国国防部高级研究计划局为发展低成本巡航导弹相控阵雷达导引头的研制，投资了带有微机电系统的电子扫描天线阵列导引头。该导引头具有 Ka 与 X 两种工作波段，采用了微机电系统技术集成的 4 位移相器，每个天线单元的成本分别降到 30 美元与 10 美元，并且功耗下降了两个数量级。该项目发展的 Ka 波段巡航导弹导引头电子扫描天线阵面示意图如图 7.21 所示，具有 768 个辐射阵元，总的峰值功率可达 30W，平均功率为 10W。

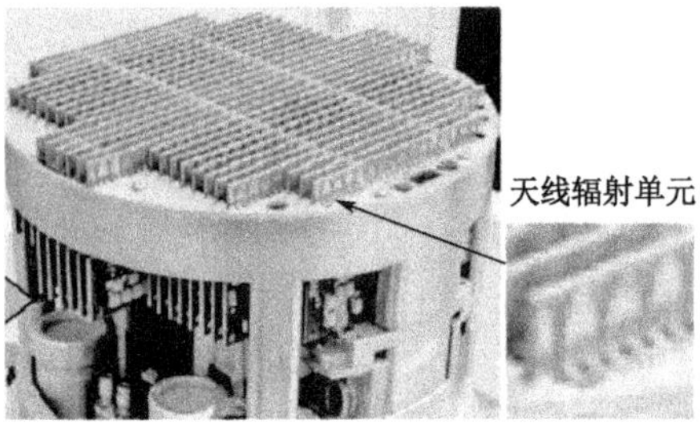

图 7.21 Ka 波段巡航导弹导引头电子扫描天线阵面示意图

2010 年，美国波音公司与雷神公司为美国空军实验室对 T3 导弹进行了演示验证工作。T3 中包含双波段数字阵列主动雷达导引头与宽带被动雷达多模导引头。C 波段的相控阵主动雷达导引头可以尽早探测并锁定目标，之后 Ka 波段的相控阵主动雷达导引头以较高的跟踪精度实现对高空目标的跟踪。宽带被动雷达导引头一方面探测地面制导雷达，另一方面通过 Ka 波段相控阵主动雷达导引头增强目标识别的分辨率。

美国的休斯公司在专利 EP621654A2 中给出了一种主动电子扫描阵列的雷达导引头。EP621654A2 中的主动电子扫描阵列雷达导引头天线示意图如图 7.22 所示。其具有以下优点。

（1）通过模块化与低成本的方法获取更高的功率孔径积。

（2）实现多目标攻击。

（3）制导引信一体化。

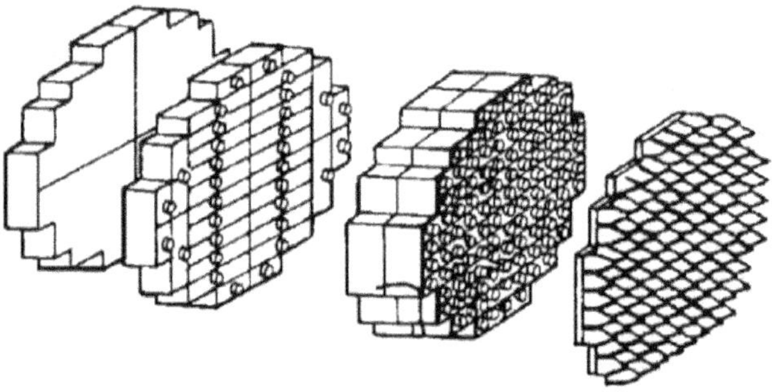

图 7.22 EP621654A2 中的主动电子扫描阵列雷达导引头天线示意图

7.6 采用自适应数字波束形成技术的雷达系统及其发展趋势

自适应波束形成技术可以极大地提高雷达的抗干扰、抗杂波能力。目前，自适应波束形成技术已经在雷达中获得应用。

从 2000 年开始，美国海军研究局（ONR）开展了数字阵列雷达（DAR）的研究支持，目的是解决舰载雷达在近海作战时复杂环境下小目标的检测问题。由林肯实验室承担阵列天线和微波 T/R 组件设计，海军研究实验室开发数字 T/R 和光纤链。该雷达系统实验样机的发射与接收均采用 DBF 技术，并应用了数字 T/R 组件和通用的信号处理机，是一套完整的数字阵列雷达系统。其第一阶段 DAR 样机，工作频率在 L 波段，采用方形和轴坐标对称的平面阵列天线，阵列天线共有 224 个阵元，其中 96 个为有源阵列，每个有源阵列接一个 T/R 模块，其余阵元为无源阵列。其数字波束形成功能实现了自适应干扰置零和快速主波束形成，提高了雷达抗干扰能力和更有效的实时处理能力。

英国海军部研究所和普莱塞雷达公司联合开发的多功能电扫描自适应雷达（MESAR）是一种采用了数字波束形成技术的舰载多功能固态有源数字阵列雷达。该雷达的第一阶段于 1982 年开始，工作在 2.7～3.3GHz 的 S 波段，阵面阵元数为 918 个，采用稀布阵技术随机选了 156 个阵元安装砷化镓收/发模块，系统采用了实时自适应数字波束形成技术，使得系统具有很强的自适应零控能力。第二阶段于 1995 年开始，采用 1264 个阵元的满阵，各阵元收发模块的发射功率为 10W，占空比为 30%，作用距离为 400km。在这个阶段增加了硬件和相应的软件，使 MESAR 从实验型发展成可使用的验证型设备。利用 MESAR 验证型设备，针对各种有代表性的威胁还进行了实战实验。该雷达的第三阶段发展为 45 型驱逐舰装备的 SAMPSON 多功能雷达，如图 7.23 所示，采用三面阵有源阵列八角形旋转天线（每个阵面具有 2500 多个辐射元，每个收/发组件对应 4 个辐射元），输出功率大于 25kW，采用自适应 DBF 网络，通过把信号的波形处理和天线波束的自适应处理相结合，从根本上提高了雷达的战术性能。受干扰时可对干扰机方向产生零陷。

图 7.23　45 型驱逐舰装备的 SAMPSON 多功能雷达

SMART-L 多波束三坐标雷达系列是由荷兰 Signal 公司（现为 Thales 公司荷兰分部）研制的，它是为远程检测目的而设计的。天线阵列由 24 个微波带状线天线组成，发射时使用 16 个，由固态放大器驱动。在接收雷达脉冲期间，每个微波带状线均被分配给一个接收机通道，馈入数字波束形成网络，在 0°～70°的俯仰覆盖上可同时形成 14 个波束。采用方位机械扫描，俯仰数字波束形成的方式提供目标 3D 信息。SMART-L 雷达较大的天线孔径和精确的多普勒滤波处理显著提高了该雷达对小型“隐身”空中目标的检测能力。SMART-L 的数字阵列天线接收通道示意图如图 7.24 所示，SMART-L 的数字阵列天线接收通道实物图如图 7.25 所示，包括天线单元、保护级、超外差接收通道、A/D、Hilbert 变换和 DBF 处理器。其中超外差接收通道由低噪声放大器、混频（下变频）、滤波和模拟脉冲压缩构成。

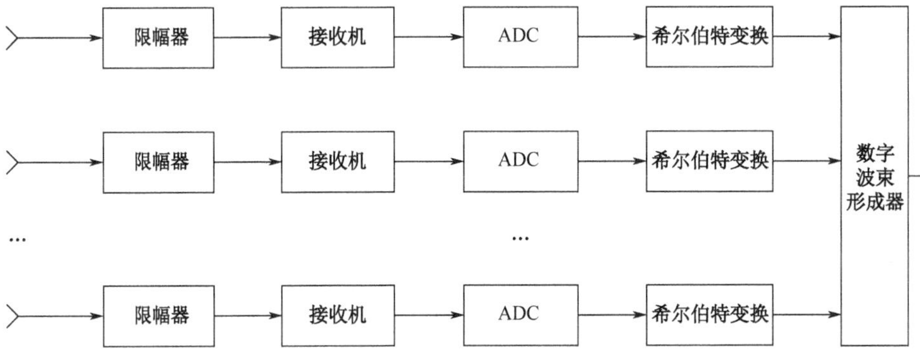

图 7.24 SMART-L 的数字阵列天线接收通道示意图

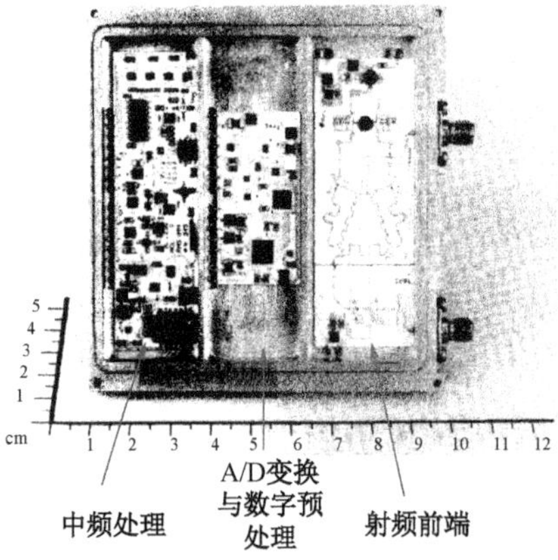

图 7.25 SMART-L 的数字阵列天线接收通道实物图

Thales 公司的 SMART-L MM 雷达如图 7.26 所示，其为 SMART-L 雷达的最新型号，是欧洲第一款全数字控制 AESA 雷达。该雷达利用 DBF 技术在方位俯仰形成多个同时波束，每个波束都具有瞬时的单脉冲二维角度估计能力，并能够对整个距离、方位俯仰角覆盖范围实现瞬时多普勒处理，极大地提升了检测能力。该雷达通过构造地平线下的波束抑制多径，并采取了包括自适应波束形成在内的多种反电子对抗手段，提升了应对干扰的能力。此外，Thales 公司研制的 SMART-S Mk2 雷达同样为采用了自适应波束形成技术的先进 AESA 雷达。

美国雷神公司研制的防空反导雷达如图 7.27 所示，官方代号为 AN/SPY-6(V)。AN/SPY-6(V)雷达由独立的雷达模块总成（Radar Modular Assemblies，RMA）组成。由不同数量的 RMA 可组成满足不同性能指标和功能要求的雷达。每个 RMA 中包含 24 个 T/R 模块，每个 T/R 模块集成了 6 个 T/R 通道。目前，雷神公司提出的方案中主要有 9RMAs、24RMAs、37RMAs 和 69RMAs 4 种构型，可满足不同雷达探测威力的需求。其中，9RMAs 构型分为单面旋转的 AN/SPY-6(V)2 型和三面固定阵列的 AN/SPY-6(V)3 型雷达。AN/SPY-6(V)2 型雷达将装备“美国”级两栖攻击舰和圣安东尼奥级 Flight II 型两栖运输舰，取代现有的 AN/SPS-48 和 AN/SPS-49 型远程对空搜索雷达；而 AN/SPY-6(V)3 型将装备福特级航空母舰的三号舰肯尼迪号（CVN-79）以及 FFG-62“星座”级护卫舰。24RMAs 构型代号 AN/SPY-6(V)4，将用于现有 DDG-51 Flight IIA 型驱逐舰的后续升级。37RMAs 构型代号 AN/SPY-6(V)1，目前已经装备于 DDG-51 Flight III 型驱逐舰。采用数字阵列天线的 AN/SPY-6(V)雷达具有基于 RMA 的高可扩展性、高性能、应用自适应波束形成技术抗强干扰和强杂波、软件化等特点。

图 7.26　Thales 公司的 SMART-L MM 雷达

图 7.27　美国雷神公司研制的防空反导雷达

美国海军 E-2D 预警机装备的 AN/APY-9 雷达是一种工作于 UHF 频段的先进机载预警雷达。AN/APY-9 雷达天线示意图如图 7.28 所示，该雷达采用一部功率更高和作用距离更远的固态发射机和一部采用数字波束形成技术的数字接收机。其中，L3 通信公司研制的 UHF 频段有源相控阵天线，包括 18 通道低副瓣旋转耦合器天线阵和 36 阵元电子扫描 IFF（敌我识别）天线，该有源相控阵天线拥有和差双通道输出以及数字波束形成能力。在方位上既可机械扫描，也可进行电子扫描。其天线可以完成 360° 机械扫描、机械加电子扫描和纯电子扫描。AN/APY-9 雷达应用了包含中频采样技术和稳健均衡器的数字接收机技术。基于数字阵列天线的自适应波束形成，该雷达实现了空时自适应处理（STAP），具有更强的抗杂波和干扰能力。通过采用固态发射机技术，该雷达发射功率较前代 APS-145 雷达显著提升，探测距离达 480km 以上。

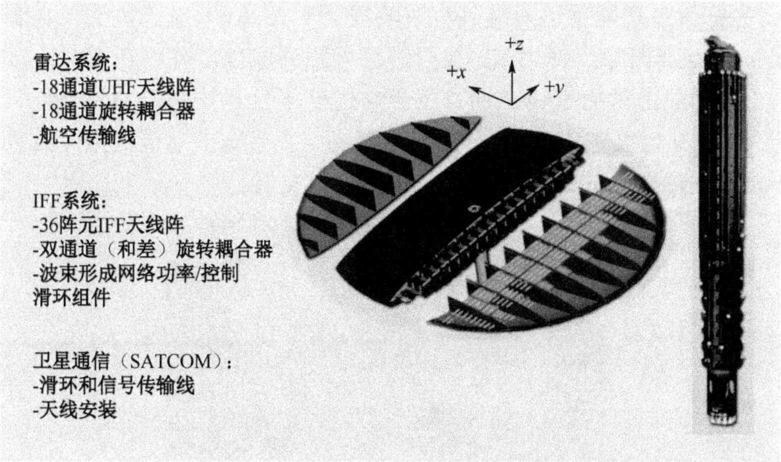

图 7.28　AN/APY-9 雷达天线示意图

数字阵列天线技术在雷达系统的发展趋势是多功能一体化。原有的必须分开布置的雷达、电子支援措施（Electronic Support Measures，ESM）、电子对抗措施（Electronic Counter Measures，ECM）和通信等电子设备，可以（部分）集成于同一阵面。这极大地提升了空间的利用效率。

美国诺斯罗普格鲁曼公司为 F-35 战斗机研制的 AN/APG-81 电子扫描有源相控阵雷达，具有约 1500 个天线单元和 T/R 通道。AN/APG-81 雷达结构示意图如图 7.29 所示，该雷达配备了一部电子扫描多功能天线阵列（Multi-Function Array），具有大工作带宽、高功率发射机。AN/APG-81 雷达利用其多功能天线阵列集成了雷达、电子支援措施（Electronic Support Measures，ESM）接收机、干扰机的功能，并可交错执行多项主/被动空对空、主/被动空对面目标探测、跟踪和识别等任务。

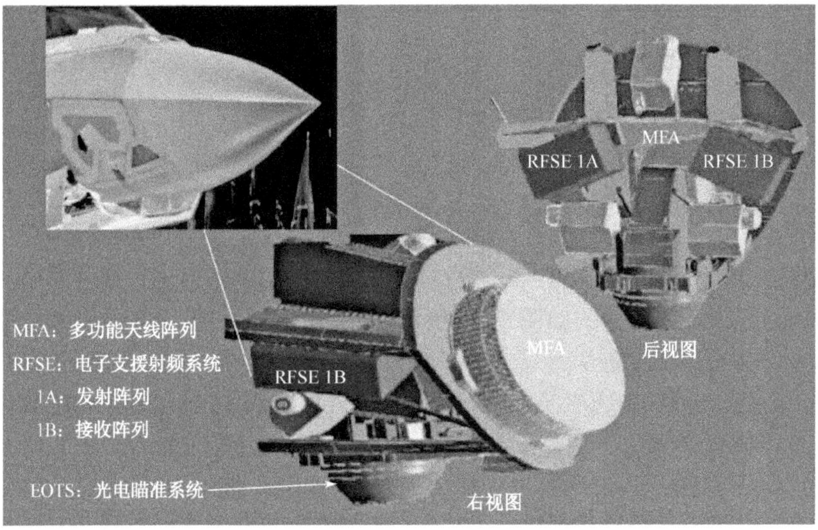

图 7.29 AN/APG-81 雷达结构示意图

美国诺斯罗普格鲁曼公司研制的“先锋”（Vanguard）多功能雷达如图 7.30 所示，为一款同样采用模块化设计的雷达。该雷达采用 GaN T/R 组件，并可通过灵活的模块增减满足多变的任务需求。“先锋”多功能雷达前端具有双波段（X & Ku）工作能力。该雷达可以使用 X 波段完成全天候/远距离跟踪，使用 Ku 波段进行近距离成像，并可在 X 和 Ku 波段间自由切换。该雷达的主要功能是承担 SAR/GMTI（合成孔径雷达/地面移动目标指示）任务。由于采用了数字阵列天线，其也可完成 ESM 和通信等任务。大带宽多功能的数字阵列天线技术促进不同功能电子设备向融合化的高集成度单一电子设备发展。

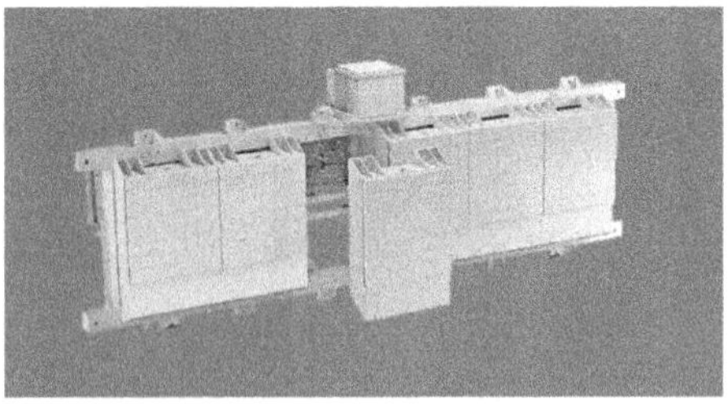

图 7.30 美国诺斯罗普格鲁曼公司研制的“先锋”（Vanguard）多功能雷达

7.7　小结

本章主要学习了数字阵列雷达的系统组成及工作原理、雷达系统中的数字波束形成架构和数字阵列天线通道校准技术，并且介绍了国内外典型的数字波束形成雷达和采用自适应数字波束形成的雷达系统及其发展趋势。通过本章的学习，读者可掌握数字阵列雷达系统各个功能模块的组成和具体功能实现，并对国内外数字阵列雷达的发展脉络有一个全面、深入的了解。

思考题

7-1　采用数字阵列天线的雷达系统相比传统雷达的优势有哪些？

7-2　什么是T/R组件？它的主要组成和在发射/接收阶段的功能分别是什么？

7-3　中频接收机主要由哪几部分组成？

7-4　DBF处理器的主要功能是什么？

7-5　在数字阵列天线的发射模式中，基带信号变换为射频信号并经天线发射的处理流程是什么？

7-6　在数字阵列天线的接收模式中，天线接收的射频信号变换为基带信号的处理流程是什么？

7-7　采用自适应数字波束形成能够带来哪些好处？

7-8　采用级联型的DBF处理架构能够带来哪些好处？

参考文献

[1] 陈曾平，张月，鲍庆龙. 数字阵列雷达及其关键技术进展[J]. 国防科技大学学报，2010, 32(6):1-7.

[2] 吴曼青. 数字阵列雷达及其进展[J]. 中国电子科学研究院学报，2006, 1(1):11-16.

[3] 汤晓云，樊小景，李朝伟，等. 相控阵雷达导引头综述[J]. 航空兵器，2013(3):25-30.

[4] 高劲松，贾长生. 对美国双射程/双任务导弹有关技术的分析[J]. 电光与控制，2009, 16(11):50-54.

[5] 辜璐，陈兢. 美国未来"空中多面手"——联合双任务制空导弹[J]. 现代军事，2009(6):62-63.

[6] 唐怀民，魏飞鸣，宋柯. 相控阵雷达导引头技术发展现状分析[J]. 制导与引信，2014, 35(3):6-10.

[7] 丁武伟，穆仕博，谢光辉. 共形相控阵雷达导引头技术研究[J]. 飞航导弹，2011(11):74-78.

[8] 简金蕾，李静，任宏斌，等. 基于相控阵天线的引信与导引头一体化设计[J]. 飞航导弹，2011(1):85-89.

反侵权盗版声明